# Python

## 程序设计 从零开始学

李馨 著

清华大学出版社

北京

# 内 容 简 介

本书是专门针对 Python 初学者精心编撰的，以通俗易懂的语言、精心编写的示例、深入浅出的讲解来引领读者认识 Python 语言的魅力和强大潜能。

本书分为四篇共 16 章：第 1~4 章为基础学习篇，讲解 Python 语言的基础知识，包括 Python 的开发工具、基本语法、运算符与条件选择、循环控制等内容；第 5~10 章为数据结构篇，讲解 Python 的数据结构，包括序列类型、字符串、元组、列表、字典、集合、函数、模块与函数库等内容；第 11~13 章为面向对象篇，以面向对象为基础，讲解面向对象程序设计的相关知识，包括认识面向对象、继承机制、异常处理机制等内容；第 14~16 章为绘图图像篇，讲解 Python 的数据输出和绘制图像的相关知识，包括数据流与文件、GUI 界面、绘图与图像等内容。读者可以通过简洁易用的 Python IDLE 和 Visual Studio Code 集成开发环境或 Python Shell 这个互动交互模式开启程序设计之旅，学习程序的编写和调试的基本技能。

为了教学的需要，本书每章后面都提供了课后习题及实践题，书中范例也都提供了完整的源代码，另外有精心录制的教学视频可辅助读者学习。本书叙述简洁、清晰，范例丰富、可操作性强，适合学习 Python 语言的读者作为自学用书，也适合高等院校和培训机构作为学习 Python 语言的教材。

**本书为荣钦科技股份有限公司授权出版发行的中文简体字版本。**

**北京市版权局著作权合同登记号　图字：01-2023-3037**

**本书封面贴有清华大学出版社防伪标签，无标签者不得销售。**

版权所有，侵权必究。举报：010-62782989，beiqinquan@tup.tsinghua.edu.cn。

**图书在版编目（CIP）数据**

Python 程序设计从零开始学 / 李馨著. 一北京：清华大学出版社，2023.7
ISBN 978-7-302-64206-0

I. ①P… II. ①李… III. ①软件工具－程序设计　IV. ①TP311.561

中国国家版本馆 CIP 数据核字（2023）第 134736 号

责任编辑：赵　军
封面设计：王　翔
责任校对：闫秀华
责任印制：刘海龙

出版发行：清华大学出版社
　　网　　址：http://www.tup.com.cn，http://www.wqbook.com
　　地　　址：北京清华大学学研大厦 A 座　　　　　邮　　编：100084
　　社 总 机：010-83470000　　　　　　　　　　　邮　　购：010-62786544
　　投稿与读者服务：010-62776969，c-service@tup.tsinghua.edu.cn
　　质 量 反 馈：010-62772015，zhiliang@tup.tsinghua.edu.cn

印 装 者：北京同文印刷有限责任公司
经　销：全国新华书店
开　本：190mm×260mm　　　　　印　张：29.75　　　　字　数：802 千字
版　次：2023 年 8 月第 1 版　　　　印　次：2023 年 8 月第 1 次印刷
定　价：119.00 元

产品编号：100237-01

# 前　言

Python 是目前热门的程序设计语言！

Python 语言的创始人 Guido van Rossum 是 Monty Python 飞行马戏团的爱好者。在 1989 年圣诞节期间，他决心开发一个新的脚本解释程序，由此有了 Python 这门程序语言。

本书对 Python 的介绍分为四篇：基础学习篇、数据结构篇、面向对象篇和绘图图像篇。

## 基础学习篇（第 1~4 章）

虽然 Python 官方把 Python 定位为简易、优雅的程序设计语言，但初学者掌握好 Python 语言的基础语法并打下扎实的基础，是入门程序设计不可或缺的！只有站在 Python 的肩膀上，读者才能在自己的程序设计之路上大步前行。

前行的第一步是从由 Python 语言系统本身提供的 IDEL 软件出发（Python 语言发布时是以系统方式发布的），或者使用本书第 1 章介绍的 Visual Studio Code——目前很热门的编辑器——为编写程序热身。Python 的内建类型，无论是整数、浮点数、复数，还是有理数（分数），每个变量皆指向引用对象，这也是 Python 的简洁之处。不可免俗，对于一个好的程序设计语言，了解它的流程控制语句是必不可少的，Python 语言的流程控制语句：if/else 条件语句，for、while 循环语句，加上 Python 3.10 新力军 match/case 语句能让程序的流程控制更加得心应手。

## 数据结构篇（第 5~10 章）

其他的程序设计语言都有数组，数组的特点是存储的数据具有相同的类型且这些数据是连续存储的，而 Python 却有更妙的数据结构。例如，有条不紊的序列类型，包含：String（字符串）、List（列表）和 Tuple（元组）；属于映射类型的 Dictionary（字典）：以键和值形成映射——键-值对（Key-Value Pair）。Python 的这些类型中都可以放入类型相异的数据。无序的 Set（集合）类型类似于数学中的集合概念。在 Python 语言中即使是单个字符也是字符串，所以处理字符串有相当多的方法：切片、索引、查找以及串接等。另外，这些数据类型都可以通过格式化处理来输出我们想要的格式化的结果。

Python 有强大的标准函数库，内容包罗万象，而五花八门的第三方套件更让 Python 语言成为学习程序设计语言的首选。

对于内建的模块，除了介绍如何导入它们外，还重点介绍与日期、时间有关的模块，以及如何以 pip 指令安装一些较简易的第三方套件，体验它们的妙处。作为 Python 语言中最重要的自定义函数，本书将对函数中传递和接收数据的参数有较多的着墨。

## 面向对象篇（第 11~13 章）

以面向对象为基础，探讨面向对象程序设计的三个特性：继承（Inheritance）、封装（Encapsulation）和多态（Polymorphism）。其他程序设计语言会以构造函数来新建、初始化对象，而 Python 语言则分为两个阶段：先以\_\_new()\_\_方法新建对象，再以\_\_init\_\_方法初始化对象。所有的类、属性和方法默认都是公有的，如果想要封装成私有的，则要以特性为装饰器（@property）或者以"\_"下画线字符来指明。在继承机制下，以单一继承来介绍"is_a"和"has_a"的用法；Python 语言采用多重继承机制，它以鸭子类型（Duck Typing）来"阐述"多态。

编写的程序因为考虑不全或系统问题会导致异常，在 Python 语言的异常（或称例外）处理机制中，除了采用 try/except/finally 语句之外，还能搭配 raise、assert 语句从程序代码中主动抛出异常。

## 绘图图像篇（第 14~16 章）

Python 语言使用 io 模块来处理数据流，它同样是以文字和二进制数据配合功能强大的内部函数 open() 来指定文件的处理模式。GUI 界面以 Tkinter 为主，它由 Tkiner.tix 和 Tkinter.ttk 两大模块组成。本篇将简单介绍 Label、Entry、Text、Radiobutton、Checkbutton 和 Button 组件，配置版面的 pack()、grid() 和 place() 方法，提供信息的标准对话框的 messagebox。最后一章介绍能进行绘图的 Turtle 模块和从 Python 2.x 版开始"起死回生"的 Pillow 套件，通过 Pillow 套件可以对图像进行缩放、旋转、翻转或合成。

## 资源下载

本书配套源码、PPT 课件等资源，请用微信扫描下面的二维码获取，也可按扫描后的页面提示把下载链接转发到你的邮箱中下载。如果有疑问或建议，请联系 booksaga@126.com，邮件主题写"Python 程序设计从零开始学"。

范例程序

教学 PPT

编　者

2022 年 3 月

# 目　　录

# Python 世界

*1*

**学习重点：**

- 了解编写程序代码所用的工具
- 下载安装 Visual Studio Code 编辑器
- 编写一个 Python 程序，熟悉 Python 的语言结构和风格

## 1.1　一起准备 Python 吧

程序设计语言发展至今，从低级到高级，从机器语言到自然语言，它们的丰富性已超过我们的想象，无论是哪一种程序设计语言都需要编译器或解释器把源代码翻译成计算机能够理解的机器码。在进入 Python 世界之前，先认识两个名词：

- 编译器（Compiler）：它需要完整的程序源代码才能对程序进行编译，生成可执行程序，再链接函数库予以执行。
- 解释器（Interpreter）：在执行时，动态地将程序代码逐句解释翻译成机器码。

更通俗的说法，编译器就像是个翻译软件，必须有整篇文章才能进行翻译；解释器则像是一位可以跟你一起到处行走的口译人员，随时为你进行翻译。

### 1.1.1　Python 有什么魅力

Python 语言有何特色？相对于其他计算机程序设计语言，它的魅力何在？Python 官方给自己的标注是："简单易学，语法简洁，解释型的计算机语言。"

另一个佐证是，TIOBE Software 网站在 2022 年 2 月份公布的世界程序设计语言排名中，Python已经跃居榜首了，如图 1-1 所示。

| Feb 2022 | Feb 2021 | Change | Programming Language | Ratings | Change |
|---|---|---|---|---|---|
| 1 | 3 | ^ | Python | 15.33% | +4.47% |
| 2 | 1 | ∨ | C | 14.08% | -2.26% |
| 3 | 2 | ∨ | Java | 12.13% | +0.84% |
| 4 | 4 |  | C++ | 8.01% | +1.13% |
| 5 | 5 |  | C# | 5.37% | +0.93% |
| 6 | 6 |  | Visual Basic | 5.23% | +0.90% |
| 7 | 7 |  | JavaScript | 1.83% | -0.45% |

图 1-1

Python 语言诞生于 1989 年，它的创始人吉多·范罗苏姆（Guido van Rossum）最初是为了发明一款新的脚本语言（Script Language，或被称为描述语言）。Python 语言发展至今，已经是一门高级程序设计语言了，支持面向对象程序设计方法。该语言支持跨越平台，在 Linux、Mac 以及 Windows 平台都能畅行无阻。

Python 的名称是怎么来的呢？吉多·范罗苏姆是蒙提派森飞行马戏团（Monty Python's Flying Circus，BBC 电视剧）的粉丝，所以他选中 Python 作为该程序设计语言的名称。他参考了 ABC（All Basic Code）程序设计语言、C 语言以及其他一些程序设计语言来建构 Python 语言。Python 语言有什么特色呢？

- Python 是动态、强类型的语言。由于 Python 采用动态类型，程序代码在执行时才会检查类型，因此某些情况的操作可能会导致抛出异常。Python 同时也是强类型语言，不同的数据类型采用高标准规范，比如数字加字符串这种没有明确定义的运算是不合法的。
- Python 是脚本语言也是程序设计语言。在管理操作系统时，系统管理员会根据惯例编写程序，让计算机按部就班地执行。这些程序必须借助操作系统的 Shell（或被称为命令外壳）配合脚本语言来编写。Python 既能用作脚本语言，也能像普通的程序设计语言一样应用于程序开发实践中。
- Python 是一种胶水语言（Glue Language），资源丰富。Python 如同胶水一样把相关功能的程序（可能由不同的程序设计语言所编写）"黏"在一起。

Python 语言除了本身拥有功能完备的标准函数库外，也能加入第三方函数库（或称为第三方套件、程序包、包）轻松完成很多常见的任务。常见的第三方函数库如下：

- Web 应用：可以使用 Django、Flask 或 Tornado 等包。
- GUI 开发：支持的包有 Tkinter、wxPython 或者 PyQt 等。
- 操作系统：除了 Windows 之外，多数操作系统都将 Python 内建为标准组件，可以在"命令提示符"环境下运行。而 Linux 的发行版本用 Python 语言编写成安装程序，例如 Ubuntu 的 Ubiquity。

## 1.1.2　安装 Python

在安装 Python 之前，先认识它的发行版。Python 语言的有趣之处是 Python 2.x 和 Python 3.x 同时存在，但彼此之间并非完全兼容。Python 2.7 是 Python 官方针对 2.x 系列所发行的最后版本，由于资源较丰富，它的第三方函数库依然不少。

一般而言，程序设计语言的版本都是不断累进更新或升级的，但是 Python 3.x（也被称为 Python 3000，或 Py3k）不支持向下兼容。有关 Python 的不同发行版本，可参考表 1-1 进行通盘了解。

表1-1　Python版本

| 版　　本 | 简　　介 |
| --- | --- |
| 2.7 | 2010/07/03 发行，最终版本，官方支持到 2020/01/01 |
| 3.8 | 2019/10/14 发行 |
| 3.9 | 2020/10/14 发行 |
| 3.10 | 2021/10/01 发行，本书采用的版本 |

要解释执行 Python 程序，必须通过 Python 执行环境提供的解释器。Python 究竟有哪些解释器呢？可以参考表 1-2。

表1-2　Python解释器

| 解　释　器 | 简　　介 |
| --- | --- |
| CPython | 官方的解释器，用 C 语言编写，本书使用的解释器 |
| PyPy | 用 Python 语言编写而成，执行速度会比 CPython 快 |
| IronPython | 可调用.NET 平台的函数库，将 Python 程序编译成.NET 程序 |
| Jython | 用 Java 语言编写而成，可以直接调用 Java 函数库 |

Python 官方软件以 CPython 为载体，包含 Python 本身的软件、内建套件和 pip 等：

- Python 3.10：由 CPython 提供的解释器，Python 官方团队制作，它的源代码完全开放，具有标准架构，让他人能遵循此标准制定 Python 的执行环境，本书直接以 Python 来称呼它。
- pip：是用来管理 Python 第三方函数库的工具，内建于 CPython 软件，安装时通过选项可以同步安装到目标系统（可参考下面的"操作 1：下载和安装 Python 系统"的步骤 4）。
- Tkinter 和 IDLE：Tkinter 套件用来编写 GUI，IDLE 为 Python 内建的 IDE（集成开发环境）软件。

本书以 Windows 操作系统为开发环境进行 Python 系统的安装。

**操作 1：下载和安装 Python 系统**

步骤 01　进入 Python 官网，它会检测用户的操作系统。

①找到 Downloads，展开选项。

②选择下载的版本，即 Download for Windows 的 Python 3.10.7。想要下载更早之前的版本，可单击 View the full list of downloads 文字链接寻找合适的版本。如图 1-2 所示。

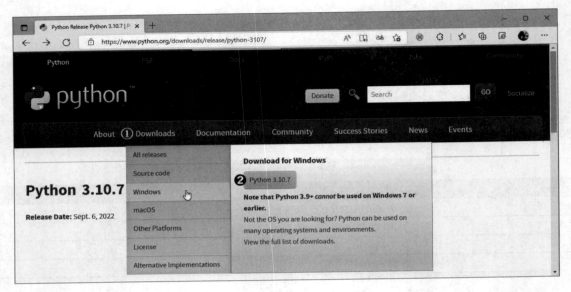

图 1-2

步骤 **02** 完成软件的下载后，用鼠标双击安装包以启动 Python 软件。

步骤 **03** 进入 Python 安装页面：

① 先勾选页面下方的 Add Python 3.10.7 to PATH 复选框。

② 单击 Customize installation 选项准备软件的安装。如图 1-3 所示。

图 1-3

步骤说明 Add Python 3.10 to PATH 表示要将 Python 软件的执行路径加到 Windows 的环境变量中，如此一来，在"命令提示符"窗口中就可以直接执行 Python 指令了。

步骤 **04** Optional Features 使用默认值，勾选所有选项，单击 Next 按钮，如图 1-4 所示。

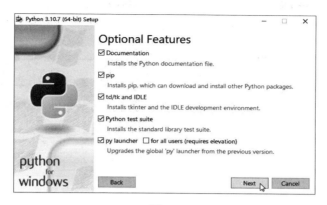

图 1-4

**步骤 05** Advanced Options 除了第一个选项不勾选外，其他选项均勾选，安装路径采用默认值，
单击 Install 按钮准备安装，如图 1-5 所示。

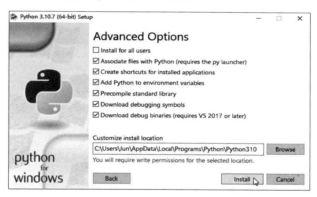

图 1-5

**步骤 06** 在看到安装成功的提示信息之后，单击 Close 按钮结束安装，如图 1-6 所示。

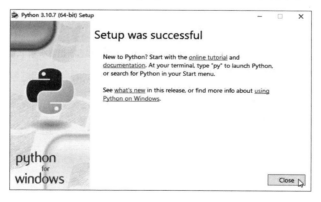

图 1-6

## 1.1.3　测试 Python 软件

在进行 Python 软件的测试之前，先来检查环境变量。也就是检查操作 1 中步骤 5 的安装路径是

否顺利加入操作 1 中步骤 3 所提示的"Add Python 3.10 to PATH"。

**操作 2：检查环境变量**

**步骤 01** 使用【窗口键⊞+R】组合键启动"运行"对话框：

　① 输入"sysdm.cpl"命令。
　② 单击"确定"按钮。如图 1-7 所示。

**步骤 02** 进入"系统属性"对话框：

　① 单击"高级"选项卡。
　② 单击"环境变量"按钮。如图 1-8 所示。

图 1-7

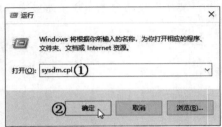

图 1-8

**步骤 03** 进入"环境变量"对话框，进一步查看用户变量的 Path：

　① 单击"Path"选项。
　② 单击"编辑"按钮进入"编辑环境变量"对话框，查看 Python 软件的执行路径（就是操作 1 中步骤 5 的 Python 安装路径）。如图 1-9 所示。

图 1-9

**步骤 04** 若在操作 1 的步骤 3 中未勾选 Add Python 3.10 to PATH 复选框，则在进入"编辑环境变量"对话框后单击"新建"按钮，加入路径"C:\Users\用户名称\AppData\Local\Programs\Python\Python310\"。为了能使用 pip 命令，还要加入第二个路径"C:\Users\用户名称\AppData\Local\Programs\Python\Python310\Scripts"。如图 1-10 所示。

图 1-10

下面在"命令提示符"窗口中对 Python 环境做一个小小的测试。

**操作 3：测试 Python 环境**

**步骤 01** 参考操作 2 中步骤 1 的方法来启动"运行"窗口，输入"cmd"命令，进入"命令提示符"窗口。

**步骤 02** 在命令提示符窗口中：

① 直接输入"Python"命令并按 Enter 键，则会显示 Python 版本，进入 Python Shell 交互模式，显示特有的提示符">>>"。

② 进一步输入数学算式"1245+7861"并按 Enter 键，则会显示计算结果"9106"，并且光标会再回到提示符">>>"之后。

③ 再输入数学算式"1245/648"并按 Enter 键，显示结果如图 1-11 所示。

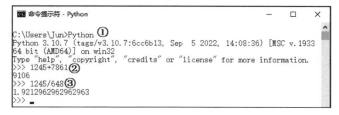

图 1-11

步骤 **03** 以 quit()命令退出 Python Shell，回到原来的目录，如图 1-12 所示。

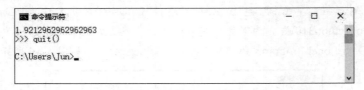

图 1-12

下面以一个简单程序来测试 Python 环境是否能正确执行 Python 程序。打开 Windows"记事本"，编写一个 Python 程序，文件扩展名是 "*.py"；进入"命令提示符"窗口，调用 Python 命令来解释执行 Python 程序代码。

**操作 4：Python 小程序**

步骤 **01** 启动 Windows "记事本"，输入一行简单的语句 "print('Hello! Python World…')"，如图 1-13 所示。然后在菜单中依次单击"文件→保存文件"菜单命令，进入"另存为"对话框。

图 1-13

步骤 **02** ① 保存文件的位置设置为 "D:\PyCode\CH01"。

② 文件名设置为 "CH0101.py"（需给出完整的文件名）。

③ 单击"保存"按钮。如图 1-14 所示。

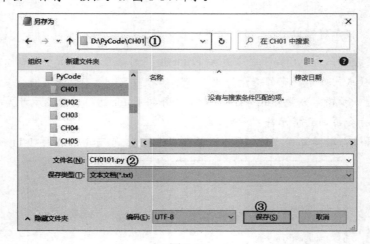

图 1-14

步骤 **03** 回到"命令提示符"窗口：

① 切换到 D 盘。

② 输入 "cd PyCode\CH01" 命令并按 Enter 键, 确认切换到 Python 程序源代码所存放的目录, "cd" 命令和文件路径之间要有空格符。如图 1-15 所示。

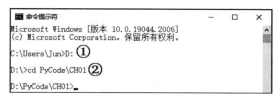

图 1-15

**步骤 04** 执行 Python 程序, 输入 "python CH0101.py" 命令, 若能输出 "Hello! Python World..." 且无错误发生, 则表示 Python 执行环境安装和设置成功。如图 1-16 所示。

图 1-16

## 1.1.4　Python 的应用范围

Python 发展至今, 随着第三方套件的不断扩展, 它的应用范围也越来越广泛。Python 的第三方套件如下:

- 网络应用: 通过各种网络协议进行 Web 开发, 像是编写服务器软件、网络爬虫等。用 Python 语言编写的 Web 框架可以用来管理复杂的 Web 程序, 例如开发 Web 框架的 Django 轻量级的 Flask、解析 HTML/XML 的 Beautiful Soup 套件等。
- 数据科学: 随着科技的发展, 各式各样的数据需经过运算和处理方能进一步使用, 因而各类著名的套件也被开发出来。例如: 提供数学计算基础的 NumPy 套件; 实现 MATLAB 功能的 SciPy 套件, 能绘制出二维图形的 Matplotlib 套件, 擅长数据分析并支持数据可视化的 Pandas 套件, 支持数学运算的 SymPy 套件, Google 开发的支持机器学习和深度学习的 TensorFlow 套件 (提供了 Python API)。
- GUI: 为了支持 GUI 的开发, Python 内建了 Tkinter 函数库, 并被集成到 IDLE。其他的还有 PyGObject、PyQt 套件, 支持跨平台的 AppJar 套件, 提供 GUI 程序框架 wxWidgets 的 WxPython 套件等。
- 其他知名的套件: 符合 SDL 规范, 用来开发游戏的 PyGame 套件; 能处理多种图形文件的 Pillow 套件; 可以将程序生成为独立安装包的 PyInstaller 套件。

## 1.2　Python 的开发工具

随着 Python 语言的普及, 编写 Python 程序的集成开发环境 (IDE) 软件也越来越多。本书采用

Python 官方软件提供的 IDLE 软件来编写 Python 程序代码，为了方便初学者能更贴近程序设计语言的语法，也会使用微软的 Visual Studio Code。接下来首先介绍 Python 的一些常用 IDE 软件，再来熟悉 Python 内建的 IDLE 软件。

## 1.2.1　有哪些 IDE 软件

IDE 即集成开发环境（Integrated Development Environment），通常包括了编写程序语言的编辑器、调试器，有时还会有编译器或解释器。这类 IDE 犹如 Microsoft 的 Visual Studio。有些 IDE 是针对特定的程序设计语言量身打造的，如包含 Python 运行环境的软件所附带的 IDLE 软件。

- PyCharm：由 JetBrains 打造，具备一般 IDE 的功能，能让文件以项目（Project）方式进行管理，同时它能配合 Django 套件开发 Web 应用。它提供了 Professional(专业)和 Community（社区版）两种版本，其中的 Community 版本只要用户注册就能免费使用。
- WingIDE：是支持 Python 功能最完整的 IDE 软件，目前不支持中文。团队开发可以使用 Wing Pro 版本，而免费版本有两种：Wing Personal 适用于个人专业开发，Wing 101 版本适用于初学者。
- PyScripter：由 Delphi 开发，用于 Windows 环境，它是免费的开放源代码程序。
- Anaconda：它较适用于数据处理，支持的套件达 200 种以上（见图 1-17），共有 4 种版本：个人使用的 Anaconda Distribution（注册后可免费使用），商业模式的 Anaconda Professional，企业使用的 Anaconda Business，提供数据库服务的 Anaconda Server。

- Visual Studio Code（简称 VS Code）：严格来讲它是一款编辑器，由微软开发，注册后就可以免费使用。
- IDLE：由 CPython 提供，是安装 Python 3.10 时的默认选项。完成 CPython 安装后就可以看到它，它是一款简洁实用的 IDE 软件，因而它的编辑和调试功能较弱。

图 1-17

这些以 Python 为目标程序设计语言的 IDE 软件，除了 IDLE 软件之外，都必须先安装 CPython 软件，才能安装相关的 IDE 软件。安装 PyCharm 时要先查看它所支持的 Python 版本，如果 CPython 软件的版本高于 IDE 软件，则安装的 IDE 软件可能无法执行，例如 CPython 软件的版本是 3.10，IDE 软件得支持 Python 3.10 才能通行无阻。这当中 Anaconda 算是比较独特的，它内建了 Python 运行环境的软件，安装了 Anaconda，也就同时安装了 CPython 软件。

## 1.2.2　CPython 有什么

现在来看看 Python 3.10 在 Windows "开始" 程序列表中有哪些有趣的内容，参考图 1-18。

### 1. Python 3.10(64-bit)

单击 Python 3.10(64-bit)，启动后直接进入 Python Shell 交互模式（Interactive Mode），我们会看到 Python 运行环境软件的版本声明（见图 1-19），而后是 Python 特有的提示符"＞＞＞"（主提示符）。在这种交互模式下，可以单步解释执行 Python 程序。用户可以输入一行 Python 程序代码，交由 Python 解释器执行，Python Shell 显示执行结果后就会回到"＞＞＞"提示符之下，等待下一行程序代码的输入。这犹如 Python Shell 在与人交谈，故被称为交互模式或互动模式。

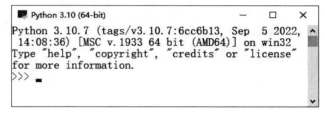

图 1-18　　　　　　　　　　　　　　　　　　　图 1-19

### 2. IDLE(Python 3.10 64-bit)

IDLE(Python 3.10 64-bit)软件内建于 CPython 的 IDE 软件（更多内容可参考第 1.2.3 节）。

### 3. Python 3.10 Manuals(64-bit)

Python 3.10 Manuals(64-bit)提供了 Python 程序设计语言的使用手册，它是 HTML 可执行文件。打开该文件，它的标题为"Python Documentation contents"，可利用它来查询 Python 程序设计语言的有关内容，如图 1-20 所示。

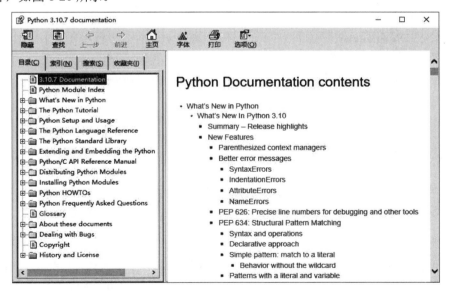

图 1-20

### 4. Python 3.10 Module Docs(64-bit)

在 Windows"开始"程序列表中执行此程序之后，会先启动"命令提示符"窗口再转换到浏览器并开启一个新的网页，在该网页中按照字母顺序列出了 Python 内建模块相关函数的说明（见图 1-21）。例如，单击 math 模块就可以查看该模块中包含的数学函数。

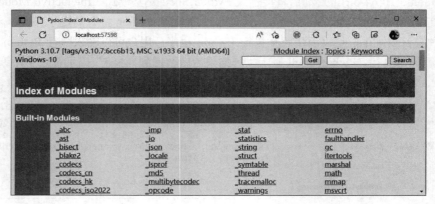

图 1-21

## 1.2.3　Python Shell

CPython 已内建 IDLE（Python GUI），下面来看看 IDLE 的界面。启动 IDLE 之后会看到 Python 特有的提示符"＞＞＞"，表明已进入 Python Shell。一般来说 IDLE 有交互式和文件式两个操作界面，这两个操作界面可以互换。

- Python Shell: 提供解释器，执行 Python 程序代码，还能以程序代码相关语句与 Shell 交互。展开 File 菜单，单击 New File 菜单命令，以新的窗口打开一份空白文件，而后进入编辑器，如图 1-22 所示。

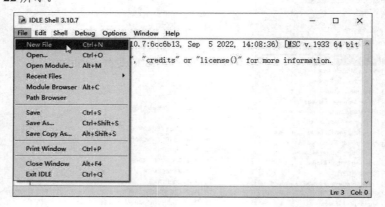

图 1-22

- 编辑器: 用来编写 Python 程序。想要调出 Python Shell 也很简单，只要展开 Run 菜单，单击 Python Shell 菜单命令（见图 1-23），随后即可看到 Python Shell 的提示符"＞＞＞"。

基本上，IDLE 软件的 Python Shell 和编辑器是两个能彼此切换的窗口。如果没有修改 IDLE 的启动设置（可参考第 1.2.3 节），就会启动 Python Shell 并可看到其特有的"＞＞＞"提示符，表示等待用户输入 Python 语句。如果修改了 IDLE 的启动设置，就会进入 Python 编辑器而不是启动 Python

Shell。

IDLE 完全支持 Python 语言的语法，使用其内建函数（Built in Function，简称 BIF）就可以用 Tab 键来展开列表实现输入补齐功能，如图 1-24 所示。

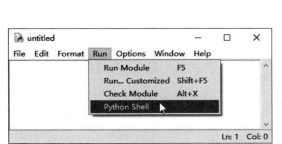

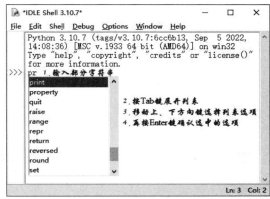

图 1-23　　　　　　　　　　　　　　　　　　图 1-24

此外，还可以使用【Alt + P】或【Alt + N】组合键来选择输入上一条或下一条程序语句（即暂存在缓存区里的之前输入过的程序语句）。

在 Python Shell 交互模式下，可调用内置函数 help() 来获取更多帮助。不过，要注意函数的左、右括号不能省略，否则无法进入"help>"交互模式。要退出 help 模式，输入 quit() 命令即可。若要查询内置函数的用法，也可以直接调用 help() 函数并把要查询的内置函数名作为 help 函数的参数即可。

**操作 5：调用函数 help() 获取帮助**

步骤 01　输入"import this"语句，如图 1-25 所示。

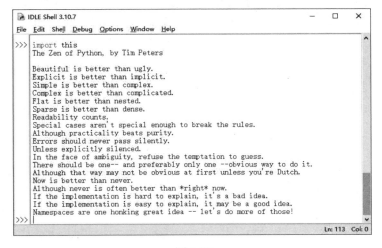

图 1-25

步骤 02　在 Python Shell 交互模式中输入 help() 函数来获取相关信息，如图 1-26 所示。

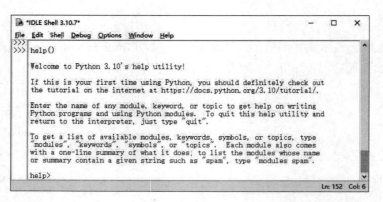

图 1-26

步骤 03 进入 "help>" 交互模式，可以查询很多内容。例如输入 "keywords" 会列出 Python 语言的关键字，如图 1-27 所示。

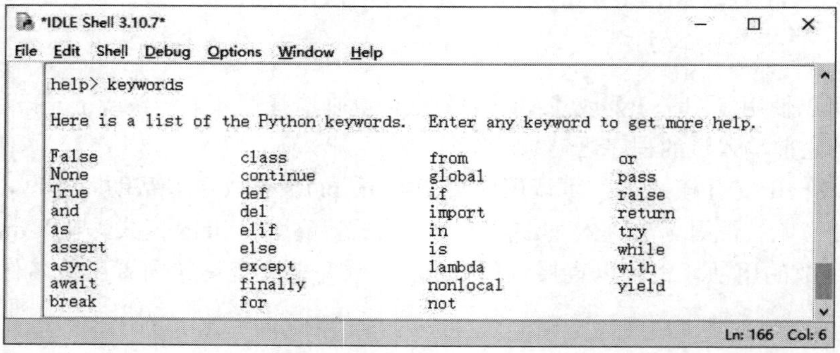

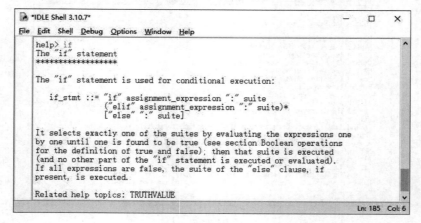

图 1-27

步骤 04 想要进一步了解某个关键字代表的含义，可以在 help> 模式下输入此关键字，例如输入 "if" 再按 Enter 键，就会显示出 if 语句的语法，如图 1-28 所示。

图 1-28

步骤 05 要获取某个内置函数的使用说明，例如 input() 函数，输入 "input" 并按 Enter 键，随后显示的信息告诉我们：它是一个 built-in function（内置函数），它的参数 prompt = None，并进一步说明 prompt（提示信息）是 string 类型的，如图 1-29 所示。

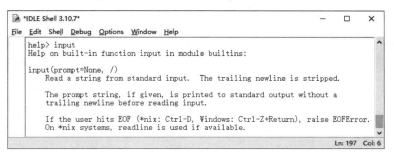

图 1-29

**步骤说明**　查询 input()函数时，不能加入左、右括号，否则系统会告诉用户"No Python documentation found for 'input()'"。

**步骤 06**　一些特殊的对象，例如 NONE，在 "help>" 模式下可输入 "topics" 命令先进行查询，或者直接输入 NONE 来获取该对象的相关信息，如图 1-30 所示。

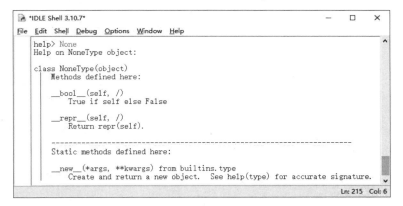

图 1-30

**步骤 07**　要退出 help 帮助页面，可输入 quit 命令，随后就回到显示 ">>>" 提示符的状态，即回到了 Python 程序执行的交互模式下，如图 1-31 所示。

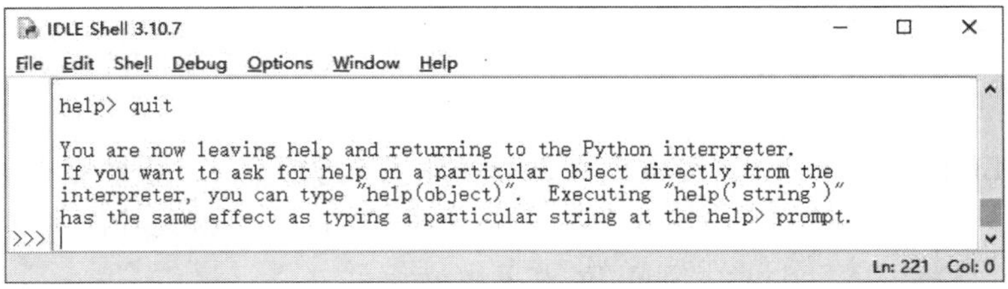

图 1-31

**步骤 08**　在 ">>>" 提示符下，若想要知道某个内置函数的用法，例如 round()函数，可直接输入 help(round)，结果如图 1-32 所示。

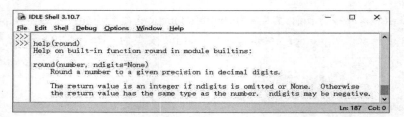

图 1-32

**步骤 09** 想要查询某个类型提供的方法的语法，例如要查询字符串类型提供的 split()方法（用来分割字符串）的用法，也可以直接调用 help()函数，如图 1-33 所示。

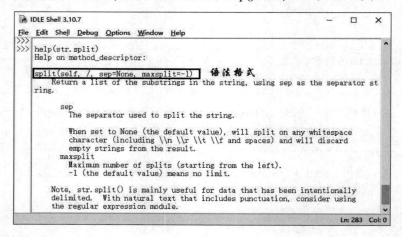

图 1-33

**步骤 10** 导入模块之后，help()也可以用来查询模块中函数或方法的用法，如图 1-34 所示。

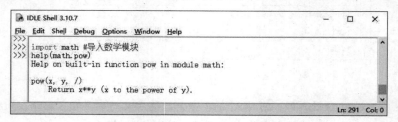

图 1-34

## 1.2.4　IDLE 的环境设置

想要变更 IDLE 的工作环境，找到 IDLE Shell 标题栏下方的菜单，如果要改变相关设置，展开 Options 菜单，单击 Configure IDLE 菜单命令进入 Settings 窗口。在 Settings 窗口中有 6 个分页标签：Fonts、Highlights、Keys、Windows、Shell/Ed 和 Extensions。

### 1. Fonts 分页标签

Fonts 分页标签用于设置字体，使用它来变更编辑器的字体。

**操作 6：变更编辑器的字体**

单击 Fonts 分页标签后：

① 选择 Font Face 列表中的某一种字体。

② 单击 Size 按钮来选取所要的字号。如图 1-35 所示。

　　编写程序时，程序代码文本用不同颜色显示有助于编写者阅读程序内容。通过 Highlights 分页标签的设置可以把 Python 程序代码根据不同的语法显示为不同的颜色。其中的 Highlighting Theme 有两种选择：a Built-in Theme（内建配色方案）和 a Custom Theme（用户自定义配色方案）。通过下述操作，把黑色"行号"文字变更成其他颜色。

**操作 7：变更行号的颜色**

**步骤 01** ① 切换到 Highlights 分页标签。

　　　　② 从 Highlighting Theme Select 选项组中选择 a Built-in Theme。

　　　　③ 单击 IDLE Classic（默认值）按钮展开选项列表，继续选择 IDLE Classic 选项。如图 1-36 所示，套用之后的效果会立即显示在窗口左侧的展示区（程序编号从 1 开始）。

图 1-35

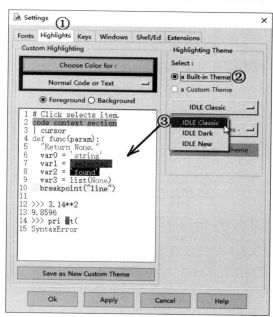

图 1-36

**步骤 02** ① 在 Highlighting Theme Select 选项组中把选项变更为 a Custom Theme。

　　　　② 单击 Line Number 按钮展开选项列表。

　　　　③ 选择 Line Number 选项。

　　　　④ 单击 Choose Color for: 按钮。如图 1-37 所示。

**步骤 03** 进入 Pick new color for: Line Number 对话框：

　　　　① 选择好颜色。

② 单击"确定"按钮回到 Settings 窗口。如图 1-38 所示。

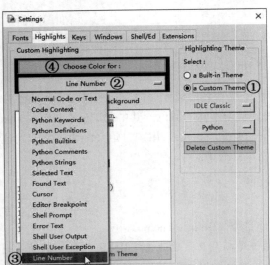

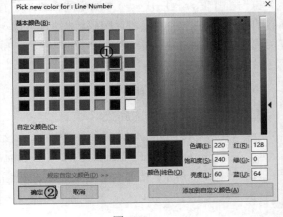

图 1-37                                    图 1-38

**步骤 04** 回到 Settings 窗口：

① 确认选中的是 Foreground。

② 单击 Python 按钮展开选项列表。

③ 选择 Python 选项以存储所做的变更。如图 1-39 所示，可以看到 Line Number 按钮四周已由黑色变成深红色。

## 2. Keys 分页标签

Keys 分页标签提供了多个组合键的设置，相关设置值可通过 Action-Key(s)查看，如先前提到的【Alt+P】组合键（Python Shell 中用来提取前一条程序语句），把它变更为【Alt + ←】的具体步骤如下：

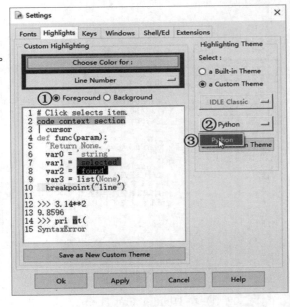

图 1-39

**操作 8：变更组合键**

**步骤 01** ① 切换到 Keys 分页标签。

② 选择要变换的组合键。

③ 单击 Save as New Custom Key Set 按钮保存设置，进入 New Custom Key Set 对话框。

④ 输入名称 previous statement。

⑤ 单击 OK 按钮回到 Keys 分页标签。如图 1-40 和图 1-41 所示。

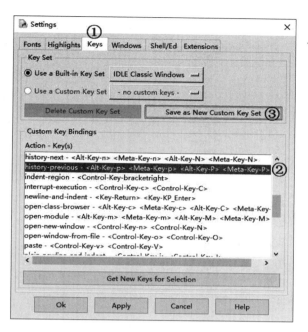

图 1-40

图 1-41

步骤 02 ① 在 Key Set 选项组中单击 Use a Custom Key Set 单选按钮。

② 单击下方的 Get New Keys for Selection 按钮重设组合键。如图 1-42 所示。

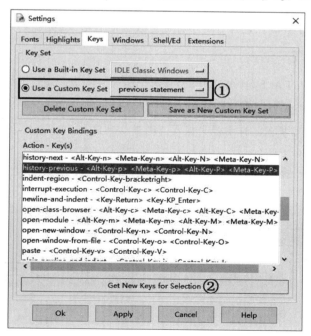

图 1-42

步骤 03 进入 Get New Keys 窗口：

① 勾选 Alt 复选框。

② 选择 Left Arrow 选项。

③ 单击 OK 按钮完成设置，回到 Settings 窗口的 Keys 分页。如图 1-43 所示。

图 1-43

### 3. Windows 分页标签

以 At Startup 为例简单介绍 Windows 分页标签。

- At Startup 表示启动 Python IDLE 先打开哪一个窗口，默认是 Open Shell Window，若需要可以在 Windows 分页标签中变更为 Open Edit Window。Indent spaces 是我们使用编辑器编写程序时，按 Tab 键产生缩排的字符数，默认值是 4，此处变更为 3。如图 1-44 所示。

### 4. Shell/Ed 分页标签

Shell/Ed 分页标签中的 At Start of Run(F5)有两个选项，就是在编辑器编写完程序代码之后，按 F5 键准备运行程序时要采取的两种不同操作（见图 1-45）：

- No Prompt: 即不提示，若文件未保存，则默认采取 No Prompt，自动完成保存操作，再执行程序。
- Prompt to Save: 提示用户要完成保存操作才会执行程序。

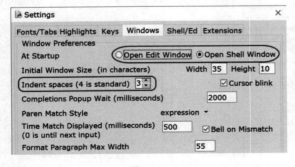

图 1-44

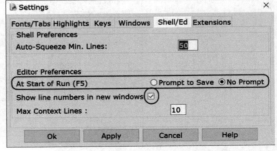

图 1-45

勾选 Show line numbers in new windows 复选框，在 IDE Shell 3 中的菜单栏中依次单击"File→

New File"菜单命令，打开一个新文件开始编写程序，编辑器窗口左侧会显示出行号，如图 1-46 所示。

最后，不要忘记单击 Settings 窗口左下角的 OK 按钮，以使所有的设置生效。

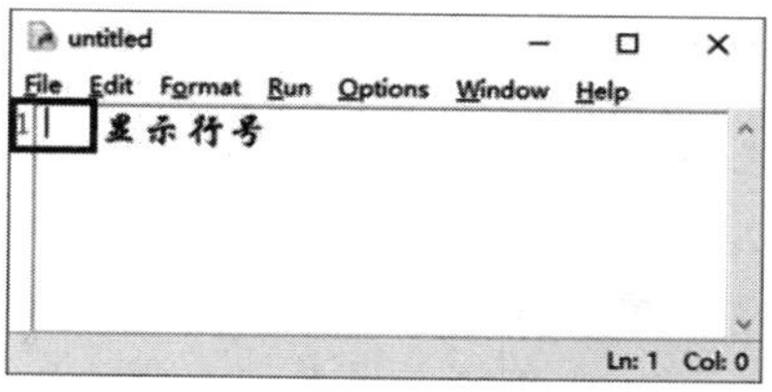

### 范例程序 CH0102.py

**步骤 01** 打开 Python 源代码程序文件，在菜单栏中依次单击"File→Open"菜单命令，打开已有文件，如图 1-47 所示。

**步骤 02** ① 找到程序文件存放的位置。

② 选择 CH0101.py 文件。

③ 单击"打开"按钮。如图 1-48 所示。

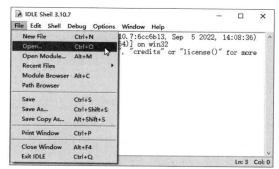

图 1-47

图 1-48

**步骤 03** 加载文件之后，若想将它保存为另外一个文件，可以在菜单栏中依次单击"File→Save As"菜单命令，如图 1-49 所示。

**步骤 04** ① 确认文件要保存的目标目录（或路径）。

② 设置文件名为"CH0102"。

③ 选择保存类型为 Python files。

④ 单击"保存"按钮以保存文件。如图 1-50 所示。

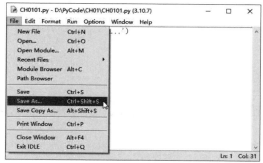

图 1-49

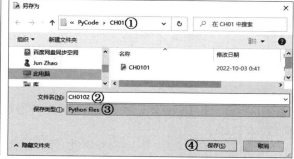

图 1-50

**步骤 05** 输入如下程序代码：

```
01 name = input('输入你的名字-> ')
```

*图 1-46（右上角）*

```
02 print('Hello! ' + name)
```

**程序说明：**

- 第 01 行：以内置函数 input() 来获取输入的名字，并存储到变量 name 中。
- 第 02 行：调用内置函数 print() 来输出结果，使用 "+" 运算符来串接前面的字符串和后面的字符串变量。可以使用单引号（'）或双引号（"）作为字符串的前后边界。

**步骤 06** 保存程序并进行解译执行：在菜单栏中依次单击 "File→Save" 菜单命令来保存程序文件，再依次单击 "Run→Run Module" 菜单命令或直接按 F5 键来运行程序。如图 1-51 所示。

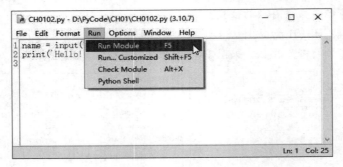

图 1-51

**步骤 07** 程序执行时自行切换到 Python Shell 窗口。根据程序的提示输入名称并按 Enter 键，程序执行结束就会回到 ">>>" 提示符之下，如图 1-52 所示。

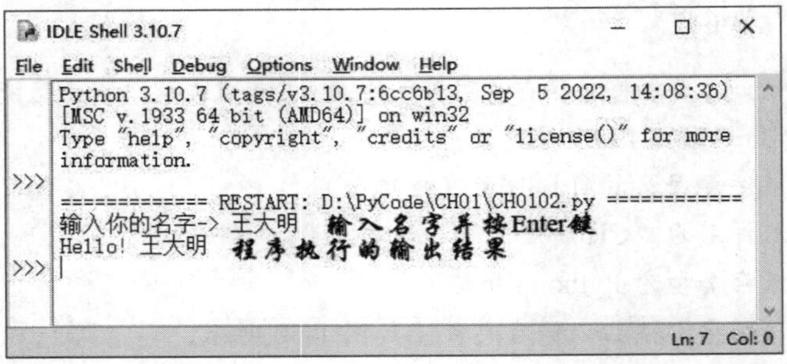

图 1-52

# 1.3　使用 Visual Studio Code

除了 Python IDLE 之外，本书编写程序时还会使用另一款颇受欢迎的编辑器 Visual Studio Code（简称 VS Code）。

## 1.3.1　下载并安装 Visual Studio Code

在微软的官方网站下载 Visual Studio Code。注意，在安装 Visual Studio Code 之前必须完成 Python 软件包的安装。

操作 9：下载并安装 Visual Studio Code

步骤 01 在浏览器中打开微软的官方网站，找到 Visual Studio Code 并下载。

① 单击 ☑ 按钮展开选项列表。

② 单击"Windows x64 用户安装程序"下载。如图 1-53 所示。

步骤 02 双击 Visual Studio Code 安装软件开始安装。

① 单击"我同意此协议"单选按钮。

② 单击"下一步"按钮。如图 1-54 所示。

图 1-53　　　　　　　　　　　　　　　　　　　图 1-54

步骤 03 选择目标位置，此处使用默认的文件夹设置进行安装，直接单击"下一步"按钮，如图 1-55 所示。

图 1-55

步骤 04 创建程序的快捷方式，此处使用默认值，直接单击"下一步"按钮，如图 1-56 所示。

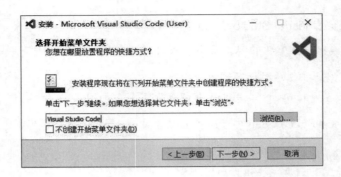

图 1-56

**步骤 05** 选择附加任务，此处不进行任何变更，直接单击"下一步"按钮，如图 1-57 所示。

图 1-57

**步骤 06** 在准备安装页面单击"安装"按钮开始软件的安装，如图 1-58 所示。

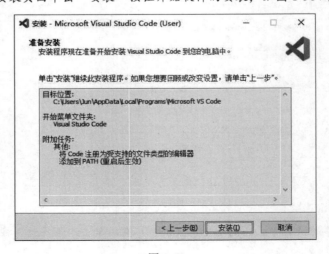

图 1-58

**步骤 07** 在安装完成页面单击"完成"按钮结束软件的安装，如图 1-59 所示。

图 1-59

## 1.3.2　启动 Visual Studio Code

完成 Visual Studio Code 软件的安装后，就可以启动 Visual Studio Code，其起始页面如图 1-60 所示。Visual Studio Code 窗口以工作区为主体，窗口左侧是活动条（Activity Bar，或称为活动栏），活动条中第 1 个是管理文件的资源管理器，第 5 个是能让我们添加与 Python 有关的组件的扩展模块；窗口下方会列示相关指令。我们可以使用【Ctrl+ +】组合键来放大 Visual Studio Code 窗口的内容，或者使用【Ctrl+ −】组合键来缩小 Visual Studio Code 窗口的内容。

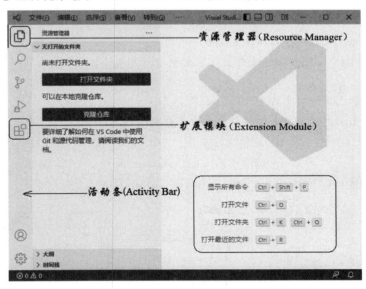

图 1-60

用 Visual Studio Code 创建文件之后，窗口最上方是菜单栏，底部是状态栏，侧边栏会因选取的活动条的功能选项不同而有所不同，以图 1-61 为例，因为选择了资源管理器，所以会列出工作区有关的目录和文件。编辑区用来编写程序代码，以分页标签呈现。面板含有终端，配合编辑区来展示不同的面板。

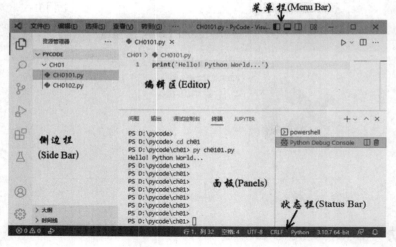

图 1-61

如何存储 Python 程序？先设置工作区，再添加文件夹，如 CH01 文件夹表示第 1 章；有了文件夹之后，再加入 Python 文件，如 CH0101.py，表明它是第 1 章的第 1 个程序。文件扩展名为 py，以明确它是 Python 程序文件。

**操作 10：Visual Studio Code 添加工作区**

步骤 **01** 先在某个硬盘创建一个空白文件夹，例如在 D 盘新建一个名为 PyCode 的文件夹来作为 Visual Studio Code 工作区。

步骤 **02** 依次单击 "文件→打开文件夹" 菜单命令，进入 "打开文件夹" 对话框，如图 1-62 所示。

步骤 **03** ① 选取已建好的文件夹 "PyCode"。

② 单击 "选择文件夹" 按钮来完成工作区的设置。如图 1-63 所示。

图 1-62

图 1-63

步骤 **04** 完成工作区的设置之后，单击 ⬚ (新建文件夹) 图标按钮新建文件夹 CH01 (见图 1-64)，再单击 ⬚ (新建文件) 图标按钮新建文件 CH0101.py (见图 1-65)。

图 1-64　　　　　　　　　　图 1-65

**步骤 05** 新建 CH0101.py 文件之后，会在窗口右侧打开程序代码编辑区，如图 1-66 所示。

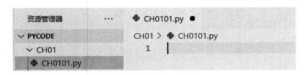

图 1-66

**步骤 06** 编写一行程序"print('Hello! Python World...')"，记得要保存。

**步骤 07** 执行该 Python 程序。

① 在 CH0101.py 文件上右击。

② 从弹出的快捷菜单中单击"在集成终端中打开"命令，如图 1-67 所示。在程序代码编辑区下方会打开终端显示区。

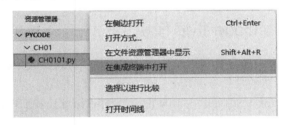

图 1-67

**步骤 08** 终端启动之后，插入点会停留在 D:\PyCode\CH01\CH0101.py 处，输入"Python CH0101.py"指令（可以简化为 py CH0101.py），若无错误，就会输出"Hello! Python World..."，如图 1-68 所示。

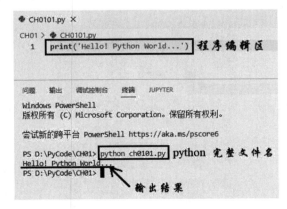

图 1-68

要执行 Python 程序有三种方式，除了上述的打开终端再通过输入 Python 命令来执行之外，还有其他两种方式：

- 在编辑区右击，从弹出的快捷菜单中单击 Run Python File in Terminal（ 在终端中执行 Python 文件命令，如图 1-69 所示。

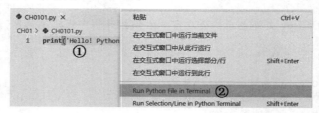

图 1-69

- 按编辑区右上角的 ▷ 图标按钮来执行 Python 文件，如图 1-70 所示。

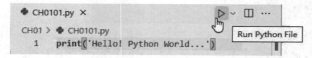

图 1-70

## 1.3.3 Visual Studio Code 扩展模块

本小节介绍 Visual Studio Code 的扩展模块，它支持使用关键字搜索相关的模块，经过搜索后，越是位于前面的模块，表示它的使用频率越高。例如搜索 "Python"，搜索后前两个与 Python 有关的模块是 Python 与 Python for VSCode，它们能配合 IntelliSense 让我们在编写程序时减少出错率并能以关键字显示相关的候选内容。

操作 11：Visual Studio Code 扩展模块

步骤 01 ① 单击窗口左侧 ⊞ （扩展）图标。

② 在搜索框中输入 "Python"，Visual Studio Code 就会去搜索与它有关的模块并列于下方。如图 1-71 所示。

图 1-71

**步骤 02** 选择要使用的模块，再单击"安装"按钮安装此模块，如图 1-72 所示。注意：Python for VSCode 目前已经弃用。

图 1-72

# 1.4　Python 编写风格

以 Python 语言编写的程序代码同样被称为源代码（Source Code），保存时需以 *.py 作为文件扩展名，通过 Python 的解释器可以将 Python 程序的源代码转换成字节码（Byte Code）。字节码与操作系统的平台无关，它是计算机所熟悉的低级形式。

字节码能优化程序启动的速度，只要源代码未被修改过，那么下一次执行时就会调用保存好的字节码文件（*.pyc）来执行而无须重解释将程序的源代码。通常用户是看不到解释过程的，Python 的解释器会把这些字节码保存在文件扩展名为 *.pyc 的文件中（.pyc 文件就是 .py 源文件解释后生成的字节码文件）。

完成解释的字节码要通过 Python 虚拟机（Python Virtual Machine，简称 PVM）来执行。概括一下，PVM 就是 Python 的执行引擎，它将字节码指令进行迭代，逐个执行字节码指令，用户则可以看到程序是否正确无误地执行。Python 程序执行过程的示意图如图 1-73 所示。

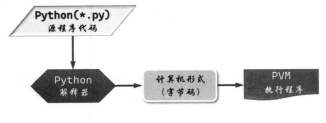

图 1-73

编写 Python 程序时要注意什么？首先是编码问题，Python 支持 GB2312、GBK（支持简体中文）与 UTF-8（兼容所有语言的编码）。变更编码的语法如下：

```
# -*- coding: encoding -*-
```

● encoding：编码名称。

例如，将编码变更成 UTF-16，代码如下：

```
# -*- coding: utf-16 -*-
```

另外，程序代码需要具有可阅读性。如何提高程序代码的阅读性？不外乎缩排程序代码，再加上必要的注释。这样做的好处是在维护程序时易于了解程序设计思想和实现方法。

## 1.4.1    "Hello World!" 程序就是这么简单

Python 程序代码一般是由各个模块（Module）组成。模块中有一行行的语句（Statement），每条语句中可能有表达式、关键字和标识符（Identifier）等。下面以一个范例程序来说明 Python 程序的编写风格。

**范例程序 CH0103.py（可从本书配套的下载资源中获取）**

**步骤 01** 启动 IDLE 软件，如果进入了 Python Shell，那么在菜单栏中依次单击 "File→New File" 菜单命令，新建文件。

**步骤 02** 将插入焦点移向编辑器，输入下列程序代码：

```
01 # 一个简单的程序
02 """ print 表示输出结果
03     input 表示获取输入值 """
04
05 print("来到 Python 世界")
06 age = input("请输入你的年龄:")
07 ages = int(age)
08 if ages >= 20: #进行条件判断
09     print("你有投票权")
10 else:
11     print("你没有投票权")
```

**步骤 03** 保存该程序文件，按 F5 键执行该程序，执行结果如图 1-74 所示。

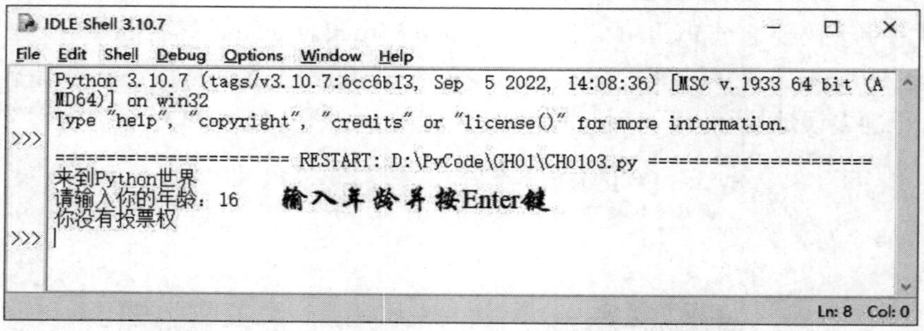

图 1-74

## 1.4.2    程序的缩排和注释

范例程序 CH0103.py 究竟在表达什么？先别紧张！先来看一下程序的注释。程序代码第 01~03 行是程序代码的注释。当解释器解释程序时，这部分会被忽略，这意味着注释的内容是给编程人员看的。Python 的注释分成两种：

- 单行注释：以 "#" 开头，后续内容即是注释文字，如范例程序 CH0103.py 的第 01 行就是一个单行注释。
- 多行注释：以 3 个双引号（或单引号）开始，随后填入注释的内容，最后再以 3 个双引号

（或单引号）来结束注释，如范例程序的第 02、03 行就是一个多行注释。

Python 语言在某些情况下（如范例程序的 if/else 语句）会以缩排来形成程序的代码区块（Code Block），而其他一些程序设计语言则以左、右大括号来形成代码区块。如果未使用缩排规则，解释过程就会报错，这样做就是希望编写 Python 程序的人养成缩排的习惯。

以范例程序 CH0103.py 来说，第 09、11 行应该要缩排，若未缩排，解释器解释时 Run 窗口就会指出第 9 行发生错误。缩排的作用是划分程序的代码区块，在 Python 语言中称之为"Suite"。如何知道程序代码要缩排呢？最简单的判别方式就是若此行程序代码最后有"："（半角冒号），那么下一行的程序代码就必须缩排。

如何缩排？使用 Tab 键或空格键皆可，使用时可选择其一，但不建议交替使用或混用 Tab 键和空格键来产生缩排，因为万一使用不同的编辑器打开程序，交替使用或混用 Tab 键和空格键可能会造成程序的缩排混乱。

## 1.4.3　语句的分行和合并

当在同一行的程序语句太长时，可以使用反斜线（\）将一行的程序语句折成两行，示例如下：

```
isLeapYear = (year % 4 == 0 and year % 100 != 0) or \
             (year % 400 == 0)
```

第一行语句末端用"\"字符将太长的语句折成两行。

当程序语句中有小括号（()）、中括号（[]）、大括号（{}）或运算符时也可以折成多行。为了方便阅读，可以配合这些不同的括号、运算符进行程序语句的折行，示例如下：

```
isLeapYear = (year % 4 == 0 and
              year % 100 != 0) or (year % 400 == 0)
```

本示例用 and 运算符实现折行操作。

当两行程序语句很短时，可使用"；"（半角分号）把分行的程序语句合并成一行。不过，多行的程序语句合并成一行时，有可能会造成程序阅读上的不方便，因而使用时得多方考虑。示例如下：

```
a = 10; b = 20; c = 30
```

示例中声明变量 a、b、c 并设置不同的初始值，用"；"让多条程序语句变成一行。

## 1.4.4　程序的输入和输出

范例程序 CH0103.py 使用了两个内置函数：print()函数用于将内容输出到屏幕上，input()函数用于获取输入的内容。print()函数的语法如下：

```
print(value, ..., sep = ' ', end = '\n', file = sys.stdout, flush = False)
```

**参数说明：**

- value：要输出的数据。若是字符串，必须在其前后加上单引号或双引号。
- sep：以半角空格来隔开输出的值。
- end = '\n'：为默认值。'\n' 是换行符，表示输出具体内容之后插入点会移向下一行。如果输出不换行，则可以用空格符 end = '' 来取代换行符。

- file = sys.stdout：表示它是一个标准输出设备，通常是指屏幕。
- flush = False：执行 print() 函数时，可决定将数据先暂存在缓冲区或全部输出。

范例程序 CH0103.py 第 05 行就调用 print() 函数把字符串输出到屏幕上。要获取输入的内容，可以调用 input() 函数，语法如下：

```
input([prompt])
```

- prompt：提示符串，同样要以单引号或双引号来作为字符串的起止。

示例：以变量 age 来存储 input() 函数所获取的输入内容。

```
#参考范例程序 CH0103.py
age = input("请输入你的年龄:")
ages = int(age)
```

由于输入时获得的是字符串，因此先调用 int() 函数将它转换成数值，再把它赋值给另一个变量 ages。

## 1.5　本章小结

- Python 语言的特色何在？Python 官方给自己的标注："简单易学，语法简洁，解释型的计算机语言。"
- Python 语言诞生于 1989 年，它的创始人吉多·范罗苏姆（Guido van Rossum）最初是为了发明一款新的脚本语言（Script Language）。Python 语言发展至今，已经是一门高级程序设计语言了，支持面向对象程序设计方法。该语言支持跨越平台，在 Linux、Mac 以及 Windows 平台都能畅行无阻。
- Python 解释器一般由 Python 执行环境提供，像 CPython 是官方的解释器，以 C 语言编写而成；PyPy 使用 Python 语言编写而成，执行速度比 CPython 快。
- 安装 Python 3.10 软件后，它包含 Python Shell 交互模式，在 ">>>" 提示符下，可以单步解释执行 Python 程序。此外，IDLE 软件、Python 3.10 Manuals 也提供了 Python 程序的解释器。Python 3.10 Module Docs 提供了 Python 内建模块相关函数的说明。
- 集成开发环境（IDE）软件通常会包括编写程序的编辑器、调试器，有时还会包含编译器或解释器，CPython 提供了 IDLE 软件作为编写 Python 程序的 IDE 软件。
- 以 Python 语言编写的程序代码同样被称为源代码，保存时需以 "*.py" 作为文件扩展名，通过 Python 解释器可以将 Python 程序的源代码转换成字节码，最后在 Python 虚拟机上执行。

## 1.6　课后习题

### 一、填空题

1. IDLE 软件有两个操作界面：①_____，②_____。

2. 进入 Python Shell 交互模式，会显示的符号是_____。

3. 在 Python Shell 交互模式下，要获取 Python 设计原则，输入_____；要进入"help>"模式，应调用函数_____，退出时执行命令_____。

4. 编写 Python 程序时，若程序代码中要加入注释，则会以_____表示单行注释，会以 3 个_____或_____表示多行注释。

5. _____函数会将内容输出到屏幕上；_____函数可用来获取用户的输入内容。

6. 以 Python 语言编写的程序代码被称为_____，保存为文件时需以_____为文件扩展名，它会被解释转换成_____。

7. 执行 Python 程序，可以按_____键或执行_____命令。

8. 要放大 Visual Studio Code 窗口的内容时，用【_____】组合键，要缩小窗口的内容时，则是用【_____】组合键。

## 二、实践题与问答题

1. 请简单说明程序设计语言的编译器和解释器有何不同？

2. 请上网查询 Python 有哪些实现的解释器？请列举三种并做简单介绍。

3. 请简单介绍 Python 3.10 软件各菜单命令的作用。

4. 启动 IDLE 之后进入 Python Shell，输入下列数学算式并查看结果。

215*32/72-120

# 第 2 章

# Python 基本语法

2

## 学习重点：

- 与 Python Shell 交互
- 了解 Python 标识符的命名规则
- 认识 Python 的数值数据，它包含整数、浮点数、复数和有理数
- 使用算术、赋值运算符进行四则运算
- 导入 math 模块做数学计算

本章以 Python 的 IDLE 软件为编程环境来介绍 Python 的基本语法。通过与 Python Shell 的交互，一窥 Python 程序设计语言的数据类型。无论是哪一种程序设计语言，标识符的命名规则都是编写程序代码的起手式。Python 语言存储数据时会以内建的数据类型为主，下面先从处理数值的数据类型谈起，再以表达式中的运算符演化成 Python 程序语句作为本章学习的重点。

## 2.1 变　　量

就 Python 语言而言，它会用对象（Object）来表达数据，所以每个对象都具有身份、类型和值。

- 身份（Identity）：就如同我们每个人都拥有唯一的身份证号码，每个对象的身份也是独一无二的，生成之后就无法改变，身份可以通过内建函数 id() 来获得。
- 类型（Type）：对象的类型决定了对象要以哪种数据来存取，它可以通过内建函数 type() 来查询对象的类型。
- 值（Value）：对象存放的数据在某些情况下是可以改变的，即为可变（mutable）的值；有些对象的值声明之后则不可改变，即为不可变（immutable）的值。

不同的对象，其类型不同，分配的内存空间也会不同。那么，为什么需要内存来作为暂存数据的空间呢？主要目的是方便进行运算。如何获取此暂存空间呢？一些程序设计语言使用变量（Variable）来获取，变量随着程序的执行来改变其存储的值。Python 语言会以对象引用（Object Reference）来存储数据，在后文讨论的内容中"变量"和"对象引用"这两个名词会交叉使用。

## 2.1.1　标识符的命名规则

变量要有名称，其名称为标识符（Identifier）的一种。有了标识符作为名称后，表示变量有了身份（Identity），系统会为它分配内存空间。标识符包含了变量、常数、对象、类、方法等，命名规则如下：

- 第一个字符必须是英文字母或是下画线。
- 其余字符可以搭配其他的英文字母或数字。
- 不能使用 Python 的关键字或保留字（Reserved Word）。

Python 的标识符是区分字母的大小写的，所以标识符 birthday、Birthday、BIRTHDAY 会被 Python 的解释器视为三个不同的名称，因而使用时要特别注意。在下述的示例中，前两个的变量声明语句对 Python 语言来说都属于 "SyntaxError: invalid"（语法错误：无效）的。

```
2A = 16          # 标识符不能以数字作为第一个字符
if = 32          # 标识符不能使用关键字
_k3 = 'Python'   # 标识符可以使用_字符作为第一个字符
```

## 2.1.2　关键字和保留字

Python 的关键字或保留字通常具有特殊意义，因而无法作为标识符。Python 有哪些关键字呢？如表 2-1 所示。

表2-1　Python关键字

| continue | assert | And | break | class | def | del |
| --- | --- | --- | --- | --- | --- | --- |
| lambda | For | Except | else | True | from | return |
| nonlocal | is | While | try | None | global | raise |
| import | if | As | elif | False | or | yield |
| finally | in | Pass | not | with | | |

## 2.1.3　给变量赋值

Python 语言采用动态类型（Dynamic Typing），所以变量的使用就很简单，只要使用变量并给变量赋值（Assignment）即可。何谓动态类型？是指在执行程序时，解释器会根据变量的值赋予该变量适用的类型。由于标识符的名称和类型是各自独立的，因此同一个名称的变量可以根据具体的程序代码赋予不同的类型。

在 Python Shell 交互模式下可直接声明变量并给变量赋值，输入变量名即可查看变量的值。需要注意的是，在某些情况下要调用 print()函数才能得到变量的结果（或变量的引用）。

### 操作：在 Python Shell 中声明变量

步骤 01　启动 Python 的 IDLE 软件，进入 Python Shell。

步骤 02　输入 "money = 25000" 后按 Enter 键；再输入变量 money 并按 Enter 键，随即在新的一行就会显示出变量值 25000，如图 2-1 所示。

```
🏛 IDLE Shell 3.10.7                                    —    □    ×
File  Edit  Shell  Debug  Options  Window  Help
Python 3.10.7 (tags/v3.10.7:6cc6b13, Sep  5 2022, 14:08:36)
[MSC v.1933 64 bit (AMD64)] on win32
Type "help", "copyright", "credits" or "license()" for more
information.
>>>
>>> money = 25000  #把值25000赋值给变量
>>> money  #直接输出变量的值
25000
>>>
                                                        Ln: 7  Col: 0
```

图 2-1

**步骤说明** 程序中所使用的等号（=）并非数学意义上的"等于"，而是赋值之意，在操作中就是
将等号右边的值 25000 赋值给等号左边的变量 money。

Python 会先以数值 25000 创建一个 int 类型的数据，再创建一个标识符为 money 的对象
引用（Object Reference），然后将这个对象引用指向 int 类型的数据对象 25000。

对于内存来说，"money = 25000"是把对象引用 money 绑定到内存并指向 int 类型的对
象 25000。

**步骤 03** 继续调用内置函数 id() 来获取变量 money 的身份标识符的值，即 ID。

```
id(money)   # 返回一组数字 2103823870288
```

id() 函数返回的数值可被视为内存地址。

从对象的观点来看，对象引用 money 的 ID "2103823872088"是由 id() 函数返回的，它的类型
是 Integer，值为 25000，如图 2-2 所示。

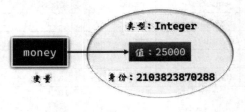

图 2-2

Python 语言允许用户把一个值同时赋给多个变量，也可使用"，"作为分隔符分别给多个变量赋
值，还可以使用"；"分隔多条赋值语句。示例如下：

```
01 a = b = c = 10
02 a, b = 10, 30
03 totalA = 10; totalB = 15.668    # 以分号在同一行分隔两条程序语句
```

**示例说明：**

（1）第 01 行表示变量 a, b, c 都指向 int 类型的数据对象 10。

（2）第 02 行表示变量 a 指向对象 10，变量 b 指向对象 30。

（3）第 01 行语句，变量 b 存储的变量值是 10；第 02 行语句，变量 b 存储的变量值由原来的
10 变成 30 时，从对象的观点来看，值 10 已无任何对象引用，该值就会变成 Python 垃圾回收（Garbage
Collection，简称 GC）机制的回收对象。

再看下面的程序语句，系统会显示"SyntaxError: invalid syntax"（语法错误）。

```
totalA = 10, totalB = 20    # 想一想，为什么是语法错误？
```

其他的一些程序设计语言若要把两个变量存储的值对调（或称 swap，即互换），则需借助第 3
个暂存变量，示例语句如下：

```
x = 5; y = 10
temp = x       # 将变量 x 赋值给暂存变量 temp
x = y          # 再把 y 的值赋值给变量 x
y = temp       # 把变量 temp 的值再赋值给变量 y 来完成值的互换
```

不过，在 Python 语言中，可以轻松完成两个变量的值的互换操作，示例语句如下：

```
x, y = 10, 20
print(x, y)    # 输出 10,20
x, y = y, x    # 将 x,y 两个变量的值互换
print(x, y)    # 输出 20 10
```

要获取输入的值，除了调用 input()函数之外，还可以调用内置函数 eval()，它的语法如下：

```
eval(expression, globals = None, locals = None)
```

**参数说明：**

● expression：字符串表达式。

● globals 和 locals 为选择参数，使用 globals 参数时必须采用字典对象（dict），使用 locals
参数时则要使用映射类型。

利用 Python 可连续声明变量的特性，再配合内置函数 eval()来获取连续输入的值，示例语句如
下：

```
x, y = 15, 30
eval('x')                   # 返回 15
eval('x + y')
eval('print("Python!")')    # 去除单引号，返回 Python!
```

**示例说明：**

（1）同时声明变量 x 和 y，并分别赋值为 15 和 30。
（2）调用 eval()函数把两个变量以字符串形式相加，会返回值 45。

可以把函数 eval()视为求值函数，它有趣的地方是会去掉参数中作为字符串起止符号的前后引
号，再按照 Python 的运算规则把两个变量相加。调用 eval()函数时如果未采用字符串形式进行相加，
则会出现如图 2-3 所示的报错提示信息。

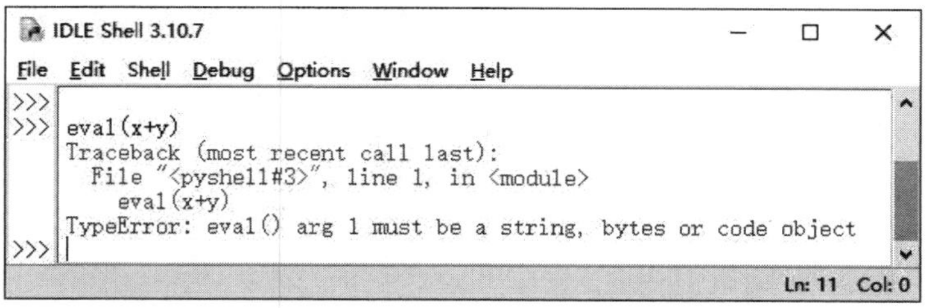

图 2-3

**范例程序 CH0201.py**

**步骤 01** 启动 Python IDLE，在 Python Shell 窗口依次单击 "File→New File" 菜单命令新建一个文件。

**步骤 02** 在打开的新文件中编写如下程序代码：

```
01 numA, numB, numC = eval(
02    input('请输入 3 个值，以逗号隔开->'))
03 total = numA + numB + numC
04 print('合计', total)
```

**步骤 03** 依次单击 "File→Save" 菜单命令以保存文件，要执行程序则按 F5 键。

**程序说明：**

- 第 01、02 行，以 Python 语言可连续声明变量的特性来调用 input()函数配合 eval()函数，获取连续的变量值。
- 第 03 行，将 3 个变量的值相加获取最后的结果。

## 2.2　Python 的数据类型

要认识 Python 的数据类型，就必须知道它的内建类型，这些内建类型包括：

- 数值类型（Numeric Type）：包含 int（整数）、float（浮点数）、complex（复数）。
- 序列类型（Sequence Type）：包含 str（字符串）、list（列表）、tuple（元组）。
- 迭代类型（Iterator Type）：提供容器，使用 for 循环进行迭代操作。
- 集合类型（Set Type）：包含 set（可变集合）和 frozenset（不可变集合）。
- 映射类型（Mapping Type）：只有 dict（字典）。

### 2.2.1　以 type()函数返回类型

Python 的对象通过标识符来提取它的身份、类型和值。Python 采用动态类型，对象是实现某个类（Class）所产生的，因而需通过某个类来提取它的属性和方法，或者实现此类对象所具有的属性和方法，无论是引入的模块（即套件或程序包）或者使用 Python 所提供的内建类型都适用。类和对象都有属性和方法，使用 "."（句点）属性访问符来存取，语法如下：

```
className.attribute
className.method()
对象.属性
对象.方法([参数列表])
```

使用类的属性或方法时，必须使用类名称，例如 math.pi。

对于类、对象有了初步认识之后，接下来了解数据的类型，通过 type()函数就能获取这些动态类型，语法如下：

```
type(object)
```

- object：对象引用，可以是标识符，也可以是数据，包含数值或字符串。

使用 Python Shell 来认识 type()函数，具体可参考图 2-4
中的示例。

变量 num 的类型是整数，所以函数 type()返回 class 'int'，
以类返回数据类型，这意味着整数数据都属于类 int 实现的
对象。当函数 type()以实数为参数时，返回 class 'float'，表明
它是类 float 实现的对象。

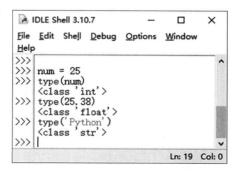

图 2-4

## 2.2.2　整数类型

Python 的数据类型都由标准函数库（Standard Library）
提供，它们都拥有"不可变"的特性。

整数类型有两种：整数（Integer）和布尔（Boolean）。所谓的整数是不含小数部分的数值。不
像其他的程序设计语言会区分整数与长整数，Python 语言中整数的长度是"无穷精确度"（Unlimited
Precision），这意味着数值无论是大或是小都根据计算机内存容量来确定。数值的字面值（literal）
通常以十进制（Decimal）为主，内置函数 int()可以把数据转换成整数。特定情况下，数值也能以二
进制（Binary）、八进制（Octal）或十六进制（Hexadecimal）表示，它们都是 int(Integer)类的实例，
表 2-2 列出了这些转换函数。

表2-2　不同进制的转换函数

| 内置函数 | 说　　明 |
| --- | --- |
| bin(int) | 将十进制数值转换成二进制，转换的数字会以 0b 为前缀字符 |
| oct(int) | 将十进制数值转换成八进制，转换的数字会以 0o 为前缀字符 |
| hex(int) | 将十进制数值转换成十六进制，转换的数字会以 0x 为前缀字符 |
| int(s, base) | 将字符串 s 根据 base 参数提供的进位数转换成 10 进位数值 |

不同进制的转换函数的使用示例如下：

```
number = 123_456  # 变量 number 是 int 类型
bin(number)       # 转换为二进制，返回'0b11110001001000000'
oct(number)       # 转换为八进制，返回'0o361100'
hex(number)       # 转换为十六进制，返回'0x1e240'
```

**示例说明：**

（1）对于较长（大）数字，可以使用下画线字符作为千位分组符。

（2）内置函数都可以在 Python Shell 交互模式下获取返回结果。

（3）对于直接语句，如 bin(number)，Python Shell 以字符串返回（起止符为单引号）。调用 print()
函数，如 print(bin(number))，以该进制返回结果。

如果想要去掉前缀字符，可以改用内置函数 format()，其语法如下：

```
format(value[, format_spec])
```

**参数说明：**

● 　value：用来设置格式的值或变量。

● 　format_spec：指定的格式。

调用 format()函数去掉不同进制的前缀字符的示例如下：

```
number = 123_456          # 变量 number 是 int 类型，下画线字符作为千位分组符
format(number, 'b')       # 返回二进制字符串'11110001001000000'
format(number, 'o')       # 返回八进制字符串'361100'
format(number, 'x')       # 返回十六进制字符串'1e240'
```

注意，print()函数只会输出十进制的值，要以其他进制来输出，可以调用表 2-2 所列出的相关函数进行转换，范例程序如下：

### 范例程序 CH0202.py

```
number = 0xfbf
print('十六进制 0xfbf，十进制 ->', number)      # 输出 4031
number = 0o7655
print('八进制 0o7655，十进制 ->', number)        # 输出 4013
print('number', type(number))                    # 输出<class 'int'>
```

**程序说明：**

变量 number 分别存储十六进制的值 0xfbf 和八进制的值 0o7655，但以 print()函数输出 number 时会自动返回十进制的值。

调用内置函数 input()获取输入值时，由于参数属于字符串，因此必须通过 int()函数将字符串转换为整数类型，如图 2-5 中的示例所示，可以通过变量 number、digit 配合函数 type()即可。

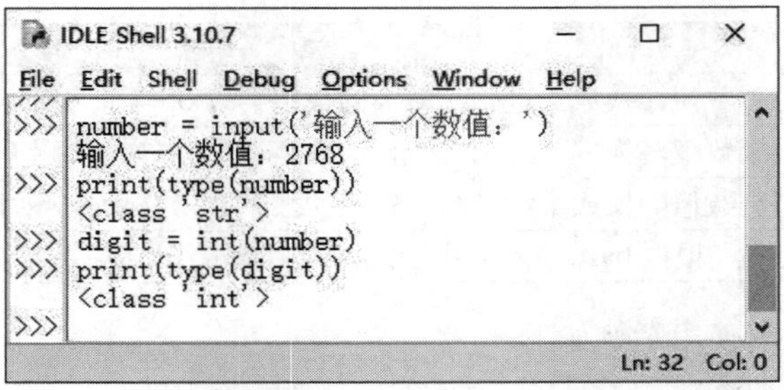

图 2-5

图 2-5 中调用 input()函数获取输入值并赋值给变量 number，调用 type()函数查看到变量 number 存储的值是字符串（str），再调用 int()函数将字符串转换为整数。这也说明 input()函数接收的参数以字符串为主。

下面来了解 int()函数的其他用法，示例如下：

```
01 int(0b1001010)      # 返回十进制数 74
02 int('ef', 16)       # 第二个参数表示是十六进制，该函数会返回十进制数 239
```

**示例说明：**

（1）第 01 行通过 int()函数把二进制数 0b1001010 转为十进制数。

（2）第 02 行通过 int()函数将以字符串形式表示的十六进制数'ef'以十进制数返回。

### 2.2.3　布尔值

bool（布尔类型）是 int 类的子类，有 bool()函数用于转换。布尔类型只有 True 和 False 两个值，一般用于程序流程控制所需的逻辑判断。比较有意思的地方是，它可以采用数值 1 表示 True，数值 0 表示 False。在 Python 语言中，在下述情况下对应的布尔值会以 False 返回：

（1）数值为 0。

（2）特殊对象为 None。

（3）序列数据类型中的空字符串、空列表（list）或空元组（tuple）。

下述示例说明布尔值的作用。

```
int(True)             # 返回 1
int(False)            # 返回 0
num1 = 0
bool(num1)            # 返回 False
num2 = 1
bool(num2)            # 返回 True
isEmpty = True
print(type(isEmpty)) # 返回<class 'bool'>
```

**示例说明：**

（1）调用内置函数 int()，以 True 为参数，它会返回数值 1。

（2）函数 bool()以变量 num1 为参数，它的变量值为 0，会返回 False。

（3）将变量 isEmpty 声明为布尔值，type()函数会说明它是一个布尔类型。

## 2.3　Python 如何处理实数

浮点数类型（Floating-Point Type）就是含有小数部分的数值，也就是数学上的实数。浮点数的有效数值范围为$-10^{308} \sim 10^{308}$。在 Python 语言中，有三种数据类型用于表示实数（包含处理复数的实数部分）：

- float：Python 语言内建的数据类型，存储单精度的浮点数，它会随操作系统平台的不同来确认数值精度的范围，可用函数为 float()函数。
- complex：也是 Python 内建的数据类型，用于处理复数（由实数和虚数组成）。
- decimal：若数值需要有精确计算的小数部分，可使用标准函数库的 decimal.Decimal 类。

### 2.3.1　使用 float 类型

要把数值转换为浮点数，通常调用内置函数 float()进行转换，它的用法与 int()函数并无太大差异。float()函数可以创建浮点数对象，且只接收一个参数，示例如下：

```
float()      # 没有参数，输出 0.0
float(-3)    # 将数值-3 变更为浮点数，输出-3.0
float(0xEF)  # 参数可以是其他进制的整数，0x 为十六进制的前缀字符
```

浮点数的另一种表示方法是以 10 为基底的"<A>e<B>"的科学记数法，例如数值 0.00089 配合

指数以科学记数法来表示。

```
8.9e-4    # 科学记数法来表示数值 0.00089
```

如果需要使用浮点数来处理正无穷大（Infinity）、负无穷大（Negative Infinity）或 NaN（Not a Number）时，可调用 float() 函数，示例如下：

```
print(float('nan'))        # 输出 nan(NaN: Not a Number)，表示它非数字
print(float('infinity'))   # 正无穷大，输出 inf
print(float('-inf'))       # 负无穷大，输出-inf
```

**示例说明：**

float('nan')、float('infinity')、float('inf') 是 3 个特殊的浮点数，其参数使用'inf' 或'infinity'皆可。

使用浮点数进行运算时小数部分的计算不够精确，所以得到的结果有时会出乎意料，例如图 2-6 所示的示例。

图 2-6

若要得到更精确的小数部分，就只能以 decimal 类型来处理。而 decimal 类型包含在 math/decimal 模块中，需要先导入这些模块方能使用。

所谓模块就是已经根据用途制定好了的函数，我们习惯称之为标准函数库，模块或者标准函数库必须以 import 语句导入才能调用其中的函数（或称为方法），导入模块的语法如下：

```
import 模块名称
from 模块名称 import 对象名称
```

● 导入模块的程序语句放在程序的起始部分。
● 若使用 from 语句来导入模块，则必须在 import 语句之后指定方法或对象名称，这样在调用函数或方法时可以省略模块名称。

模块大部分都是以类的形式来打包的，使用时必须加上导入的模块名称，随后加上"."（半角句点）来引用相关的属性或方法，示例如下：

```
import math        # 导入计算用的 math 模块
math.isnan()       # 调用 math 模块的 isnan() 方法
```

**范例程序 CH0203.py**

步骤 01 启动 Python IDLE，在 Python Shell 窗口依次单击 "File→New File" 菜单命令新建一个文件。

步骤 02 打开新建的文件，编写如下程序代码：

```
01 import math # 导入 math 模块
```

```
02 a = 1E309
03 print('a = 1E309, a 是', a)
04 # 输出 True, 表示它是 NaN
05 print('是 NaN? ', math.isnan(float(a/a)))
06 b = -1E309
07 print('b = -1309, b 是', b)
08 # 输出 True, 表示它是 Inf
09 print('是 Inf? ', math.isinf(float(-1E309)))
```

**步骤 03** 保存该程序文件，按 F5 键执行该程序，执行结果如图 2-7 所示。

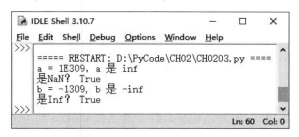

图 2-7

**程序说明：**

- 第 01 行，使用 import 语句导入模块 math（由标准模块提供），math 是类，必须引用类名称才能调用它的方法。
- 第 05 行，调用 isnan()方法判断数值是否为 NaN（非数字）数据，返回为 True 即表示它是 NaN。
- 第 09 行，调用 isinf()方法判断值是否为正无限大或负无限大的数据，返回 True 表示它是正无限大或负无限大的数据。

想要获取 float 类的更多信息，可以用 sys 模块来协助，通过属性 float_info 来了解浮点数的有效范围，如图 2-8 中的示例所示。

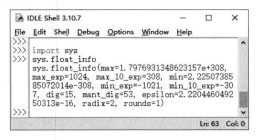

图 2-8

图 2-8 中示例主要说明：

（1）必须导入 sys 模块。

（2）这些相关属性以命名元组（Named Tuple）返回。

针对这些相关属性，还可以用程序语句看到更细化的部分：

```
import sys
sys.float_info.max    # 返回 1.7976931348623157e+308
```

```
sys.float_info.min    # 返回 2.2250738585072014e-308
```

导入 sys 模块后，想要更进一步地了解浮点数所支持的小数部分，可以使用 float_info 对象提供的 epsilon 属性，它支持的小数精度可达 17 位，如图 2-9 中的示例所示。

图 2-9

使用浮点数时，可配合 float 类提供的方法，表 2-3 列出了这些方法及其说明。

表2-3　float类提供的方法及其说明

| 方　　法 | 说　　明 | 备　　注 |
|---|---|---|
| fromhex(s) | 将十六进制的浮点数转为十进制数 | 对象方法 |
| hex() | 以字符串形式返回十六进制的浮点数 | 类方法 |
| is_integer() | 判断是否为整数，若小数部分为零，则返回 True | 类方法 |

这些方法由 float 类提供，其中的 hex() 是对象方法，fromhex() 是类方法，必须以 float.fromhex() 的形式调用其类方法进行存取，范例程序如下所示。

**范例程序 CH0204.py**

```
number = 88.12694      # 声明为 float 类型
num16 = number.hex()   # 以十六进制数形式返回
print(num16)           # 输出 0x1.6081fc8f32379p+6
float.fromhex(num16)   # 转换成十进制数，返回 88.12694
```

is_integer() 方法返回布尔值。当小数部分的值为 0 时，返回 True；当小数部分的值为非 0 值时，返回 False。示例如下：

```
float.is_integer(14.000)    # 小数位数的值为 0，返回 True
float.is_integer(13.786)    # 小数位数的值大于 0，返回 False
```

Python 以对象来处理数据，导入模块之后，若是类，则配合使用 "." 来进行存取：

- 函数：Python 是结构化语言，所以它有内置函数。
- 方法：来自面向对象的设计思想和概念，称为某个类所提供的"方法"。

## 2.3.2　复数类型

当 $x^2 = -1$ 时，如何求出 $x$ 的值？数学家定义了 $j = \sqrt{-1}$ 而有了复数（Complex）的概念。复数是由实数（Real）和虚数（Imaginary）组成，形式为 $A + Bj$，Python 语言能以内置函数 complex() 进行转换，其语法如下：

```
complex(re, im)
```

参数说明：

● re 为 real，表示复数的实数部分。

● im 为 imag，表示复数的虚数部分。

complex 也是类，它的属性 real 和 imag 可用来获取复数的实数部分和虚数部分。complex 类同样通过 "."属性访问符来存取，相关的语法如下：

```
z.real              # 获取复数的实数部分
z.imag              # 获取复数的虚数部分
z.conjugate()       # 获取共轭复数的方法
```

参数说明：

● z 为 complex 对象。

● 复数 3.25 + 7j，调用 conjugate()方法可获得其共轭复数 3.25 - 7j。

示例：设置变量 total，赋值为复数 12 + 56j，以 real 和 imag 属性分别获取它的实数部分和虚数部分，再以 type()函数来表明它是一个 complex 类的实例。

```
total = 12 + 56j            # 声明为复数并赋值
total.real, total.imag      # 分别获取复数的实数部分 12.0 和虚数部分 56.0
type(total)                 # 返回<class 'complex'>
```

若以字符串形式来创建复数对象，则要注意它的格式，示例如下：

```
complex(12-5j, 7+3j)        # 正确
complex('12+5j')            # 正确
complex('12 + 5j')          # 出现 ValueError，指出是字符串的格式错误
```

## 2.3.3　更精确的 decimal 类型

数值若要表达更精确的小数部分，使用浮点数有其难度。例如，计算 10/3，Python 语言会以浮点数来处理，但是小数部分精度不够；若要获取更精确的数值（即更高精度），则要导入 decimal 模块，再以对象方法 Decimal()来产生更精确的数值。

为什么使用 decimal 就能获取更精确的小数值呢？因为它构建了精度更高的算术运算环境，这些环境参数确保运算的数据根据其设置来产生更精确的数值。如何获取这些算术环境的参数呢？可以通过方法 getcontext()获取各项参数值，如图 2-10 中的示例所示。

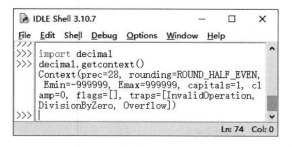

图 2-10

在图 2-10 的示例中，调用 getcontext()方法时会进一步调用 Context()方法的相关参数，前 4 个

参数的说明如下：

- prec：为 MAX_PREC 范围内的整数，用于设置 decimal 算术环境的精确度，默认为 28 位数；MAX_PREC 为 32 位的常数时是 425000000，64 位则是 999999999999999999。
- rounding：设置数值的舍入模式，如表 2-4 所示。

表2-4　rounding模式

| rounding 模式 | 说　明 |
|---|---|
| ROUND_CEILING | 朝着无穷大的方向舍入 |
| ROUND_DOWN | 朝着接近零的方向舍入，也就是无条件舍去 |
| ROUND_FLOOR | 朝着负无穷大的方向舍入 |
| ROUND_HALF_DOWN | 四舍六入，而五则朝着接近零的方向舍入 |
| ROUND_HALF_EVEN | 四舍六入，而五则朝着接近偶数的方向舍入 |
| ROUND_HALF_UP | 四舍六入，而五则朝着远离零的方向舍入 |
| ROUND_UP | 朝着远离零的方向舍入，也就是无条件进位 |
| ROUND_05UP | 最后位数舍去后，若为 0 或 5 则进位，其他则舍去 |

- Emin、Emax：字段接收外部数据时所允许的上限。Emin 必须在[MIN_EMIN, 0] 范围内，Emax 则在[0, MAX_EMAX]范围内。

想要获取更精确的小数值，需借助 decimal 类中的 Decimal()构造函数以创建新的对象，其语法如下：

```
import decimal   # 导入 decimal 模块
decimal.Decimal(value = '0', context = None)
```

value 可以是整数、字符串、元组、浮点数或另一个 decimal 数值。根据 value 的值来创建一个新的 decimal 类的对象。

例如对于 10/3 的计算结果，调用 Decimal()构造函数获取更精确的小数值，如图 2-11 所示。

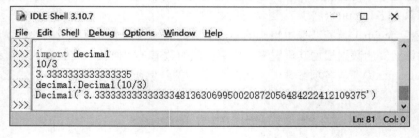

图 2-11

调用 Decimal()构造函数，默认的有效位数是 28，参数可以使用实数，所得结果是一长串含有小数部分的数值，这说明 Decimal()构造函数具有"有效位数"。此外，也可以调用 getcontext()方法重设小数部分的允许范围，产生新的精确度。

### 范例程序 CH0205.py

```
from decimal import *   # 导入 decimal 模块
getcontext().prec = 8    # 把精确度设置为 8
```

```
result = Decimal(20) / Decimal(3)
print('20/3 = ', result)                        # 输出 6.6666667
num1, num2 = Decimal(2.358), Decimal(0.669)
print('num1 + num2 =', num1 + num2)             # 输出 3.0270000
print('num1 * num2 =', num1 * num2)             # 输出 1.5775020
```

**程序说明：**

● 重设小数部分的精度之后，计算所得的小数值都在 8 位数之内。

再来看看 decimal 的舍入模式，了解它的四舍六入是如何工作的，参考范例程序 CH0206.py（可从本书配套的下载资源中获取）。

**范例程序 CH0206.py（部分）**

```
num1, num2 = Decimal(2.3582), Decimal(0.6693)
num3 = Decimal(2.3482)
print('接近偶数，进位 num1 + num2 =', num1 + num2)
print('舍掉 num3 + num2 =', num3 + num2)
```

**程序说明：**

● num1 + num2 得 3.0275，尾数 5 接近偶数，进位，输出 3.028。

● num3 + num2 得 3.0175，根据四舍六入原则，舍去尾数 5，输出 3.017。如图 2-12 所示。

```
         num1    2.3582           num3    2.3482
  +      num2    0.6693      +     num2    0.6693
        ─────────────              ─────────────
                 3.0275                    3.0175
ROUND_HALF_EVEN  3.028    ROUND_HALF_EVEN  3.017
```

图 2-12

舍入模式设置为 ROUND_DOWN，尾数会被无条件舍掉：

**范例程序 CH0206.py（部分）**

```
getcontext().rounding = ROUND_DOWN
print('无条件舍掉 num1 + num2 =', num1 + num2)
```

● num1 + num2 得 3.0275，尾数 5 被无条件舍掉，输出 3.027。

舍入模式设置为 ROUND_UP，尾数会无条件进位：

**范例程序 CH0206.py（部分）**

```
getcontext().rounding = ROUND_UP
print('无条件进位 num1 + num2 =', num1 + num2)
```

● num1 + num2 得 3.0275，尾数 5 无条件进位，输出 3.028。

舍入模式设置为 ROUND_05UP，舍去最后的位数后，若为 0 或 5 则进位，其他舍掉：

**范例程序 CH0206.py（部分）**

```
getcontext().rounding = ROUND_05UP
print('有条件进位 -> 2.352 + 0.1187 = ', end = '')
print(Decimal(2.352) + Decimal(0.1187))
print('有条件进位 -> 2.352 + 0.1137 = ', end = '')
print(Decimal(2.352) + Decimal(0.1137))
print('有条件进位 -> 2.352 + 0.1127 = ', end = '')
print(Decimal(2.352) + Decimal(0.1127))
```

**程序说明：**

- 2.352 + 0.1187 得 2.4707，尾数 7 舍掉，遇 0 进位，输出 2.471。
- 2.352 + 0.1137 得 2.4657，尾数 7 舍掉，遇 5 进位，输出 2.466。
- 2.352 + 0.1127 得 2.4647，尾数 7 舍掉，输出 2.464。如图 2-13 所示。

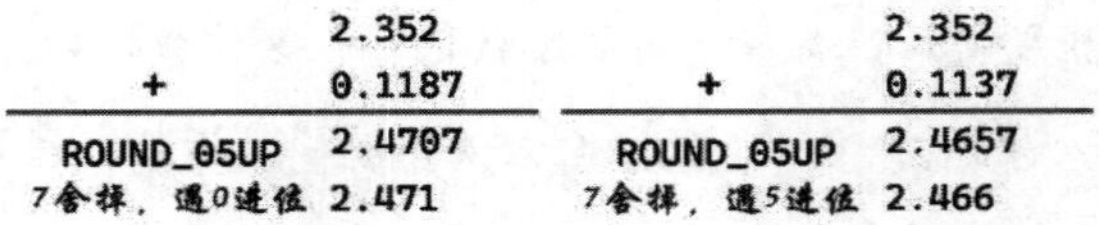

```
               2.352                        2.352
       +       0.1187                +       0.1137
    ROUND_05UP 2.4707             ROUND_05UP 2.4657
   7舍掉，遇0进位 2.471            7舍掉，遇5进位 2.466
```

图 2-13

使用浮点数时，还可以调用内建的 round() 函数将小数部分进行四舍五入，语法如下：

```
round(number[, ndigits])
```

**参数说明：**

- number：欲舍掉小数部分的位数。
- ndigits：欲保留的小数部分的位数，省略时会舍掉所有的小数部分。

如何使用 round() 函数呢？示例如下：

```
01 round(4578.6447)
02 round(4578.6447, 2)
03 round(4578.6775, 3)
```

**示例说明：**

（1）第 01 行，第 2 个参数未设，所以四舍五入之后以整数输出 4579。
（2）第 02 行，小数部分保留 2 位，输出 4578.64。
（3）第 03 行，凡事总有例外，它会输出 4578.677，并未进位，这是浮点数所产生的问题。

使用算术运算符进行除法运算时会有整数和浮点数参与除法运算，所得商数会以 float 类型为主。不同类型的数值进行运算时，其内存空间会按下列原则来进行设置。

- 类型是 float 和 complex，以 complex 为主。
- 会使用 decimal 类型通常是因为有更高的精确度要求，因而运算时会使用 decimal 类型。

## 2.3.4　有理数

分数并不属于数值类型，但在某些情况下，需要以分数（Fraction）或称为有理数（Rational Number）来表达"分子/分母"形式，这对 Python 语言来说并不难。构造函数 Fraction() 的语法如下：

```
Fraction(numerator, denominator)
```

**参数说明：**

- numerator：分数中的分子，默认值为 0。
- denominator：分数中的分母，默认值为 1。
- 无论是分子或分母只能使用正值或负值整数，否则会发生错误。

使用分数参与运算时必须导入 fractions 模块，示例如下：

```
import fractions           # 导入 fractions 模块
fractions.Fraction(12, 18) # 输出 Fraction(2, 3)
```

**示例说明：**

如果只导入 fractions 模块，则必须以 fractions 类来指定 Fraction()构造函数。

可使用"from 模块 import 方法"的方式来指定导入 Fraction()构造函数，示例如下：

```
from fractions import Fraction
Fraction(12, 18)   # 省略前缀 fractions 来调用 Fraction()函数
```

调用构造函数 Fraction()时能自动约分，示例如下：

```
from fractions import Fraction
Fraction('1.648')      # 以字符串表示小数，返回 Fraction(206, 125)
Fraction(Fraction(6, 8), Fraction(12, 14))  # 返回 Fraction(7, 8)
```

构造函数 Fraction()中的参数不能混用整数和浮点数，否则会产生"TypeError"错误，如图 2-14 所示。

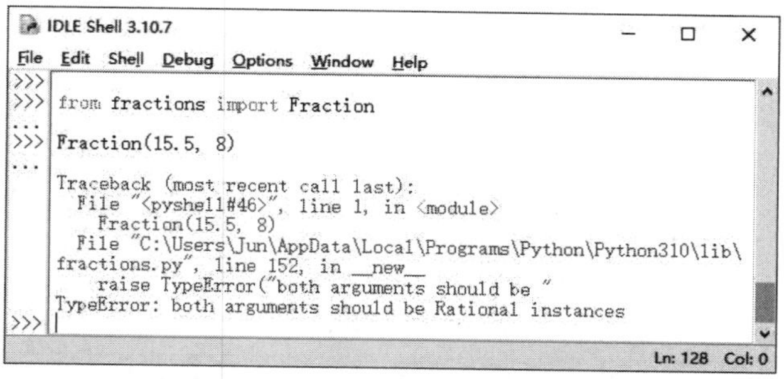

图 2-14

构造函数 Fraction()能接收单个的浮点数为参数，不过参数的形式不同（数值形式或是字符串形式），其函数的结果也不同，示例如下：

```
Fraction(5.6)    # 返回 Fraction(3152519739159347, 562949953421312)
Fraction('5.6')  # 返回 Fraction(28, 5)
```

配合 Fraction()构造函数，可以把分数相加或相乘，如下范例程序所示。

**范例程序 CH0207.py**

```
from fractions import Fraction  # 导入 fractions 模块
num1 = Fraction(7, 8)
num2 = Fraction(12, 17)
print(num1 + num2)    # 将两个分数相加，输出 215/136
num3 = num1 * num2    # 将两个分数相乘
num3.numerator        # 获取分子，输出 21
num3.denominator      # 获取分母，输出 34
print(float(num3))
```

**程序说明：**

- float()函数把分数转换为浮点数，最后输出 0.6176470588235294。

## 2.4　数学运算与 math 模块

Python 语言的表达式由操作数（operand）与运算符（operator）组成。

- 操作数：包含了变量、数值和字符。
- 运算符：算术运算符、赋值运算符、逻辑运算符和比较运算符等，如图 2-15 所示。

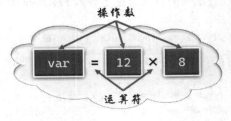

图 2-15

只有一个操作数的运算符被称为一元运算符（Unary Operator，或称为单目运算符），例如负值"–8"，其中的负号就是一元运算符。有两个操作数的运算符被称为二元运算符。

### 2.4.1　认识 math 模块

想要进行数学运算，Python 的 math 模块是个好帮手，表 2-5 列出了 math 模块内的相关属性和方法。

表2-5　math模块

| 属性、方法 | 说　　　明 |
| --- | --- |
| pi | 属性值，提供圆周率 |
| e | 属性值，为数学常数，是自然对数函数的底数 |
| tau | 属性值，2π |
| ceil(x) | 将数值 x 无条件进位，成为正整数或负整数 |
| floor(x) | 将数值 x 无条件舍去，成为正整数或负整数 |
| exp(x) | 返回 e 的 x 次幂的结果 |
| sqrt(x) | 算出 x 的平方根 |
| pow(x, y) | 算出 x 的 y 次幂或次方 |
| fmod(x, y) | 计算 x % y 的余数 |
| hypot(x, y) | 就是 sqrt(x * x + y * y)，即直角三角形斜边的边长 |
| gcd(a, b) | 返回 a、b 两个数值的最大公约数 |
| isnan(x) | 返回布尔值 True，表示它是 NaN |
| isinf(x) | 若返回布尔值 True，表示它是 Inf |

由于这些方法都是由 math 类提供的，因此使用时要通过 math 类进行存取。math 类提供的 pow() 方法与 Python 内置函数 pow() 比较不一样的地方是：math 类提供的 pow() 方法有两个参数，即 x 和 y；而内置函数 pow() 有三个参数，即 x、y 和 z。它们的语法分别如下：

```
pow(x, y[, z])      # 内置函数 pow()
math.pow(x, y)      # math 模块提供的方法 pow()
```

调用内置函数 pow()，计算结果以 int 类型返回，示例如下：

```
01 pow(5, 2)
02 pow(5, 2, 3)
```

**示例说明：**

（1）第 01 行，传入 2 个参数，等同于表达式 5 ** 2。

（2）第 02 行，传入 3 个参数，等同于表达式 5 ** 2％3。

内置函数 pow()的参数 z 用来求取余数，省略的话，调用方式就与 math 类提供的 pow()方法相同。

以 math 模块的 pow()方法进行运算，示例如下：

```
import math        # 导入 math 模块
math.pow(5, 2)     # 以浮点数返回计算结果 25.0
```

**示例说明：**

math.pow(5.2)等同于表达式 5 ** 2（5 的平方）。

下面的范例程序 CH0208.py 使用 math 类提供的方法进行实例演算。

### 范例程序 CH0208.py

```
import math         # 导入 math 模块
print('math.sqrt(144) = ', math.sqrt(144))        # ①
print('144 ** 0.5 = ', 144 ** 0.5)                # ①
print('math.pow(3, 3) =', math.pow(3, 3))         # ②
print('幂 3 ** 3 = ', 3 ** 3)                      # ②
print(math.pow(27, 1.0/3))     # 立方根 ∛27，输出 3.0
print(math.pow(4, 4))          # 4 的 4 次方，输出 256
print(math.pow(256, 1.0/4))    # 4 次方根，输出 4.0
print('math.ceil(4.2) =', math.ceil(4.2),
     ', math.ceil(-4.2) =', math.ceil(-4.2))      # ③
print(math.floor(-8.9), math.floor(9.7))          # ④
# 算出 √(3² + 9²) 的结果，输出 9.4868
print('math.hypot(3, 9) =', math.hypot(3, 9))     # ⑤
```

**程序说明：**

- ① math.sqrt(144)或表达式 144 ** 0.5 表示计算 144 的平方根，输出结果为 12.0。
- ② math.pow(3,3)或表达式 3*3*3 或者 3 ** 3 表示计算 3 的 3 次方，输出结果为 27。
- ③ ceil()方法无条件进位，所以 4.2 进位后是 5，但负数-4.2 无条件进位结果为-4。
- ④ floor()方法无条件舍入，所以数值-8.9 舍入后是-9，8.9 舍入后的结果为 9。
- ⑤ math.hypot(3,9)的表达式为（3 * 3 + 9 * 9）** 0.5，所得的结果为 9.4868。

## 2.4.2　算术运算符

算术运算符提供了基本的运算，包含加、减、乘、除等，如表 2-6 所示。

表2-6　算术运算符

| 运　算　符 | 说　明 | 运　算 | 结　果 |
|---|---|---|---|
| + | 把操作数相加 | total = 5 + 7 | total = 12 |
| - | 把操作数相减 | total = 15−7 | total = 2 |
| * | 把操作数相乘 | total = 5 * 7 | total = 35 |
| / | 把操作数相除 | total = 15 / 7 | total = 2.14 |
| ** | 指数运算符 | total = 15 ** 2 | total = 225 |
| // | 获取整除的商 | total = 15 // 4 | total = 3 |
| % | 除法运算取余数 | total = 15 % 7 | total = 1 |

## 2.4.3　进行四则运算

有了 Python 算术运算符，就可以在 Python Shell 交互窗口进行运算，其运算法则与数学相同：先乘除后加减，有括号者优先。如图 2-16 中的示例所示。

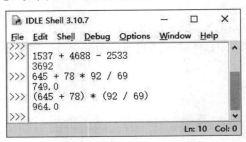

图 2-16

接下来讨论数学运算法则的"*"运算符，它把两个操作数相乘。连续两个乘号就是指数运算符"**"，它被称为幂或次方（Power）运算。使用指数运算符（**），按指定值将某个数值进行幂或次方运算，示例如下：

```
5*6          # 返回 30
5**6         # 表达式 5*5*5*5*5*5 就是 5^6，返回 15625
```

同样地，应用指数运算符可以对数值做开根号的运算，示例如下：

```
81 ** 0.5    # 返回 9.0
27 ** 1/3    # 返回 3.0
```

对于 Python 语言来说，使用的运算符不同，两数相除所得的商就会不同，示例如下：

```
121 / 13     # 相除后，返回的商为浮点数 9.307692307692308
121 // 13    # 整除运算，只会获得整数的商，其值为 9
121 % 13     # 相除后，由于除不尽，因此余数为 4
-121 // 13   # 返回−10，是一个接近于−9.0769…的整数值
```

**示例说明：**

（1）两数相除得到商，除得尽的话，Python 语言的解释器会将所得的商自动转换为浮点数。除不尽时可以通过整除运算符（//）获得整数的商。

（2）求余运算符（%）获取两数相除后的余数。

要得到两个数值相除之后的商和余数，还可以调用内置函数 divmod()，语法如下：

```
divmod(x, y)
```

**参数说明：**

- 参数 x 执行 x // y 的运算，得到商。
- 参数 y 执行 x % y 的运算，得到余数。

示例：王小明手上有 200 元，他去便利店买饮料，饮料一箱 42 元，他可以买几箱？店员要找王小明多少钱？表达式 200 // 42，得整数商为 4；再以 200 % 42 得余数为 32。表示王小明可以买 4 箱饮料，店员要找他 32 元。

```
divmod(200, 42)     # 以元组类型返回(4, 32)
```

### 范例程序 CH0209.py

有这样一个表达式：假设 $x = 12, y = 15$，$z = 9\left(-\dfrac{4}{x} + \dfrac{9+x}{y}\right)$。

**步骤 01** 先将表达式改为成程序代码 z = 9*(4/x + (9+x) / y)。

**步骤 02** 编写如下程序代码：

```
01 x = 12; y = 15        # 以分号分隔两条程序语句
02 z = 9*(4/x + (9+x)/y)  # 表达式
03 print('z = ', z)
```

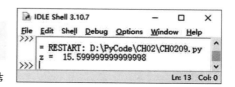

图 2-17

**步骤 03** 保存该程序文件，按 F5 键执行该程序，执行结果如图 2-17 所示。

**程序说明：**

- 根据算术的运算法则，先乘除后加减，有括号的优先，于是第 02 行，z = 9 * (0.33333 + 21/15) = 9*1.73333 = 15.59999。

## 2.4.4　赋值运算符

配合算术运算符，以变量为操作数时，可以把运算后的结果再赋值给变量。示例如下：

```
total = 5                # 将 5 赋值给变量 total
total = total + 20       # 5+20 的结果为 25，所以把 25 赋值给变量 total
total += 20              # 与前一行语句产生相同效果，但是运算结果累加了，把 45 赋值给变量 total
```

算术运算符都可以和等号配合构造成复合赋值运算符，如表 2-7 所示，假设变量 total = 10，即计算前都分别把 10 作为初值赋值给变量 total。

表2-7　赋值运算符

| 复合赋值运算符 | 传统赋值语句 | 采用复合赋值运算符的赋值语句 | 赋值结果 |
|---|---|---|---|
| += | total = total + 5 | total += 5 | total = 15 |
| -= | total = total − 5 | total -= 5 | total = 5 |
| *= | total = total * 5 | total *= 5 | total = 50 |

（续表）

| 复合赋值运算符 | 传统赋值语句 | 采用复合赋值运算符的赋值语句 | 赋值结果 |
|---|---|---|---|
| /= | total = total / 5 | total /= 5 | total = 2.0 |
| **= | total = total ** 2 | total **= 2 | total = 100 |
| //= | total = total // 3 | total //= 3 | total = 3 |
| %= | total = total % 3 | total %= 3 | total = 1 |

## 2.4.5　位运算符与位移运算符

Python 语言还提供了位运算符（Bitwise）和位移运算符，下面进行简要的介绍。

位运算相关的运算符如表 2-8 所示。

表2-8　位运算符

| 运　算　符 | 操作数 1 | 操作数 2 | 结　　果 | 说　　明 |
|---|---|---|---|---|
| &（与） | 1 | 1 | 1 | 操作数 1、操作 2 的值都为 1 时才会返回 1 |
|  | 1 | 0 | 0 |  |
|  | 0 | 1 | 0 |  |
|  | 0 | 0 | 0 |  |
| \|（或） | 1 | 1 | 1 | 操作数 1、操作数 2 的值其中有一个为 1 时就会返回 1 |
|  | 0 | 1 | 1 |  |
|  | 1 | 0 | 1 |  |
|  | 0 | 0 | 0 |  |
| ^（异或） | 1 | 1 | 0 | 操作数 1、操作数 2 的值不同时才会返回 1 |
|  | 1 | 0 | 1 |  |
|  | 0 | 1 | 1 |  |
|  | 0 | 0 | 0 |  |
| ~（非） | 1 |  | 0 | 或称为求反运算，将 1 变成 0，将 0 变成 1 |
|  | 0 |  | 1 |  |

如何使用位运算符呢？先调用 bin() 把数值转换二进制，再以位运算符进行运算。

### 范例程序 CH0210.py

```
x, y = 6, 13
print('x =',x, 'y =', y)
# 调用 bin()函数把数值转换为二进制数
print('x 二进制 ->', bin(x), ', y 二进制->', bin(y))
print('x & y =', bin(x & y))
# 调用 int()函数把二进制数转换为十进制数
print('转换为十进制 ->', int('100', 2))
print('x | y =', x | y)     # 位运算符直接以十进制数进行运算
print('x ^ y =', x ^ y)
print('~110 ->', ~110, '把-111 转换为十进制', int('-111', 2))
print('~x =', ~x, ', ~y =', ~y)
```

**程序说明：**

● 　把变量 x、y 的值以 bin() 函数转换为二进制数据后，再调用 int() 函数转换为十进制数。

● 变量 x 的值要以 "~" 运算符求反，先把它的值转换为二进制数，取 2 的补码得-111，再调用 int()函数把二进制数的-111 转换为十进制数-7。

范例程序中的数值 6 与 13 究竟如何运算？先转为二进制数，再以&、|、^运算符进行运算，获取结果后再以十进制数输出，如图 2-18 所示。

```
 6   0 1 1 0    6   0 1 1 0    6   0 1 1 0
13   1 1 0 1   13   1 1 0 1   13   1 1 0 1
&运算 0 1 0 0   |运算 1 1 1 1   ^运算 1 0 1 1
转换为十进制 -> 4  转换为十进制 -> 15  转换为十进制 -> 11
```

图 2-18

此外，位运算符还有两个较为特殊的运算符：左移（<<）和右移（>>）运算符，有关说明可参见表 2-9。

表2-9　位移运算符

| 位移运算符 | 语　　法 | 说　　明 |
|---|---|---|
| <<（左移） | 操作数 1 << 操作数 2 | 将操作数 1 按照操作数 2 指定的位数向左移动，右边补零 |
| >>（左移） | 操作数 1 >> 操作数 2 | 将操作数 1 按照操作数 2 指定的位数向右位移，左边补零 |

示例：数字 6 经过右移和左移运算符的运算之后，结果如何？

首先把 6 转换为二进制的 00000110，然后进行左移和右移运算。

| 6 | 0 | 0 | 0 | 0 | 0 | 1 | 1 | 0 |
|---|---|---|---|---|---|---|---|---|
| 6 << 2 | 0 | 0 | 0 | 1 | 1 | 0 | 0 | 0 |

6 << 2 相当于 6*(2**2)的结果，所以数值会变大。

| 6 | 0 | 0 | 0 | 0 | 0 | 1 | 1 | 0 |
|---|---|---|---|---|---|---|---|---|
| 6 >> 2 | 0 | 0 | 0 | 0 | 0 | 0 | 0 | 1 |

6 >> 2 相当于 6//(2**2)的结果，所以数值会变小 0。

# 2.5　运算符的优先级

各个运算符在进行运算时是有不同优先级的。在 Python 语言中，除了算术运算符的 "先乘除，后加减，括号优先" 之外，更多运算符的优先级从高到低如表 2-10 所示。本章只介绍了算术运算符、赋值运算符和位运算符，而比较运算符和逻辑运算符将在第 3 章介绍条件选择结构时一同介绍，因为比较运算符和逻辑运算符主要用于程序的条件选择逻辑。

表2-10　运算符的优先级

| 运　算　符 | 说　　明 |
|---|---|
| () | 括号运算符 |
| ** | 指数（或幂）运算符 |
| ~ | 位运算符（非或取反） |

（续表）

| 运 算 符 | 说 明 |
|---|---|
| +, − | 算术运算符的加、减 |
| <<, >> | 左移、右移运算符 |
| & | 位运算符"与"（AND） |
| ^ | 位运算符"异或"（XOR） |
| \| | 位运算符"或"（OR） |
| in, not in, is, is not | 比较运算符 |
| not | 逻辑"或"运算符（NOT） |
| and | 逻辑"与"运算符（AND） |
| or | 逻辑"非"运算符（OR） |

## 2.6　本章小结

- 在 Python 语言中，用对象来表示数据。每个对象都具有身份、类型和值。
- 标识符命名规则：①第一个字符必须是英文字母或是下画线；②其余字符可以搭配其他的英文字母或数字；③不能使用 Python 语言的关键字或保留字。
- Python 语言的数据类型中常用的有：整数、浮点数、字符串，它们都具有"不可变"的特性。
- 将十进制数转换为其他进制数：bin()函数用于转换为二进制数；oct()函数用于转换为八进制数；hex()函数用于转换为十六进制数。
- Bool 类型只有两个值，即 True 和 False，用于程序流程的控制，进行逻辑判断。比较有意思的地方是，它采用数值 1 或 0 来代表 True 或 False。
- 浮点数就是含有小数部分的数值。Python 语言的浮点数类型有 3 种：①float 存储单精度浮点数；②complex 存储复数数据；③decimal 用于更精确地表示数值的小数部分。
- 表达式由操作数与运算符组成。操作数包含了变量、数值和字符。运算符有算术运算符、赋值运算符、逻辑运算符和比较运算符等。

## 2.7　课后习题

### 一、填空题

1. 声明 Python 的标识符时，第一个字符必须是＿＿＿＿或＿＿＿＿。

2. 填入各变量代表的数据类型： a = 'Python'； b = 25.368； c = 16。a 的数据类型为＿＿＿＿，b 的数据类型为＿＿＿＿，c 的数据类型为＿＿＿＿。

3. 在 Python 语言中，＿＿＿＿函数可用来判断身份标识符（ID），而用于查看数据类型的函数是＿＿＿＿。

4. ＿＿＿＿将十进制数转换为二进制数，表示时以＿＿＿＿为前缀字符；＿＿＿＿将十进制数转换为八进制数，表示时以＿＿＿＿＿为前缀字符；＿＿＿＿＿＿将十进制数转换为十六进制数，表示时以＿＿＿＿＿＿为前缀字符。

5. 布尔类型只有两个值：＿＿＿＿＿、＿＿＿＿＿。

6. 在 Python 语言中，浮点数有 3 种数据类型：①＿＿＿＿＿，②＿＿＿＿＿，③＿＿＿＿＿。

7. 要获取 decimal 类型的算术运算环境时，可调用＿＿＿＿＿函数；要改变小数部分的精确度，要以＿＿＿＿＿重新设置。

8. 表达式 15//8 的结果是＿＿＿＿＿，表达式 2**5 的结果是＿＿＿＿＿，表达式 32%7 的结果是＿＿＿＿＿。

9. 若要处理有理数，则要导入＿＿＿＿＿模块，调用类方法＿＿＿＿＿。

10. 函数 divmod(25, 3)会返回＿＿＿＿＿，函数 round(1347.625)会返回＿＿＿＿＿。

## 二、实践题与问答题

1. 导入数学模块，输入半径的长度，编写一个计算圆周长和圆面积的程序。

2. 以对象的观点来解释下列语句。

```
totalA, totalB = 10, 20
totalB = 15.668
```

# 第 3 章

# 条件选择与比较运算符和逻辑运算符

**学习重点:**

- 掌握 if 和 if/else 语句
- 要进行条件判断,得认识在单一条件下,单向或双向选择的区别
- 比较运算符和逻辑运算符
- 多重选择时,可采用 if/elif 语句
- 多重选择时,不进行条件运算还能使用 match/case 语句

常言道:"条条道路通罗马!"不过道路并非永远都是直线,为了向目标迈进,有时需要转个弯,相应地程序设计语言会以流程结构来控制其执行方向,流程结构包含三种:顺序结构、选择结构、循环结构。本章主要介绍选择结构。

## 3.1 认识程序设计语言的结构

常言道:"工欲善其事,必先利其器!"。编写程序当然要善用一些技巧,结构化程序设计是一种软件开发的基本精神,也就是在开发程序时,根据自上而下(Top-Down)的设计策略,将较复杂的问题分解成小且较简单的问题,产生"模块化"程序代码。结构化程序一般会包含下列三种流程控制:

- 顺序(Sequential)结构:自上而下的程序语句,这也是前面章节编写程序时最常采用的结构,例如,声明变量、输出变量值,如图 3-1 所示。

图 3-1

- 选择(Selection)结构:一种条件选择语句,可分为单个条件选择语句和多个条件选择语句。例如,外出时以天气来决定交通工具,下雨天就搭公交车,天气好就骑自行车。
- 迭代(Iteration)结构:也就是循环控制,在符合条件时重复执行,直到条件不符合为止。例如,拿了 1000 元去超市购买物品,直到钱花光了,才会停止购物。

表 3-1 为一些常用的流程图符号。

表3-1　常用的流程图符号

| 符　　号 | 说　　明 |
|---|---|
| | 椭圆形符号，表示流程的开始与结束 |
| | 矩形表示流程中间的步骤，用箭头连接 |
| | 菱形代表决策，会因为条件的不同而选择不同的流向 |
| | 代表文件 |
| | 平行四边形代表数据的产生 |
| | 表示数据的存储 |

## 3.2　单个条件

决策结构可根据条件做选择，一般来说，条件分为单一条件和多重条件。处理单一条件时，if 语句能提供单向和双向处理；多重条件情况下要返回单一结果，if/elif 语句则是处理法宝。

### 3.2.1　比较运算符

比较运算符通常用于比较两个操作数的大小，结果为布尔值 True 或 False，具体可参考表 3-2 的说明（假设 opA = 20，opB=10）。

表3-2　比较运算符

| 运　算　符 | 运算表达式 | 运算结果 | 说　　明 |
|---|---|---|---|
| > | opA > opB | True | opA 大于 opB，返回 True |
| < | opA < opB | False | opA 小于 opB，返回 False |
| >= | opA >= opB | True | opA 大于或等于 opB，返回 True |
| <= | opA <= opB | False | opA 小于或等于 opB，返回 False |
| == | opA == opB | False | opA 等于 opB，返回 False |
| != | opA != opB | True | opA 不等于 opB，返回 True |

以两个操作数比较大小的示例如图 3-2 所示。

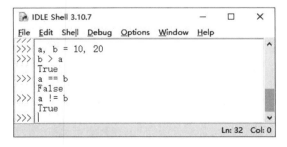

图 3-2

**范例程序 CH0301.py**

以比较运算符来判断输入的分数是否大于或等于 60。

**步骤 01** 编写如下程序代码：

```
01 score = int(input('请输入分数: '))
02 isPass = score >= 60
03 print(f"{score}通过否? {isPass}")
```

**程序说明：**

- 第 02 行，变量 isPass 为布尔类型，当变量 score 大于或等于 60 时，布尔值为 True，当变量 score 小于 60 时，布尔值为 False。

**步骤 02** 保存该程序文件，按 F5 键执行该程序，执行结果如图 3-3 所示。

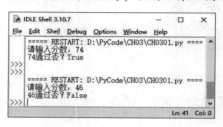

图 3-3

## 3.2.2　if 语句

if 语句就如同"如果……就……"，例如，如果分数在 60 分以上，就显示及格。其语法如下：

```
if 条件判断表达式:
    # 条件判断表达式为 true 时要执行的程序语句
```

**参数说明：**

- if 语句搭配条件判断表达式，得到布尔值的真（True）或假（False）。
- 条件表达式之后要有 ":"（半角冒号）。
- 符合条件的程序语句通过缩排来产生程序区块，否则解释器会报错。

其他一些程序设计语言在使用 if 语句时会以大括号 "{}" 来形成程序区块。在 Python 语言中，对应一个特殊名称 suite，是 Python 语言中的程序区块，只是这个程序区块是通过程序语句的缩进来标记程序区块起止的。下面进入 Python Shell 来了解 if 语句所组成的程序区块（suite），如图 3-4 所示。

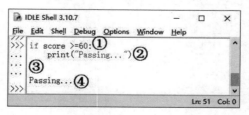

图 3-4

- ① 条件表达式 score >= 60 之后要加冒号字符 ":"（冒号表示下一行语句要缩排）。
- ② 按 Enter 键之后，会自动缩排，再输入 print() 函数。
- ③ 要多按一次 Enter 键来表示 if 语句结束。
- ④ 输出运算结果。

下面利用图 3-4 中的例句来介绍 if 语句如何进行条件判断。

```
if getScore >= 60:
    print('Passing...')
```

表示输入的分数大于或等于 60 分时才会打印输出 "Passing" 字符串，流程图如图 3-5 所示。

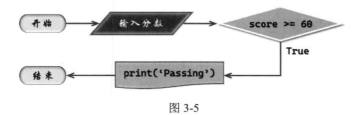

图 3-5

## 范例程序 CH0302.py

步骤01 编写如下程序代码：

```
01 score = int(input('请输入分数 ->'))
02 if score >= 60:
03     print('分数', score, '通过考核')
```

步骤02 保存该程序文件，按 F5 键执行该程序，执行结果如图 3-6 所示。

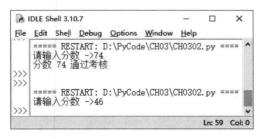

图 3-6

**程序说明：**

- 第 01 行，变量 score 用于获取输入分数。由于 input 函数输入的是字符串，因此调用内置函数 int() 把字符串转换为整数再赋值给变量 score。
- 第 02、03 行，if 语句之后的表达式 score >= 60，表示使用比较运算符判断 score 变量的值是否大于或等于 60，如果条件成立就以 print() 函数输出 "考核通过"。
- 当输入 74 时，因为 74 大于 60，条件判断表达式成立，所以会输出 "通过考核"；而当输入 43 时，因为 43 小于 60，条件判断表达式不会成立，所以不会输出任何字符串。

若执行 True 的语句很简短，也可以把它放在 if 语句的同一行里，如图 3-7 所示。

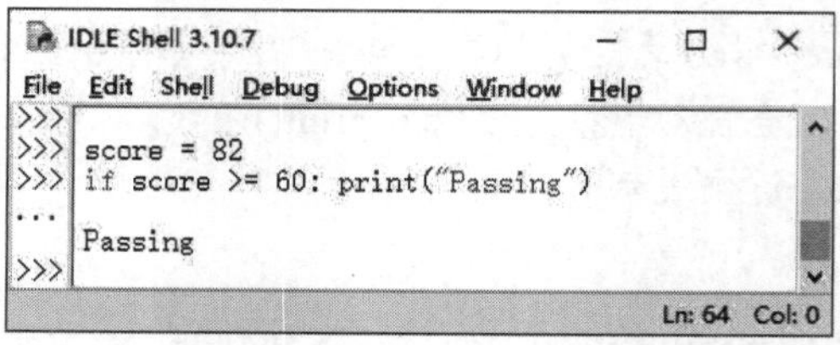

图 3-7

# 3.3　双向选择

使用 if 语句当然不会只有单向选择，更多时候是双向选择（即 True 和 False）。条件判断表达式除了使用比较运算符之外，有时也会搭配逻辑运算符。

## 3.3.1　逻辑运算符

逻辑运算符针对表达式的 True 和 False 值进行逻辑运算，表 3-3 为逻辑运算符的说明。

表3-3　逻辑运算符

| 逻辑运算符 | 表达式 1 | 表达式 2 | 结　　果 | 说　　明 |
| --- | --- | --- | --- | --- |
| and（与） | True | True | True | 逻辑运算符两边的表达式都为 True 才会返回 True |
| | True | False | False | |
| | False | True | False | |
| | False | False | False | |
| or（或） | True | True | True | 逻辑运算符两边的表达式只要其中一边为 True 就会返回 True |
| | True | False | True | |
| | False | True | True | |
| | False | False | False | |
| not（非） | True | -- | False | 对表达式求反，所得结果与原来相反 |
| | False | -- | True | |

通常逻辑运算符会与流程控制配合使用。and 和 or 运算符进行逻辑运算时会采用"短路"（Short-Circuit）运算方式，它的运算规则如下：

● and 运算符：若第一个操作数返回 True，才会继续第二个操作数的判断。换句话说，第一个操作数返回 False，就直接返回 False，不再继续当前 and 表达式后续的逻辑运算了。

● or 运算符：若第一个操作数返回 True，不再继续当前 or 表达式后续的逻辑运算了。换句话说，只有第一个操作数返回 False，才会继续 or 表达式后续的逻辑运算。

使用 and 逻辑运算符的示例如下：

```
num = 15
result = (num % 2 == 0) and (num % 3 == 0)
```

**示例说明：**

由于 15 只能被 3 整除，因此 result 返回 False。

使用 or 逻辑运算符的示例如下：

```
num = 15
result = num % 2 == 0 or num % 3 == 0
```

**示例说明：**

由于 15 能被 3 整除，因此 result 返回 True。

直接用逻辑运算符进行逻辑运算，示例如图 3-8 所示。

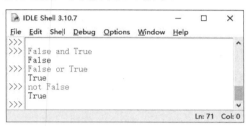

图 3-8

## 范例程序 CH0303.py

以比较运算符和逻辑运算符来判断输入的年份是否为闰年。闰年的判断条件是能被 4 或 400 整除且不能被 100 整除。

**步骤 01** 编写如下程序代码：

```
01 year = int(input('请输入年份: '))
02 isLeapYear = (year % 4 == 0 and
03              year % 100 != 0) or (year % 400 == 0)
04 print(f"{year}是否为闰年? {isLeapYear}")
```

**步骤 02** 保存该程序文件，按 F5 键执行该程序，执行结果如图 3-9 所示，解析图如图 3-10 所示。

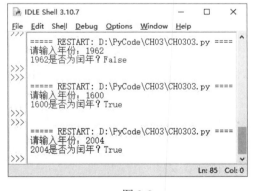

图 3-9

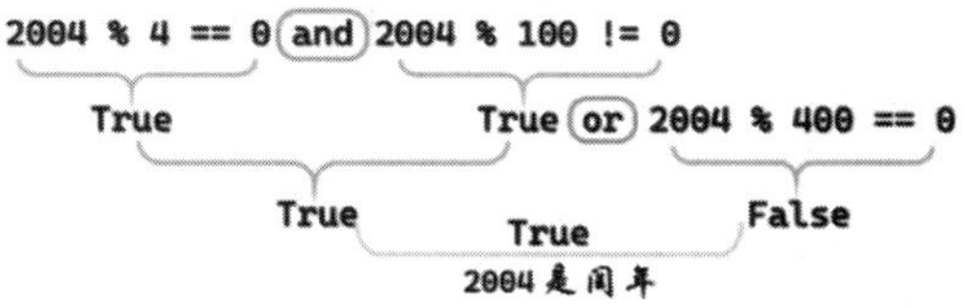

图 3-10

**程序说明：**

● 例如输入的年份为 2004，该年份能被 4 整除但无法被 100 整除，条件判断表达式结果为 True，而该年份不能被 400 整除，因此返回 False；经由 "True or False" 运算最终返回 True，表明 2004 为闰年。

- 第 02、03 行，把变量 isLeapYear 设为布尔类型，输入的年份先以 % 运算符进行运算，余数为零（整除）的情况下，再配合逻辑运算符来判断；整个条件判断表达式的意思是年份必须能被 4 整除，且无法被 100 整除或者能被 400 整除，符合这样的条件就是闰年。

## 3.3.2   if/else 语句

单个条件有双向选择时使用 if/else 语句，该语句就如同"如果……就……，否则……"，例如，如果分数大于 60 分就显示"及格"，否则就显示"不及格"。其语法如下：

```
if 条件判断表达式:
    # 表达式为 True 时要执行的程序区块
else:
    # 表达式为 False 时要执行的程序区块
```

else 语句之后要记得加上":"形成程序区块。

使用 if/else 语句来判断成绩，代码如下：

```
if score >= 60:
    print('Passing ... ')
else:
    print('请多努力 ... ')
```

条件表达式判断输入的分数是否大于或等于 60，条件成立时，打印输出 Passing；条件不成立时（表示分数小于 60），则输出"请多努力"的字符串。单个条件双向选择的流程图如图 3-11 所示。

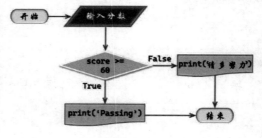

图 3-11

在 Python Shell 交互模式下测试 if/else 语句，else 语句也形成 else 部分的程序区块，else 本身必须从此行的第一个字符开始，不能有缩排（见图 3-12），否则会发生错误（见图 3-13）。

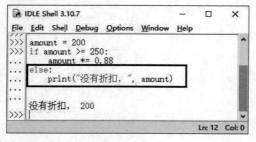

图 3-12

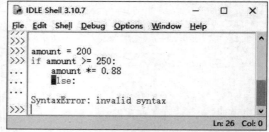

图 3-13

范例程序 CH0303.py 使用比较运算符和逻辑运算符来判断输入的年份是否为闰年，如果加入 if/else，该如何处理呢？参考范例程序 CH0304.py。

**范例程序 CH0304.py**

```
year = int(input('请输入年份: '))
if (year % 4 == 0 and year % 100 != 0) or (year % 400 == 0):
    print(year, '是闰年')
else:
    print(year, '不是闰年')
```

if 语句使用的条件判断表达式的运算法则和范例程序 CH0303.py 相同，这里不再赘述。

**范例程序 CH0305.py**

使用 if/else 语句来判断用户输入的密码是否正确。

**步骤 01** 编写如下程序代码：

```
01 saves = 'abc123'            # 密码
02 nums = 2                    # 保存输入密码的次数
03 pwd = input('你有 2 次机会，请输入密码: ')
04 if(saves != pwd):          # 若输入值不等于密码
05     nums -=1               # 扣除次数, nums = nums - 1
06     print('你还有', nums, '次机会')
07 else:
08     print('Welcome Python! ')       # 输入值等于密码值
```

**步骤 02** 保存该程序文件，按 F5 键执行该程序，执行结果如图 3-14 所示。

图 3-14

**程序说明：**

- 第 04~06 行，在 if 程序区块中，条件判断表达式用来判断输入值是否等于预存的密码，若不相等，就会扣除一次输入密码的次数。
- 第 07、08 行：在 else 程序区块中，若输入值等于密码值，就会显示 "Welcome Python" 信息。

## 3.3.3　特殊的三元运算符

if/else 语句还能采用更为简洁的三元运算符的表达方式，它的语法如下：

```
X if C else Y
Expr_ture if 条件判断表达式 else Expr_false
```

**参数说明：**

- X、C、Y 为三元运算符。
- X: Expr_true，条件判断表达式为 True 时执行的程序语句。

- C：if 语句的条件判断表达式。
- Y：Expr_false，条件判断表达式为 False 时执行的程序语句。

示例 1：如果变量 score 的值大于或等于 60，就显示信息"及格"。

```
score = 78
if score >= 60:    # 使用 if/else 语句
   print('及格')
else:
   print('不及格')
```

以三元运算符改写示例 1，则为：

```
'及格' if score >= 60 else '不及格'
```

示例 2：比较两个数值的大小时，当条件判断表达式 x > y 成立，则输出变量 x 的值 452，否则输出变量 y 的值 635。

```
x, y = 452, 635    # 声明变量 x = 452, y = 635
print(x if x > y else y)
```

示例 3：购物金额大于 1200 元时打 9 折，未达此金额就没有折扣。

```
price = 1985        # 购物金额
amount = price * 0.9 if price > 1200 else price
print(amount)       # 输出：1786.5
```

**示例说明：**

（1）把表达式所得结果赋值给变量 amount，再调用 print() 函数输出 amount 的值。

（2）当然，不是所有 if/else 语句都能以三元运算符的方式来表达，通常只有当 if/else 语句较为简洁时方可用三元运算符的表达方式，这样可以让程序代码看起来更为简洁、利落。

### 范例程序 CH0306.py

以三元运算符来判断性别。

步骤 01 编写如下程序代码：

```
01 gender = input('请以 M 或 F 表示性别-> ')
02 print('帅哥，你好！' if gender == 'M' or
03      gender == 'm' else '美女，早安！')
```

步骤 02 保存该程序文件，按 F5 键执行该程序，执行结果如图 3-15 所示。

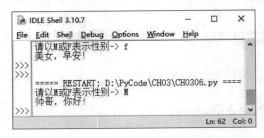

图 3-15

**程序说明：**

- 第 01 行：变量 gender 用来保存输入的代表性别的字母。
- 第 02、03 行：使用三元运算符的表达方式，根据输入的性别来输出不同的问候语，其中使用逻辑运算符 or 来接收同一个字母的大写或小写。

# 3.4 多个条件的选择

有多个条件的选择时，该如何做呢？除了使用嵌套 if 语句之外，Python 语言还有 if/elif 等语句来丰富有多个条件选择时的程序设计。

## 3.4.1 嵌套 if 语句

所谓嵌套 if 语句就是 if 语句中含有 if 语句，根据需求，它的语法可能是这样的：

```
if 条件判断表达式 1：
    if 条件判断表达式 2：
        if 条件判断表达式 3：
            符合条件 1、2、3 时要执行的程序区块
        else：
            符合条件 1、2，但不符合条件 3 时要执行的程序区块
    else：
        符合条件 1，但不符合条件 2 时要执行的程序区块
else：
    上述条件都不符合时要执行的程序区块
```

**参数说明：**

- 若第 1 层的 if/else 语句符合条件判断表达式，则会进入第 2 层的 if/else 语句，以此类推。
- 若条件 1、2、3 都不符合，就直接进入第一层 if/else 的 else 程序区块。

下面就以电影的分级制度来说明嵌套 if 语句。假如满 18 岁才能看限制级电影，满 15 岁可以看辅导级电影，满 6 岁可以看保护级电影，不满 6 岁只能看普通级电影。

```
age = int(input('请输入年龄-> '))
if age >= 6:
  if age >= 15:
    if age >= 18:
      print('所有级别的电影都可观赏！')
    else:
      print('可以观赏辅导级的电影！')
  else:
    print('可以观赏保护级的电影！')
else:
  print('只能观赏普通级的电影！')
```

若输入的年龄是 13，表示符合第 1 层条件，但不符合第 2 层条件，所以执行第 2 层的 else 程序区块中的语句，输出"可以观赏保护级的电影"。

继续以分数来讨论嵌套 if 语句。对学生成绩进行等级评定，如果是 90 以上就给 A 级，如果是 80 分以上就给 B 级……如图 3-16 所示。

| 分数 | 评级 |
|---|---|
| 91~100 | A |
| 81~90 | B |
| 71~80 | C |
| 61~70 | D |
| 60以下 | E |

图 3-16

使用嵌套 if 语句，可以编写如下的程序代码：

**范例程序 CH0307.py**

```
score = int(input('请输入分数-> '))
if score >= 60:
    if score >= 70:
        if score >= 80:
            if score >= 90:
                print(score, '= A')
            else:
                print(score, '= B')
        else:
            print(score, '= C')
    else:
        print(score, '= D')
else:
    print(score, '= E')
```

假设分数是 92 分，所以会进入第 1 层 if 语句进行条件判断，符合条件，继续往第 2 层 if 语句进行条件判断，同样符合条件，再向第 3 层 if 语句进行条件判断，最后满足分数大于 90 而输出结果。

对于初学者来说，这种嵌套 if/else 语句较为艰涩、难懂。

**提示**

使用嵌套 if/else 语句要有顺序性：

① 可以将条件按照从小到大的顺序依次进行判断，如范例程序 CH0307.py。

② 可以将条件按照从大到小的顺序依次进行判断，如下述示例：

```
grade = 68
if grade >= 90:
    print('A')
else:
    if grade >= 80:
        print('B')
    else:
        if grade >= 70:
            print('C')
        else:
            if grade >= 60:
                print('D')
            else:
                print('F')
```

下面继续挑战闰年的问题，把范例程序 CH0304.py 用嵌套 if 语句来改写，该如何做？可参考下面的范例程序。

**范例程序 CH0308.py**

```
year = int(input('请输入年份: '))
if year % 4 == 0:     # 使用%运算符来判断数值是否能被整除
   if year % 100 == 0:
     if year % 400 == 0:
        print(year, '--闰年--')
     else:
        print(year, '--不是闰年--')
   else:
     print(year, '是闰年')
else:
   print(year, '不是闰年')
```

**程序说明：**

● 输入的年份进入第 1 层 if 语句，能被 4 整除（余数为 0）才会进入第 2 层 if 语句，能被 100 整除才会进入第 3 层语句（是否能被 400 整除），经过 3 个条件判断表达式才判断它是否为闰年。

● 例如年份 2004，它能被 4 整除，所以进入第 2 层 if 语句，但它无法被 100 整除，所以转向第 2 层 else 语句，输出"是闰年"。

## 3.4.2　if/elif/else 语句

Python 语言中有更好的方式来处理多重选择。仔细看一看图 3-17，可以发现这种嵌套 if 语句再进一步修改就与 if/elif 语句很接近了。

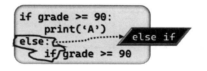

图 3-17

使用 if/elif/else 语句实现多重选择（即以条件运算逐一过滤），选择最适合的条件来执行某个程序区块中的语句，它的语法如下：

```
if 条件判断表达式 1 :
    # 符合条件 1时要执行的程序区块
elif 条件判断表达式 2 :
    # 符合条件 2时要执行的程序区块
elif 条件判断表达式 N
    # 符合条件 N时要执行的程序区块
else:
    # 上述条件都不符合时要执行的程序区块
```

**参数说明：**

● 当不符合条件判断表达式 1 时会向下寻找，直到找到符合的条件判断表达式为止。

● elif 语句是 else if 的缩写。

- elif 语句可以根据条件判断表达式来产生多条语句，它的条件判断表达式之后也要有冒号，它有对应的符合条件时要执行的程序区块。

以 if/elif/else 语句改写按分数进行评级的程序，可参考范例程序 CH0309.py。

**范例程序 CH0309.py**

```
score = int(input('请输入分数-> '))
if score < 60:
    print(score, '请多多努力! ')
elif score < 70:
    print(score, '表现持平! ')
elif score < 80:
    print(score, '不错噢!')
elif score < 90:
    print(score, '好成绩!')
else:
    print(score, '非常好! ')
```

假设输入的分数是 78，它会先查看是否小于 60 分，条件不符合就往下查看是否小于 70 分，以此类推，最后找出符合的条件再输出结果，详细的流程如图 3-18 所示。

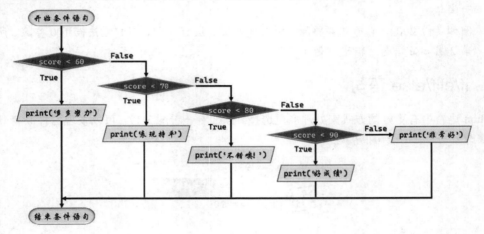

图 3-18

有了嵌套 if 语句的改写经验，再用 if/elif/else 语句来实现判断是否为闰年的问题应该更驾轻就熟了。可参考范例程序 CH0310.py。

**范例程序 CH0310.py**

```
# 逻辑判断有误区
year = int(input('请输入年份：'))
# 使用%运算符来判断数值是否能被整除
if year % 4 == 0:
    print(year, '--闰年--')
elif year % 100 == 0:
    print(year, '--不是闰年--')
elif year % 400 == 0:
    print(year, '是闰年')
else:
    print(year, '不是闰年')
```

例如年份为 1700，它符合第 1 个条件判断表达式（能被 4 整除），所以就不会再继续往下进行后续的判断，直接输出"--闰年--"，结果如图 3-19 所示。

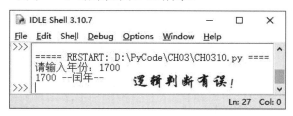

图 3-19

继续修改范例程序 CH0310.py，条件判断表达式从能否被 400 整除开始进行判断，参考范例程序 CH0311.py。

### 范例程序 CH0311.py

```python
year = int(input('请输入年份: '))
# 使用%运算符来判断数值是否能被整除
if year % 400 == 0:
    print(year, '--闰年--')
elif year % 100 == 0:
    print(year, '--不是闰年--')
elif year % 4 == 0:
    print(year, '是闰年')
else:
    print(year, '不是闰年')
```

例如年份为 1700，它无法满足第 1 个条件判断表达式（被 400 整除），继续前往第 2 个条件判断表达式，该年份可以被 100 整除，于是不会再继续往下执行后续的条件判断，直接输出"--不是闰年--"，执行结果如图 3-20 所示。

图 3-20

### 范例程序 CH0312.py

使用逻辑运算符"or"串接月份，判断输入的月份所属的季节。

步骤 01　编写如下程序代码：

```python
01 month = int(input('请输入月份-> '))
02 if month == 3 or month == 4 or month == 5:
03    print(month, '月是春季')
04 elif month in [6, 7, 8]:
```

```
05    print(month, '月是夏季')
06 elif month == 9 or month == 10 or month == 11:
07    print(month, '月是秋季')
08 elif month in [12, 1, 2]:
09    print(month, '月是冬季')
```

**步骤 02** 保存该程序文件，按 F5 键执行该程序，执行结果如图 3-21 所示。

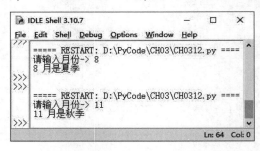

图 3-21

**程序说明：**

- 第 01 行，将输入值以 int() 函数转换为数值后赋值给变量 month。
- 第 02、03 行，第 1 层 if/else 语句的条件判断表达式为 "month == 3 or month == 4 or month == 5"，其中用逻辑运算符 "or" 串接，以表示月份 3、4、5 是春季。
- 第 04、05 行，第 2 层 if/elif/else 语句使用 in 运算符来判断中括号 []（表示列表对象）内是否存放了 6、7、8 月。

## 3.4.3  match/case 语句

对于多重选择的情况，还可以使用 match/case 语句，它近似于其他程序设计语言的 switch/case 语句，语法如下：

```
match subject:
    case <pattern 1>:
        <action 1>
    case <pattern_2>:
        <action 2>
    case <pattern 3>:
        <action_3>
    case _ :
        <action_wildcard>
```

**参数说明：**

- match 语句可以形成一个程序区块，它的表达式可以是数值或字符串。
- 每个 case 后面都指定为一个常数值，但不能把相同的值指定给两个 case 语句使用，而且 case 后面的数据类型必须和 match 表达式结果的数据类型相同。
- 执行 match 语句，会进入 case 程序区块去寻找匹配的值，匹配到某个 case 后面的值，则执行对应的程序区块，再以 break 语句离开 match 语句。
- 若没有任何的值匹配到 case 后面的值，会跳到最后的 "case _" 语句，执行这个部分的程序区块中的语句。

**范例程序 CH0313.py**

根据输入数值来判断某个月份的天数。

**步骤01** 编写如下程序代码：

```
01 mon = int(input('输入 1~12 的月份获取该月的天数 ->'))
02 match mon:
03    # 使用运算符|(或)组合多个值
04    case 1 | 3 | 5 | 7 | 8 | 10 | 12:
05        print(mon, '月有 31 天')
06    case 4 | 6 | 9 | 11:
07        print(mon, '月有 30 天')
08    case 2:
09        print(mon, '月可能有 28 天或 29 天')
10    case _:
11        # 输入的数值未在 1~12
12        print('输入表示月份的数值不正确！')
```

**步骤02** 保存该程序文件，按 F5 键执行该程序，执行结果如图 3-22 所示。

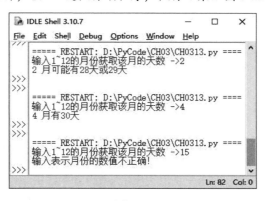

图 3-22

**程序说明：**

- 第 02~12 行，match/case 语句用于判断输入的数值是否在 1~12，以便给出对应月份的天数。
- 第 04 行，属于大月的月份有 1、3、5、7、8、10、12，使用运算符"|"（或）把这些数值串接起来。
- 第 10 行，若输入的数值不在 1~12，那么匹配"case _"（下画线字符），显示"输入表示月份的数值不正确！"。

# 3.5　本章小结

- 一个结构化的程序包含三种流程控制：①自上而下的顺序结构；②按其作用分为单一条件和多种条件的选择结构；③迭代结构可视为循环控制结构，在符合条件的情况下重复执行，直到不符合条件为止。
- 当单一条件只有一个选择时，使用 if 语句；if 如同我们口语中"如果……，就……"。

- Python 语言把程序区块称为 suite，它由一组程序语句组成，由关键字和冒号 "：" 作为 suite 开头，搭配的子句必须缩排。
- 当单一条件有双向选择时就如同口语的 "如果……，就……，否则……"，可以使用 if/else 语句编写这种程序逻辑，也可以使用三元运算符 "X if C else Y" 实现这种程序逻辑。
- 实现多重条件选择时，可以采用 if/elif/else 语句把条件运算逐一过滤，选择最适合的条件（True）来执行某个程序区块内的语句。
- 多重选择还可以使用 match/case 语句来实现，它近似于其他程序设计语言的 switch/case 语句。

## 3.6　课后习题

### 一、填空题

1. 下列程序语句返回的结果：①_____，②_____。

```
number = 20
result = (number % 3 == 0) and (number % 4 == 0)①
result = (number % 3 == 0) or (number % 5 == 0)②
```

2. 为下列程序语句补上关键字。①_____，②_____。

```
'及格' ① score >= 60 ② '不及格'
```

3. if/else 语句使用三元运算符 "X if C else Y" 的表达方式，其中 X 是_____，C 是_____，Y 是_____。

4. 购物金额大于 1500 元才能打 8.5 折，未超过 1500 就不打折，以三元运算符的表达方式来实现此程序逻辑。

```
price = 2136   # 购物金额
```

### 二、实践题与问答题

1. 输入年龄，大于 18 岁就显示 "你有公民投票权"，小于 18 岁就显示 "你尚未成年"。
2. 用三元运算符的表达方式改写上一题的程序。
3. 实现电影的分级观看功能：满 18 岁才能看限制级电影，满 15 岁可以看辅导级电影，满 6 岁可以看保护级电影，不满 6 岁只能看普通级电影。用 if/elif/else 语句来判断输入的年龄可以观看的电影级别。

# 第 4 章

## 循环控制

**4**

**学习重点：**

- for 循环与 range()函数的配合
- 在 while 循环中选择加入计数器
- continue、break 语句
- random 模块

在流程控制中，我们已经介绍了选择结构，接下来了解循环结构的使用。所谓的循环（Loop，或称为迭代）就是只要符合条件就会反复执行，直到条件不符合为止（退出或跳离循环）。Python 语言的循环包含：

（1）for/in 循环：可计次循环，用来控制循环重复执行的次数。

（2）while 循环：在指定条件下不断地重复执行。

## 4.1 for 循环

for/in 循环可以指定循环体重复执行的次数，所以它可以拥有计数器，而更好的方式是与 range()函数配合使用。

### 4.1.1 使用 for/in 循环

Python 语言的 for/in 循环的特色是读取序列中的每个表项或元素，它的语法如下：

```
for item in sequence/iterable:
    #for suite
else:
    #else_suite
```

**参数说明：**

- item: 表示是元组和列表中的表项或者元素，对应计数循环的计数器。
- sequence/iterable: 除了不能更改顺序的序列值外，还包含了可顺序迭代的对象，搭配内置函数 range() 来使用。
- else 和 else_suite 语句可以省略，但加入此程序区块可提示用户 for 循环已正常执行完毕。

for/in 循环的 in 运算符用来判断序列类型的对象，即判断序列中某个元素是否存在。使用 for/in 循环会发生什么事呢？先看图 4-1 中所示的例子。

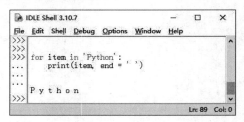

图 4-1

我们可以发现 for/in 循环去读取字符串时，会读取字符串中的每一个字符。该示例中已经把 print() 函数的参数"end = '\n'"（默认值，输出后换行）更改为"end = ' '"，因此输出的所有字符就在同一行内，且字符之间有空格符。

## 4.1.2　range() 函数

一般来说，for/in 循环需要用计数器来计算循环执行的次数，计数器要有起始值和终止值。此外，计数器还要有增减值，若没有特别指定的话，循环每执行一次会自动累加 1。Python 语言提供了内置函数 range() 来搭配 for/in 循环，它的语法如下：

```
range([start], stop[, step])
```

**参数说明：**

- start: 起始值，默认为 0，此参数值可以省略。
- stop: 停止条件，它是必不可少的参数，不可省略。
- step: 计数器的增减值，默认值为 1。

对于 for/in 循环与 range() 函数的配合，可通过图 4-2 中的示例程序语句来了解它的基本用法。range(4) 函数只有一个参数 stop，配合索引，输出元素 0~3，共 4 个数。

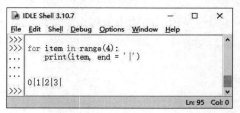

图 4-2

又如 range()函数含 start、stop 两个参数，输出 1~5 的 4 个数值（不含 5）：

```
for item in range(1, 5):
    print(item, end = ' ')   # 输出" 1 2 3 4"4个数值
```

range()函数的参数 start 为 1、stop 为 120、step 为 12，在 1~120 范围内以 12 为间隔来输出 10 个数：

```
# 输出间隔为12的10个数"1 13 25 37 49 61 73 85 97 109"
for item in range(1, 120, 12):
    print(item, end = ' ')
```

range()函数使用 3 个参数，但间隔为负值：

```
for item in range(20, 11, -2):
    print(item, end = ' ')   # 输出从大到小的数"20 18 16 14 12"
```

### 范例程序 CH0401.py

要了解 for/in 循环的工作原理，可以尝试经典的范例：配合 range()函数将数值累加。print()函数放在 for/in 循环内，因而可以查看累加值的变化。

**步骤01** 编写如下程序代码：

```
01 total = 0                   # 存储累加的结果
02 for count in range(1, 11):  # 数值1~10
03     total += count          # 将数值累加
04     print('累加值', total)  # 输出累加的结果
05 else:
06     print('数值累加完毕!')
```

**步骤02** 保存该程序文件，按 F5 键执行该程序，执行结果如图 4-3 所示。

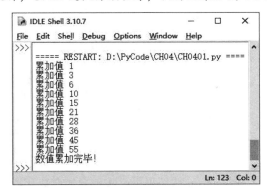

图 4-3

**程序说明：**

● 函数 range(1, 11)，表示从 1 开始，到 10 结束，将数值 1~10 进行累加，它的运行流程可参考图 4-4 的图解。

● 使用 for/in 循环，可加入或者不加入 else 语句。要注意的是 print()函数，若它有缩进的话表示在 for 循环内，会按照循环执行的次数来输出，可参考后文的解说；如果它没有缩进的话，表示不在 for 循环内，只会在循环结束之后输出最后的累加结果。

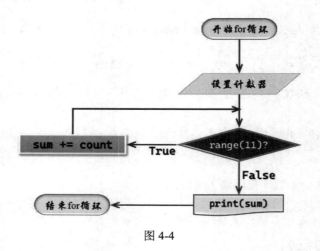

图 4-4

虽然只是简单的数字累加，但还是可以一窥 for/in 循环的执行过程，下面再从 Python Shell 中观察 for/in 循环执行过程中各个变量的变化情况，如图 4-5 所示。

把 print()函数放在循环内，可以查看循环计数器 j 和用来存储累加结果的变量 total 这两个变量值的变化情况。从 "j = 1, total = 1"，再到 "j = 2, total = 2+1" ……按照这种情况，for/in 循环执行到第 10 次时，变量 total 也累加为 55。如果把 print()函数放在循环之外，就只能看到循环结束后的累加结果，如图 4-6 所示。

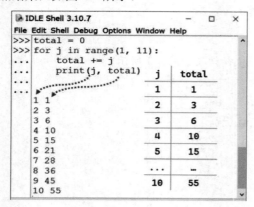

图 4-5

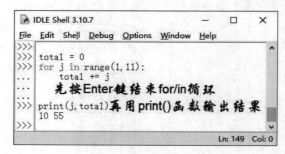

图 4-6

配合 range()函数的参数，使用 for/in 循环也可以实现累加奇数或累加偶数。

### 范例程序 CH0402.py

```
total = 0
# 累加奇数1, 3, 5…
for count in range(1, 100, 2):
    total += count          # 累加奇数
print('累加值', total)        # 输出累加的结果
```

**程序说明:**

- 函数 range(1, 100, 2)表示初值为 1，终止值为 100 以及递增值为 2。
- 变量 total 用于保存累加的结果，把 print()放在循环之外，只会输出奇数累加的最后结果。

## 4.1.3　嵌套循环

程序通常不会只有一种流程控制，编程人员会根据程序的复杂度加入不同的流程结构。所谓嵌套循环就是循环中还有循环。如果是嵌套 for/in 循环，表示 for/in 循环中可以根据需求再加入 for/in 循环。下面以嵌套 for/in 循环来实现九九乘法表。

### 范例程序 CH0403.py

双重 for/in 循环输出九九乘法表。该范例程序的特色在于第 1 层 for/in 循环提供的计数器必须等第 2 层 for/in 循环完成计数之后才会进行自身循环计数器的递增，示意图如图 4-7 所示。

| | one × two | | *two的值递增到9* | |
|---|---|---|---|---|
| one = 1 | 1 × 1(1) | 1 × 2(2) | . . . | 1 × 9(9) |
| one = 2 | 2 × 1(2) | 2 × 2(4) | . . . | 2 × 9(18) |
| | | . . . | | |
| one = 9 | 9 × 1(9) | 9 × 2(18) | . . . | 9 × 9(81) |

图 4-7

**步骤 01** 编写如下程序代码：

```
01 print('  |', end = '')
02 for k in range(1, 10):
03   # 不自动换行，只留空格符
04   print(f'{k:3d}', end = '')
05 print() # 换行
06 print('-' * 32)
07 for one in range(1, 10):        # 第 1 层 for/in
08   print(one, '|', end = '')
09   for two in range(1, 10):      # 第 2 层 for/in
10     print(f'{one * two:3d}', end = '')
11   print()                       # 换行
```

**步骤 02** 保存该程序文件，按 F5 键执行该程序，执行结果如图 4-8 所示。

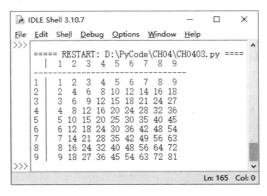

图 4-8

**程序说明：**

●　第 02~04 行，第一个 for/in 循环用来建立表头，输出数字 1~9，通常 print()函数输出之后会换行，此处加入结尾字符参数 "end = ''" 输出数字后不换行，而被 format() 函数（f 后接字符串是 format() 函数的缩写形式）设置的字段宽度为 3 所取代（format() 函数参考第 5.4.4 节）。

- 第 07~11 行，外层 for 循环会建立 1~9 行。
- 第 09、10 行，内层 for 循环会产生 1~9 列，显示相乘的结果。
- 当外层循环的计数器 one 为 1 时，表示建立第一行；内层 for 循环配合 print() 函数，在不换行的情况下，计数器 two 将从 1 递增到 9 来输出相乘的结果，计数器 two 递增至 9 之后换行。
- 外层 for 循环的计数器 one 递增为 2 时，内层 for 循环的计数器 two 依然从 1 开始递增至 9，直到外层 for 循环计数器 one 递增到 9 才会结束循环。

### 范例程序 CH0404.py

使用双重 for/in 循环绘制星形图案。

**步骤 01** 编写如下程序代码：

```
01 for one in range(1, 10):        # 双重 for/in 循环，星形递增
02    for two in range(0, one):    # 第 2 层 for/in
03       print('*', end = '')
04    print() #换行
05 for one in range(1, 10):        # 双重 for/in 循环，星形递减
06    for two in range(one, 10):   # 第 2 层 for/in
07       print('*', end = '')
08    print() #换行
```

**步骤 02** 保存该程序文件，按 F5 键执行该程序，执行结果如图 4-9 所示。

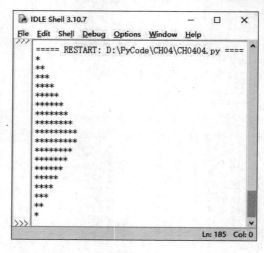

图 4-9

**程序说明：**

- 第 01~04 行，绘制星形图案的第一组双重 for/in 循环，外层循环决定绘制的行数，共 9 行，内层循环决定每行的星形图案的个数，个数随着外层循环递增。
- 第 05~08 行，绘制星形图案的第二组双重 for/in 循环，外层循环决定绘制的行数，共 9 行，

内层循环决定每行的星形图案的个数，个数随着外层循环递减。

# 4.2 while 循环与 random 模块

不需要知道循环执行的次数，可以使用 while 循环。当然，若条件判断表达式设置不当，有可能造成无限循环。本节使用 random 模块产生随机数来设计一个猜数字的小游戏。

## 4.2.1 while 循环的特色

while 循环会根据循环条件不断地执行，直到条件不再成立为止。相对于 for/in 循环，while 循环并不清楚循环执行的具体次数，或者是说若用于迭代的数据没有次序性，那么使用 while 循环就比较适当。while 循环的语法如下：

```
while 条件判断表达式 :
    # 符合条件时执行的程序区块
else:
    # 不符合条件时执行的程序区块
```

**参数说明：**

● 条件判断表达式可以搭配使用比较运算符或逻辑运算符。

● else 语句是可以弹性选择的语句。当条件判断表达式不成立时，会被执行。

while 循环如何运行呢？如下示例设置两个变量 x、y 并赋予初值，当条件判断表达式 x < y 成立时，就会不断地循环执行，而变量 x 也会不断加 2，直到 x 的值不再小于 y 时停止循环的执行。

```
x, y = 1, 20          # 设变量 x = 1, y = 20
while x < y:
    print(x, end = ' ')   # 输出 1 3 5 7 9 11 13 15 17 19
    x += 2
```

**示例说明：**

变量 x 在累加过程中，当 x 值为 20 时，它还会再做一次计算，并重新进入循环进行条件判断，此时 21 < 20 的条件不成立，于是循环就不会再往下执行。

该示例中 while 循环的运行过程如表 4-1 所示。

表4-1　while循环的运行过程

| 变量 x | 变量 y | 条件判断表达式(x < y) | 输出的 x 值 |
|---|---|---|---|
| 1 | 20 | True | 1, (x += 2) |
| 3 | 20 | True | 3, (x += 2) |
| 5 | 20 | True | 5, (x += 2) |
| 7 | 20 | True | 7, (x += 2) |
| --- | 20 | True | --- |
| 19 | 20 | True | 19, (x += 2) |
| 21 | 20 | False | 结束循环 |

想必聪明的读者已经察觉到，设计 while 循环的条件判断表达式必须特别小心，如果条件判断表达式设置不当，就会造成无限循环，这样只能强制中断程序。图 4-10 所示的示例把条件判断表达式设置为"a >= 5"，由于该条件一直成立，因此就会不断地输出"Python"字符串，变为无限循环了，只有按【Ctrl + C】组合键才可以中止程序的执行。

另一个中断循环的方式是使用 Python Shell 交互窗口的命令，依次单击"Shell→Interrupt Execution"菜单命令来中断循环的执行，如图 4-11 所示。

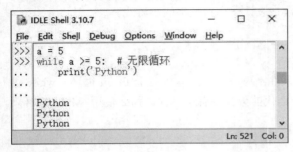

图 4-10

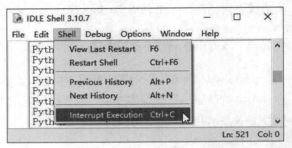

图 4-11

### 范例程序 CH0405.py

给定一个数值，不断将该值除以 10，直到余数变成 0 为止，以变量 total 保存余数，观看 while 循环的变化。执行流程可参考图 4-12。

**步骤 01** 编写如下程序代码：

```
01 number, total = 24831, 0
02 print('number remainder total')          # 表头
03 while number > 0:
04     remain = number % 10                  # 保存余数值
05     total += remain                       # 累加余数值
06     number //=10                          # 获取整除 10 所得的商
07     print(f'{number:6d}{remain:8d}{total:7d}')
08 print('余数值 -> ', total)
```

**步骤 02** 保存该程序文件，按 F5 键执行该程序，执行结果如图 4-13 所示。

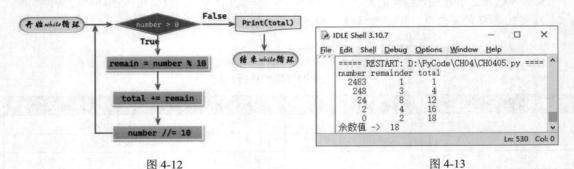

图 4-12                                    图 4-13

**程序说明：**

- 第 03~08 行：当 number 的值大于 0 时，就会进入 while 循环，不断执行直到 number 的值小于 0 为止。

- 第 04 行：变量 remain 获取每次数值除以 10 之后的余数值。
- 第 05 行：变量 total 保存累加余数值。
- 第 06 行：使用赋值运算符（//=）获取变量 number 整除 10 所得的商。
- 第 07 行：以格式化方式 {number:6d} 来输出变量 number，冒号之后的 6d 表示变量是数值，且它的字段宽度为 6。

该范例中的 while 循环的运行过程如表 4-2 所示。

表4-2　while循环的运行过程

| 循　环 | 条件判断表达式<br>number > 0 | 变量 remain<br>remain = number % 10 | 变量 total<br>total += remain | number = 24831<br>number //= 10 |
|---|---|---|---|---|
| 1 | True | 1(24831 % 10) | 1 | 2483(24831 // 10) |
| 2 | True | 3(2483 % 10) | 4(1+3 = 4) | 248(2483 // 10) |
| 3 | True | 8(248 % 10) | 12(4 + 8 = 12) | 24(248 // 10) |
| 4 | True | 4(24 % 10) | 16(12 + 4 = 16) | 2(24 // 10) |
| 5 | True | 2(24 % 10) | 18(16 + 2 = 18) | 0(2 // 10) |
| 6 | False，结束循环 | | | |

用于保存余数累加结果的变量 total 要赋初值，若未赋初值，Python 解释器解释时会报 "NameError" 的错误，指出 total 变量未定义，如图 4-14 所示。

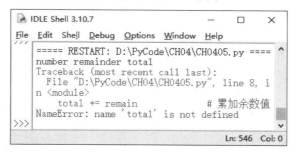

图 4-14

## 4.2.2　获得 while 循环执行次数

某些情况下也可以在 while 循环中加入计数器转变成可知次数的循环，如下范例程序所示。

**范例程序 CH0406.py**

```python
total, count = 0, 2    # 保存累加的结果，设置计数器
while count <= 50:      # 2, 4, 6, …, 50
    total += count     # 将数值累加
    count += 2
print('2+4+6+...+ 10 累加结果为', total) # 输出累加结果为 650
```

**程序说明：**

- while 循环以变量 total 保存累加的结果，count 被设成计数器来获取循环执行的次数。循环每执行一次就将 count 值加 2，直到 count 的值大于 50 才会停止循环的执行，该程序执行

的流程如图 4-15 所示。

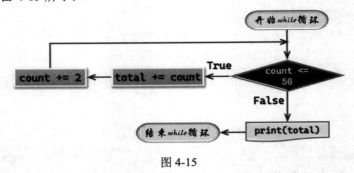

图 4-15

## 范例程序 CH0407.py

假设银行有一笔 50000 元的存款，年利率为 3%，如果要让存款额变成 100000 元，要存多少年？

```
rate, money = 3.0, 50000                        # 年息，存款额
target = 2 * money                              # 获利目标
year = 0                                        # 年份
while money < target :                          # 当存款额 < 获利目标
    year += 1
    interest = money * rate / 100               # 计算利息
    money += interest                           # 本金+利息
    #print(f'第{year}年，存款额 = {money}')      # 输出每年存款额的变化
print(f'第{year}年，存款额翻倍')                 # 输出结果，第 24 年才翻倍
```

**程序说明：**

● 当存款额小于获利目标时，就会进入 while 循环，直到存款额大于获利目标。

● 变量 year 用来记录循环执行的次数，每当 year 增加 1 时，"本金 + 利息"的存款额就会增加。

● 当存款额大于获利目标时，就用 print() 函数输出年数。

## 范例程序 CH0408.py

使用 while 循环配合计数器统计输入次数，再算出平均值。由于需要中断循环的执行，因此必须设置一个值来结束循环的执行。

**步骤01** 编写如下程序代码：

```
01 total = score = count = 0
02 score = int(input('输入分数，按 0 结束循环：'))
03 while score != 0:  # 使用逻辑运算符不等于（!=）
04    total += score
05    count += 1
06    score = int(input('输入分数，按 0 结束循环：'))
07 average = float(total / count)          # 计算平均值
08 print('共', count, '科,总分：', total,', 平均：', average)
```

**步骤02** 保存该程序文件，按 F5 键执行该程序，执行结果如图 4-16 所示。

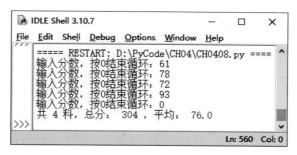

图 4-16

**程序说明：**

- 第 01 行，变量 total 用于保存总分，变量 score 用于保存分数，变量 count 用于计数。
- 第 03~06 行，进入 while 循环，条件判断表达式 "score != 0" 表示在输入的 score 值不为 0 的情况下执行循环内的语句，而 score 为 0 时就结束循环。
- 第 02、06 行，相同的语句，调用 input() 函数获取输入值，接着调用 int() 函数将输入的字符串转换为整数类型，再赋值给变量 score。进入循环后，不断地检查输入的值，若输入为 0 就结束循环。
- 第 07 行，根据输入次数计算平均值，虽然 Python 支持自动类型转换，但是可以明确调用 float() 函数把数据转换为浮点数。

继续讨论范例程序 CH0304.py 有关闰年的问题，原来的范例程序只能输入一个年份来进行判断，现在若想要重复执行，可以加入 while 循环，参考范例程序 CH0409.py。

**范例程序 CH0409.py**

```python
year = int(input('请输入年份：'))
while year != 0:        # year 的值为 0 时就结束循环
   # 使用%运算符来配合逻辑运算符
   if (year % 4 == 0 and year % 100 != 0)\
       or (year % 400 == 0):
     print(year, '是闰年')
   else:
     print(year, '不是闰年')
   year = int(input('请输入年份：'))
else:
   print('执行完毕！')
```

**程序说明：**

- 仿照前一个范例程序的做法，当变量 year 不为 0 时，继续对输入的年份进行闰年的判断，若输入的年份为 0，就结束 while 循环。

## 4.2.3　使用 random 模块

什么是随机数？来自维基百科的解释是：随机数是通过一个固定的、可以重复的计算方法产生的数，也被称为"伪随机数"。在 Python 语言中，要产生随机数可以先导入 random 模块，该模块中的常用方法可如表 4-3 所示。

表4-3   random模块中的常用方法

| 方 法 | 说 明 |
|---|---|
| seed(a = None, version = 2) | 随机数生成器，以当前的系统时间为默认值 |
| random() | 随机产生 0~1 的浮点数 |
| choice(seq) | 从序列元素中随机挑选一个 |
| randint(a, b) | 在 a 到 b 之间产生随机整数值 |
| randrange(start, stop[, step]) | 在指定范围内按照 step 递增获取一个随机数 |
| sample(population, k) | 从序列元素中随机挑选 k 个元素并以列表返回 |
| shuffle(x[, random]) | 将序列元素重新洗牌（shuffle） |
| uniform(a, b) | 在指定范围内随机生成一个浮点数 |

（1）seed()的语法如下：

```
seed(a = None, version = 2)
```

**参数说明：**

● a：若被省略或为 None，则默认使用当前的系统时间。若为 int 类型，则直接采用。

如图 4-17 中的示例，调用 random()方法产生 0~1 的浮点数。

（2）choice()方法是从序列的元素中随机挑选一个，该方法的参数是一个非空白的顺序类型，而 shuffle()方法会把序列元素原有的顺序打乱，如图 4-18 中的示例。

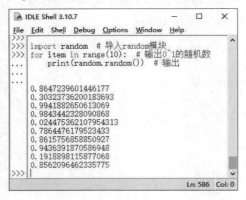

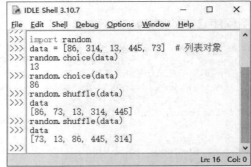

图 4-17                                        图 4-18

图 4-18 中的示例说明：

● 要使用 random 模块，必须先以 import 语句导入。

● choice()方法会随机从列表对象中挑选一个元素，被挑选出的元素并不会从列表对象中消失，下次执行时还是在列表对象中等待被重新挑选。

● 有序列表对象经由 shuffle()方法会重新对列表对象中的元素排序，所以每次调用 shuffle()方法后，列表内元素的顺序都会不同。

（3）sample()方法会根据参数 k 值来返回列表对象中的元素。被挑选出的元素无法回到列表对象中，也就是说，未被挑选的元素才具有被选择的权利。示例如下：

```
import random                    # 导入 random 模块
data = [86, 314, 13, 445, 73]    # 创建列表
print(random.sample(data, 2))    # 输出[13, 73]
print(random.sample(data, 3))    # 输出[445, 314, 86]
```

（4）uniform()方法会在指定范围内生成一个浮点数，例如调用 uniform()方法来产生 10~20 的浮点数。

```
import random                    # 导入 random 模块
print(random.uniform(10, 20))
```

（5）randint()方法能根据参数"a, b"所指定的区间来产生整数。randrange()方法和内置函数 range() 的用法有些类似，可以根据需求加入 1~3 个参数来产生不同的随机数。示例如下：

```
import random                         # 导入 random 模块
print(random.randint(1, 100))         # 输出 1~100 的随机数
print(random.randrange(100))          # 输出小于 100 的随机数
print(random.randrange(50, 101))      # 输出 50~100 的随机数
print(random.randrange(50, 101, 2))   # 输出 50~100 的随机数，以 2 为步长递增基数
print(random.randrange(12, 101, 3))   # 输出 12~100 的随机数，以 3 为步长递增基数
print(random.randrange(17, 101, 17))  # 输出 17~100 的随机数，以 17 为步长递增基数
```

### 范例程序 CH0410.py

导入 random 模块产生 1~100 的随机数，让用户猜一猜这个数。

**步骤 01** 编写如下程序代码：

```
01 import random          # 导入随机数模块
02 number = random.randint(1, 100)    # 产生 1~100 的随机整数，即待猜测的数字
03 guess = -1             # 保存用户输入的数字，即用户猜测的数字
04 while True:     # while 循环
05   guess = int(input('请输入 1~100 的数字，猜一猜 --> '))
06   if guess == number:   # 用 if/elif 语句来比较用户猜测的数字和随机产生的数字
07     print('你猜对了，这个数字是: ', number)
08     break
09   elif guess >= number:
10     print('与被猜测的数字相比，你所猜测的数字大了！')
11   else:
12     print('与被猜测的数字相比，你所猜测的数字小了！')
```

**步骤 02** 保存该程序文件，按 F5 键执行该程序，执行结果如图 4-19 所示。

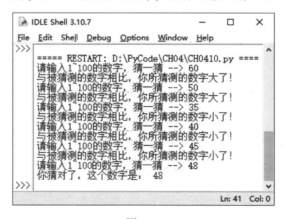

图 4-19

**程序说明：**

- 第 02 行，调用 random 模块的 randint()方法产生 1~100 的随机整数。
- 第 04~12 行，在 while 循环中，没有猜到正确的数字时，while 循环就会一直执行，直到输入的数字等于随机整数才会离开循环。
- 第 06~12 行，if/elif/else 语句用于判断输入数字是否等于随机整数。

# 4.3　特殊流程控制

在设计循环时，在某些情况下需要以 break 语句来离开循环，用 continue 语句跳过本轮循环未执行完的部分继续开始执行下一轮循环。

## 4.3.1　break 语句

break 语句用来中断循环的执行，即离开当前所在的一层循环。下面先以 while 循环来进行说明（见图 4-20）。

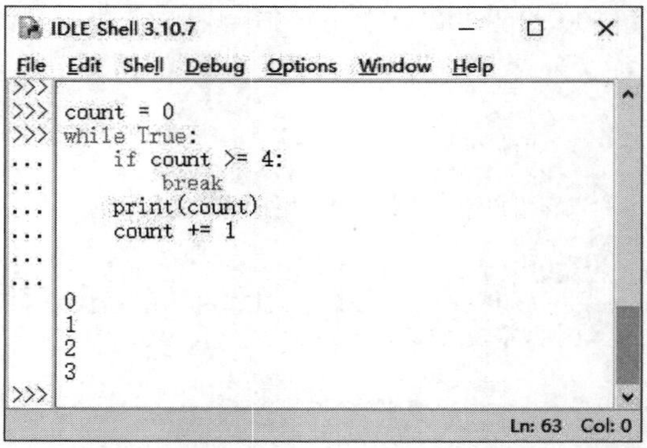

图 4-20

给变量 count 赋初值 0，通过 while 循环输出 0~5，增加了 break 语句后，只会输出 0~3 就中断了循环的执行。

继续讨论范例程序 CH0408.py，在该程序中 while 循环要不断检查 input()函数输入的值。其实还有另外的方法，就是使用 if 语句配合 break 语句来中断循环的执行，将范例程序 CH0408.py 修改如下：

**范例程序 CH0411.py**

```
total = score = count = 0
while True:        # 进入 while 循环，当 score 为 0 就结束循环
    score = int(input('输入分数，按 0 就结束循环：'))
    if score == 0: # 输入的分数为 0 时，break 语句中断循环的执行
        break
    total += score
    count += 1
average = float(total / count)       # 计算平均值
```

```
print('共', count, '科，总分：', total,'，平均：', average)
```

**程序说明：**

- 原有的条件判断表达式 "while score != 0:" 改写为 "while True"，再加入 if 语句，当变量 score 的值为 0 时，break 语句就会中断循环的执行。

## 4.3.2　continue 语句

continue 语句能改变循环的流程控制，跳过当前循环内未执行的语句，进行下一轮次的循环。示例如下：

```
for item in range(1, 14, 2):
    print(item, end = ' ')        # 输出 1 3 5 7 11 13
```

range()函数中设有 3 个参数，输出 1~14 之间的奇数值。用 if 语句配合 continue 语句改写这个示例，当 "if item % 2 == 0" 即数值能被 2 整除时，就跳过本轮次的循环，直接进入下一轮次的 for/in 循环，因此所有的偶数就被跳过，只有奇数被输出了，如图 4-21 所示。

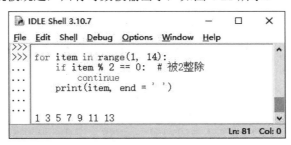

图 4-21

### 范例程序 CH0412.py

使用两个 for 循环，分别在循环体里使用 continue 和 break 语句以了解两者的不同。

**步骤 01** 编写如下程序代码：

```
01 total = number = 0        # 保存累加值
02 for item in range(2, 20):
03    if item % 2 == 1:
04       continue             # 只是跳过本轮次循环的执行，回到 for 循环继续下一轮次循环的执行
05    total += item
06    print(item, total)
07 else:
08    print('偶数累加完毕')
09 for item in range(2, 20):
10    if item % 10 == 0:
11       break    # 中断当前循环并退出当前一层的循环体
12    number += item
13    print(item, number)
```

**步骤 02** 保存该程序文件，按 F5 键执行该程序，执行结果如图 4-22 所示。

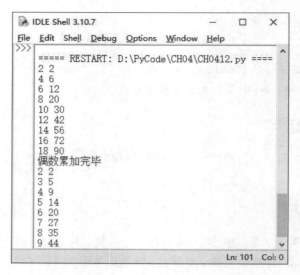

图 4-22

**程序说明：**

- 第 02~08 行，第一个 for 循环调用 range()函数设置计数器的起始值为 2，终止值为 20，递增值为 2（即步长为 2）。变量 total 保存累加值。
- 第 03、04 行，if/else 语句，当 item 除以 2 的余数为 1 时，就跳过本轮次循环尚未执行的部分，继续当前层的 for 循环的下一轮次循环的执行，因此只有偶数值被累加。
- 第 09~13 行，第二个 for 循环，由于 break 语句是中断当前循环的执行并退出当前循环体，计数值只递增到 10 就会停止，因此只输出了 2~9 的累加结果。

# 4.4   本章小结

- for/in 循环为计次循环，它的计数器要有起始值、终止值和增减值，如果没有指定，则循环每执行一次就自动累加 1。Python 提供了 range()函数来搭配 for/in 循环使用。
- 函数 range()的参数有 start、stop 和 step，不同的参数搭配可以让 for/in 循环更具有变化和特色。
- while 循环会不断地执行，直到不满足循环条件为止。相对于 for 循环， while 循环无法确定循环次数，或者当参与循环的数据没有次序性时，使用 while 循环更为合适。
- 要产生随机数必须先导入 random 模块，模块中的 random()方法可产生 0~1 的浮点数；模块中的 choice()方法可从序列数据中随机挑选一个元素或表项，而 shuffle()方法会打乱序列中元素原有的顺序。
- 在 random 模块中，randint()方法能根据参数 a、b 在指定的区间产生整数。randrange()方法和内置函数 range()的用法有些类似，可以根据需求加入 1~3 个参数来产生不同的随机数。
- 使用循环时，在某些情况下需要以 break 语句来跳离循环，或者以 continue 语句跳过本轮次循环的执行，开始当前循环体下一个轮次的执行。

# 4.5 课后习题

## 一、填空题

1. 参考下述程序代码，print()函数的输出为_____。

```
for item in range(15, 0, -3):
    print(item, end = ' ')
```

2. range()函数的参数有：_____、_____、_____。

3. 参考下述程序代码，print()函数的输出为①_____，②_____，③_____。

```
for item in range(①, ②):
    if item % 2 == 0:
        ③
    print(item, end = '')   # 输出 3, 5, 7, 9, 11
```

4. 参考下述程序代码，print()函数的输出为_____。

```
number = 15
while True:
    if number < 7:
        break
    print(number, end = ' ')
    number -= 3
```

5. 在 random 模块中，方法_____随机产生 0~1 的浮点数；方法_____会产生随机整数值。

## 二、实践题与问答题

1. 将范例程序 CH0403.py 实现的九九乘法表以 while 循环来改写。

2. 调用 random 模块的 randint()方法来获取 1~10 和 10~50 的两个随机整数分别作为 range()函数的 start 和 stop 的参数，并以 for/in 循环输出这两个随机整数之间的整数。

# 第 5 章

## 序列类型和字符串

**学习重点：**

- Python 的内建类型，如迭代器、序列、集合和映射
- 序列类型的基本操作
- 格式化字符串的 3 种方法

本章从序列类型谈起，探讨它与迭代器的关系和基本操作。字符串为序列类型的典型类型，如何使用切片和转义字符，如何使用功能丰富的 format() 函数格式化字符串是本章的主要内容。

## 5.1 序列类型概述

如果是单个数据，使用变量来处理当然是游刃有余的。如果是连续又复杂的数据，那么使用单个变量（或者对象引用）来处理就显得捉襟见肘了。为什么呢？因为变量的使用与计算机内存空间的使用息息相关，不恰当地使用计算机的内存空间轻者浪费，重者引发系统问题。

为了有效地使用计算机的内存空间，其他的程序设计语言会用数组（Array）来处理连续又复杂的数据，Python 语言则用名为序列（Sequence）的类型来存放这类数据，序列的每个数据被称为元素（Element）或表项（Item）。这有什么好处呢？一是统一命名，二是可以通过索引值（Index，或称为下标值）来存取存放于内存中的这类数据。

序列类型可以将多个数据群聚在一起，根据其可变性，将序列分成不可变序列（Immutable Sequence）和可变序列（Mutable Sequences），它涵盖的类型如图 5-1 所示。

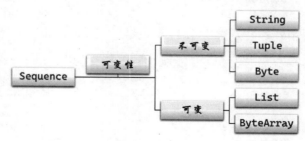

图 5-1

## 5.1.1 序列和迭代器

Python 可通过容器（Container）执行迭代操作。迭代器类型是一种复合式数据类型，可将不同的数据放在容器内迭代。迭代器对象会以"迭代器协议"（Iterator Protocol）作为沟通标准。迭代器有两个接口（Interface）：

（1）Iterator（迭代器）：通过内置函数 next()(__next__)返回容器的下一个元素。

（2）Iterable（可迭代的对象）：通过内置函数 iter()(__iter__)返回迭代器对象。

进行迭代操作时，内置函数 iter()和 next()的语法如下：

```
iter(object[, sentinel])
next(iterator[, default])
```

**参数说明：**

● object：当第 2 个参数省略时，它必须是序列或可迭代对象。

● iterator：可迭代对象。

要读取迭代器对象，必须从第一个元素开始，直到所有的元素都按序被读取完毕。序列类型支持"可迭代者"，创建序列对象后，使用 for 循环来读取其元素或表项，如图 5-2 中的示例所示。

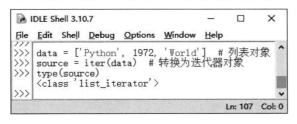

图 5-2

图 5-2 中的示例说明如下：

（1）先创建一个列表对象 data，内含 3 个不同元素。

（2）iter()函数将 data 转换成迭代器对象，再由变量 source 保存，type()函数返回它的类型，为 list_iterator 类（在本书中类型和类两个名词会根据业界的习惯，在不同语境互换使用）。

next()函数用于读取迭代器对象的下一个元素，无元素可读时并不会停止，而会引发"StopIteration"的异常处理。示例如下：

```
data = ['Python', 1972, 'World']    # 列表对象
source = iter(data)     # 把 data 转换为迭代器对象
print(next(source))     # 输出 data 下一个元素，'Python'
print(next(source))     # 输出 data 下一个元素，1972
print(next(source))     # 输出 data 下一个元素，'World'
next(source)            # 显示错误 StopIteration
```

由于序列对象是可迭代的，因此使用 for 循环会自动调用 iter()函数产生迭代器对象，并配合 next()函数读取元素，还可以做 StopIteration 异常事件的检查，如此一来就可以实现读取序列元素的操作。

## 5.1.2    创建序列数据

如果把序列类型视为容器，那么存放在容器里的各式各样的对象（即序列数据）有何特色呢？

● 　可迭代对象表示可使用 for 循环读取。

● 　使用索引获取序列中存储的元素，参考第 5.1.3 节。

● 　支持 in/not in 成员（Membership）运算符，用它来判断某个元素是否"隶属"或"不隶属"
于序列对象，参考第 5.1.3 节。

● 　内置函数 len()、max()和 min()能获取对象的长度或大小，参考第 5.1.4 节。

● 　提供切片（Slicing）运算，使用字符串进行更多的讨论，参考第 5.2.3 节。

序列数据包含列表、元组、字符串。如何创建这三种序列对象呢？下面以示例来说明，这些序
列数据还可以进一步以 type()函数来查看（见图 5-3）。

```
IDLE Shell 3.10.7                                    —    □    ×

File  Edit  Shell  Debug  Options  Window  Help
>>>
>>> number = [12, 14, 16]  # 我是列表
>>> type(number)
<class 'list'>
>>> data = ('Mary', 'Eric', 'Jason')  # 我是元组
>>> type(data)
<class 'tuple'>
>>> word = 'Hello! Python...'  # 我是字符串
>>> type(word)
<class 'str'>
>>>
                                              Ln: 118  Col: 0
```

图 5-3

图 5-3 中的示例说明如下：

（1）序列名称必须遵守标识符的规范。

（2）此处"="的作用是赋值，将等号右边的一组数据赋值给左边的序列变量。

（3）如果声明的对象是列表，则等号右边使用中括号（[]）来填入列表的各个元素。若元素是
数值，元素之间以逗号分隔；若元素是字符串，则字符串的起止处加上单引号或双引号。

（4）如果声明的对象是元组，那么等号的右边使用小括号()来存放各个元素。

（5）如果声明的对象是字符串，使用单引号或双引号作为字符串的起止符号。

## 5.1.3    序列元素的操作

序列中存放的数据被称为元素，要存取元素，使用[]运算符配合索引即可，对应的语法如下：

序列类型[index]

**参数说明：**

● 　中括号（[]）配合索引即可标示出序列中元素的位置。

● 　index：索引，又称为偏移量（offset），只能使用整数值。

对于列表而言，一对方括号除了表示它是列表之外，还用于存取列表中的元素，示例如下：

```
month = ['Jan', 'Feb', 'Mar', 'Apr']
month[2]        # 指向索引为 2 的 Mar
month[-1]       # 指向索引为-1 的 Apr
```

想要存取列表对象，索引值为正值或负值都可，如图 5-4 所示。列表的正值索引从左到右，起始位置从 0 开始；负值索引由右往左，起始位置从-1 开始。

仔细看图 5-4，就 month 而言，无论是 month[2]或 month[-2]都指向元素 Mar。此外，并没有明文规定列表可以存放多少个元素，不过 Python 语言会参照数组的做法进行边界检查（Bounds Checking）。如果在[]运算符中使用的索引值对应的元素不存在，则 Python 解释器就会报错，如图 5-5 所示。

图 5-4

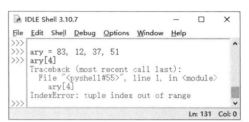

图 5-5

图 5-5 中，由于元组对象 ary 的索引值只到 3，因此用索引值 4 来提取元素时就超出该元组的边界，于是就报出错误提示信息"IndexError: tuple index out of range"。

当列表类型中又包含列表或元组对象时，就称为嵌套（Nesting），示例如图 5-6 所示。

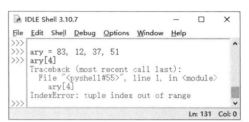

图 5-6

图 5-6 中，ary1 是列表对象，但是它含有元组元素，ary2 则为元组对象，它的元素又包含了列表元素；ary1 和 ary2 都可以使用[]运算符来存取其中的元素。

对 Python 语言而言，创建序列类型的对象时，它的标识符名称也属于对象引用，使用成员运算符 in 或 not in 来判断某个元素是否"隶属"或"不隶属"于序列，它们的返回值为布尔值（True 或 False）。示例如下：

```
number = [21, 23, 25, 27 , 29]
11 in number # 序列中无元素 11，输出 False
29 in number # 序列中有元素 29，输出 True
```

**范例程序 CH0501.py**

配合 in 运算符根据输入的含有字符的温度值来进行华氏温度或摄氏温度的转换。

步骤 01 编写如下程序代码：

```
01  temp = input('输入含有符号的温度值 -> ')
02  if temp[-1] in ['c', 'C']:    # 进行温度值的转换
03      fahr = 1.8 * eval(temp[0:-1]) + 32
04      print(f'{temp} = {fahr:.2f}°F')
05  elif temp[-1] in ['f', 'F']:
06      cen = (eval(temp[0:-1]) -32) / 1.8
07      print(f'{temp} = {cen:.2f}°C')
08  else:
09      print('数据输入有误……')
```

**步骤 02** 保存该程序文件，按 F5 键执行该程序，执行结果如图 5-7 所示。

**程序说明：**

● 第 02~04 行，使用 in 运算符判断输入温度值是否含有 c 或 C 字符，若有就通过公式转换为华氏温度。

● 第 05~07 行，使用 in 运算符判断输入温度值是否含有 f 或 F 字符，若有就通过公式转换为摄氏温度。

● 第 04、07 行，配合格式化字符串，".2f"表示以浮点数输出含有 2 位小数的数值。

此外，"+"或"*"运算符对于序列类型对象还有不同的作用。无论是列表、元组或是字符串，都能以"+"运算符进行串接来形成新的对象，不过串接时对象的类型必须相同，不然就会报出"TypeError"的错误提示信息。如图 5-8 中的示例所示。

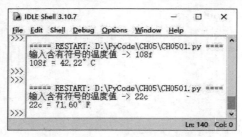

图 5-7

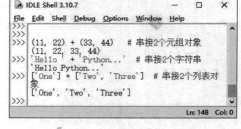

图 5-8

虽然"+"运算符好用，但次数太频繁会让 Python 程序的性能大打折扣。若要串接字符串则可调用 join()方法（参考第 5.3.4 节）。而要串接两个列表对象，则可调用 extend()方法（参考第 6.2.2 节）。

"*"运算符则是通过复制序列对象来产生新的对象。当列表对象使用"*"运算符时会采用"浅复制"（Shallow Copy，或称为浅层拷贝），如图 5-9 中的示例所示。浅复制的更多内容可以参考第 6.4.1 节。

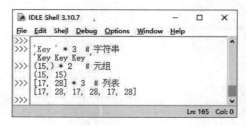

图 5-9

## 5.1.4　与序列有关的函数

由于序列本身是一种抽象类，因此必须借助字符串、列表或元组等所创建的对象来实现其方法。序列及其元素，无论是数值或字符串，都可以调用内置函数 len()、min()、max()、sum()函数来获取它的长度（或大小）、最小值、最大值和合计值，具体参考表 5-1 的说明。

表5-1　用于序列的内置函数

| 内置函数 | 说明（S 为序列对象） |
| --- | --- |
| len(S) | 获取序列 S 的长度 |
| min(S) | 获取序列 S 元素的最小值 |
| max(S) | 获取序列 S 元素的最大值 |
| sum(S) | 将序列元素加总 |

### 范例程序 CH0502.py

先创建列表对象 ary，再调用表 5-1 的内置函数获取它的长度、最大值、最小值和合计值。

```python
ary = [25, 535, 62, 432, 47]   # 列表对象
print('长度 -> ', len(ary))      # 返回 5
print('最大值 -> ', max(ary))     # 返回 535
print('最小值 -> ', min(ary))     # 返回 25
print('合计值 -> ', sum(ary))     # 返回 1101
```

创建序列对象之后，它的元素可以由序列类型提供的方法来添加、删除或插入，或者清空序列。与序列有关的方法如表 5-2 所示。

表5-2　与序列有关的方法

| 方法名称 | 说明（s 为序列对象，x 为元素） |
| --- | --- |
| s.count(x) | 序列中，元素 x 出现的次数 |
| s.index(x) | 序列中，元素 x 第一次出现的索引值 |

只要是序列类型的对象，都支持 count()和 index()方法。下面以元组对象来演示，如图 5-10 所示。

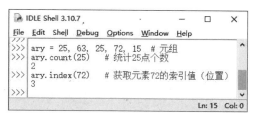

图 5-10

图 5-10 中的示例说明如下：

（1）count()方法统计 ary 中元素 25 出现的次数，共 2 次，所以返回 2。

（2）index()方法获取元素 72 的索引值，所以返回 3（注意索引值从 0 开始，故返回的是 3 而不是 4）。

## 5.2　字符串与切片

在 Python 语言中字符串由一连串的字符组成，并使用单引号或双引号作为字符串的起止符号。内置函数 str()是字符串类实现的方法，可以用来将数据转换为字符串。字符串类提供的方法种类繁多，本书仅介绍常用的字符串类方法。

### 5.2.1　创建字符串

内置函数 str()能创建字符串，它的语法如下：

```
str(object)
```

● object: 欲成为字符串的对象。

在 Python 语言中，没有单独的字符（Character）类型，可以使用单个字符的字符串替代字符类型，如图 5-11 中的示例，单引号之内没有任何字符时，表示变量 wd1 是一个空字符串。

在 Python 语言中，字符串可以拆解，具有前后顺序的关系，可以使用"+"运算符串接多个字符串，也可以使用三个重复的单引号或双引号将多行字符串组成包含固定输出模式的字符串，如图 5-12 中的示例所示。

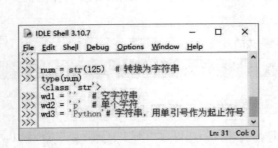

图 5-11

图 5-12

图 5-12 中的示例说明：

（1）变量 msg 保存的单引号字符串中含有带双引号的字符串，两者都能顺利输出。

（2）变量 word 使用三个重复的单引号来自定义多行字符串的输出格式。要注意的是，这种跨越多行的字符串，其本身含有换行符号'\n'，如果没有配合 print()函数的话，则只会在同一行输出，看不到设置的格式效果。

三个重复引号除了用于多行注释外，也可以自定义输出格式。与三个重复引号作用不同的"\"字符可以将太长的字符串折成多行，但输出时依然算在一行中，如图 5-13 中的示例所示。

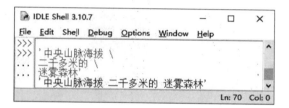

图 5-13

在 Python 语言中如何表达字符呢？在单引号或双引号中只放单个字符即可。配合内置函数 ord() 可查询某个字符的 ASCII 编码，它的语法如下：

```
ord(c)
```

- ord() 函数：获取 ASCII 编码，参数 c 就是指定的单个字符。

调用内置函数 chr() 可以把 ASCII 编码转换为英文字母，它的语法如下：

```
chr(i)
```

- chr() 函数：将 ASCII 编码转换为对应的字符，参数 i 为用整数值表示的 ASCII 编码。

上述两个函数之间的关系可参考图 5-14。也就是函数 chr() 能把 ASCII 编码或 Unicode 编码转换为字符，函数 ord() 可用于获取指定字符的 ASCII 编码或 Unicode 编码。

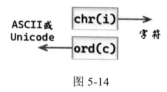

图 5-14

获取小写字母 a 的 ASCII 编码的示例如下：

```
ord('a')      # 返回 ASCII 的编码值为 97
chr(65)       # 返回大写字母 A
```

**示例说明：**

ord() 函数的单个字符必须以单引号作为起止符号，不然会显示 "SyntaxError" 的报错提示信息。

**范例程序 CH0503.py**

使用 ASCII 编码，配合 chr() 函数输出 26 个大写字母。

```
for single in range(65, 91):
    print(chr(single), end = ' ')
```

**程序说明：**

- range() 函数有两个参数值，如何设置？由于字母 A 的 ASCII 编码为 65，因此 A~Z 字母对应的 ASCII 编码即为 65~91。
- for/in 循环读取经由 chr() 函数转换的英文大写字母。

　　字符串具有不可变的特性，若将两个变量指向同一个字符串，表示它引用到同一个对象，所以id()函数会返回相同的 ID 号（表示两者指向同一个内存地址），如图 5-15 中的示例。

图 5-15

　　图 5-15 中，变量 s1、s2 指向同一个对象，所以 id()函数会返回相同的 ID 号。

　　如图 5-16 中的示例，变量 name 先指向字符串 'Sunday'，再指向字符串 'Monday' 时，原来的字符串 'Sunday' 没有任何对象引用了，那么该字符串就会被标记为待回收对象，通过内存的回收机制把它占用的空间回收给系统。通过调用内置函数 id()获得字符串 'Sunday' 和 'Monday' 的 ID 号，它们的 ID 号不相同。

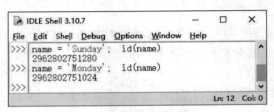

图 5-16

字符串属于序列类型，若使用 for 循环进行迭代，就会逐个读取字符串中的字符。

### 范例程序 CH0504.py

```python
word = 'Hello'
for item in word:
    print(item, end = '')          # 输出但不换行
```

**程序说明：**

● 　item 是一个个的字符，由于 print()函数的参数无任何附加输出的字符，因此原样输出字符串'Hello'。

使用 for 循环只能读取字符串中的字符，序列类型输出的元素若要加入索引值，可以配合内置函数 enumerate()，语法如下：

```
enumerate(iterable, start = 0)
```

**参数说明：**

● 　iterable: 可迭代的对象作为参数，可以是字符串、列表、元组。

● 　start: 设置索引值的起始值，默认值为 0。

调用 enumerate()函数时，它的参数必须是"可迭代的对象"，所以要调用 list()或 tuple()函数将

字符串 word 转换成可迭代对象。索引值一般都是从 0 开始，也可以修改为从 1 开始，如图 5-17 中的示例所示。

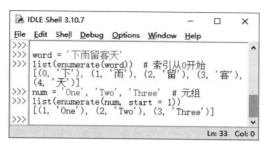

图 5-17

图 5-17 中的示例说明：

（1）直接调用 enumerate()函数输出 word 内容，只会输出 "enumerate object at xxxxxxx" 而看不到字符及其索引值。

（2）要让索引值从 1 开始，可将 enumerate()函数的第 2 个参数 start 设置为 1。

在用 for 循环读取字符串的同时，加入 enumerate()函数来获取索引值。

### 范例程序 CH0505.py

```
word = 'Programming'
print('index char')
for index, item in enumerate(word):
    print(f'{index:^5} {item:^3}')
```

**程序说明：**

- 变量 index 保存索引值，变量 item 保存读取到的元素。
- for/in 循环在读取字符串中的字符时，可在输出字符前方加入索引值。
- print()函数进行格式化输出，"index:^5" 表示字段宽度为 5，并以居中对齐方式输出。
- 字符配合索引值，输出结果如下。

| index | 0 | 1 | 2 | 3 | 4 | 5 | 6 | 7 | 8 | 9 | 10 |
|-------|---|---|---|---|---|---|---|---|---|---|----|
| 字符 | P | r | o | G | r | a | m | m | i | n | g |

### 范例程序 CH0506.py

范例程序 CH0505.py 已经证明了字符串具有索引值，下面根据索引值来获取某个指定位置的字符。

**步骤01** 编写如下程序代码：

```
01 word = 'They make a hourly wage'
02 print('字符串的长度：', len(word))
03 # 下面的程序语句表示在字符串的长度范围内，从索引值 0 开始，每间隔 2 个字符取一次字符
04 for item in range(0, len(word), 3):
05     print(word[item], end = '')
```

**步骤02** 保存该程序文件，按 F5 键执行该程序，执行结果如图 5-18 所示。

| index | 0 | 1 | 2 | 3 | 4 | 5 | 6 | 7 | 8 | 9 | 10 | 11 | 12 | 13 | 14 | 15 | 16 | 17 | 18 | 19 | 20 | 21 | 22 |
|---|---|---|---|---|---|---|---|---|---|---|---|---|---|---|---|---|---|---|---|---|---|---|---|
| 字符 | T | h | e | y | | m | a | k | e | | a | | h | o | u | r | l | y | | w | a | g | e |

图 5-18

**程序说明：**

- 第 04、05 行，range()函数设置了起始值 0，终止值为字符串的长度，递增值为 3，表示每隔 2 个字符以 for 循环来读取字符串中的字符。
- 该范例程序会输出索引为 0、3、6、9、12、15、18、21 对应的字符“Tya　har　g”，字符串的这种用法其实是将在 5.2.3 节讨论的字符串“切片”类用法。

## 5.2.2　转义字符

如果字符串中含有特殊的字符，像制表符（Tab 键）或换行符号，可使用“\”（反斜线）作为转义字符（Escape）来表示特殊字符。表 5-3 列出了常用的转义字符。

**表5-3　转义字符**

| 字　符 | 说　明 | 字　符 | 说　明 |
|---|---|---|---|
| \\ | 反斜线 | \n | 换行 |
| \' | 单引号 | \a | 响铃 |
| \" | 双引号 | \b | 退后一格 |
| \t | 制表符（Tab 键） | \r | 回车 |

除了特殊符号外，在何种情况下才会使用转义字符呢？当字符串中有单引号或双引号时。

### 范例程序 CH0507.py

```
# I'm Student 的字符串表示方式如下
'I\'m Student'    # 加入转义字符，使得单引号在字符串中表示它的原义，而不是作为字符串的起止字符
# You're "Welcome"的字符串表示方式如下
"You're \"Welcome\""  # 使用转义字符表示双引号（\"）
# 路径 D:\PyCode\CH05 的表示方式如下
"D:\\PyCode\\CH05"    # 使用转义字符表示反斜线（\\）
print('*\n**\n***')   # 使用转义字符表示换行（\n），此语句输出三行星号字符
```

## 5.2.3　字符串的切片操作

在 Python 语言中字符串具有正值和负值索引，使用[]运算符可以提取字符串的某个字符，下面通过范例程序来说明。

### 范例程序 CH0508.py

使用[]运算符和字符串索引，按照输入的数字来输出对应的中文星期名称。

步骤 01　编写如下程序代码：

```
weeks = '日一二三四五六'
number = eval(input('输入 0~6 的数字-> '))
print('星期', weeks[number], '向您问好！')
```

步骤 **02** 保存该程序文件，按 F5 键执行该程序，执行结果如图 5-19 所示。

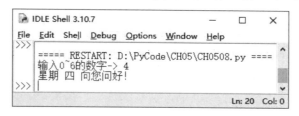

图 5-19

**程序说明：**

- 第 02、03 行，调用 eval() 函数去除字符串 weeks 的单引号，而 input() 函数获取输入的数字作为索引，再去对照字符串 weeks 的索引值输出对应的结果。

根据字符串中字符的顺序性，使用[]运算符提取字符串中单个字符或某个范围内的子字符串，这个操作被称为切片（Slicing）。表 5-4 介绍了使用[]运算符进行的切片操作。

表5-4　使用[]运算符从序列中存取元素（切片操作）

| 运　算 | 说明（s 表示序列） |
|---|---|
| s[n] | 按指定的索引值获取序列中的某个元素 |
| s[n : m] | 从序列中提取索引值从 n 至 m-1 的若干元素 |
| s[n:] | 从序列中提取索引值从 n 开始至序列的最后一个元素 |
| s[:m] | 从序列中提取从索引值从 0 开始到索引值 m-1 的元素 |
| s[:] | 复制一份序列（复制序列中的所有元素） |
| s[::-1] | 将整个序列的元素反转过来 |

简单地说，切片操作有三种语法：

```
sequence[start:]
sequence[start : end]
sequence[start : end : step]
```

**参数说明：**

- 切片操作适用于序列类型。
- start、end、step 都表示索引值，只能使用整数。
- step 又称 stride（Python 早期版本），表示步长（即增减值）。

示例如下：首先声明一个字符串

```
msg = 'Hello Python!'      # 声明一个字符串
```

字符串 msg 的索引值如下：

| string | H | e | l | l | o | | P | y | t | h | o | n | ! |
|---|---|---|---|---|---|---|---|---|---|---|---|---|---|
| index | 0 | 1 | 2 | 3 | 4 | 5 | 6 | 7 | 8 | 9 | 10 | 11 | 12 |
| −index | −13 | −12 | −11 | −10 | −9 | −8 | −7 | −6 | −5 | −4 | −3 | −2 | −1 |

- 索引值从第一个字符（左边）开始，它的值从 0 开始，若是从最后一个字符（右边）开始，它的值则是从-1 开始。
- 计算部分切片时，索引值从左边开始，包含 start 值，称为下边界（lower bound），到右边结束，但不包含 end 值，称为上边界（upper bound），因而索引值是 end-1。

示例 1：提取指定索引值的若干元素，索引范围[2:5]。

```
msg[2:5]
```

不含索引值 5，获取 3 个字符，即 "llo"，如图 5-20 所示。

| string | H | e | l | l | o |   | P | y | t | h | o | n | ! |
|--------|---|---|---|---|---|---|---|---|---|---|---|---|---|
| index | 0 | 1 | 2 | 3 | 4 | 5 | 6 | 7 | 8 | 9 | 10 | 11 | 12 |

图 5-20

示例 2：提取至最后一个元素。

```
msg[6:13]        # 或用 msg[6:]，省略了参数 end，默认包含最后一个元素
```

提取至最后的一个字符，得到"Python!"，如图 5-21 所示。

| string | H | e | l | l | o |   | P | y | t | h | o | n | ! |
|--------|---|---|---|---|---|---|---|---|---|---|---|---|---|
| index | 0 | 1 | 2 | 3 | 4 | 5 | 6 | 7 | 8 | 9 | 10 | 11 | 12 |

图 5-21

> **提示** 切片的操作运用了 Python 语言边界（Bound）的概念。
> 用 msg[6:13]进行切片操作时索引值 13 对应的元素并不存在，但为什么没有出错？这是因为 Python 语言提供了边界的概念。切片操作包含序列的最后一个元素，Python 语言以最后一个元素的下一个索引值来作为"边界"。

示例 3：省略参数 start。

```
msg[:5]        # 即为 msg[0:5]
```

省略 start 时，索引值从 0 开始一共取 5 个字符，因而提取的字符串为"Hello"，如图 5-22 所示。

| string | H | e | l | l | o |   | P | y | t | h | o | n | ! |
|--------|---|---|---|---|---|---|---|---|---|---|---|---|---|
| index | 0 | 1 | 2 | 3 | 4 | 5 | 6 | 7 | 8 | 9 | 10 | 11 | 12 |

图 5-22

示例 4：索引范围[4:8]。

```
msg[4:8]        # 索引值 4~8，提取 4 个字符
```

索引范围[4:8]相当于"8-4＝4"，只有 4 个字符，索引值 8 对应的字符不包含在内，如图 5-23 所示。

| string | H | e | l | l | o |   | P | y | t | h | o | n | ! |
|--------|---|---|---|---|---|---|---|---|---|---|---|---|---|
| index | 0 | 1 | 2 | 3 | 4 | 5 | 6 | 7 | 8 | 9 | 10 | 11 | 12 |

图 5-23

示例 5：切片操作可加入 step 为间隔来提取字符，此处要注意 step 的值不能为 0，否则会引发“ValueError”错误。

```
msg[0:10:2]    # 输出"HloPt"
```

step 为 2，表示每隔 1 个字符提取一次。同样地，索引值 10 对应的字符不会被提取，如图 5-24 所示。

| string | H | e | l | l | o | | P | y | t | h | o | n | ! |
|---|---|---|---|---|---|---|---|---|---|---|---|---|---|
| index | 0 | 1 | 2 | 3 | 4 | 5 | 6 | 7 | 8 | 9 | 10 | 11 | 12 |

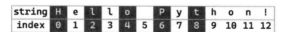

图 5-24

示例 6：以负索引值进行字符切片操作，如图 5-25 所示。

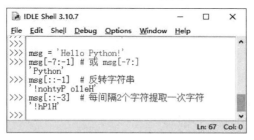

图 5-25

- 同样使用索引范围[start : end]进行切片操作，只不过索引值为负。
- 使用 msg[: : -1]，start 和 end 的索引值都被省略，step 为-1，表示提取每个字符且从字符串尾部朝头部方向进行，效果是将字符串反转。
- msg[: : -3]也是由尾至头进行字符串反转，step 为-3，表示每隔 2 个字符进行一次提取，如图 5-26 所示。

| string | H | e | l | l | o | | P | y | t | h | o | n | ! |
|---|---|---|---|---|---|---|---|---|---|---|---|---|---|
| index | -13 | -12 | -11 | -10 | -9 | -8 | -7 | -6 | -5 | -4 | -3 | -2 | -1 |

图 5-26

使用负索引值提取字符用于把字符串反转。当然也可以结合正、负索引值的变化来提取字符。

示例 7：以负索引值提取字符。

```
msg[-2:1:-3]
```

索引值从-2 开始回头到 1，每间隔 2 个字符就提取一次，切片操作的结果为"nt l"，如图 5-27 所示。

| string | H | e | l | l | o | | P | y | t | h | o | n | ! |
|---|---|---|---|---|---|---|---|---|---|---|---|---|---|
| index | -13 | -12 | -11 | -10 | -9 | -8 | -7 | -6 | -5 | -4 | -3 | -2 | -1 |

图 5-27

那么，在字符串切片操作中，使用正索引值和负索引值有何不同？聪明的读者一定会发现，正索引值是从左到右提取字符，负索引值则是从右到左提取字符。

**范例程序 CH0509.py**

结合字符串切片操作，进行简单的其他字符串操作。

**步骤 01** 编写如下程序代码：

```
01 wd = 'Programming'
02 print('字符串: ', wd)
03 print('结合其他字符串: ')
04 print('Python ' + wd[:7])
05 opr = '-' * 10                # 复制字符串
06 print(opr)
07 lst = ['One', 'Two', 'Three']    # 列表对象
08 print('->'.join(lst))    # 字符串间会有->字符
09 opr *= 3           # 使用赋值运算符
10 print(opr)
```

**步骤 02** 保存该程序文件，按 F5 键执行该程序，执行结果如图 5-28 所示。

图 5-28

**程序说明：**

- 第 04 行，新字符串配合 "+" 运算符，再使用切片来串接新的字符串。
- 第 05 行，使用 "*" 运算符，将 "-" 字符相乘，即复制。
- 第 08 行，调用 join()方法串接字符串时必须是 "可迭代对象"，所以先声明一个列表对象 lst（有关 join()可参考第 5.3.4 节）。
- 第 09 行，也可使用赋值运算符 "*=" 来复制字符。

## 5.3 字符串常用方法

本节介绍一些常用的字符串方法（即函数）。声明了字符串变量之后，变量是 str 类的对象，而字符串类的方法都能由声明的字符串对象调用，通过 object.method()的方式来调用方法。字符串的常用方法如表 5-5 所示。

表5-5 字符串的常用方法

| 字符串的常用方法 | 说　　明 |
| --- | --- |
| find(sub[, start[, end]]) | 在字符串中查找特定字符 |
| index(sun[, start[, end]]) | 返回指定字符在字符串中的索引值（即位置） |

（续表）

| 字符串常用方法 | 说　　明 |
|---|---|
| count(sun[, start[, end]]) | 以切片操作方式找出子字符串出现的次数 |
| replace(old, new[, count]) | 以 new 子字符串取代 old 子字符串 |
| startswith() | 判断字符串的开头是否与设置值相符 |
| split() | 以 sep 设置的字符来分割字符串 |
| join(iterable) | 将 iterable 指定的字符串串接成一个字符串 |
| format() | 格式化字符串 |

## 5.3.1　在字符串中的查找

要查找字符串中的某个子字符串，可调用 find()和 index()方法。

### 1. find()方法

find()方法用于查找指定字符，返回找到的第一个位置处对应的索引值。find()方法还能以索引值设置开始和结束的查找范围，找不到子字符串则返回-1 值，它的语法如下：

```
str.find(sub[, start[, end]])
```

**参数说明：**

● sub：要查找的字符或字符串，如果没有找到，则返回-1 值，此参数不可省略。

● start：要查找的开始索引位置，可省略。

● end：要查找的结束索引位置，可省略。

**范例程序 CH0510.py**

调用 find()方法在某个范围内查找指定字符串。

**步骤 01** 编写如下程序代码：

```
01 word = '''We all look forward
02    to the annual ball
03    because
04    it's great time to dress up.'''
05 print(word)
06 print('all 索引: ', word.find('all'))     # 查找 all，从索引值 0 开始
07 print('all 索引: ', word.find('all', 7)) # 查找 all，从索引值 7 开始
```

**步骤 02** 保存该程序文件，按 F5 键执行该程序，执行结果如图 5-29 所示。

图 5-29

**程序说明：**

- 第 06 行，第一次查找 all 子字符串，从索引值 0 开始，
- 第 07 行，第二次查找 all 子字符串，可以指定开始位置，即从索引值 7 开始。

另一个与 find() 方法很相近的方法是 rfind()，只不过它是从字符串尾部开始查找，返回第一个找到的子字符串。它的语法如下：

```
str.rfind(sub[, start[, end]])
```

rfind() 方法的参数定义和 find() 方法的参数定义相同，只不过它是从最后一个字符开始往字符串的头部方向执行查找操作。示例如下：

```
number = 'One, Two, Three, Four'
number.rfind('T')
```

**示例说明：**

从最后一个字符开始查找，找到的第一个 T 字符对应的索引值是 10。

### 2. index() 方法

查找字符串中的子字符串的另一个方法是 index()，它可以返回指定子字符串的索引值，所以它的用法和 find() 方法非常接近，同样是以索引值来设置要查找的范围（开始和结束位置），它的语法如下：

```
str.index(sub[, start[, end]])
```

**参数说明：**

- sub：要查找的字符或子字符串，若未找到则返回错误值 ValueError，此参数不可省略。
- start：要查找的开始索引位置，可省略。
- end：要查找的结束索引位置，可省略。

**范例程序 CH0511.py**

了解 find() 和 index() 方法找不到子字符串时的响应。

```
wd = ''' A very low one.
    If you take away tipping,
    you run risk of losing good service. '''
print('字符串: ', wd)
print('字符串 you 的索引值: ', wd.find('you'))
print('找不到字符串: ', wd.find('yov'))
print('字符串 one 的索引值: ', wd.index('one'))
#print('找不到字符串', wd.index('services'))
```

**程序说明：**

- find() 方法未找到指定的子字符串会返回 -1，而 index() 方法找不到指定子字符串则返回 "ValueError" 的出错提示信息。

与 rfind() 方法类似，rindex() 方法在查找子字符串时也是从字符串尾部往头部方向执行查找操作。示例如下：

```
number = 'One, Two, Three, Four'
```

```
number.rindex('T')
```

**示例说明：**

从最后一个字符开始查找，找到的第一个 T 字符对相应的索引值是 10。

## 5.3.2　统计、取代字符

count()方法用来计算字符串中某个字符串出现的次数，同样以索引值来设置字符串开始和结束的范围，它的语法如下：

```
str.count(sub[, start[, end]])
```

**参数说明：**

- sub：要统计的字符串，此参数不可省略。
- start：要开始统计的索引位置，可省略。
- end：要结束统计的索引位置，可省略。

### 范例程序 CH0512.py

```
sentence = '有个身材娇小的女孩在瑞士一处小村庄里诞生'
num = sentence.count('小')
print('小 出现', num, '次')    # 返回 2
# 方法 count()指定范围
word = 'when he crosses the Atlantic by steamship'
print(f"s 出现 {word.count('s', 0, 15)}次")    # 返回 3
```

**程序说明：**

- 第一个 count()方法是找出字符串变量 sentence 中字符"小"出现的次数。
- 第二个 count()方法是在字符串变量 word 中，统计指定范围内字符"s"出现的次数。

除了调用 count()方法来统计字符串中某个字符或字符串出现的次数，也可以使用 for 循环执行读取操作以统计其出现的次数。

### 范例程序 CH0513.py

统计字符串中字符 a 出现的次数。

```
msg = 'Raise your hand if you are overly tired'
frequency = 0                    # 保存统计的字符数
for word in msg:                 # 读取字符串
    if word == 'a':              # 统计字符 a 出现的次数
        frequency += 1
print(frequency, '次')           # 输出，出现了 3 次
```

**程序说明：**

- frequency 为计数器，以 if 语句判断字符 a 出现的次数，每读到一次字符 a 就将变量 frequency 累加 1。

在某些情况下，需要以新的字符或字符串去取代原有的字符或字符串，而 replace()方法就提供了这样的功能，它的语法如下：

```
str.replace(old, new[, count])
```

**参数说明：**

- old: 要被替换的字符或字符串。
- new: 用于替换的字符或字符串。
- count: 若要替换的字符或字符串是重复的，可指定替换的次数，省略时表示全部都替换。

**范例程序 CH0514.py**

```
work = '星期一，星期二工作日，星期三工作一整天'
print(work.replace('星期', '周', 2))
```

**程序说明：**

- 将"星期"用"周"替换，指定替换次数为 2，所以替换后会显示"周一，周二工作日，星期三工作一整天"，第 3 次出现的"星期"不会被替换。

### 5.3.3　字符串比对

根据设置的范围判断指定的子字符串是否在原字符串中，如果在，则返回 True。startswitch()方法从字符串头部开始比对，endswith()方法则是从字符串尾部开始比对，它们的语法如下：

```
str.startswith(prefix[, start[, end]])
str.endswith(suffix[, start[, end]])
```

**参数说明：**

- prefix: 表示字符串中开头的字符。
- suffix: 表示字符串中结尾的字符。
- start, end 为可选参数，使用类似切片操作的方式设置要查询字符串的范围（通过索引值）。

**范例程序 CH0515.py**

调用方法 startswitch()和 endswith()方法比对前端和后端字符串。

```
wd = 'Programming design'
print('字符串: ', wd)
print('Prog?', wd.startswith('Prog'))         # 返回 True
print('gram?', wd.startswith('gram', 0))      # 返回 False
print('de?', wd.startswith('de', 12))         # 返回 True
print('ign?', wd.endswith('ign'))             # 返回 True
print('ing?', wd.endswith('ing', 0, 11))      # 返回 True
```

**程序说明：**

- startswith()方法未设置参数 start, end 时，只会查找整句的开头字符串是否匹配。若要查找第二个子句的开头字符串是否匹配，则要在 startswith()方法中加入 start 或 end 参数。
- endswith()方法用于查找非句尾的后端字符串，同样要设置 start 或 end 参数才会按索引值进行查找。

## 5.3.4　字符串的分割与合并

### 1. 分割字符串

分割字符串可以调用 split()方法，语法如下：

```
str.split(sep = None, maxsplit = -1)
```

**参数说明：**

- str：代表所声明的字符串变量（本身是字符串对象）。
- sep：分隔符，默认为空格符，分割字符串时会去掉原字符串中的空格符。
- maxsplit：分割次数，默认值为-1。

与字符串对齐有关的方法是 center()，它可以设置字段宽度和按指定的填充字符将字符串居中对齐，它的语法如下：

```
str.center(width[, fillchar])
```

**参数说明：**

- width：设置字段宽度。
- fillchar：指定填充的字符，默认为空格符。

示例如下：

```
'以空格符来分割字符串'.center(34, '*')    # 参考范例程序 CH0516
```

**示例说明：**

把字段宽度设置为 34，把字符串"以空格符来分割字符串"居中对齐后，再用字符"*"填充两边的空白处。

### 范例程序 CH0516.py

调用 split()方法分割字符串，分割后的字符串以列表返回。

**步骤 01** 编写如下程序代码：

```
01 print('split()函数'.center(38, '-'))
02 wd1 = 'one two three four'
03 print('原字符串: ', wd1)
04 print('以空格符来分割字符串'.center(34, '*'))
05 print(wd1.split())    # 以默认的空格符来分割字符串，返回列表对象
06 # 将字符串分割成 2+1
07 print('分割为 3 个字符串: ', wd1.split(maxsplit = 2))
08 opr = '--'
09 opr *= 20
10 print(opr)
11 wd2 = 'one,two,three,four'
12 print('字符串 2: ', wd2)
13 print('以逗号来分割字符串', end = '->')
14 print(wd2.split(sep =',', maxsplit = 3))
```

**步骤 02** 保存该程序文件，按 F5 键执行该程序，执行结果如图 5-30 所示。

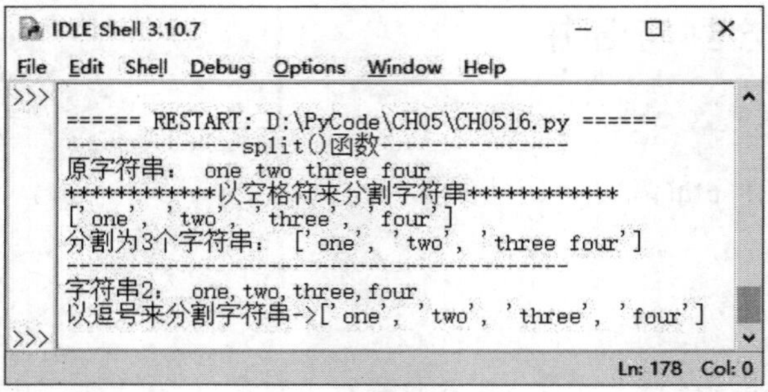

图 5-30

**程序说明：**

- 第 05 行，split()方法没有参数，它默认会以空格符来分割字符串。
- 第 07 行，将 split()方法的参数 maxsplit 设置为 2，表示它会分割两次，返回含有 3 个元素的列表对象。
- 第 14 行，split()方法指定分隔符为 "，"（逗号），以分隔符分割字符串 3 次，返回含有 4 个元素的列表对象。

同样地，split()方法也可以按分隔字符串 "，"（一个逗号和一个空格符）将字符串变量 number 再次进行分割。

**范例程序 CH0517.py**

```
num2 = number.split(', ')
print('再次分割字符串->', num2)
print(f'num == num2 -> {num== num2}')
```

**程序说明：**

- split()方法配合分隔符将分割后的字符串保存到列表变量 num2 中。
- 以运算符 "==" 判断列表对象 num 和 num2 是否相等，相等则返回布尔值 True。

**2. 合并字符串**

join()方法用于合并字符串，它的语法如下：

```
join(iterable)
```

**示例说明：**

iterable：可迭代对象。

在序列类型中若有字符串，可调用 join()方法把其中的各个字符串按序合并成一个长字符串。

**范例程序 CH0517.py（续）**

```
num = ['One', 'Two', 'Three', 'Four']    # 列表对象
number = ', '.join(num)
print(number)       # 输出'One, Two, Three, Four'
```

**程序说明：**

- 调用 join()方法配合元素的分隔符将列表对象 num 原有的 4 个元素合并成一个长字符串。

## 5.3.5　字符串中字母的大小写

表 5-6 列出了一些与字母大小写有关的方法。

表5-6　与字符串中字母大小写有关的方法

| 方　　法 | 说　　明 |
| --- | --- |
| capitalize() | 只有第一个单词的首字母大写，其余字母都小写 |
| lower() | 全部字母大写 |
| upper() | 全部字母小写 |
| title() | 采用标题式大小写，即每个单词的首字母大写，其余字母都小写 |
| islower() | 判断字符串中所有的字母是否都为小写 |
| isupper() | 判断字符串中所有的字母是否都为大写 |
| istitle() | 判断字符串中首字母是否为大写，其余字母都为小写 |

### 范例程序 CH0518.py

了解与字符串中字母大小写相关的方法。

步骤 01　编写如下程序代码：

```
01 word = 'HELLO WORLD PYTHON'
02 print('原字符串：', word)
03 print('第一个单词的首字母大写', word.capitalize())
04 print('单词首字母大写', word.title())  # 单词首字母大写
05 print('全部字母转为小写', word.lower()) # 转为小写字母
06 print('是否采用标题式字母大小写', word.istitle())
07 print('是否都为大写字母', word.isupper())
08 print('是否都为小写字母', word.islower())
```

步骤 02　保存该程序文件，按 F5 键执行该程序，执行结果如图 5-31 所示。

图 5-31

**程序说明：**

- 第 03 行，capitalize()方法只把第一个单词的首字母转换为大写。
- 第 04 行，title()方法把字符串中每个单词的首字母都转换为大写。
- 第 06 行，istitle()方法判断字符串中是否每个单词的首字母为大写，其余字母都为小写，由于原字符串中所有字母都是大写字符，因此返回 False。
- 第 07 行，isupper()方法判断字符串中字母是否都为大写，由于原字符串中字母都是大写，因此返回 True。

● 第 08 行，islower()方法判断字符串中字母是否都为小写，由于原字符串中字母都是大写，因此返回 False。

# 5.4　格式化字符串

编写程序代码时，为了让输出的数据或信息更容易阅读，会进行相关的格式化输出处理，这就是格式化字符串的作用。Python 提供了三种格式化字符串的方法：

● %符号配合"转换成的指定格式"产生"格式化字符串"。
● 内置函数 format()配合标志、字段宽度、精确度和转换成的指定格式来输出格式化数据。
● 创建字符串对象配合 format()方法，使用大括号{}括住字段名进行置换。

## 5.4.1　对齐字符串

在介绍格式化字符串之前，先来认识对齐字符串的有关方法，如表 5-7 所示。

表5-7　对齐字符串的相关方法

| 方　　法 | 说　　明 |
| --- | --- |
| center(width [, fillchar]) | 增加字符串的宽度，字符串居中对齐，两侧填充空格符 |
| ljust(width [, fillchar]) | 增加字符串的宽度，字符串左对齐，右侧填充空格符 |
| rjust(width [, fillchar]) | 增加字符串的宽度，字符串右对齐，左侧填充空格符 |
| zfill(width) | 字符串左侧填充 0 |
| expandtabs([tabsize]) | 按下 Tab 键时转成一个或多个空格符 |
| partition(sep) | 把字符串分割成三部分：sep 之前的部分，sep，sep 之后的部分 |
| splitlines([keepends]) | 按指定符号把字符串分割为序列的各个元素，keepends = True 时保留指定的分隔符 |

调用这些对齐格式的方法的要诀是要获取足够的字段宽度，这样才能看出格式设置的效果。

**范例程序 CH0519.py**

了解与字符串对齐相关的方法。

步骤01 编写如下程序代码：

```
01 word = 'Happy'
02 print('原字符串', word)
03 print('字符串居中, 填充字符是*', word.center(11, '*'))
04 print('字段宽度为10，字符串左对齐', word.ljust(10, '-'))
05 print('字段宽度为10，字符串右对齐', word.rjust(10, '#'))
06 number = '1234'
07 print('字符串左侧填充 0：', number.zfill(6))
08 numOne = '11\t12\t13'
09 print('原字符串', numOne)
10 print('将 Tab 键转换为 4 个空格符：', numOne.expandtabs(4))
11 word2 = 'Hello,Python'
12 print('以逗号分隔符来分割字符串', word2.partition(','))
13 word3 = 'One\nTwo\nThree'
```

```
14 print('按\\n 分割字符串', word3.splitlines(True))
```

**步骤02** 保存该程序文件，按 F5 键执行该程序，执行结果如图 5-32 所示。

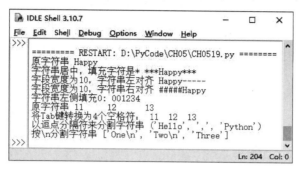

图 5-32

**程序说明：**

- 第 03 行，调用 center()方法，把字段宽度（参数 width）设置为 11，将字符串居中对齐，两侧填充字符"*"（参数 fillchar）。
- 第 04、05 行，ljust()方法将字符串左对齐，rjust()方法将字符串右对齐。
- 第 10 行，expandtabs()方法将字符串中的制表符（按 Tab 键之后产生的）根据参数 tabsize 指定的数值（此例中为 4）转换为指定数量的空格符。
- 第 12 行，在 partition()方法中，会以 sep 参数指定的分隔符","将字符串分割成三个部分，变成元组('Hello', ',', 'Python')。
- 第 14 行，splitlines()方法的参数 keepends 设置为 True，表示将用于分割字符串的指定分隔符显示出来。（注意：在序列类型中分隔各个元素的符号被称为分隔符，而不是分割符。行文中是用分隔符去分割序列类型对象的值。）

## 5.4.2　格式化字符串的前导符号%

以%为前导符来产生格式化字符串，具体语法如下：

```
format % value
```

**参数说明：**

- format 为格式化字符串，由于本身是字符串，因此前后要加单引号或双引号。格式化字符串要以%为前导字符，用来标注转换指定格式的对象是数值还是字符串。
- value：对应转换指定格式的对象，它可能是变量、数值或字符串，如图 5-33 所示。

图 5-33

格式化字符串中包含转换指定格式的字符串，表 5-8 列出了相关说明。

表5-8　转换指定格式的字符串

| 转换指定格式的字符串 | 说　　　明 |
| --- | --- |
| %% | 输出数据时显示%符号 |
| %d, %i | 以十进制数输出数据 |
| %f | 将浮点数以十进制数输出 |
| %e, %E | 将浮点数以十进制和科学记数的格式输出 |
| %x, %X | 将整数以十六进制数输出 |
| %o, %O | 将整数以八进制数输出 |
| %s | 使用 str()函数输出字符串 |
| %c | 使用字符方式输出 |
| %r | 使用 repr()函数输出 |

### 范例程序 CH0520.py

```
word = 'Python'
print('I love %s'%word)   # 输出 I love Python
print('%s was conceived in the late %ds'%(word, 1980))
```

**程序说明：**

● 'I love %s'中的%s是格式化字符串，表示要导入一个字符串，所以后方%word 会导入字符串变量的内容从而最终输出为 I love Python。

● '%s ... %d'中包含两个格式化字符串，%符配合括号采用%(word, 1980)的形式。

格式化字符串中还可以加入标志、字段宽和精确度来配合转换的指定格式，它的语法如下：

```
%[flag][width][.precision]转换指定的格式
```

**参数说明：**

● flag: 配合填充字符进行输出，参考 5.4.3 节的表 5-9。

● width: 字段宽度，设置要输出数据的宽度。

● precision: 输出浮点数时可指定它的小数位数。

### 范例程序 CH0520.py（续）

配合标志、字段宽度来进行格式化输出。

```
import math
print('%06d' % 25)
print('PI =', math.pi)
print('PI = %.4f' % math.pi)
```

**程序说明：**

● %06d 表示把输出整数的字段宽度设置为 6，如果是 2 位的整数，整数左侧的空格会以 0 来填充，变成 000025。

● %.4f 表示输出浮点数，含有 4 位小数，其余小数位数采用四舍五入进行处理。

**范例程序 CH0521.py**

使用格式化前导符%把输出的数据进行格式化。

**步骤 01** 编写如下程序代码：

```
01 import math # 导入 math 模块
02 # 将输出的格式化字符串保存在变量中
03 fmt = '含有 4 位小数: %.4f'
04 print('PI', fmt %(math.pi))
05 radius = (math.pi)*5**2
06 print('圆面积: ', radius)
07 print('圆面积', fmt % radius)
08 print('以 4 位数字输出整数-- %04d' % radius)
```

**步骤 02** 保存该程序文件，按 F5 键执行该程序，执行结果如图 5-34 所示。

图 5-34

**程序说明：**

● 第 03、04 行，将要输出的浮点数的精确度设为 4 位小数，将格式化字符串保存在 fmt 变量中。

● 第 08 行，计算后的圆面积以 "%4d" 格式输出，由于实际要输出的整数只有 2 位，因此整数左侧的两个空位会以 0 补上。

## 5.4.3 内置函数 format()

Python 3.X 版本之后，要格式化数据可以调用内置函数 format()，用户可以根据数据所处的位置进行格式化。format()函数的语法如下：

```
format(value[, format_spec])
```

**参数说明：**

● value: 要格式化的对象，可能是数值、字符串或者是变量。

● format-spec: 就是格式化控制，包含了填充、对齐、字段宽度、千位符号、精确度和转换指定的格式。

> 填充：若是字符串的字段够宽，可加入填充字符，包含#、0、-等。

> 对齐：设置字符串的对齐方式，有左对齐、居中对齐、右对齐等，也必须有足够的字段宽度才能看出其效果，参见表 5-9。

> 字段宽度：提供给输出数据的字段宽度，以整数表示。

> 千位等号：以 ","（半角逗号）或下画线来表示。

> 精确度：浮点数，可设置输出小数的位数。

➢ 转换指定的格式：指的是数据的输出格式，参见表 5-8。

format()函数中用于控制格式的填充字符和对齐方式，可参考表 5-9 中的说明。

表5-9　format()函数中使用的标志符

| 标　志　符 | 说　明 |
| --- | --- |
| '#' | 配合十六进制、八进制进行转换时，可在前方补上 0 |
| '0' | 数值前补 0 |
| '-' | 左对齐，若与 0 同时使用，会优于 0 |
| ' ' | 会保留一个空格 |
| > | 右对齐 |
| < | 左对齐 |
| ^ | 居中对齐 |

输出的数据可使用标志符"＞"或"＜"设置左对齐或右对齐，当然还要配合字段宽度的设置才能有明确效果。

示例 1：

```
word = 'Python'
print(format(word, '<12s'))          # 字段宽度 12，左对齐
print(format(word, '>12s'))          # 字段宽度 12，右对齐
number = 12.66578
print(format(number, '-^12f'))       # 字段宽度 12，居中对齐，以 "-" 字符填充
number = 123456
print(format(number, '^12_'))        # 字段宽度 12，居中对齐，以下画线作为千位符号
```

示例效果如图 5-35 所示。

图 5-35

示例 2：

```
format() ('Python','*^12s')
```

format()函数的参数值'*^12s'表示输出数据是字符串，字段宽度为 12，字符串采用居中对齐方式，填充字符为 '*'，如图 5-36 所示。

示例 3：

```
format() (12346.77635,',.4f')
```

format()函数输出浮点数，参数值为 ',.4f '，表示输出含有 4 位小数位数的浮点数，整数部分加上千位符，如图 5-37 所示。

图 5-36

图 5-37

**范例程序 CH0522.py**

调用 format() 函数来输出不同的数值数据。

步骤01 编写如下程序代码：

```
01 price = 135884
02 rate = 0.08      # 税率
03 print('%4s: '%'定价', format(price, '>8d'))
04 tax = price * rate
05 print('%4s: '%'税率', format(tax, '011.2f'))
06 total = price + tax
07 print('含税价: ', format(total, '011.2f'))
```

步骤02 保存该程序文件，按 F5 键执行该程序，执行结果如图 5-38 所示。

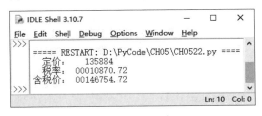

图 5-38

**程序说明：**

- 第 03 行，定价使用格式化字符，而 price 配合 format() 函数的标志符，把字段宽度设置为 8，左对齐。
- 第 05 行，tax 配合 format() 函数的标志符，把字段宽度设置为 11 且左侧补 0，以浮点数含 2 位小数位数的方式输出。
- 第 07 行，同样调用 format() 函数，对 total 用标志符把字段宽度设置为 11 且左侧补 0，以浮点数含 2 位小数位数的方式输出。

## 5.4.4　str.format() 方法

内置函数 format() 只能针对一个对象来设置，若有多个对象，就必须调用由字符串提供的 format() 方法（即函数），它的语法如下：

```
str.format(*args, **kwargs)
```

由于它可以置换字段名，因此可以用大括号（{}）括起来，搭配数据进行不同格式的输出。大括号（{}）的索引值从 0 开始，以此类推，示例如下：

```
'{0}{1}'.format('PI = ', 3.14156)
# 输出 PI = 3.14156
```

● format()方法是由字符串对象调用的，字符串对象中的字段以大括号（{}）表示，它的索引值从 0 开始，如图 5-39 所示。

● 在 format()方法中，大括号的索引值会与其参数逐一对应，如图 5-40 所示。

図 5-39　　　　　　　　　　　　　　　　　　　図 5-40

字符串 'PI =' 会被带入字段 1（即{0}），而数值 3.14156 则会被带入字段 2（即{1}），输出 'PI = 3.14156'。

此外，大括号中的字段名还可以加入冒号 ":" （半角字符）作为导引，搭配其他控制格式进行不同组合的输出，它的语法如下：

```
{字段索引 : format-spec}
```

**参数说明：**

● 字段：大括号里可以使用位置和关键字进行参数传递。

● 位置参数使用索引值，从 0 开始，关键字参数搭配变量。无论是哪一种都可以交替使用。

● 关键字参数要以 "变量 = 变量值" 带入大括号之中。

● format-spec 依然是控制格式，同样包含了填充、对齐、字段宽度、千位符、精确度、转换类型，参考表 5-10 所示的说明。

表5-10　str.format()方法的控制格式参数

| format-spec | 说　明 |
| --- | --- |
| fill | 可填充任何字符，但不包含大括号 |
| align | 对齐方式，①<左对齐；②>右对齐；③=填充；④^居中对齐 |
| sign | 使用+、-或空格，用法与%格式化字符串相同 |
| # | 用法与%格式化字符相同 |
| 0 | 用法与%格式化字符相同 |
| width | 以数值表示字段宽度 |
| , | 千位符，就是每 3 位数就加上逗号 |
| precision | 精确度，用法与%格式化字符相同 |
| typecode | 用法与%格式字符几乎相同，参考表 5-8 |

大括号内索引值并无顺序，一般惯例是从小到大，重要之处是要与 format()方法的参数对应。示例如下（索引值从大到小）：

```
print('{2}, {1}, {0}'.format('Jan', 'Feb', 'Mar'))
```

输出结果为 Jan, Feb, Mar。

format()方法中的第二种用法是字段采用变量方式，示例如下：

```
print('{prog} was conceived in the late {year}s'.format(prog = 'Python', year = 1980))
```

输出结果为 Python was conceived in the late 1980s。本示例使用两个关键字参数，采用"变量 = 变量值"的用法，所以 'prog' 会被变量值 'Python' 取代，同样地，'year' 会被 '1980' 取代。

format()方法中的字段先以 '变量 = 变量值' 指定，再配合控制格式输出，示例如下：

```
name = 'Tomas'
salary = 36835
print('{0:*^12}, {1:0>12,d}'.format(name, salary))
```

**示 例 说 明：**

（1）大括号必须指明参数名称，方法 format()必须与之对应。

（2）输出***Tomas****, 00000036,835。

（3）变量 name 的控制格式为 '0:*^12'，表示字段宽度为 12，字符串 name 居中对齐，以*字符填充。

（4）变量 salary 的控制格式 '1:0>12,d'，表示字段宽度为 12，数值 salary 加上千位符，靠右对齐，以 0 字符填充。

在 format()方法的控制格式中字段宽度与千位符顺序不能摆错，否则会报出"ValueError"的错误，如图 5-41 所示。

图 5-41

图 5-41 中的示例说明：

（1）'{0:10d}' 表示字段宽度为 10，数值会以左对齐方式输出，数值的左边以空格符填充。

（2）'{0:,10}' 表示字段宽度与千位符并用，会报出"ValueError"的错误。必须为'{0:10,}' 才能让字段宽度与千位符同时使用。

format()方法的第三种用法是通过字段引用属性，它的语法如下：

```
{字段.属性}
```

**参 数 说 明：**

● 属性：可选参数，为位置和关键字参数的第三种选择，同样以属性访问符（"."）来获取某个对象的属性。

示例如下（输出 math 的 pi 属性）：

```
import math  # 导入math 模块
print('math.pi = {0.pi}'.format(math))
```

输出结果为 math.pi = 3.141592653589793。

以 "!" 作为转换的开头，转换格式可以使用内置函数 "s"（str）、"r"（repr）和 "a"（ascii）来获取字符串，它的语法如下：

{字段 ！转换格式}

示例如图 5-42 所示。

输出结果为 "28.5, 28.5, Decimal('28.5'), Decimal('28.5')"。{0}输出字符串 28.5，{0!s}是将数值转为字符串，{0!r}、{0!a}是将 Decimal('28.5')转换为字符串对象 Decimal('28.5')来输出。对应关系参考图 5-43。

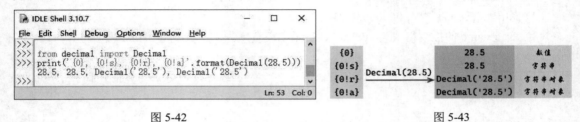

图 5-42　　　　　　　　　　　　　　　　　图 5-43

### 范例程序 CH0523.py

调用 str.format()方法，配合控制格式进行数据的输出；另外也使用%格式运算符，下面一起来了解它们的用法。

**步骤01** 编写如下程序代码：

```
01 import math      # 导入 math 模块
02 print('PI = {0.pi}'.format(math))       # 输出 PI 值
03 print('PI = %10.4f'%(math.pi))          # 输出时保留 4 位小数
04 print('PI = {0:010f}'.format(math.pi))     # 左边填充 0，字段宽度为 10
05 radius = (math.pi) * 26 ** 2            # 计算圆面积
06 print('PI = {0:.4f}\n'                  # 圆面积加千位逗号
07     '圆面积 = {1:,.3f}'.format(math.pi, radius))
08 area = int(radius)                      # 转换为整数
09 print('以十进制、十六进制、二进制输出: ')
10 print('圆面积 = {0:d}, {0:#x}, {0:#b}'.format(area))
11 print('左对齐 = {0:*>10d}'.format(area))  # 用*字符填充
12 print('居中对齐 = {0:*^10d}'.format(area))
```

**步骤02** 保存该程序文件，按 F5 键执行该程序，执行结果如图 5-44 所示。

图 5-44

**程序说明：**

- 第 02、03 行，以属性 {0.pi} 输出 PI 值，配合格式化字符串，输出时保留 4 位小数。
- 第 04 行，配合 format-spec，把字段宽度设置为 10，数值左边空白处补上 0。
- 第 06、07 行，PI 值输出时含有 4 位小数，输出圆面积时加上千位逗号，配合两组大括号输出 PI 值和圆面积，也就是 math.pi 带入第{0}组输出 PI 值，变量 radius 带入第{1}组并配合格式化字符以保留 3 位小数的格式输出圆面积。
- 第 08、10 行，将圆面积通过 int()函数转换为整数值之后，分别以{0:#x}指定的十六进制数和{0:#b}指定的二进制数输出。
- 第 11、12 行，把字段宽度设置为 10，空白处填充字符*，对齐方式分别为右对齐、居中对齐。

**范例程序 CH0524.py**

调用 format()方法，根据输入的字段宽度值输出 "=" 或 "-" 字符并配合 format()方法来排列数据，制成简易报表。

**步骤01** 编写如下程序代码：

```
01 wd = input('输入字段宽度值：')
02 width = int(wd)
03 print('=' * width)           # 根据字段宽度值来输出
04 score_width = 9              # 设置输出分数的字段宽度
05 name_width = width - score_width   # 名字的字段宽度
06 data = '{0:11s} {1:.2f}'
07 print('{0:11s} {1}'.format('名字', '分数'))
08 print('-' * width)
09 print(data.format('Mary', 68.789))
10 print(data.format('Tomas', 74.6752))
11 print(data.format('William', 85))
```

**步骤02** 保存该程序文件，按 F5 键执行该程序，执行结果如图 5-45 所示。

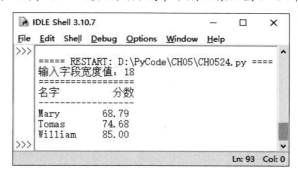

图 5-45

**程序说明：**

- 第 01 行，调用 input()函数获取输入的字段宽度值，保存在 wd 变量中。
- 第 02、03 行，字段宽度值为字符串，以 int()函数将 wd 变量转换成数值，再调用 print()函数输出多个 "=" 字符。
- 第 04、05 行，按照输入值来设置名字和分数的字段宽度。

- 第 06、07 行，以两组 {} 来设置名字和分数的输出格式，再调用 format() 方法进行控制。

Python 在 3.6 版本之后，新增了格式字符串字面值（formatted string literals）或称为 f-string。它以 f 或 F 为前导符，同样配合大括号来使用，大括号里存放的是变量名称。f-string 的语法如下：

```
f'{变量名称:format-spec}'
```

- format-spec：控制格式，定义的规则与 str.format() 方法相同。

示例如下（把范例程序 CH0523.py 中的格式化输出以 f-string 格式进行修改）：

```
print('PI = {0.pi}'.format(math))
print(f'PI = {math.pi}')
print('圆面积 = {0:,.3f}'.format(area))
print(f'圆面积 = {area:,.3f}')    # 数字编号以变量取代
```

**示例说明：**

省略了原有的 format() 方法，{area:,.3f} 表示在变量 area 中加入千位符并以保留 3 位小数的格式来输出。

# 5.5　本章小结

- Python 的内建类型，除了数值之外，尚有迭代器、序列、集合和映射类型。
- 迭代器类型以迭代器协议作为沟通标准，有两个接口：①Iterator（迭代器），内置函数 next() 传送下一个元素直到序列对象最后的元素；②Iterable（可迭代的对象），内置函数 iter() 返回对象。for 循环会遵循协议来接收迭代器对象。
- 不可变序列包含字符串、元组和字节。可变序列则有列表和字节数组。
- 序列里存放的数据称为元素。要获取元素的位置，可以使用 [] 运算符配合索引值。索引值有两种表达式：左边从 0 开始，右边则是从 -1 开始。
- 序列及其元素都可调用内置函数 len()、min()、max()、sum() 函数来获取它的长度（或大小）、最小值、最大值和合计值。
- 序列类型对象使用成员运算符 in 或 not in 来判断某个元素是否 "隶属" 或 "不隶属" 于序列。
- Python 语言视字符串为容器，以单引号或双引号作为一串字符的起止符号。Python 语言没有单独的字符类型，以单个字符的字符串替代字符类型；引号之内没有任何字符就是空字符串。
- 字符串的字符具有顺序性，使用 [] 运算符配合 "start : end" 可获取子字符串的范围，这种字符串的操作称为切片。通过切片操作指定索引值可获取不同范围的子字符串。
- 字符串提供函数或方法，find() 或 index() 方法可按指定位置查找特定字符，count() 方法可以统计某个字符出现的次数，replace() 方法用来替换字符串里某个字符或子字符串，split() 方法用于分割字符串。
- 格式化字符串方法 1：使用 % 前导符配合 "转换指定的格式" 产生 "格式化字符串"。
  方法 2：使用内置函数 format() 配合标志符、字段宽度、精确度和转换指定的格式输出格式

化数据。方法 3：以字符串对象配合 format()方法。

● Python 在 3.6 版本之后，新增了格式字符串字面值或称为 f-string。它以 f 或 F 为前导字符，同样配合大括号来使用，大括号里存放的是变量名称。

# 5.6　课后习题

## 一、填空题

1. 序列类型的数据由内置函数_____获取元素的最小值，_____函数获取元素的最大值，_____函数获取元素的合计值。

2. 序列类型中，分别写出它们的数据类型：A = 'Hello'，表示 A 是_____；B = [11, 'Tomas']，表示 B 是_____；C = ('one', 'two', 'three')，表示 C 是_____。

3. 根据下表字符串的索引值填写提取子字符串的切片操作结果，其中 word = 'Hello Python'。

| string | H | e | l | l | o | | P | y | T | h | o | n | ! |
|--------|----|-----|-----|-----|----|----|----|----|----|----|-----|-----|-----|
| index | 0 | 1 | 2 | 3 | 4 | 5 | 6 | 7 | 8 | 9 | 10 | 11 | 12 |
| -index | -13 | -12 | -11 | -10 | -9 | -8 | -7 | -6 | -5 | -4 | -3 | -2 | -1 |

word[-3]返回_____；word[_____]返回'Hello'；word[_____]返回'lo Py'；word[_____]返回'Hello Python'。

4. Python 提供了内置函数_____用于获取 ASCII 值，_____用于将 ASCII 值转为单个字符。

5. 调用_____方法或_____方法来寻找字符串中特定的字符，前者找不到时会返回 ValueError，后者则会返回-1。

6. 填写下列字符串方法的返回值。①_____，②_____，③_____。

```
①'MARY'.capitalize()
②'Mary'.lower()
③'Mary'.isupper()
```

7. 格式化字符串调用 format()方法，参数 format-space 的字段宽度代表_____，精确度表示_____。

8. str.format()方法的控制格式化字符串要如何设置才会输出下列的格式。①_____，②_____，③_____。

```
输出
①'****Mary****'
②'Mary--------'
③'~~~~~~~~Mary'
```

9. split()函数用于分割字符串，它的参数都用默认值，字符串 wd = 'hello world python' 分割后是_____。

10. 计算部分切片时，索引值从左边的 start 开始，称为_____；到右边的 end 结束，称为_____。

### 二、实践题与问答题

1. 使用切片法，完成下述子字符串的提取。

```
word = 'There are two optional keyword-only arguments'
# 输出下列子字符串
arguments
two optional
ra opoleo-lau # 字符间距 3
```

2. 延续第 1 题的 word 字符串值，输出下列格式的字符串（提示：字符串要先分割）。

```
index element
    0 There
    1 are
    2 two
    3 optional
    4 keyword-only
    5 arguments
```

3. 编写程序代码，调用 str.format()方法和 f-string 并配合 for/in 循环输出如图 5-46 所示的结果。

```
 x     x*x     x*x*x
---------------------
 1      1         1
 2      4         8
 3      9        27
 4     16        64
 5     25       125
 6     36       216
 7     49       343
 8     64       512
 9     81       729
10    100     1,000
```

图 5-46

# 第 6 章

# 元组与列表

6

**学习重点：**

- 元组对象的创建及相关操作
- 列表对象和列表推导式
- 二维列表和列表的复制

本章重点是序列类型的元组和列表对象。介绍如何创建元组和列表对象，讨论有规则列表或无规则列表应当如何读取，最后介绍列表的浅复制、深复制的差异性。

## 6.1　元组不可变

元组对象的元素具有顺序性且不能任意更改元素的位置。如何创建元组呢？用小括号存放元素即可创建元组。元组的元素可以使用 for/in 或 while 循环来读取，而内置函数 tuple()可将可迭代的对象转换成元组对象。

### 6.1.1　创建元组

使用小括号创建元组对象，而元组所存放的元素同样以索引值来对应存放元素的位置，示例如图 6-1 所示。

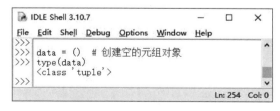

图 6-1

图 6-1 中的示例说明为：

（1）以小括号表示空的元组。

（2）调用内置函数 type()查看 data 对象，执行结果说明 data 是空的元组对象。

若元组中只有一个元素，为了区分小括号中的是元组元素还是数值，则会在元素之后加上 ","（半角逗号），如图 6-2 所示。

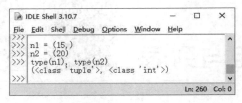

图 6-2

图 6-2 中示例说明为：

（1）变量 n1 是元组对象，只有 1 个元素，为了避免被误认是数值，因而要加上 ","。

（2）变量 n2 存放的是 int 类型的数值，type()函数可用于指出变量 n1 和变量 n2 的不同。

由于 Python 是一门语法灵活的程序设计语言，因此在创建元组对象时，可以允许用户将括号省略，这样的做法会经常在后续的讨论中看到，示例如下：

```
('A03', 'Judy', 95)            # 创建没有名称的元组对象
data = ('A03', 'Judy', 95)     # 给予名称的元组对象
data2 = 'A03', 'Judy', 95      # 无小括号，也是元组对象
```

**示例说明：**

（1）元组的元素与元素之间要用逗号分隔开，若是字符串，则要用单引号或双引号作为字符串的起止符号。

（2）元组的元素能存放不同类型的数据。

内置函数 tuple()可将列表和字符串转换成元组对象，这个函数的语法如下：

```
tuple([iterable])
```

● iterable：可迭代的对象。

tuple()函数只能转换可迭代的对象，如果用一般的数值作为参数进行转换，Python 解释器就会报出 "TypeError" 的错误。可参考图 6-3 中的示例。

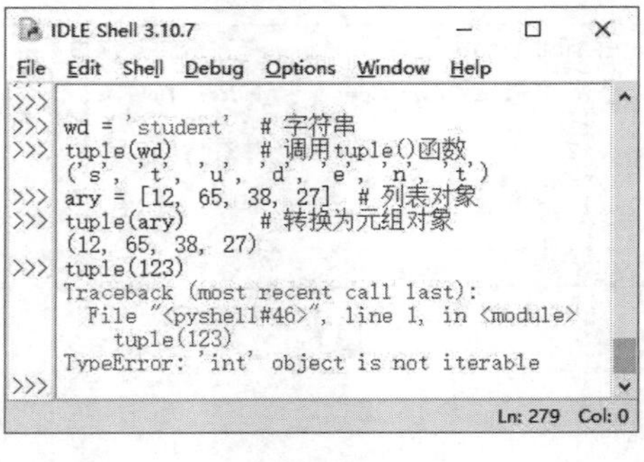

图 6-3

图 6-3 中的示例说明为：

（1）字符串 wd 转换成元组对象时会被拆解成一个个字符（就是每个字符作为元组的元素）。

（2）列表对象本身属于可迭代的对象，因而可转换成元组对象。

元组的每个元素可以存放不同类型的数据。同样地，承接序列类型的做法，每个元素的索引值从左到右是从 0 开始的，从右到左则是从-1 开始的，参考图 6-4 的说明。

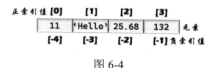

图 6-4

元组是不可变动的对象，这意味着元组对象创建之后不能变动每个索引值所指向的引用对象。若通过索引值来改变元素的值，Python 解释器则会报出"TypeError"的错误，如图 6-5 所示。

既然元组对象无法变更索引值所指向的对象，append()、remove()和 insert()方法自然也不能用，因此调用这些方法，Python 解释器也会报错，如图 6-6 所示，调用 append()方法添加一个元素会引发"AttributeError"错误。

```
IDLE Shell 3.10.7                        —    □    ×
File  Edit  Shell  Debug  Options  Window  Help
>>>
>>> data = 11, 92, 337
>>> data[-1] = 237
Traceback (most recent call last):
    File "<pyshell#50>", line 1, in <module>
        data[-1] = 237
TypeError: 'tuple' object does not support i
tem assignment
>>>
                                        Ln: 287  Col: 0
```

图 6-5

```
IDLE Shell 3.10.7                        —    □    ×
File  Edit  Shell  Debug  Options  Window  Help
>>>
>>> data.append(123)
Traceback (most recent call last):
    File "<pyshell#53>", line 1, in <module>
        data.append(123)
AttributeError: 'tuple' object has no attrib
ute 'append'
>>>
                                        Ln: 294  Col: 0
```

图 6-6

虽然存储于元组的元素无法以[]运算符改变其值，但元组可以配合"+""*"运算符进行改变。"+"运算符能将两个元组对象串接成一个新元组，"*"运算符可以把元组中的元素复制成多个。

### 范例程序 CH0601.py

使用"+"运算符把不同的元组对象串接起来，使用"*"运算符复制元组中的元素。

**步骤 01** 编写如下程序代码：

```
01 ary1 = (11, 33); ary2 = (22, 43)
02 print('tuple1:{0}, tuple2:{1}'.format(ary1, ary2))
03 print('串接: ', ary1 + ary2)
04 ary3 = 'one', 'two' + '-Tomas', 'three'  # 串接元组对象
05 print('tuple3:', ary3)
06 print('复制tuple1 ', ary1 * 2)    # 复制元组中的元素
07 wd = 'AbCd'
08 print('复制前: {0}, 复制后: {1}'.format(wd, wd * 3))
```

**步骤 02** 保存该程序文件，按 F5 键执行该程序，执行结果如图 6-7 所示。

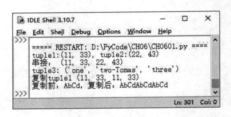

图 6-7

**程序说明：**

- 第 03 行，用 "+" 运算符串接两个元组对象，ary1 和 ary2。
- 第 04 行，产生元组对象的同时，使用 "+" 运算符将左、右元组的对象串接在一起。
- 第 06、08 行，使用 "*" 运算符分别复制数字和字符串。

由于元组不可变的特性，因此支持元组的方法就只有 count() 和 index()。调用 count() 方法可统计某个元素出现的次数，调用 index() 方法可以获取某个元素第一次出现位置的索引值。示例如下：

```
data = 11, 12, 33, 12        # 元组对象
print(data.count(12))        # 统计某个元素的次数，返回 2
print(data.index(12))        # 某个元素的位置，返回 1
```

index() 方法还可以加入其他参数，语法如下：

```
index(x, [i, [j]])
```

**参数说明：**

- x 指元组对象的元素，不可省略的参数。
- i、j: 可选参数，从以 i 开始的索引值，到以 j 结束的索引值。

index() 函数如何使用这三个参数？参考如下范例程序。

### 范例程序 CH0602.py

```
data = 25, 17, 45, 6, 17    # 创建元组
print('数值 17 对应的索引值: ', data.index(17))                 # ①
print('第 2 个 17 对应的索引值: ', data.index(17, 2))            # ②
print('以另外的方法读取')
print('data[0:4].index(17)--', data[0:4].index(45))         # ③
print(data.index(17, 2, 4))                                 # ④ 找不到 17，返回错误信息
```

**程序说明：**

- ① 从元组对象中找出数值 17 的第 1 个位置。
- ② 从索引值 2 开始到最后，返回第 2 个数值 17 的位置。
- ③ 以另一种方式调用 index() 方法。
- ④ 调用 index(17, 2, 4) 时，由于只会对索引值 2、3 的元素进行搜索，因此它会因找不到 17 这个值而返回 "ValueError" 错误提示的信息。

## 6.1.2 读取元组元素

如何读取元组元素？使用 "迭代" 的概念，读取元素的操作是 "一个元素接着一个元素"，所

以非 for/in 循环莫属了，使用 for/in 循环一个个地输出元组中的元素。

### 范例程序 CH0603.py

```
ary = 25, 63, 78, 92   # 元组对象
for item in ary:        # for/in 循环读取元组元素
  print(f'{item:3}', end = '')
```

如果使用 while 循环，则要有计数器用于循环的计次。

### 范例程序 CH0604.py

```
number = (21, 23, 25, 27 , 29) # 元组
item = 0                        # 计数器，配合元组的索引值，从 0 开始
# while 循环
while item < len(number):       # len()函数获取元组 number 的长度
  print(number[item], end = ' ')
  item += 1                     # 计数器累加
else:
  print('\n 读取完毕')
```

**程序说明：**

● 条件判断表达式中 item 的值小于元组 number 的长度时才会读取 number 元素。

● while 循环每执行一次就累加一次（计次）。

● 当元组 number 的元素被读取完毕时，else 语句就会输出"读取完毕"的信息。

从上面 while 循环的范例中可知，想要配合索引值来输出元素，就得借助 len()函数先获取元组的长度。如果是使用 for 循环，要加上 range()函数以指定范围。示例如下：

```
number = (21, 23, 25, 27, 29)
range(len(number))      # 指定范围
```

**示例说明：**

range()函数配合 len()函数可获取元素 number 的长度。

range()函数对 Python 语言而言究竟是什么？下面通过 Python Shell 导入 collections.abc 模块来进一步了解，可参考图 6-8 中的示例。

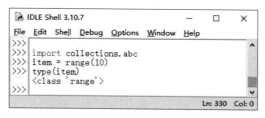

图 6-8

从上面的示例可知，range()函数返回的是可迭代的对象，所以 for 循环才能按索引值输出每个存放在对象中的元素。

### 范例程序 CH0605.py

len()函数获取元组对象的长度，for/in 循环读取其元素。

**步骤 01** 编写如下程序代码：

```
01 number = (32, 34, 36, 38, 40, 42) # 元组
02 print('index element')
03 # for 循环读取元组的元素
04 for item in range(len(number)):
05     print (f'{item:4d} {number[item]:6d}')
06 else:
07     print('读取完毕')
```

**步骤 02** 保存该程序文件，按 F5 键执行该程序，执行结果如图 6-9 所示。

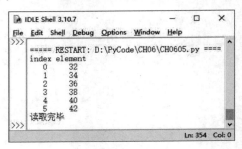

```
IDLE Shell 3.10.7                          —    □    ×
File  Edit  Shell  Debug  Options  Window  Help
>>>
     ===== RESTART: D:\PyCode\CH06\CH0605.py ====
     index element
        0      32
        1      34
        2      36
        3      38
        4      40
        5      42
     读取完毕
>>>
                                              Ln: 354  Col: 0
```

图 6-9

**程序说明：**

- 第 04、05 行，使用 for/in 循环，先调用 len() 函数获取元组 number 的长度，再调用 range() 函数获取它的范围，输出时使用格式化字符串字面值 f 为前导符，设置字段宽度，按索引 item 的值所对应的元素依次输出。
- 第 06、07 行，else 语句，当 for 循环读取完毕时会输出"读取完毕"的提示信息。

## 6.1.3　元组的拆分

我们已经知道通过[]运算符可更改元组的元素值，下面进一步认识拆分（Unpacking）的概念，它适用于序列类型，因此也适用于字符串和列表。

有时可能会因程序的需求，需将存放于元组中的元素快速拆分（Unpacking），再赋值给多个变量，示例如下：

```
size = 'LMS'                # 字符串
large, middle, small = size  # 将 size 赋值给三个变量
print(large, middle, small)  # 输出 L M S
```

**示例说明：**

（1）通过 print() 函数的输出结果可知，字符 L 赋值给了变量 large，字符 M 赋值给了变量 middle，字符 S 赋值给了变量 small。

（2）拆分操作适用于列表和元组，它可以将序列类型对象中的元素拆分成单独的项。

**范例程序 CH0606.py**

**步骤 01** 编写如下程序代码：

```
01 score = [78, 56, 93]     # 列表
02 eng, chin, mat = score   # 拆分
```

```
03 print(f'分数: {eng:3d},{chin:3d},{mat:3d}')
04 x = 'Mary'; y = '1995/4/3'; z = 165
05 ary2 = (x, y, z)                 # 打包
06 name, birth, tall = ary2        # 拆分
07 print(f'名字: {name:>4s}')
08 print(f'生日: {birth:9s}，身高: {tall}')
```

步骤 **02** 保存该程序文件，按 F5 键执行该程序，执行结果如图 6-10 所示。

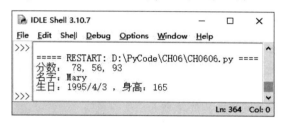

图 6-10

**程序说明：**

● 　第 02 行，将列表 score 的元素拆分后，分别赋值给变量 eng、chin 和 mat。

● 　第 03 行，使用格式化字符串输出各个变量。

● 　第 04、05 行，变量 x、y、x 分别存放不同的值，再打包成元组。

● 　第 06 行，将元组的元素拆分，分别赋值给变量 name、birth、tall。

应用拆分的概念，可以将拆分的值赋值给多个变量，也可以快速将两个变量值进行置换（swap）。

### 范例程序 CH0607.py

```
ary = 15, 30      # 元组
one, two = ary    # 拆分
print('置换之前: {}, {}'.format(one, two))
one, two = two, one
print('置换之后: {}, {}'.format(one ,two))
```

**程序说明：**

● 　创建元组对象 ary，存放 2 个元素。通过拆分操作将两个变量的值进行置换。

### 范例程序 CH0608.py

创建一个用于保存学生名字和学生各科成绩的二维列表，使用拆分操作把每行的名字和各科分数赋值给不同的变量，最后算出每位学生的总分。

步骤 **01** 编写如下程序代码：

```
01 student = [['Mary', 55, 68, 74],
02     ['Tomas', 77, 95, 88],
03     ['Eric', 68, 91, 72]]
04
05 for(name, math, english, computer) in student:
06     print('%6s'%name, '总分: ', (math + english + computer))
```

步骤 **02** 保存该程序文件，按 F5 键执行该程序，执行结果如图 6-11 所示。

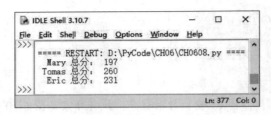

图 6-11

**程序说明:**

- 第 01~03 行,创建一个矩阵(即二维列表),存放学生的名字和学生的各科成绩。
- 第 05、06 行,使用拆分功能,在 for 循环读取时赋予标识符名称成为元组的元素,最后输出总分(对学生各科成绩求和的结果)。

### 6.1.4　元组的切片操作

在 5.2.3 节讨论过字符串切片操作,此操作同样可以应用于元组对象以取出若干元素。若是取出特定范围的若干元素,则使用正索引值就是正向提取(从左到右),使用负索引值就是反向提取(从右到左),示例如下:

```
ary = 12, 24, 36, 72, 144    # 元组
print(ary[1], ary[-3])       # 返回(24, 36)
print(ary[1:4])              # 正索引值,返回(24, 36, 72)
print(ary[-2:-4])            # 负索引值必须从小到大,否则返回(),即空的元组
ary[-4:-2]                   # 负索引值,返回(24, 36)
```

若使用负索引值,范围就必须从小到大来设置,否则无法取出元素,即返回(),表示空的元组。

## 6.2　列　　表

列表和元组都属于序列,所不同的是列表以中括号([])来存放元素。如果说元组是一个规范严谨的模型,那么列表就是可以随意塑形的黏土。列表对象的特色如下:

- 有序集合:不管是数字还是文字都可以通过它的元素来呈现,只要按序排列即可。
- 具有索引值:只要通过索引值即可获取某个元素的值,它也支持切片操作。
- 列表长度不受限:列表长度同样以 len()函数获取,它的长度可长可短。当列表中有列表形成嵌套时,也可根据需求设置长短不一的列表对象。
- 属于可变序列:元组属于不可变序列类型,而列表属于可变序列类型,这给列表带来很大便利,例如使用 append()添加元素,就地修改元素的值。

### 6.2.1　创建和读取列表

列表通常以[]存放列表元素,示例如下:

```
data = []                    # 空的列表
data1 = [25, 36, 78]         # 存储数值的列表对象
```

```
data2 = ['one', 25, 'Judy']      # 含有不同类型元素的列表
data3 = ['Mary', [78, 92], 'Eric', [65, 91]]
```

data3 表示列表中还有列表，或称之为矩阵。

与元组一样，如果是字符串，则用 list()函数进行转换时会被拆分成一个个字符，示例如下：

```
wd = 'Happy'
print(list(wd)) # 转成 List['H', 'a', 'p', 'p', 'y']
```

还记得 5.3.4 节介绍字符串时所使用的 split()方法吗，按分隔符分割后的字符串会以列表对象返回分割后的结果，下面复习一下它的用法，示例如下：

```
season = 'Spring Summer Winter'    # 字符串
single = season.split()            # 以空格符作为分隔符进行分割
print(single)                      # 输出['Spring', 'Summer', 'Winter']
today = '2022/3/5'.split('/')      # 以"/"字符作为分隔符进行分割
print(today)                       # 输出 ['2022', '3', '5']
```

由于列表的特色是可变的，因此可以通过[]运算符指定索引值来变更某个元素的值，或者配合del 语句删除列表中的某个元素，示例如下：

```
ary = [15, 30, 45, 60, 75]
ary[-1] = 90       # 作为最后一个元素
print(ary)         # 输出结果为[15, 30, 45, 60, 90]
del ary[0]         # 删除第一个元素 15
print(ary)         # 输出[30, 45, 60, 90]
del ary[:]         # 删除所有元素
print(ary)         # 输出空的列表，[]
```

**示 例 说 明：**

由于 ary[:]表示获取所有元素，因此 del data[ : ]会删除所有元素。

同样地，列表对象也支持切片操作，示例如图 6-12 所示。

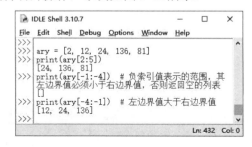

图 6-12

**范例程序 CH0609.py**

创建空的列表，调用 append()方法配合 for 循环加入元素。列表的元素可长可短，可以接收不同类型的数据。

步骤 01 编写如下程序代码：

```
01 ambit = 5                # 设置 range()函数的范围
02 student = []             # 创建空的列表
03 print('请输入 5 个数值：')
04 for item in range(ambit):  # 以 for 循环读取数据
05   line = input()         # 获取输入的数值
```

```
06    if line:
07        data = int(line)         # 调用 int() 函数转换为数值
08    student.append(data)         # 将输入数值添加到列表的末尾
09 else:
10    print('已输入完毕')
11
12 print('输入的数据有', end = '-->')
13 for item in student:
14    print(f'{item:3d},', end = '')
```

**步骤 02** 保存该程序文件，按 F5 键执行该程序，执行结果如图 6-13 所示。

图 6-13

**程序说明：**

- 第 02 行，创建空的列表，中括号中无任何元素。
- 第 04~08 行，for 循环会以迭代器来接收对象，变量 data 会暂存输入的数据。
- 第 06、07 行，如果有输入的数据，调用 int() 函数将数据转换为数值。
- 第 08 行，调用 append() 方法将接收的对象添加到列表 student 的末尾。
- 第 13、14 行，输出保存在 student 列表中的元素。

## 6.2.2   与列表有关的方法

列表中的元素可以任意地增加或删除，表 6-1 列出了与列表操作有关的方法。

表6-1   与列表操作有关的方法

| 方 法 名 | 说明（s 为列表对象，x 为元素，i 为索引值） |
|---|---|
| append(x) | 将元素 x 添加到列表 s 的末尾 |
| extend(t) | 将可迭代对象 t 添加到列表的末尾 |
| insert(i, x) | 将元素 x 插入由索引值 i 指定的位置 |
| remove(x) | 将元素 x 从列表中删除，与"del s[i]"作用相同 |
| pop([i]) | 从列表中删除索引值 i 位置处的元素并返回<br>未指定 i 值时会删除列表中的最后一个元素并返回 |
| s[i] = x | 将指定元素(x)按索引值 i 重新赋值 |
| clear() | 清除列表中的所有元素，与"del s[:]"的作用相同 |

append() 可将数据添加到列表末尾，如图 6-14 中的示例所示。

添加元素的第二个方法是 insert()，它与 append()方法的不同之处是可以指定位置来添加一个元素，如图 6-15 中的示例所示。

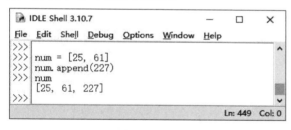

图 6-14

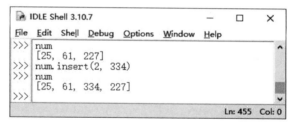

图 6-15

要删除列表中的元素除了先前介绍的 del 语句之外，也可以调用 remove()方法，如图 6-16 中的示例所示。

如果要根据索引值来删除列表中的某个元素，则要调用 pop()方法，与 remove()方法不同的是：remove()方法直接删除了元素，而 pop()方法在删除元素时会返回这个被删除的元素，如图 6-17 中的示例所示。

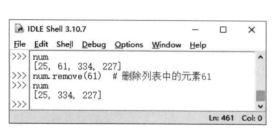

图 6-16

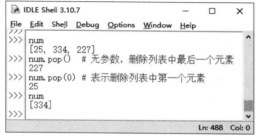

图 6-17

图 6-17 中，调用 pop()方法未指明位置时，就会删除队列中最后一个元素；若指明索引值，则按指明的设置删除此元素。

列表对象可以用于实现简单的数据结构功能，例如"堆栈"（Stack），它的特点是 FILO（First In Last Out，先进后出），可以把它想象成一叠餐盘，顶端的盘子是最后才放上去的，取餐盘时第一个被取走。示例如下（见图 6-18）：

```
ary = [10, 20, 30, 40, 50]      # 堆栈结构，顶部元素为 50
ary.append(60)                  # 添加到堆栈顶部，ary[10, 20, 30, 40, 50, 60]
ary.pop()                       # 弹出顶部的元素 60，ary[10, 20, 30, 40, 50]
```

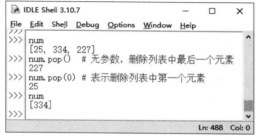

图 6-18

虽然 append()方法和 extend()方法都可以将数据添加到列表中成为最后一个元素，不过 extend()

方法更像是合并列表，它强调的是有顺序的可迭代对象，如图 6-19 中的示例所示。

图 6-19 中的示例说明为：

（1）第一个列表存储的是数值元素，第二个列表存储了两个字符串。

（2）调用 extend()方法将第一个列表加到第二个列表中，扩展了 num2，所以 num1 的两个元素变成 num2 最后的两个元素。

要两个列表串接起来可以使用"+="赋值运算符，如图 6-20 中的示例所示。

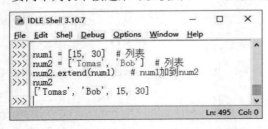

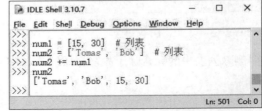

图 6-19　　　　　　　　　　　　　　　　　图 6-20

图 6-20 中，使用赋值运算符"+="将 num1 和 num2 串接在一起，与调用 extend()方法有异曲同工之妙。

extend()方法强调的是可迭代对象，若把数值以 extend()方法加到 num1 列表，则会引发"TypeError"错误，如图 6-21 中的示例所示。

如果串接的对象是字符串，extend()方法会接收吗？如果是字符串，它会把字符串拆解成单个字符再加到列表中，如图 6-22 中的示例所示。

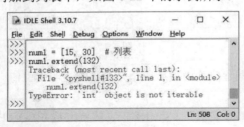

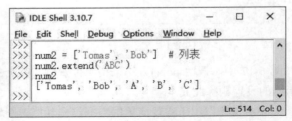

图 6-21　　　　　　　　　　　　　　　　　图 6-22

图 6-22 中，num2 列表以 extend()方法加入字符串 'ABC' 时，'ABC' 会被视为有顺序的对象，拆分成单个字符后再加入 num2 列表中。

列表对象还有哪些方法？可参考表 6-2。

表6-2　列表提供的方法

| 方　法　名 | 说明（x 为元素） |
| --- | --- |
| reverse() | 将序列的元素全部反转 |
| count(x) | 在序列中元素 x 出现的次数 |
| index(x) | 在序列中元素 x 第一次出现的索引位置（即索引值） |

要反转列表对象中的元素，可调用没有参数的 reverse()方法，示例如图 6-23 所示。

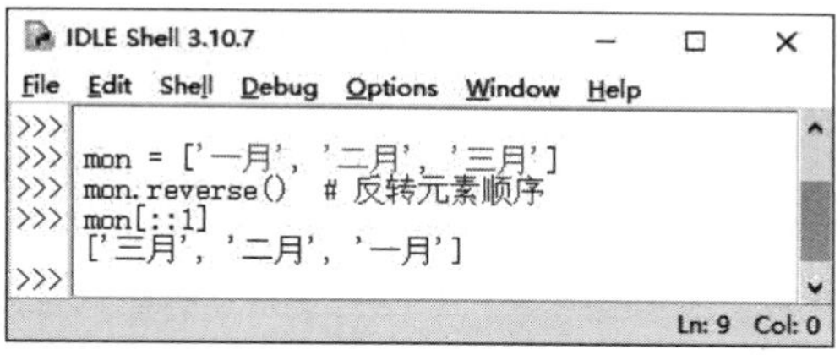

图 6-23

图 6-23 中，reverse()方法能将元素反转，以[::-1]进行切片操作可以再一次把已反转的元素再反转回来。

另一个可以反转元素的是内置函数 reversed()，不过它是以迭代器的方式返回，它的语法如下：

```
reversed(seq)
```

**参数说明：**

● seq 是指调用 reversed()方法进行反转的序列对象。

不过调用内置函数 reversed()反转序列的元素后，只会得到 'reverseiterator object' 的字符，表示它是一个迭代器对象，看不到反转结果，它没有列表对象提供的 reverse()方法那么好用，如图 6-24 中的示例所示。

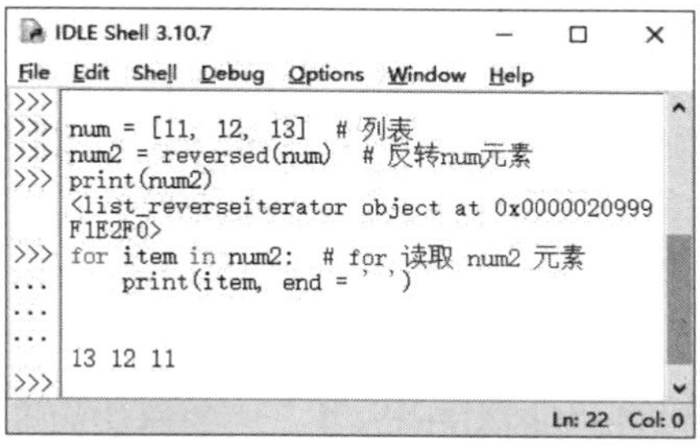

图 6-24

图 6-24 中，把 num 反转后的元素存储到 num2 对象中，再以 for/in 循环读取 num2 对象，才能查看反转后的结果。

## 6.2.3 数据排序

数据排序不外乎升序方式（从小到大）和降序方式（从大到小），Python 语言提供了两种方法进行排序，第一种是内置函数 sorted()，它的语法如下：

```
sorted(iterable[, key][, reverse])
```

**参数说明：**

● iterable: 可迭代的对象，此参数不能省略。
● key: 默认值为 None，按指定项进行排序，可选参数。
● reverse: 可选参数，默认值为 False，此时表示按升序排序，当设置 "reverse =True" 时表示按进行降序排序。

是否可以对不可变的元组元素进行排序？下面借助内置函数 sorted()来了解一下。

### 范例程序 CH0610.py

**步骤01** 编写如下程序代码：

```
01 data = 258, 12, 37, 69, 47    #Tuple
02 print('原有内容: ', data)
03
04 print('升序排序: ', sorted(data))    # 默认排序——升序排序
05 # 降序排序
06 print('降序排序: ', sorted(data, reverse = True))
07 print('data 并未改变: ', data)
```

**步骤02** 保存该程序文件，按 F5 键执行该程序，执行结果如图 6-25 所示。

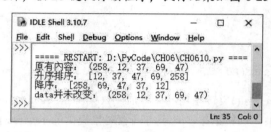

图 6-25

**程序说明：**

- 第 04 行，调用 sorted()函数进行升序排序，排序后的元组对象会以列表对象返回。
- 第 06 行，sorted()函数的参数 reverse = True 表示以降序进行排序。
- 第 02、07 行，元组对象排序前与排序后的位置并未改变，而经过排序的元组对象会以列表对象的方式返回，这意味着什么呢？读者可以先思考一下。

第二个排序方法则是来自列表提供的 sort()方法，它的语法如下：

```
list.sort(key, reverse = None)
```

**参数说明：**

- key: 默认值为 None，按指定项进行排序，此参数可省略。
- reverse: 默认值为 None，此时表示按升序排序，当设置 "reverse =True" 时表示按降序排序。

### 范例程序 CH0611.py

sort()方法完全支持列表，无论是数值或字符串都能排序，加入参数 "reverse = True" 表示按降序排序（字符串会按第一个字母从 Z 到 A 进行排序）。

**步骤01** 编写如下程序代码：

```
01 word = ['Tom', 'Judy', 'Eric', 'Steven']
02 word.sort()    # 省略参数，按字母进行升序排序
03 print('按字母升序排序: ')
04 print(word)
05
```

```
06 number = [95, 11, 65, 147]
07 number.sort(reverse = True)        # 降序排序
08 print('降序排序: ', number)
```

**步骤 02** 保存该程序文件，按 F5 键执行该程序，执行结果如图 6-26 所示。

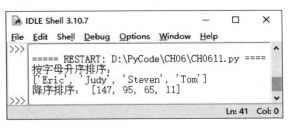

图 6-26

**程序说明:**

● 第 02 行，sort()方法没有参数时，就按默认的升序排序。

● 第 07 行，sort()方法加入参数 "reverse = True" 则按降序排序。

在上面的范例程序中，列表对象只有数值或字符串，因而能完成排序。如果列表中存放着不同类型的数据，可否进行排序呢？下面以简单示例来说明（见图 6-27）。

从图 6-27 中可以看到，列表对象存放不同类型的元素时由于无法遵循统一的排序依据，因此报错。

前文介绍过元组对象可调用内置函数 sorted()进行排序，那么元组对象可否调用 sort()方法进行排序？下面通过示例进行说明（见图 6-28）。

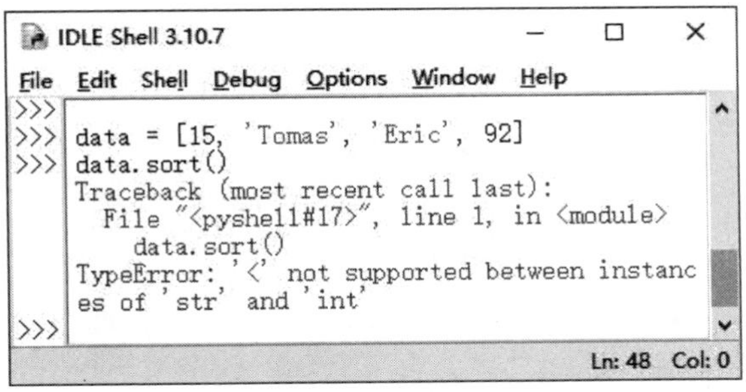

图 6-27

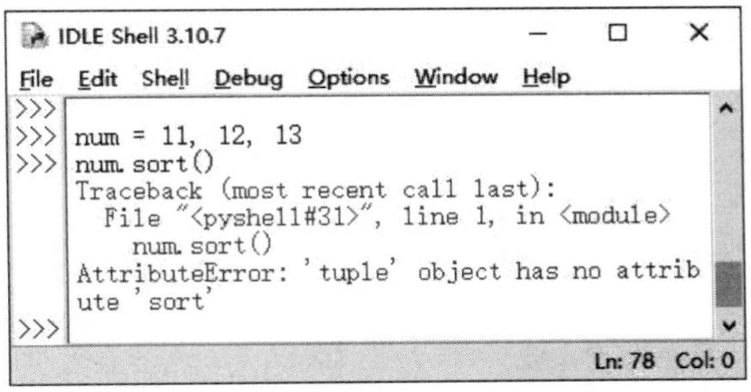

图 6-28

元组对象调用 sort()方法会报出 "AttributeError" 的错误提示信息。原因很简单，元组对象并不支持 sort()方法。如果要调用 sort()方法就必须把元组对象通过 list()函数转换成列表对象，再进行排序。

**范例程序 CH0612.py**

```
ary = 12, 178, 34, 92        # 元组
print('元组被排序前: ', ary)
covlt = list(ary)            # 以 list()函数把元组转换成列表
covlt.sort()                 # 调用列表的 sort()方法进行排序
covtp = tuple(covlt)         # 调用 tuple()函数把列表再转换回元组
print('元组被排序后: ', covtp)
```

**程序说明：**

- 调用 list() 函数把原为元组对象的 ary 转换为列表对象。排序后，再通过 tuple() 函数将列表对象 ary 还原为元组。
- 内置函数 sorted() 和列表对象提供的 sort() 方法都可用于排序，但两者之间有差异：
  - 内置函数 sorted() 使用复制排序（Copied Sorting），按照用户指定的顺序排序之后会返回一个已排序的复本，而原对象中元素的顺序并未改变。
  - 列表提供的 sort() 方法则使用就地排序（In-Place Sorting），可根据用户指定的顺序来排序，排序之后列表中的元素会失去原有的顺序。

### 范例程序 CH0613.py

元组和列表对象经过排序，有何不同？由于元组对象是不可变的，sorted() 函数会将元组对象复制一份再进行排序，并以排序后的列表对象作为结果返回给调用者，因此元组对象中的元素并未改变位置。

**步骤 01** 编写如下程序代码：

```
01 data = 258, 12, 37, 69, 47        # 元组对象
02 print('排序前: ', data)
03 print('排序后: ', sorted(data))    # 升序排序
04 print('元组对象中元素的顺序不变: ', data)
05 ary = list(data)   # 转换为列表对象
06 line = '-'
07 line *= 35
08 print(line)
09
10 print('转换成列表: ', ary)
11 ary.sort(reverse = True)
12 convlt = tuple(ary)                # 还原成元组对象
13 print('降序排序: ', convlt)
14 print('排序后元素的顺序已改变: ', ary)
```

**步骤 02** 保存该程序文件，按 F5 键执行该程序，执行结果如图 6-29 所示。

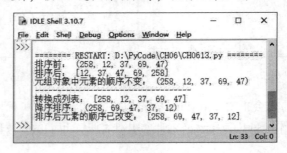

图 6-29

**程序说明：**

- 第 03 行，将元组对象以 sorted() 函数进行升序排序。
- 第 04 行，可以发现元组对象中元素的顺序并未改变。
- 第 11 行，将转换成列表的元组对象以 sort() 方法进行降序排序。

- 第 14 行：调用 sort()方法排序时会改变对象中元素的原有顺序，所以输出的列表对象就是排序后的结果。

内置函数 sum()可用于把序列中的元素加总，它的语法如下：

```
sum(iterable[, start])
```

**参数说明：**

- iterable：表示可迭代的序列对象（或数据）。
- start：指定欲加总元素的索引值，省略时表示从索引值 0 开始。

### 范例程序 CH0614.py

调用 sum()函数将存储于列表中的分数加总，即计算总分。

**步骤 01** 编写如下程序代码：

```
01 score = []                  # 创建列表来存放成绩
02 for item in range(5):       # 通过 for 循环把输入的成绩加入创建好的列表
03   data = int(input(' 分数%2d->' % (item + 1)))
04   score += [data]
05 print('%5s %5s' % ('index', 'score'))
06
07 for item in range(len(score)):   # 通过 for 循环读取成绩并输出
08   print(f'{item:3d}, {score[item]:4d}')
09
10 print('-'* 28)
11 # 调用内置函数 sum()计算总分
12 print('总分', sum(score), ', 平均分 = ', sum(score)/5)
13 score.sort(reverse = True)        # 调用 score()方法进行降序排序
14 print('降序排序: ', score)
15 print('升序排序: ', sorted(score))        # 调用内置函数
```

**步骤 02** 保存该程序文件，按 F5 键执行该程序，执行结果如图 6-30 所示。

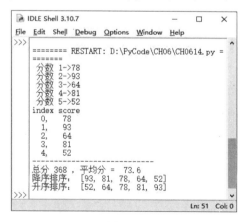

图 6-30

**程序说明：**

- 第 02~04 行，第一个 for 循环存放输入的成绩，成绩按索引值依次存放到 score 列表中。
- 第 07、08 行，第二个 for 循环读取 score 列表成绩，配合索引值输出元素。

- 第 12 行，调用 sum()函数计算列表 score 的总分和平均分。
- 第 13 行，调用列表的 sort()方法将分数按降序排序。
- 第 15 行，调用内置函数 sorted()将分数按升序排序。

---

**提示** 创建空列表之后，有两种方式可以把元素加入列表中：

方法 1：指定索引值来设置其值，参考范例程序 CH0613.py。

方法 2：调用 append()方法来添加元素，参考范例程序 CH0609.py。

---

## 6.2.4 列表推导式

Python 语言提供了推导式（Comprehension），它可以将一个或多个迭代器聚集在一起，再配合 for 循环进行条件测试。由于列表对元素的存放采取更开放的态度，支持在列表中存放不同类型的数据作为元素，因此开发了列表推导式（List Comprehension，或称为列表解析式、列表生成式、列表递推式），这样编写程序代码更简洁。它的语法如下：

```
[表达式 for item in 可迭代对象]
[表达式 for item in 可迭代对象 if 条件判断表达式]
```

**参数说明：**

- 列表推导式要以中括号[]存放新列表的元素。
- 使用 for/in 循环读取可迭代对象。

那么列表推导式是如何产生的呢？通过下述语法来简单了解。

```
aList = []    # 空的列表
for item in 可迭代对象:
   if 条件判断表达式:
      aList.append(item)
```

首先创建空列表 aList。然后以 for 循环读取列表或可迭代对象。再以 if 语句进行条件判断。条件判断表达式为真（True）则调用 append()方法将 item 加入列表。

为什么要使用列表推导式？除了能提高性能之外，列表推导式让 for 循环读取元素更加自动化。例如要找出数值 10~50 可以被 7 整除的数值，通过 for 循环配合 range()函数，再以 if 语句进行条件判断，那么能被 7 整除的数值就被 append()方法加入列表。

### 范例程序 CH0615.py

```
numA = []     # 空的列表
for item in range(10, 50):
   if(item % 7 == 0):
      numA.append(item)     # 能被 7 整除的数放入列表
print('10~50 被 7 整除的数: ', numA)
```

**程序说明：**

- numA 是空的列表对象。for 循环读取 10~50 的数值。配合 if 语句，只要能被 7 整除，就以 append()方法加入 numA 列表。结果会输出"10~50 被 7 整除的数: [14, 21, 28, 35, 42, 49]"。
- 使用列表推导式可以将范例程序 CH0615.py 中的程序语句以更简洁的方式来实现。

### 范例程序 CH0616.py

```
numB = []          # 空的列表
numB = [item for item in range(10, 50)if(item % 7 == 0)]
print('10~50 被 7 整除的数: ', numB)
```

**程序说明：**

- 使用列表推导式可简化 for 循环和 if 语句，并且可以在中括号内完成。
- 使用列表推导式后不再需要调用 append()方法。
- 结果会输出 "10~50 被 7 整除的数：[14, 21, 28, 35, 42, 49]"。

由于列表推导式语法简洁，因此可以用它来产生有序列的数值。示例如下：

```
number = [y ** 2 for y in range(1, 5)]
print(number)  # 输出[1, 4, 9, 16]
```

**示例说明：**

（1）就是把变量 y 以倍数相乘，再调用 range()函数从 1 开始，获取 4 个数值。

（2）列表 number 存放 4 个元素，分别是 1, 4, 9, 16。

配合列表推导式改变字符串中字母的大小写。

### 范例程序 CH0617.py

```
wd = ['hello', 'python', 'world']
newwd = [str.upper()for str in wd]
print(newwd)
```

**程序说明：**

- 字符串的 upper()方法会把字母变成大写并输出。

### 范例程序 CH0618.py

使用列表推导式来计算成绩，读取字符串的长度。

**步骤 01** 编写如下程序代码：

```
01 # 应用 1：计算分数的平均分
02 score= [(78, 65, 47, 84), (93, 84, 75), (65, 88, 91)]
03 avg = [sum(item)/len(item) for item in score]
04 print('平均分: {0[0]:.3f}, {0[1]:.3f}, {0[2]:.3f}'
05     .format(avg))
06 print()
07
08 # 应用 2：获取字符串的长度
09 fruit = ['lemon', 'apple', 'orange', 'blueberry']
10 print('%9s'%'字符串', '%3s'%'长度')
11 print('\n'.join( ['%10s:%2d'%(
12    item, len(item)) for item in fruit]))
13 print('*-----------------*')
14 print('%9s'%'字符串', '%3s'%'长度')
15 for item in fruit:        # 通过 for 循环读取
16     print(f'{item:>10s}:{len(item):2d}')
```

**步骤 02** 保存该程序文件，按 F5 键执行该程序，执行结果如图 6-31 所示。

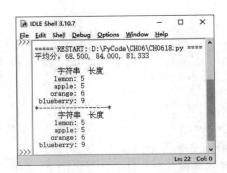

图 6-31

**程序说明：**

- 第 02 行，列表中有三个元组，长度不一。
- 第 03 行，列表推导式。len()函数获取每个元组长度，通过调用 sum()函数计算每一个元组中元素（成绩的分数）的总和，再计算平均分，最后以 for 循环来读取新生成的列表。
- 第 04、05 行，由于 avg 是列表对象，在调用 format()方法设置字段的格式时配合索引值，因此形成 "{0[索引值]:.3f}" 格式，即在输出浮点数时含有 3 位小数。
- 第 11、12 行，调用 join()方法将原有的列表和换行字符串接在一起，再以格式字符%让字符串的长度按字段宽度输出。由于表达式是由 item 和 len(item)组成，因此必须前后加上小括号来形成元组，不然会引发错误。
- 第 15、16 行，以 for 循环来读取字符串及其长度。

如果有两个列表，那么列表推导式要使用双重 for 循环来处理，参考如下范例程序。

### 范例程序 CH0619.py

**步骤 01** 编写如下程序代码：

```
01 wd1 = ['2022']                    # 列表 – 年份
02 wd2 = ['Jan', 'Feb', 'Mar']       # 列表 – 月份
03 # 列表推导式
04 print('列表推导式\n',
05     [(y, m) for y in wd1 for m in wd2 ])
06
07 combin = []          # 列表
08 for y in wd1:         # 双重 for/in 循环
09     for m in wd2:
10         combin.append((y, m))
11 print('通过双重 for/in 循环来读取：\n', combin)
```

**步骤 02** 保存该程序文件，按 F5 键执行该程序，执行结果如图 6-32 所示。

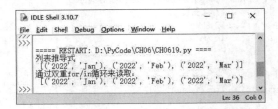

图 6-32

**程序说明：**

- 第 01、02 行，wd1、wd2 都是列表对象。
- 第 04、05 行，使用列表推导式，表达式 "y, m" 以元组来处理，再用 for 循环读取这两个列表对象。因为拆分操作的作用，所以输出 "('2022', 'Jan'), ('2022', 'Feb') ,..."。
- 第 08~10 行，由于是两个列表，因此第一个 for 循环读取第一个列表，第二个 for 循环读取第二个列表，再调用 append()方法；输出时就会采用元组方式('年', '月')。当然可以参考范例程序 CH0618.py，改变它的输出格式。

设置条件，将两个列表中符合条件者以列表推导式进行串接，参考如下范例程序。

**范例程序 CH0620.py**

```
num = ['AB01', 'AB425', 'CH004', 'CK4131',
       'DD0048', 'Dy00231']
room = ['A', 'B', 'C']
rooms = [r + '-' + n for r in room for n in num
    if r[0] == n[0]]
for item in rooms:   # 读取列表推导式符合条件者
    print(item)
```

**程序说明：**

- num 和 room 都是列表对象。列表推导式中以 if 语句进行条件判断，找出 num 和 room 列表对象中元素内字符相等者就加入列表。
- 输出结果为 "['A-AB01', 'A-AB425', 'C-CH004', 'C-CK4131']"。

设置条件，把两个列表中符合条件者组成新的列表，参考如下范例程序。

**范例程序 CH0621.py**

**步骤01** 编写如下程序代码：

```
01 # 应用：将两个列表组合起来
02 result = []
03 area = ['北', '南']
04 city = ['左营', '楠梓', '凤山']
05 for one in area:
06     if one != '南':
07         for two in city:
08             if two != '凤山':
09                 result.append(one + two)
10 print('北区:', result)
11 comb = [itA + itB for itA in area for itB in city
12         if(itA == '南' and itB == '凤山')]
13 print('南区:', comb)
```

**步骤02** 保存该程序文件，按 F5 键执行该程序，执行结果如图 6-33 所示。

图 6-33

**程序说明：**

- 第 05~09 行，因为有两个列表，所以第一个 for 循环读取 area 列表，判断 area 列表中的字符串是否不属于"南"，再进入第二层的 for 循环读取 city 列表，再以 if 语句将"凤山"字符串排除，然后调用 append()方法加入 result 序列。
- 第 11、12 行，就是把 05~09 行的程序代码以列表推导式来编写，并将其中 if 语句的条件判断表达式进行修改。

# 6.3　矩　　阵

序列中还可以有序列，这种嵌套列表称为矩阵（Matrix）、多维列表或多维数组。要读取矩阵，当然要请 for 循环来帮忙。若是不规则矩阵，可以调用 isinstance()函数来判断它是对象还是对象引用。此外，本小节还将进一步讨论嵌套列表推导式要如何处理列表的问题。

## 6.3.1　产生矩阵

什么是矩阵？简单来讲就是列表中的元素也是列表，下面通过示例来说明：

```
number = [[11, 12, 13], [22, 24, 26], [33, 35, 37]]
```

**示例说明：**

（1）number[0]或称第一行的索引，存放了一个列表；number[1]或称第二行的索引，也是存放了一个列表，以此类推。

（2）第一行有 3 列，分别存放元素，其位置 number[0][0]指向数值 11，number[0][1]指向数值 12，以此类推。所以 number 是 3×3 的二维列表（Two-Dimensional List），即矩阵，它的行和列的索引如图 6-34 所示。

| | 列索引[0] | 列索引[1] | 列索引[2] |
|---|---|---|---|
| 行索引[0] | 11 | 12 | 13 |
| 行索引[1] | 22 | 24 | 26 |
| 行索引[2] | 33 | 35 | 37 |

图 6-34

同样能以[]运算符来表示矩阵的索引并存取元素，它的语法如下：

```
列表名称[行索引][列索引]
```

以[]运算符来获取行索引或行、列索引的元素的示例如下：

```
# 参考图 6-34
number = [[11, 12, 13], [22, 24, 26], [33, 35, 37]]
number[0]          # 输出第一行 3 个元素，[11, 12, 13]
number[1][2]       # 输出第二行，第 3 列的元素，26
```

**示例说明：**

（1）number[0]表示输出行索引值为 0 的第 1 行的元素。

（2）number[1][2]表示输出第 2 行第 3 列的元素 26。

使用[]运算符配合索引值也可以对元素重新赋值，由于列表对象本身是可变的，因此修改其值是没有问题的，示例如下：

```
number = [[11, 12, 13], [22, 24, 26], [33, 35, 37]]
number[0] = [42, 56, 80]   # 重新赋值
print(number)       # 输出结果为[[42, 56, 80], [22, 24, 26], [33, 35, 37]]
```

若想要修改列表中的某个元素，只要指出对应的行、列的索引值（即位置），就可以修改其值。假如要把第 2 行、第 1 列的值修改为 17，示例语句如下：

```
number = [[42, 56, 80], [22, 24, 26], [33, 35, 37]]
number[1][0] = 27
print(number) # 输出结果为[[42, 56, 80], [27, 24, 26], [33, 35, 37]]
```

## 6.3.2　读取矩阵

要读取矩阵（二维列表）当然要找 for/in 循环来帮忙。

### 范例程序 CH0622.py

二维列表要使用双重 for 循环。

**步骤01** 编写如下程序代码：

```
01 number = [[11, 12, 13], [22, 24, 26], [33, 35, 37]]
02 for idx, one in enumerate(number): # 第一层 for 循环
03   print('第{}行: '.format(idx), end = '')
04   for two in one:             # 第二层 for 循环
05     print(two, end = ' ')   # 输出之后不换行
06   print()         # 完成第二层 for 循环之后换行
07 else:
08   print('列表读取完毕！')
```

**步骤02** 保存该程序文件，按 F5 键执行该程序，执行结果如图 6-35 所示。

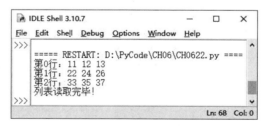

图 6-35

**程序说明：**

- 第 01 行，number 是一个 3 行 3 列的二维列表（矩阵）。
- 第 02~06 行，第一层 for 循环先读列表中索引值为 0~2 的列表，此处加入 enumerate()函数，配合变量 idx 来输出行的索引值。
- 第 04、05 行，第二层 for 循环读取每列的元素，由索引[0][0]开始再按序往下读取一列的元素。

**范例程序 CH0623.py**

使用 for 循环获取输入值来创建矩阵。

步骤01 编写如下程序代码：

```
01 array = []        # 创建空白矩阵
02 numRows, numCols = eval(input('输入行、列数，用逗号隔开：'))
03 element = 0    # 存放列表元素
04 for row in range(numRows):
05   array.append([])        # 添加列表元素
06   for column in range(numCols):
07     element = eval(input('输入数值，按 Enter 键：'))
08     array[row].append(element)
09   print()
10
11 sym = '-----' * numCols
12 print('%5s'%'' , end = '|')
13 for ct in range(numCols):
14    print(f'{ct:^4d}', end = '|')
15 print('\n-----', sym)
16
17 for idx, one in enumerate(array):      # 第一层 for 循环
18   print('行 ', idx, end = '|')
19   for two in one:        # 第二层 for 循环
20     #print(format(two, '^5d'), end = '|')
21     print(f'{two:^4d}', end = '|')
22   print()   # 换行
```

步骤02 保存该程序文件，按 F5 键执行该程序，执行结果如图 6-36 所示。

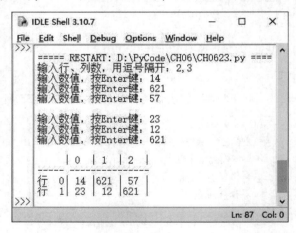

图 6-36

**程序说明：**

- 第 02 行，eval()函数获取输入行、列数，以逗号隔开输入值。
- 第 04~09 行，外层 for 循环配合 range()函数，再调用 append()方法来获取行索引的元素。
- 第 06~08 行，内层 for 循环配合 eval()函数来获取每行的列元素，每输入一个数值就按一下 Enter 键表示输入完成。
- 第 13~15 行，使用获取的列数，加上 for 循环，显示表头的列索引值。

● 第 17~22 行，将存储于列表变量 array 中的元素以双重 for 循环输出。因为 array 是二维数组，所以使用双重 for 循环，而原本 print() 的参数 end 是换行符，此处替换为 '|' 字符，让元素能分别以行、列的二维形式输出。

## 6.3.3 矩阵与列表推导式

若是一维列表，使用列表推导式搭配 range() 函数，可以输出某个区间的数值。

示例 1：

```
print([x for x in range(1, 6)])
```

输出结果为[1, 2, 3, 4, 5]。

如果是有变化的二维列表，则要以嵌套列表推导式来处理。

示例 2：

```
print([ [y for y in range(1, x+1)]
    for x in range(1, 5)])
```

输出结果为[ [1], [1, 2], [1, 2, 3], [1, 2, 3, 4] ]。

什么情况下要建立嵌套列表推导式？通常是不规则的列表，或者要改变二维列表的读取方式时。为什么？读取二维列表会以行索引为主，再读取它的列元素。示例 1 中表示的是单个的列表推导式，它的表达式 x 若每添加一个元素就要改变它的列索引值，就以另一个列表推导式来取代，因而可以形成示例 2 中的嵌套列表推导式，这样的矩阵虽然不规则，但其变化有迹可循。

**范例程序 CH0624.py**

简单说明二维列表（矩阵）如何演化成嵌套列表推导式。原矩阵是一个 3×4 的二维列表，如图 6-37 所示。

经过行、列置换之后，变成 4×3 的二维列表，如图 6-38 所示。

|  | 列索引[0] | 列索引[1] | 列索引[2] | 列索引[3] |
|---|---|---|---|---|
| 行索引[0] | 11 | 12 | 13 | 14 |
| 行索引[1] | 22 | 24 | 26 | 28 |
| 行索引[2] | 33 | 35 | 37 | 39 |

图 6-37

|  | 列索引[0] | 列索引[1] | 列索引[2] |
|---|---|---|---|
| 行索引[0] | 11 | 22 | 33 |
| 行索引[1] | 12 | 24 | 35 |
| 行索引[2] | 13 | 26 | 37 |
| 行索引[3] | 14 | 28 | 39 |

图 6-38

**步骤 01** 编写如下程序代码：

```
01 matr = [ # 3×4的二维列表
02     [11, 12, 13, 14], [22, 24, 26, 28],
03     [33, 35, 37, 29]]
04
05 print('嵌套for')          # 双重for循环读取matr
06 for one in matr:          # 第一层for循环
07   for two in one:         # 第二层for循环
08     print(two, end = ' ')
09   print()
10
11 print('以行为主')          # 列表推导式
```

```
12 print('\n'.join(['{}'.format(one) for one in matr]))
13
14 print('行、列置换：')        # 先读列索引 11,22, 33
15 print('\n'.join([''.join(['{0:3d}'.format(row[item])
16    for row in matr]) for item in range(4)]))
```

步骤 02　保存该程序文件，按 F5 键执行该程序，执行结果如图 6-39 所示。

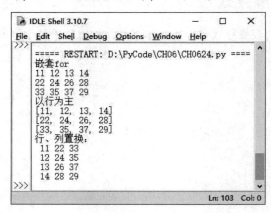

图 6-39

**程序说明：**

- 范例程序的执行结果只显示原矩阵和行、列转换的情况。

- 第 06~09 行，以嵌套 for 循环读取 3×4 的二维列表。

- 第 12 行，使用列表推导式读取行索引，就能带出每列的元素。

- 第 15、16 行，将行、列转置，所以要从第一列 "11, 22, 23" 读取。外层列表推导式的 range() 函数输出行索引值 0~4，内层双层列表按行索引来填入列元素。由于是双重列表推导式，因此也要调用两个 join() 方法：第一个 join() 方法针对 row 表达式进行换行，第二个 join() 方法加上 format() 方法执行列元素的格式化操作。

范例程序 CH0624.py 可以用内置函数 zip() 进行列、行转置，它可以对二维列表进行压缩或解压缩，它的语法如下：

```
zip(*iterables)
```

**参数说明：**

- 将每一个可迭代元素予以聚合之后，重新产生一个可迭代器。"*" 运算符的作用是压缩列表。

调用 zip() 函数时，会从左到右按元组的形式来读取，按其每列所读的元组数量为长度，示例如下：

```
x = [22, 24, 26]
y = [41, 42, 43]
print(list(zip(x, y)))
```

根据具体的读取情况，元组的长度为 2，再以列表的形式输出 [(22, 41), (24, 42), (26, 43)]。必须调用 Tuple() 或 List() 函数来转换 zip() 函数的可迭代对象。未以 Tuple() 或 List() 函数转换，只会输出 "zip object"。

将范例程序 CH0624.py 中的二维列表用内置函数 zip()进行行、列转置。

```
matr = [        # 3×4 的二维列表
    [11, 12, 13, 14],
    [22, 24, 26, 28],
    [33, 35, 37, 29]]
print(list(zip(*matr)))
'''输出
    [(11, 22, 33),
    (12, 24, 35),
    (13, 26, 37),
    (14, 28, 29)]'''
```

print(list(zip(*matr))) 若省略"*"运算符就无压缩作用。

## 6.3.4　不规则矩阵

由于范例程序 CH0624.py 中的矩阵是一个规则的矩阵,因此使用双层 for 循环来读取并不会出现问题。如果列表数据是这样的,number[2]的元素是列表,但 number[0]和 number[1]的元素却是数值,那么使用嵌套 for 循环来读取该列表时会如何呢?示例如下:

```
number = [11, 13, [32, 34, 36, 38]]
for one in number:      # 第一层 for 循环
    for two in one:     # 第二层 for 循环
        print(two, end = ' ')      # 输出之后不换行
    print()    # 完成第二层 for 循环之后换行
```

**示例说明:**

由于 number 是一个不规则的列表,而 for 循环只能读取可迭代对象,因此会报出"TypeError"的错误。

该示例之所以有错误,是因为第二层 for 循环所读取的 one 是数值而非可迭代的对象。该如何处理呢?使用 for 循环之前需要先用 if/else 语句来判断要读取的是列表还是一般的数值,内置函数 isinstance()能派上用场,它会以布尔值来返回结果,它的语法如下:

```
isinstance(object, classinfo)
```

**参数说明:**

● object:要判别的对象名称,配合 classinfo 参数所指定的对象,如果符合条件,就返回布尔值 True。

● classinfo:指定要判别的对象。

调用 isinstance()函数的示例可参考图 6-40。

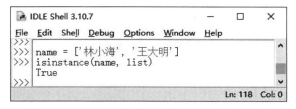

图 6-40

图 6-40 中，isinstance()函数将参数 classinfo 设为列表对象，如果 name 为列表对象就返回 True；若 name 非列表对象就返回 False。

**范例程序 CH0625.py**

要读取二维列表中的元素，先调用 isinstance()函数来判断这些元素是列表还是数据。

步骤01 编写如下程序代码：

```
01 student = ['Tomas', [78, 96, 92],
02            'Mary', [77, 61, 54],
03            'Graham', [64, 82, 79]]
04 print('%7s %s %2s %2s %2s %3s' %(\
05    'Name', '语文', '英语', '数学', '总分', '平均分'))
06
07 for outer in student:            # 第一层 for 循环
08    if isinstance(outer, list):   # 是数据还是列表
09       for inner in outer:        # 第二层 for 循环
10          print('%4d'%(inner), end = '')
11       print(f'{sum(outer):6d} {sum(outer) / 3:6.2f}')
12    else:    # 不是列表，直接输出
13       print('%7s:'% (outer), end = '')
14 else:
15    print('分数计算完毕! ')
```

步骤02 保存该程序文件，按 F5 键执行该程序，执行结果如图 6-41 所示。

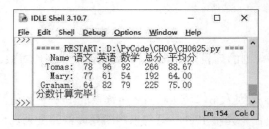

图 6-41

**程序说明：**

● 第 01~03 行，列表中含有列表，每个名字后面都会接一个列表来存放个人的成绩。

● 第 07~15 行，第一层 for 循环，读取第一行列表。

● 第 08~11 行，if 语句，条件判断表达式以 isinstance()函数来判断读取的行索引是列表还是普通数据，若是列表则交由第二层 for 循环来读取其列索引中的列表元素。

● 第 09、10 行，第二层 for 循环，读取列索引中的列表元素。

● 第 11 行，将第二层 for 循环读取的元素，配合格式化字符，设置输出整数的字段宽度及浮点数的精度，配合 sum()函数执行加总运算求得总分，最后求取平均分。

● 第 12、13 行，if/else 语句的 else 程序区块，print()函数输出列表元素，以格式化字符设置字符串的字段宽度，参数 end 加入空字符串，表示输出元素后不换行。

● 第 14、15 行，属于第一层 for 循环的 else 语句，当 for 循环已将第一行的元素读取完毕时，就以信息提醒用户。

# 6.4　列表的复制

Python 用对象来表达数据，因此对于 Python 语言来说，复制的对象是对象还是对象引用会产生不同的结果，因此 Python 的复制有两种：

- 浅复制（Shallow Copy）：只复制对象引用，不复制对象本身。
- 深复制（Deep Copy）：要调用 copy 模块的 deepcopy() 方法来执行复制对象本身的操作。

## 6.4.1　列表与浅复制

Python 对象引用是使用运算符 "=" 让两个对象同时指向某个对象（建立对象引用），示例如下：

```
data = [15, 23, 34]    # 列表对象
number = data          # number、data 同时指向一个对象——对象引用
```

**示例说明：**

由于 data、number 同时指向一个列表对象，因此调用 id() 函数查看它们的 ID 时会返回相同的内存地址。

如果对 data 或 number 的某一个元素进行修改，那么这两个对象引用相同位置的那个元素会同时受影响，示例如下：

```
print(data, number)    # 输出([15, 23, 34], [15, 23, 34])
data[1] = 333          # 修改元素的值，两个列表都改变了
print(data, number)    # ([15, 333, 34], [15, 333, 34])
```

若序列类型存储的数据非常庞大，某些情况对于可变的列表对象来说，若能保留本身的数据以副本来操作，则可以降低系统的负荷。对于列表对象来说，下列方法都可实现浅复制：

- 使用 "*" 运算符。
- 使用切片操作。
- 调用序列类型提供的 copy 方法，等同于切片操作的[:]。

（1）"*" 运算符表示浅复制。执行该运算，意味着新列表中每个索引位置都引用到旧列表中相同索引位置的元素，示例如下：

```
x = [23, 56]  # 列表存放 2 个元素
y = x * 3     # 浅复制，将 x 复制成 3 份
```

**示例说明：**

y 输出 "23,56, 23, 56, 23, 56"，表示列表 y 的索引值 0、2、4 会指向列表 x 的第一个元素 23；而列表 y 的索引值 1、3、5 会指向列表 x 的第二个元素 56，如图 6-42 所示。

（2）第二种浅复制是进行切片操作。它不会复制元素，而是创建一个新列表，再把原列表的每个元素的索引值赋值给新列表的索引值（即建立引用），示例如下：

```
data = [[11, 13, 15], [2, 4, 6], [30, 33, 36]]  # 二维列表
target = data[0:2]      # 切片操作
print(target)           # 输出结果为[[11, 13, 15], [2, 4, 6]]
```

**示例说明：**

创建一个列表 data，它有 3 个列表作为元素。data 执行切片操作，获取 2 个元素之后赋值给另一个对象 target，如图 6-43 所示。

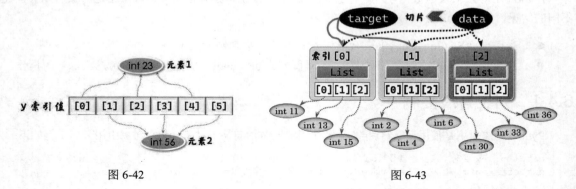

图 6-42                              图 6-43

由于对象引用 data、target 都指向共同的索引值[0]和[1]，因此只要其中某个元素被更改了，无论是 data 还是 target 都会受到影响。示例如下：

```
# 延续上述示例
target[0][1] = 62        # 重设第 1 行、第 2 列的值
print(data, target)      # data、target 都受到影响
# 输出 data 的结果为[[11, 62, 15], [2, 4, 6], [30, 33, 36]]
# 输出 target 的结果为[[11, 62, 15], [2, 4, 6]]
```

（3）浅复制的第三种情况就是调用列表对象提供的 copy()方法，示例如下：

```
x = [10, [15, 17], [30, 33, 36]]    # 不规则列表
y = x[:]                 # 把 x 的所有元素复制给 y
z = x.copy()             # 调用 list.copy()方法进行复制
print(y)                 # 输出结果为[10, [15, 17], [30, 33, 36]]
print(z)                 # 输出结果为[10, [15, 17], [30, 33, 36]]
```

## 6.4.2   copy 模块的 copy()方法

要进行复制的另一种方式是导入 copy 模块，该模块提供 copy()方法执行浅复制，deepcopy()方法用于深复制，它的语法如下：

```
copy.copy(x)
copy.deepcopy(x)
```

●    x 为要复制的对象。

当 copy 模块的 copy()方法要复制的对象是二维列表对象时，毫无意外就是以浅复制来处理。

**范例程序 CH0626.py**

```
ary = [11, [22, 44], 33, 36, 39]    # 列表中有列表
target = copy.copy(ary)             # 浅复制
print(f' ary == target, {ary == target}')
```

**程序说明：**

●    ary 是一个列表中含有列表的对象引用。执行浅复制时，ary 和 target 都指向同一个对象，

Python 解释器为了区分会采用别名方式，所以使用 "==" 来判断这两者是否相等，相等时返回布尔值 True。

若是一般列表，会发生什么变化？参考范例程序 CH0626.py 中的程序语句：

```
import copy          # 导入 copy 模块，进行浅复制
num1 = [10, 20]      # 一般的列表
num2 = copy.copy(num1)      # 浅复制
print(f'{num1}, {num2}')    # 输出相同元素
```

**程序说明：**

● 　调用 copy 模块的 copy() 方法，复制的结果存储在 num2 中。

对象和对象引用，究竟谁影响了谁？参考范例程序 CH0626.py 中的程序语句：

```
# ary 和 target 均指向同一个对象参照
ary[0] = 33
print('ary 的第一个元素被改变了')
print(f'{ary} \n{target}')      # 只有 ary 的第一个元素被改变

target[1][0] = 125
print('ary 和 target 都被改变了')
print(f'{ary} \n{target}')      # ary 和 target 都被改变了
```

**程序说明：**

● 　ary[0] 是对象，更改后只会影响 ary 索引 [0] 的元素。
● 　target[1][0] 是对象引用，修改其值之后，ary 和 target 的索引 [1][0] 元素都受到影响。

> **提示**　调用 copy 模块的 copy() 方法时，对于一般的对象，copy() 方法会复制对象引用。对象引用调用 copy() 方法时，会产生副本，对象本身不会被复制。

## 6.4.3　deepcopy() 方法复制对象本身

要复制的对象是对象本身，而它又是一个列表中有列表的对象时，就必须调用 deepcopy() 方法。

### 范例程序 CH0627.py

```
import copy  # 导入 copy 模块，深复制
ary = [11, [22, 44], 33, 36, 39]      # 列表中有列表
target = copy.deepcopy(ary)  # 深复制
print(f'ary {ary}\ntarget {target}')

target[-1] = 172    # 修改最后一个元素
print('改变 target 的最后一个元素')
print(ary, '\n', target)

ary[1][1] = 88
print('改变 ary 的第 2 行、第 2 列的元素')
print(ary, '\n', target)
```

**程序说明：**

● 　调用 deepcopy() 方法将列表对象 ary 进行深复制并把结果赋值给 target。
● 　修改 target 最后一个元素的值，只有 target 受影响。

● 修改 ary 索引[1][1]的值，只有 ary 受影响。使用深复制时，ary 和 target 都是独立的对象引用，无论是改变对象或对象引用都只会影响原有的列表对象。

## 6.5    本章小结

● 元组对象的元素具有顺序性但位置不能任意更改。内置函数 tuple()将可迭代对象进行转换。
● 由于元组对象无法变更索引值所指向的对象，因此只有 count()方法用于统计元素出现的次数，index()方法用于获取某元素的位置。
● 如何读取元组元素？使用迭代概念，读取元素的操作是"一个接着一个"，所以非 for/in 循环莫属，使用 for/in 循环一个个地输出元组中的元素。
● 因程序需求，将存放于元组中的元素快速拆分，再赋值给多个变量来使用。
● 列表的特色：①有序集合，不管是数字还是文字都作为其元素；②通过索引值即可获取列表中某个元素的值；③以 len()函数获取其长度，长度不限；④属于可变序列。
● 列表对象提供的方法：①append()方法用于把元素添加到列表最后的位置；②insert()方法用于将元素按指定索引位置插入列表；③remove()和 pop()方法用于将指定元素从列表删除；④clear()方法用于清除列表中的所有元素。
● 内置函数 sorted()和列表对象的 sort()方法都能用于排序，但两者之间有差异：①内置函数 sorted()使用复制排序，序列中原来元素的顺序并未改变；②列表对象的 sort()方法采用就地排序，排序之后列表中元素会失去原有的顺序。
● Python 语言提供推导式，它可将一个或多个迭代器聚集在一起，再通过 for 循环进行条件测试，必要时可加入 if 语句进行条件判断。
● 列表中包含列表，也被称为矩阵、多维列表或多维数组。读取矩阵同样是使用 for 循环。
● 复制有两种：①浅复制，只复制对象引用，不复制对象本身；②深复制，无论是对象或对象引用都各自独立，不会互相影响。

## 6.6    课后习题

**一、填空题**

1. 元组对象调用＿＿＿＿＿＿方法来统计某个元素出现的次数，调用＿＿＿＿＿＿方法获取某个元素的索引值。

2. 读取元组对象时，可使用＿＿＿＿＿＿循环或＿＿＿＿＿＿循环。

3. 下列程序语句的输出结果为＿＿＿＿＿＿；这是应用＿＿＿＿＿＿。

```
wk = ['周一','周二','周三']
Mon, Tue, Wed = wk
print(Mon, Tue, Wed)
```

4. 下列程序语句经过 List()函数转换会输出：＿＿＿＿＿＿。

```
wd = 'Python'
```

```
list(wd)
```

5. 写出 print()输出的结果_____，_____。

```
n1 = [11, 22];n2 = [33, 44]
rt1 = n1.extend(n2); print(rt1)
rt2 = n2.append(n1); print(rt2)
```

6. 要清除列表对象中的所有元素，使用运算符 del_____，或者调用_____方法。

7. 排序时，sort()方法默认采用_____排序；参数_____则表示进行降序排序。

8. 创建空的列表对象之后，添加元素有两种方式：①_____，②_____。

9. 将下列程序语句改成列表推导式：_____。

```
num = [] # 空的列表
for item in range(20, 45):
    if(item % 13 == 0):
        num.append(item)
print('10~50 能被 7 整除的数: ', numA)
```

10. 请按下列程序语句来填写：①data[0][1] =_____；②data[3] =_____。

```
data = [[21, 32, 43], 11, 14, [31, 35, 37, 77]]
```

11. 复制时，调用 copy 模块的 copy()方法时，一般对象是_____；若是列表中有列表，则会使用_____。

## 二、实践题与问答题

1. 请参考下列程序的执行（见图 6-44），以 split()将输入的 5 个数值变成列表对象。

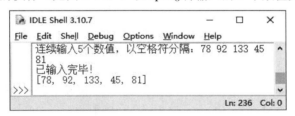

图 6-44

2. 请以一个简单的例子来说明列表对象提供的方法 append()和 extend()的不同。

3. 使用双重列表推导式输出下列的九九乘法表（见图 6-45）。

```
1*1= 1
1*2= 2 2*2= 4
1*3= 3 2*3= 6 3*3= 9
1*4= 4 2*4= 8 3*4=12 4*4=16
1*5= 5 2*5=10 3*5=15 4*5=20 5*5=25
1*6= 6 2*6=12 3*6=18 4*6=24 5*6=30 6*6=36
1*7= 7 2*7=14 3*7=21 4*7=28 5*7=35 6*7=42 7*7=49
1*8= 8 2*8=16 3*8=24 4*8=32 5*8=40 6*8=48 7*8=56 8*8=64
1*9= 9 2*9=18 3*9=27 4*9=36 5*9=45 6*9=54 7*9=63 8*9=72 9*9=81
```

图 6-45

# 第 7 章

# 字　　典

**学习重点：**

- 认识映射类型
- 如何创建字典
- collections 模块的 defaultdict 和 OrderedDict 两个字典

前面两章讨论的都是有序集合。从本章开始讨论无序的数据集：字典（Dictionary，以 dict 表示）和集合。其中字典来自映射类型（Mapping Type），而 collections 模块提供字典的两个子类：defaultdict 和 OrderedDict。

## 7.1　认识映射类型

字典来自映射类型，属于无序集合。调用 dict() 函数还能将列表、元组以字典形式呈现。字典检视表能返回字典的表项、键和值。字典同样有推导式，可以提高创建字典的性能。

使用字典之前先认识映射类型。Python 语言提供了映射类型，按其中元素的顺序性分为有序和无序两种。

- 有序映射类型：来自标准函数库的 collections.OrderedDict，由于是 dict 的子类（Subclass），因此它拥有与字典一样的属性和方法。
- 无序映射类型：有两种，一种是字典，是标准映射类型中唯一内建的对象；另一种是来自标准函数库的 collections.defaultdict，它同样也是 dict 的子类。

映射类型本身属于可变对象，支持迭代器，因此可以使用内置函数 len() 和成员运算符 in。从映射类型的观点来看，字典是从键（Key）映射到值（Value），其他程序设计语言则将它称作关联数组（Associative array）或哈希（Hash）。字典的特色如下：

- 无序的任意类型：相对于序列类型的顺序性，存储于字典的数据很"随性"。由于字典是可变容器，因此可存储任意类型的对象。
- 使用键来获取值：字典由键和值组成"键-值对"（Key-Value Pair），即字典的值如同序列对象的索引，经由键可找到配对的值。

- 支持嵌套：字典里可包含序列类型的任何一种，可按实际需求改变其长度。
- 以哈希表为基底，可以快速检索。
- 使用"=="和"!="运算符将字典逐项进行比对，其他的比较运算符则不能使用。

# 7.2  认识字典

要记录朋友或同学的电话，无论是以手机存储或记录在本子上，都要有名称和电话号码，如"王小明：223-7744。李大同：555-4443"。在打电话时，找到"王小明"就能获得其电话号码"223-7444"，如图 7-1 所示。这就是字典的基本用法，保存记录，以"键"找到其"值"。

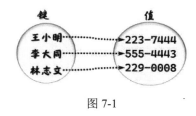

图 7-1

由图 7-1 可知，字典中的一项（即一个元素）包含了"键"与"值"。那么字典与序列（列表和元组等）有何不同？序列以数值为键，具有顺序性，提取时必须通过索引值。而字典是以键来存取所对应的值。使用键时，要注意下列事项：

- 键不具顺序，为不可变对象，只能使用可哈希的对象（Hashable）。
- 键可以使用的类型有整数、浮点数、字符串、元组和固定集合（frozenset），在字典的应用中通常以字符串和整数作为键。
- 键无法使用的类型有字典、列表和集合（即可变集合），即它们不能作为字典的键。
- 由于键不具索引功能，因此不能进行切片操作。

通常字典的值可以是任何类型的对象，例如整数、字符串或列表（也有可能是另一个字典），甚至可以是函数。

## 7.2.1  创建字典

创建字典的第一种方法是使用大括号{}，以"键–值对"（Key-Value Pair）来生成字典元素（或称为表项），基本语法如下：

```
{key1 : value1, key2 : value2, ...}
```

**参数说明：**

- 每一组键与值要以"："（半角冒号）配对。
- 已配对的"键–值对"之间以"，"（半角逗号）分隔开。

使用大括号（{}）创建字典时，如果字典元素是字符串，则字符串的起止要有单引号或双引号，示例如下：

```
data = {}      # 表示空的字典
score = {'John' : 85, 'Eric' : 61, 'Marri' : 92, 'Hank' : 73}
```

**示例说明：**

除了空字典之外，创建的字典由于不具顺序性，因此输出的字典元素可能会和创建的字典元素的顺序不相同。

创建字典的第二种方法是调用内置函数 dict()，该函数以关键字为参数，或者加入 zip()函数来创建字典，它的语法如下：

```
dict(**kwarg)
dict(mapping, **kwarg)
dict(iterable, **kwarg)
```

**参数说明：**

- kwarg：表示关键字的参数。
- mapping：元素的容器，映射类型表示映射的关系。
- iterable：为可迭代的对象。

dict()函数以关键字为参数，以"变量 = 值"的方式来产生字典的各项元素。其中，变量为字典的键，值就是字典的值，示例如下：

### 范例程序 CH0701.py（部分）

```
score = dict(John = 87, Eric = 75, Judy = 91, Tomas = 65)
print(score)
# 输出{'Judy': 91, 'Tomas': 65, 'John': 87, 'Eric': 75}
```

**程序说明：**

- 关键字必须遵守标识符的命名规范，各项之间以","分隔。变量 John、Eric、Judy、Tomas 会成为字典的键，值 87、75、91 和 65 会成为字典的值。

dict()函数还能以可迭代对象为参数，表明它的对象是列表或元组，以可迭代对象为参数时必须加入括号[]或()。下面先以元组对象作为示例。

### 范例程序 CH0701.py（部分）

```
special = dict([('year', 1988), ('month', 5), ('day', 27)])
print(special)    # 输出{'year': 1988, 'day': 27, 'month': 5}
```

**程序说明：**

dict()函数中以中括号（[]）存储列表，再放入 3 个元组作为列表的元素，所以它会产生 3 个"键-值对"的字典。其中的 year、month、day 会变成字典的键，数字 1988、5、27 则是字典的值。

接下来以列表对象作为示例。

### 范例程序 CH0701.py（部分）

```
person = dict([['name', 'Mary'], ['sex', 'female']])
print(person)#person 输出 "{'name': 'Mary', 'sex': 'female'}"。
```

dict()函数还可以配合 zip()函数，将可迭代对象重组成新的字典，zip()函数的语法如下：

```
zip(iter1 [,iter2 [...]])
```

**参数说明：**

● 　内置函数 zip()函数在第 6.3.3 节介绍过，它同样是以可迭代对象为元素来产生迭代器，先指定键再配对值，然后分别存放在元组中。

dict()函数配合 zip()函数来创建字典的示例如下：

**范例程序 CH0701.py（部分）**

```
week = dict(zip(
   ['Sunday', 'Monday', 'Tuesday'],
   ['周日', '周一', '周二'] ))
```

**程序说明：**

● 　调用 zip()函数将两个列表压缩，形成 "'Sunday': '周日'" 映射关系，第一组列表对象的元素会变成字典的键，第二组列表对象的元素变成字典的值。由于字典中元素的输出是无序性的，因此可以调用 zip()函数重新取键、值，参考范例程序 CH0702.py。

创建字典时，可使用列表对象或元组对象产生一键对应多值的效果，示例如下：

```
print('一键对应多个值: \n',
      {'A01':('Mary', 65, 78), 'A02':['Andy', 95, 62, 74]})
student = {'first':{'A01':(78, 92, 71)},
   'second':['Name', ('Mary', 'Tomas')],
   'third': ('Shenzhen, Guangzhou')}
```

**示例说明：**

键 A01 对应的值(Mary, 65, 78)是元组对象，键 A02 对应的值是列表对象。student 是一个嵌套字典，其中键为 first，值为{'A01':(78, 92, 71)}。

## 7.2.2　读取字典中的元素

如何读取字典中的元素？既然是可迭代对象，使用 for 循环读取字典中的元素当然少不了[]运算符，使用 "字典[项目]" 的方式来获取字典的 "键-值对"。

**范例程序 CH0702.py**

```
number = {1:'One', 2:'Two', 3:'Three'}
for item in number:
   print(f'key = {item:2d}, value = {number[item]:4s}')
```

**程序说明：**

● 　使用 for 循环读取字典中的元素时，key 加上[]运算符，它会返回所对应的值。输出时配合格式化字符，分别指定数值和字符的输出字段宽度是 2 和 4。

**范例程序 CH0703.py**

调用 dict()函数来创建字典。参数中使用字典对象，通过标识符给它赋值，或者在列表中以元组作为列表的元素，都能创建字典。

**步骤 01** 编写如下程序代码:

```
01 print('字典对象: \n',      # 使用大括号（{}）
02      {'Jan':1, 'Feb':2, 'Mar':3})
03 weeks = ['Sunday', 'Monday', 'Tuesday', 'Wednesday',
04         'Thursday', 'Friday', 'Saturday']
05 title = ['星期天', '星期一', '星期二', '星期三',
06            '星期四', '星期五', '星期六']
07 wkcomb = dict(zip(title, weeks))       # 调用 zip()函数来组合列表对象
08 for key in wkcomb:        # 读取字典
09    print(f'{key:3s} {wkcomb[key]:9s}')
```

**步骤 02** 保存该程序文件，按 F5 键执行该程序，执行结果如图 7-2 所示。

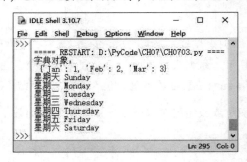

图 7-2

**程序说明：**

- 第 01、02 行，使用大括号，以 "键-值对" 方式来创建字典对象。
- 第 07 行，dict()函数以 zip()函数为参数来组合字典对象。
- 第 08、09 行，使用 for 循环来读取字典，使用键来获取值。

### 7.2.3　类的方法 fromkeys()

fromkeys()是由字典提供的类的方法，先创建字典的键，再以[]运算符填入所需的值。该方法的语法如下：

```
fromkeys(seq[, value])
```

**参数说明：**

- seq：序列类型。
- value：值，可选参数，如果设置了此参数，它会对应到参数 seq。

如何调用类的方法 fromkeys()？先来看看两个参数都使用的情况。示例如下：

```
dt = {}.fromkeys('ABC', 123)
```

**示例说明：**

（1）dt 是一个空的字典，参数 'ABC' 会被拆分成单个字符成为字典的键，而值 123 会对应到每个键。

（2）dt 的输出是"{'C': 123, 'B': 123, 'A': 123}"。

fromkeys()方法如果省略参数 value，则会填入 None，示例如图 7-3 所示。

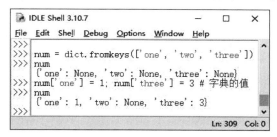

图 7-3

图 7-3 中，由于 fromkeys()为类的方法，因此必须以 dict 为类的名称。fromkeys()方法只有参数 seq 时，字典的值为 None。可以使用[]运算符指明键来填入对应的值。

## 7.3　字典的变动

对于字典来说，数据同样会有变动。在序列类型中扮演重要角色的[]运算符同样可以配合字典以键作为索引值来修改其对应的值，或者按键修改其对应的值。

### 7.3.1　添加与修改字典的元素

序列类型使用[]运算符来指明某个元素的索引值，还能进一步重设某个元素的值。字典的元素也可以通过[]运算符来配合键和值的相关操作，如按键取值或者添加、修改字典的某个元素。字典相关的方法可参考表 7-1。

表7-1　字典相关的方法

| 字典方法 | 说明（d 表示字典对象） |
| --- | --- |
| del d[key] | 删除字典中键为 Key 对应的元素 |
| key in d | 判断 key 是否在字典中 |
| key not in d | 判断 key 是否不在字典中 |
| iter(dictview) | 由字典的 key 所创建的迭代器 |

[]运算符不但可以存取字典的元素，还可以修改字典的元素。使用时通常以键为索引值，它的语法如下：

```
d[key]          # 返回 key 对应的值
d[key] = value  # 添加或重新将键、值配对形成新的"键-值对"
```

**参数说明：**

● d 为字典对象。

● 存取时要以字典名配合[]运算符放入其键，方可取出对应的值。

- 指定新值时还是以字典名配合[]运算符指定键，等号右边就是要赋予的新值。

**范例程序 CH0704.py**

以 score 为字典对象，以名字、分数形成"键–值对"的关系。

```
score = {'John' : 85, 'Eric' : 47,
    'Judy' : 85, 'Tomas' : 74, 'Hank' : 81}
print(f"成绩 Eric {score['Eric']}, John {score['John']}")
score['Tomas'] = 86    # 使用[]运算符，按 key 变更 value
```

**程序说明：**

- 使用[]运算符指定 key，返回 key 所对应的值。[]运算符也能指定 key 来变更该 key 对应的值，例如例中 Tomas 的值由 74 变更为 86。

以键取值并非万无一失，如果输入的键无法找到对应的值，就会发生错误，如图 7-4 所示。

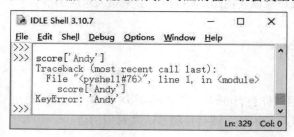

图 7-4

[]运算符也能用于在字典中加入新的元素，其中更灵活的创建字典的方法之一就是先创建空字典，再逐一添加它的元素。参考范例程序 CH0704.py 中的程序语句：

```
score['David'] = 92
score['Monica'] = 63
```

配合[]运算符添加键 'David'，同时给它指定新值为 92，随后它就会自动成为字典的元素。

内置函数 iter()会返回由字典的键所创建的迭代器，参考范例程序 CH0704.py 中的程序语句：

```
print(iter(score))
print(list(iter(score)))          # 输出键
```

若直接输出 iter()函数所获取的键，只会显示"dict_keyiterator object at 0x000001E733D243B0"。将 iter()函数获取的键再以 list()函数进行转换，就能正常查看字典的键。

若找不到字典的键就会发生错误，那么该如何防患呢？

- 使用成员运算符 in/not in 进行检查，参考范例程序 CH0705.py。
- 调用 get()方法，无键时会返回 None 作为响应，参考表 7-3 及相关说明（第 7.4 节）。
- setdefault()方法，无指定键时会添加该键，而对应的值则采用 None，参考表 7-3 及相关说明。

**范例程序 CH0705.py**

检查字典的键是否存在的一种方法就是使用成员运算符 in/not in 来判断某个键是否被包含在字典中。

**步骤 01** 编写如下程序代码：

```
01 score = {11:'Mary', 12:'John', 13:'Andy', 14:'Bob'}
02 print('字典: '); print(score)
03 print('字典 Score 的长度: ', len(score))      # 返回字典的长度
04 del score[14]  # 删除 score[14]
05 print('删除键 14'); print(score)
06
07 print('字典 Score 中是否有键 12? ', 12 in score)
08 print('字典 Score 中是否有键 14?', 14 not in score)
09 for key in iter(score):
10     print(f'{key:2d}, {score[key]:4s}')
```

**步骤 02** 保存该程序文件，按 F5 键执行该程序，执行结果如图 7-5 所示。

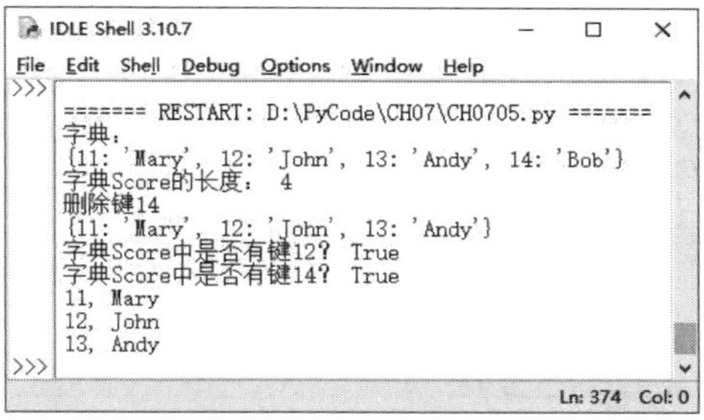

图 7-5

**程序说明：**

- 第 03 行，调用 len() 函数来获取字典的"键-值对"的数量。
- 第 04 行，使用 del 语句删除"key = 14"的"键-值对"。
- 第 07、08 行，以 in / not in 判断某个键是否在字典中。由于 12 为字典的键，因此返回布尔值 True 表示此键在字典中，而 14 已被删除，不是字典的键，因此 not in 返回 True 来表示当前字典中"不存在"该键。
- 第 09、10 行，使用 for 循环读取字典的各个键并输出对应的值。

## 7.3.2 删除字典的元素

如何删除字典中的元素（键-值对）？我们在范例程序 CH0705.py 中使用了 del 语句，该语句的语法如下：

```
del d[key]
```

**参数说明：**

- d 为字典对象，配合[]运算符指定要删除的键。

要删除字典的元素，还可以调用字典提供的方法，参考表 7-2 中的说明。

表7-2　删除字典中元素的相关方法

| 方　　法 | 说明（d 表示字典对象） |
| --- | --- |
| d.pop(key, default) | 按键所对应的值来删除，无此键则返回 default |
| d.popitem() | 按后进先出（LIFO）方式删除字典最后一个元素 |
| d.update(other) | 以 other 提供的"键-值对"来更新字典 |
| d.clear() | 清除字典中的所有内容 |

先来认识 pop() 和 popitem() 方法，它们的语法如下：

```
pop(key[, default])
popitem()
```

**参数说明：**

● key：字典的键，以指定的键来删除其对应的值，并返回被删除键所对应的值。

● popitem() 方法无参数，通常会删除字典的最后一个元素。

pop() 方法按指定的键来删除字典中的某个元素，如果键不存在，而之前参数 default 指定了一个值，就可避免引发"KeyError"错误，可参考图 7-6 中的示例。

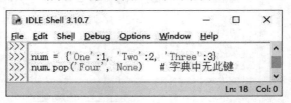

图 7-6

## 范例程序 CH0706.py

删除字典的元素，除了使用 del 语句外，还可以调用 pop() 和 popitem() 方法。

**步骤 01** 编写如下程序代码：

```
01 def readItem():                  # 定义函数读取字典中的元素
02   for item in student:
03     print(f'{item:8s} {student[item]:3d}')
04 student = {'Tomas' : 95,         # 用大括号（{}）来创建字典
05            'Vicky' : 89,
06            'Michelle' : 87,
07            'Peter' : 74,
08            'Charles' : 62}
09 readItem()                       # 调用函数
10 del student['Peter']             # 删除键为 Peter 的元素
11 student.pop('Tomas')             # 调用 pop() 方法删除键为 Tomas 的元素
12 print('删除字典中的两个元素')      # 调用 popitem() 方法删除字典中最后一个元素
13 readItem()
14 student.popitem()
15 print('删除字典中的最后一个元素')
16 readItem()
```

**步骤 02** 保存该程序文件，按 F5 键执行该程序，执行结果如图 7-7 所示。

图 7-7

**程序说明：**

- 第 01~03 行，定义函数 readItem() 来读取字典中的元素。
- 第 10 行，使用 del 语句并指定键来删除字典中的某个元素。
- 第 11 行，调用 pop() 方法并指定键来删除字典中的某个元素。
- 第 14 行，popitem() 方法会根据后进先出的原则删除字典中的最后一个元素。

### 7.3.3  合并字典

update() 方法用于将一个字典加到另一个字典，可参考图 7-8 中的示例。

合并字典的第二种方法是使用合并运算符 "|"，它的语法如下：

```
d | other
```

**参数说明：**

- d，other 都是字典对象，合并之后产生新的字典对象。

把两个字典对象 n1、n2 进行合并运算，产生新的字典对象 n3，如图 7-9 所示。

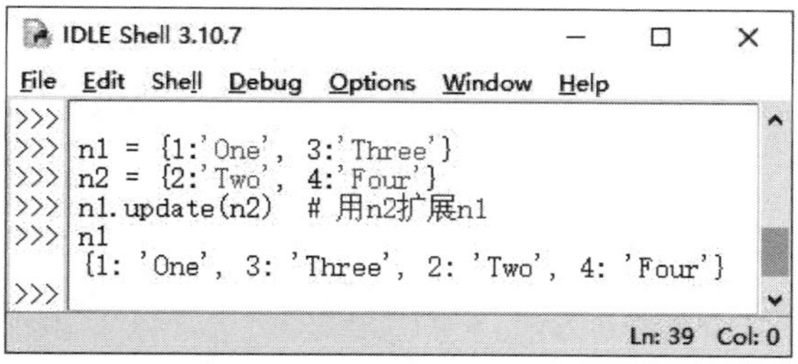

图 7-8 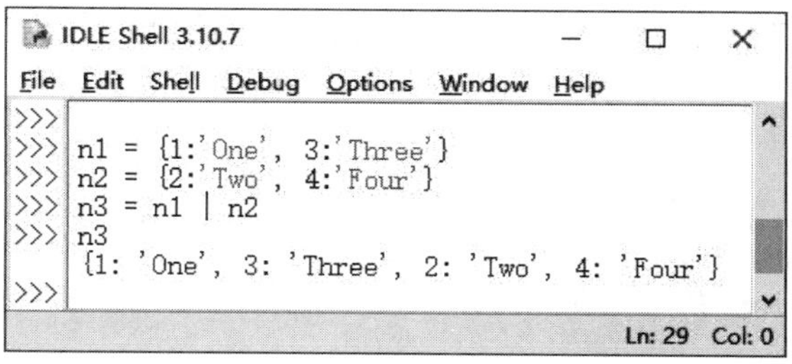                                          图 7-9

## 7.4  与键、值相关的方法

在字典中，键的存在代表能否找到对应的值，参考表 7-3 中的说明，看看与字典元素相关的方法。

表7-3　与字典键、值相关的方法

| 方　　法 | 说明（d 表示字典对象） |
| --- | --- |
| d.get(key, default) | 返回键 key 对应的值，无此键则返回参数 default 设置的默认值 |
| d.setdefault(key, default) | 若键 key 不存在，则添加此键，并以 None 作为其值 |
| d.copy() | 以浅复制产生字典对象 |

## 7.4.1　预防找不到键

在前文讨论过，字典的键若找不到会引发错误，第 7.3.1 节介绍了成员运算符 in/not in 用于检查某个键是否存在。更进一步还可以调用 get()或 setdefault()方法。下面先来认识 get()方法，它有两个参数：key 和 default。其中参数 default 为可选参数，它的默认值为 None。

有两个字典对象 n1、n2，以它们为例来说明 get()方法的用法。

```
n1 = {1 : 'One', 2 : 'Two', 3 : 'Three'}
n2 = {4 : 'Four', 5 : 'Five'}
print(n1.get(3), n1.get(4))     # 没有键 4，返回 None
```

**示例说明：**

get()方法所指定的键若存在，就返回该键对应的值；若并无此键则返回 None。

为了防患字典中无键时发生错误，还可以调用 setdefault()方法，该方法中的参数 key 需有如下的考虑：

- 字典中若有此键存在，则显示该键对应的值。
- 若指定的键不存在，则该键自动成为字典的键，该键对应的值会以默认值 None 补上，之后再用[]运算符为该键指定新值。

**范例程序 CH0707.py**

```
num1 = { 1: 'One', 2 : 'Two', 3 : 'Three'}
# 若键 2 存在，返回该键对应的值
print(f'键 2，值= {num1.setdefault(2)}')
# 若键 4 不存在，则以此键来添加字典的新元素
print(f'键 4，值= {num1.setdefault(4, "Four")}')
# 若键 5 不存在，则返回 None
print(f'键 5，值= {num1.setdefault(5)}')
for item in num1:
  print(f'{item:2d} {num1[item]:5s}')
```

**程序说明：**

- setdefault()方法在指定的键不存在时，其第 2 个参数作为该键的值组成“键-值对”自动添加为字典的元素。
- 指定的键若不在字典中，也未设置第 2 个参数作为其值，则 None 作为值组成“键-值对”成为字典的新元素。

**范例程序 CH0708.py**

字典对象通过调用 setdefault()、update()方法变更字典中的元素。

步骤 **01** 编写如下程序代码：

```
01 number = {'Grace':68, 'Tom':76}  # 字典
02 number['Eric'] = 85                # 添加一个元素
03 number.setdefault('John')
04 print('成绩', number)              # 键为 John, 值返回 None
05 number['John'] = 45                # 设置 John 的分数
06 number.update({'Andy':93, 'David':93})
07 # 将分数排序
08 print('按名字排序'.center(14, '-'))
09 for key in sorted(number):
10     print(f'{key:10s}{number[key]}')
11
12 number.pop('David')       # 删除 David
13 print('按名字降序排序'.center(14, '*'))
14 for value in sorted(number, reverse = True):
15     print(f'{value:10s}{number[value]}')
16
17 print('清空字典——', number.clear())
18 score = {'Judy':63, 'Sunny':60}
19 number.update(score)      # 将另一个字典对象加入字典
20 number.update(Steven = 87, Ivy = 74)       # 以赋值方式更新
21 print('更新后的字典内容：\n', number)
```

步骤 **02** 保存该程序文件，按 F5 键执行该程序，执行结果如图 7-10 所示。

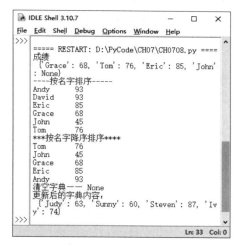

图 7-10

**程序说明：**

- 第 03 行，调用 setdefault()方法添加一个键为 John 的元素，由于未指定该键的值，因此会以 None 来取代其值。

- 第 06 行，update()方法配合大括号{}直接加入字典对象。

- 第 12 行，调用 pop()方法删除键为 David 的字典元素。

- 第 14、15 行，使用 for 循环配合 sorted()方法将字典对象按键进行排序。

- 第 17 行，调用 clear()方法来清空字典的内容。

- 第 19、20 行，都是 update()方法，第 19 行加入已声明的字典对象。

## 7.4.2　读取字典

　　表 7-4 列出的三个方法能用于获取字典键、值。比较特别之处是，它们都以"字典视图"（Dictionary View，以 dictview 表示）的对象作为执行结果返回给调用者。

表7-4　获取字典键、值的方法

| 方　　　法 | 说明（d 表示字典对象） |
|---|---|
| d.keys() | 以元组方式返回字典中的键 |
| d.values() | 以元组方式返回字典中的值 |
| d.items() | 以元组方式返回字典的"键-值对" |

　　调用 items()、keys()和 values()方法返回结果时都会以 dict_为前导字符串来表示它是字典视图。示例如图 7-11 所示。

- items()方法以 dict_items()对象返回字典的"键-值对"。
- 以 type()函数查看属于字典的键和值，会返回"dict_items" "dict_values"。

　　调用 keys()方法和 values()方法能分别获取字典中所有的键和值，但它们分别是有前导字符串 dict_keys 和 dict_values 的字典视图，如图 7-11 所示。注意不要把它们误认为元组对象。如果不想看到这些字典视图的前导字符串，可调用 list()或 tuple()函数进行转换，或者配合 format()方法以格式化字符串来输出。示例如图 7-12 所示。

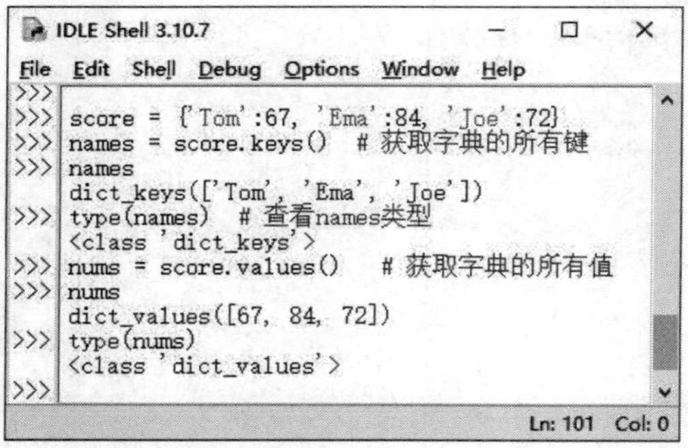

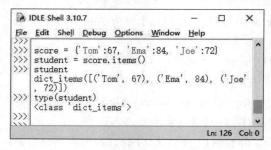

图 7-11 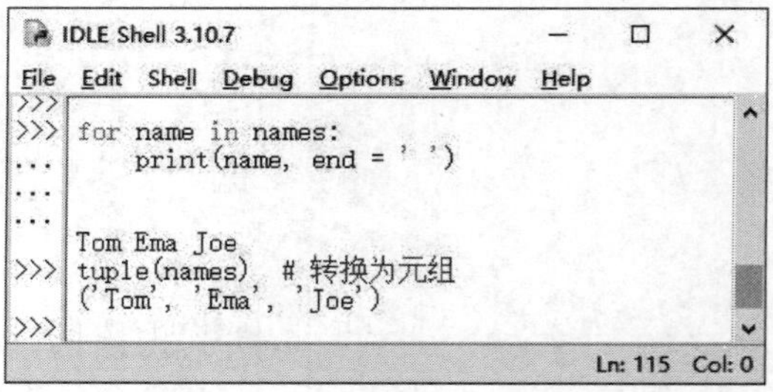　　　　　　　　　　　　　　　　　　图 7-12

　　字典对象的 items()方法可获取字典的键和值，可用 type()函数来查看，输出的结果属于字典视图的 dict_items。同样地，使用 for/in 读取或调用 list()函数来转换，示例如图 7-13 所示。

图 7-13

**范例程序 CH0709.py**

创建字典，进一步了解 keys()、values() 和 items() 这些方法是如何配合 format() 方法进行输出的。

**步骤 01** 编写如下程序代码：

```
01 week = dict(Sun = 1, Mon = 2, Tue = 3, Wed = 4)
02 print('随意字典: '); print(week)
03 # 以列表获取键、值
04 keys = [1, 2, 3, 4]   # 含有键的列表
05 values = ['Sun', 'Mon', 'Tue', 'Wed']
06 weekB = dict(zip(keys, values))    # 调用 zip()函数组合列表
07 print('字典重新组合: '); print(weekB)
08
09 print('键-值: ')
10 for key, value in weekB.items():   # 使用 for 循环读取字典
11     print(f'{key:2d}:{value:4s}', end = '')
12 print()
13 print('<键>', end = '')
14 for key in weekB.keys():
15     print(f'{key:4d}', end = '')
16 print('\n<值>', end = '')
17 for value in weekB.values():
18     print(value, end = ' ')
```

**步骤 02** 保存该程序文件，按 F5 键执行该程序，执行结果如图 7-14 所示。

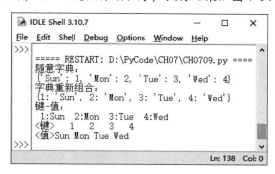

图 7-14

**程序说明：**

- 第 01 行，调用内置函数 dict()创建字典对象。
- 第 06 行，调用内置函数 dict()配合 zip()函数重新组合字典的键和值。
- 第 10、11 行，使用 for 循环读取键、值，再配合 items()方法获取字典对象的"键-值对"，调用 format()方法去除前导字符串 "dict_items"。
- 第 14、15 行，同样使用 for 循环调用 keys()方法读取字典。

## 7.4.3　字典推导式

字典也有推导式，即字典推导式（Dictionary Comprehension），它与先前介绍过的列表推导式非常相像，它的语法如下：

```
{Key 表达式 : Value 表达式 for key, value in iterable}
```

```
{Key 表达式 : Value 表达式 for key, value in iterable   if 表达式}
```

**参数说明：**

- 大括号（{}）括住整条语句，for 语句之前是 "key：value" 配对的表达式。
- 同样也能加入 if 语句进行条件筛选。

使用字典推导式反转字典中的键与值，使用 v：k 表达式，示例如下：

```
size = {'L' : 'large', 'M' : 'middle', 'S' : 'small'}
print({v : k for k, v in size.items()})   # 反转键与值
# 输出{'large': 'L', 'middle': 'M', 'small': 'S'}
```

字典推导式中也可以调用 zip() 函数来创建一个字典，示例如下：

```
num = {k : v for (k, v) in zip(
   ['周一', '周二', '周三'], ['Mon', 'Tue', 'Wed'])}
print(num)
# 输出{'周一': 'Mon', '周二': 'Tue', '周三': 'Wed'}
```

**示例说明：**

表达式分别为 k 和 v，它们会被 for 循环读取；而 zip() 函数有两个列表，组合之后就是一个字典。

### 范例程序 CH0710.py

使用字典推导式对成绩当中某个标准值进行排名。

**步骤 01** 编写如下程序代码：

```
01 score = {'Tom':95, 'Stever':78, 'John':47, 'Eward':67,
02      'Cathy':64, 'Eric':52, 'Ivy':72, 'Grac':82,
03      'Kevin':93, 'Nacy':35, 'Laura':75, 'David':88}
04 print('分数大于 85\n',
05     {k:v for k,v in score.items() if v > 85})
06 print('分数小于 60\n',
07     {k:v for k,v in score.items() if v < 60})
08 # 找出分数最低者、最高者
09 min_score = min(zip(score.values(), score.keys()))
10 print('最低分: ', min_score)
11 max_score = max(zip(score.values(), score.keys()))
12 print('最高分: ', max_score)
13
14 data = {} # 空字典
15 for key, value in score.items():
16     tmp = value // 10          # 求取整除的商
17     if tmp not in data:
18         data[tmp] = []
19     data[tmp].append(key)
20
21 for key in data.items():     # 读取字典
22     # 询问字典里是否有列表
23     if isinstance(key, list):
24         for value in key:
25             print(value)
26     else:
27         print(key)
```

**步骤 02** 保存该程序文件，按 F5 键执行该程序，执行结果如图 7-15 所示。

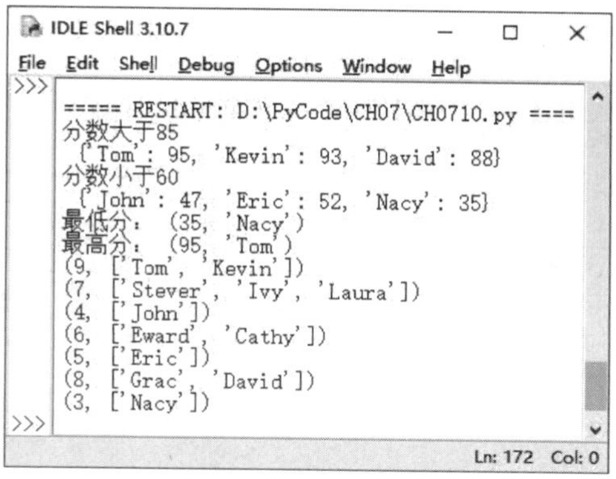

图 7-15

**程序说明：**

- 第 04、05 行，使用字典推导式，加入 if 语句来获取分数大于 85 分的得分者。
- 第 06、07 行，也是字典推导式，不过 if 语句则是找出分数小于 60 分的得分者。
- 第 09、11 行，分为调用 min() 和 max() 函数，再调用 zip() 函数配合字典的 values() 方法找出分数的最低者和最高者，调用 keys() 方法找出得分者的名字。
- 第 15~19 行，找出各区间的得分者，像 90~99 分有几人。for 循环读取整个字典，配合 "//"（整除）运算符，将 value（分数）运算后的整数值（商）存储在 tmp 变量中，调用 append() 方法将学生名字加入列表。为了避免重复值，进一步使用 if 语句再配合 not in 运算符判断某个整数值是否不在 data 字典对象中，在确认 "不在" 的情况下，加入列表。
- 第 21~27 行，for 循环读取 data 字典，由于字典的值含有列表对象，因此调用 isinstance() 函数来判断字典的值是否为列表；如果是，再进入第二层 for 循环读取其值，若不是列表对象，就直接输出。

# 7.5　默认字典和有序字典

dict 有两个子类：defaultdict 和 OrderedDict，它们都来自 collections 模块。

- defaultdict（或称默认字典）：为字典提供由 "键" 而来的值。
- OrderedDict（或称有序字典）：它可以记住字典插入元素的位置。

## 7.5.1　默认字典

字典本身是无顺序性的，通常是由 "键" 得 "值"。默认字典的特色就是配 "键" 取 "值"。使用字典易发生的窘况是无 "键" 可用。虽然可使用成员运算符 in 先探询或者调用 get() 或 setdefault() 方法进行预防性补值，但使用起来不是那么得心应手。

默认字典由 collections 模块的 defaultdict 类提供，由于是 dict 的子类，因此字典所拥有的属性和方法它都可以使用。构造函数 defaultdict() 自动配键的做法让人更 "省心"，它的语法如下：

```
defaultdict([default_factory[, ...]])
```

**参数说明：**

● default_factory：默认的工厂函数（Factory Function）。

所谓工厂函数是指函数被调用之后会以特定类型的对象返回结果。Python 语言的内建数据类型（可调用内置函数）都可视为工厂函数，可参考图 7-16 中的示例。

```
IDLE Shell 3.10.7                           —    □    ×
File  Edit  Shell  Debug  Options  Window  Help
>>>
>>> num = int(); word = str()
>>> num, word
(0, '')
>>>
                                           Ln: 180   Col: 0
```

图 7-16

图 7-16 中，变量 num 和 word 分别调用 int() 和 str() 进行转换，由于未赋任何的值，因此分别返回数值 0 和空字符串。

因此，调用 defaultdict() 构造函数来创建一个默认字典时，会自动创建键，而参数 default_factory 能提供默认值进行键、值配对。

**范例程序 CH0711.py**

```
from collections import defaultdict     # 导入模块
df = defaultdict(int)             # 以 int 为参数
df['One']; df['Two']              # 键不存在
df['Three'] = 3                   # 若该键不存在，则以赋值方式添加此"键–值对"
print(df)
```

**程序说明：**

● defaultdict() 构造函数以 int 为参数，提供键、值配对的默认值。One、Two 键并不存在，由于 defaultdict() 函数以 int 为参数，因此其默认值为 0。为不存在的键 Three 设置对应的值为 3。输出 df，输出结果为 defaultdict(<class 'int'>, {'Three': 3, 'One': 0, 'Two': 0})。

由于 defaultdict() 构造函数已经提供了默认值，因此还可以进一步把范例程序 CH0711.dy 的字典对象 df 通过 list() 或 tuple() 函数进行转换，但只能看见键，由 dict() 函数转换之后就是字典了。可参考图 7-17 中的示例。

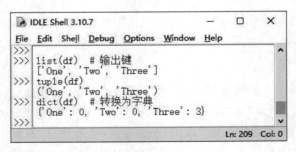

图 7-17

defaultdict() 构造函数还可以用来统计字符串中字符出现的次数。

### 范例程序 CH0712.py

```
from collections import defaultdict     # 导入模块
wd = 'initially'
df = defaultdict(int)                   # 以 int() 函数为它的参数

for key in wd:                          # 读取字符串并统计相同键的次数
    df[key] += 1
print(list(df.items()))                 # 转成列表
```

**程序说明：**

● 用 for 循环读取字符串，以每个字符为键，而值默认为 0，碰到相同字符就累加一次，如此一来就能统计字符的次数。调用 list()函数转换后，再输出默认字典的项目 "[('l', 2), ('t', 1), ('i', 3), ('n', 1), ('y', 1), ('a', 1)]"。

### 范例程序 CH0713.py

调用 defaultdict()构造函数来统计某个分组。

步骤 01 编写如下程序代码：

```
01 from collections import defaultdict
02 pern = [('Mary', 'F'), ('Tomas', 'M'), ('Grace', 'F'),
03        ('Emily', 'F'), ('Eric', 'M')]
04
05 dt = defaultdict(list)       # 以列表为 default factory
06 for k, v in pern:            # 读取列表，它的元素为元组，对应到字典的键、值
07     dt[v].append(k)
08 dt2 = (list(dt.items()))
09 print('按性别分组')
10 print(dt2)
```

步骤 02 保存该程序文件，按 F5 键执行该程序，执行结果如图 7-18 所示。

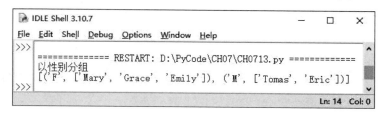

图 7-18

**程序说明：**

● 第 01 行，要导入 collections 模块。

● 第 02、03 行，创建列表，再以元组分组，存放名字和性别。

● 第 05 行，构造函数 defaultdict()以列表为参数。

● 第 06、07 行，用 for 循环读取列表对象 pern，以 value 为参数调用 append()方法来加入该值对应的键。

● 第 08 行，由于 items()方法会返回字典视图，因此调用 list()进行转换。

## 7.5.2　有序字典

前面章节介绍的字典和默认字典都不具有顺序性。有序字典则不同，这类字典存储时会记住插入元素的顺序。下面先来介绍构造函数 OrderedDict()，它的语法如下：

```
OrderedDict([items])
```

**参数说明：**

● 返回 dict 的子类，并完全支持 dict 的方法。

● items：要插入的元素。

如何调用 OrderedDict()构造函数来插入字典的元素？可参考图 7-19 中的示例。

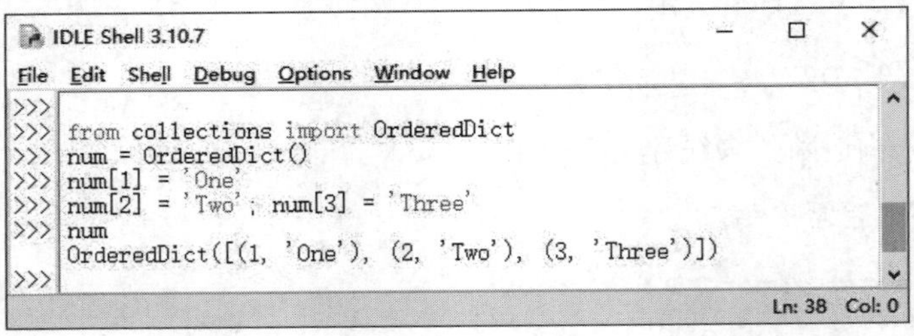

图 7-19

图 7-19 中的示例说明为：

（1）同样要导入 collections 模块的 OrderedDict 类。

（2）使用 num 来存储有序字典的元素，以[]运算符分别设置键及其值。

（3）输出 num 时会按插入顺序列出有序字典的元素。

此外，有序字典还提供两个方法：popitem()和 move_to_end()。popitem()方法用来删除字典的元素，它的语法如下：

```
popitem(last = True)
```

● 参数 last = True 表示会删除字典中的最后 1 个元素；last = False 则会删除字典中的第 1 个元素，并返回该元素。

调用 popitem()方法删除字典中的元素，可参考图 7-20 中的示例。

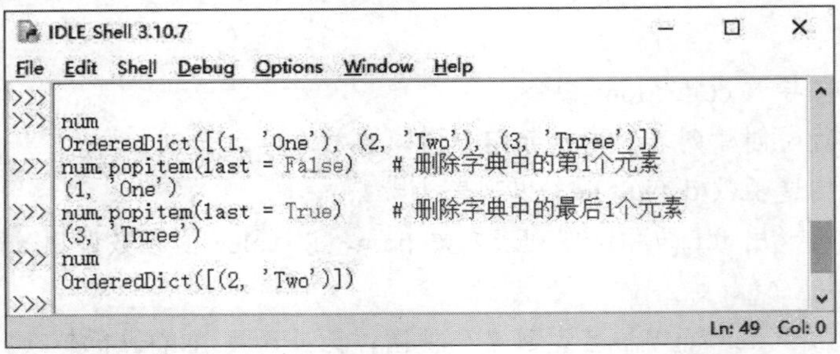

图 7-20

图 7-20 中删除的元素包含键和值，因为字典的每个元素都包含键和值。

调用 popitem()方法时如果无元素可删，则会引发错误，如图 7-21 所示。

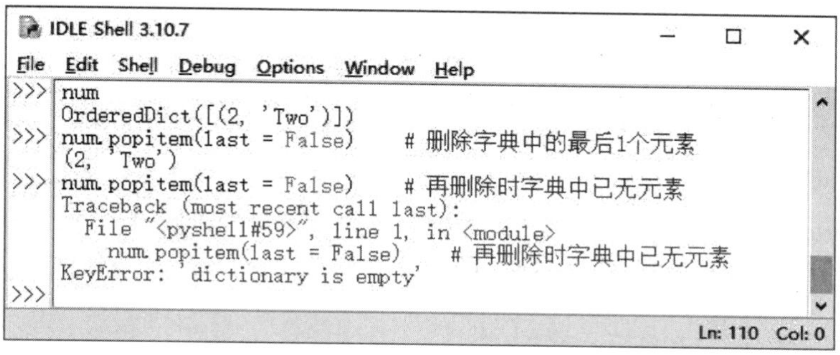

图 7-21

move_to_end()方法用来移动字典中的元素，该方法的语法如下：

```
move_to_end(key, last = True)
```

**参数说明：**

● key：字典的键。

● "last = True" 为默认值，表示会将字典的元素移到最后一个。

参考范例程序 CH0714.py，先创建一个无序字典 dt，再调用 OrderedDict()方法将此字典转换成有序字典。

### 范例程序 CH0714.py

```
dt = {'A':1, 'B':2, 'C':3, 'D':4}    # 无序字典
odt = OrderedDict(dt)                 # 转换为有序字典
odt['E'] = 5                          # 添加一个元素
print(odt)
```

odt 的输出结果为 OrderedDict([('D', 4), ('A', 1), ('B', 2), ('C', 3), ('E', 5)])。

调用方法 move_to_end()移动字典的元素。

### 范例程序 CH0714.py（续）

```
odt.move to end('A')  # 键 A 移向最后
print('键 A 是字典的最后一个元素')
print(odt)
odt.move to end('E', last = False)  # 键 E 移向字典最前面
print('键 E 是字典的第一个元素')
print(odt)
```

对于 move_to_end()方法，如果只给予第一个参数（即键），那么会按指定的键将此字典元素移到最后。若加入第二个参数 last = False，则会按指定的键将字典元素移到字典的最前面，即成为第一个元素。输出结果如图 7-22 所示。

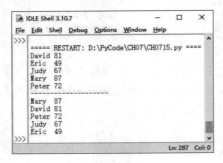

图 7-22

内置函数 sorted()可用于排序，它有三个参数，其中存储键的参数可指定为排序的依据。什么情况下会指定键作为排序的依据？通常是排序的对象有两个（含）以上字段时。先来复习一下 sort() 的语法：

```
sorted(iterable[, key][, reverse])
```

**参数说明：**

● key: 表示使用键时要先定义函数，再带入函数；此处 key 使用 Lambda 函数（参考第 7.4.4 节）可以更为简单明了。

### 范例程序 CH0715.py

调用 sort()方法对字典对象排序，其中的参数 key 使用 Lambda 函数。

**步骤01** 编写如下程序代码：

```
01 from collections import OrderedDict
02 stud = {'Mary':87, 'Eric':49, 'David':81,
03    'Peter':72, 'Judy':67}
04 # 内置函数 sorted()指定用键进行排序
05 name = OrderedDict(sorted(
06    stud.items(), key = lambda fd: fd[0]))
07 for key in name:
08    print(f'{key:5s} {name[key]}')
09
10 print('-' * 20)
11 # 内置函数 sorted()使用值进行排序
12 score = OrderedDict(sorted(stud.items(),
13        key = lambda fd: fd[1], reverse = True))
14 for key in score:
15    print(f'{key:5s} {score[key]}')
```

**步骤02** 保存该程序文件，按 F5 键执行该程序，执行结果如图 7-23 所示。

图 7-23

**程序说明：**

- 第 05、06 行，items()方法可用于获取字典的元素，再调用内置函数 sorted()进行排序。其中的 key 使用 Lambda 函数，表达式"fd:fd[0]"表示是以第一个字段（即名字）进行排序。经过排序的元素由 OrderedDict()方法转换为有序字典。
- 第 07、08 行，使用 for 循环读取经过排序后有序字典的元素。
- 第 12、13 行，同样也是调用 sorted()函数，只不过配合 reverse 参数指定第 2 个字段（即分数）进行降序排序。

## 7.6　本章小结

- 映射类型分有序映射类型和无序映射类型两种。有序映射类型来自标准函数库 collections.OrderedDict，是 dict 的子类。无序映射类型有两种：字典（用 dict 表示）是标准映射类型唯一的内部对象；另一种是来自标准函数库的 collections.defaultdict，也是 dict 的子类。
- 字典由键与值配对形成"键-值对"。使用键要注意：①采用可哈希的对象，不具顺序，为不可变对象；②只能使用整数或浮点数、字符串、元组、固定集合；③不具有索引，不执行切片操作。
- 创建字典：①使用大括号{}产生字典；②调用 dict()函数；③先创建空的字典，再使用[]运算符以键设值；④类的方法 fromkeys()。
- 防患字典因找不到键而发生错误的对策：①使用成员运算符 in/not in 进行检查；②get()方法在无键时返回 None 作为回应；③setdefault()方法在无键时会添加此键，并以 None 作为该键对应的值。
- keys()方法用于获取字典的键，values()方法用于获取字典的值，items()方法用于获取字典的"键-值对"。这三个方法都以字典视图对象作为返回的结果。
- 字典也有推导式，称为字典推导式，可以使用表达式 v:k 反转字典的键与值。
- 默认字典由 collections 模块的 defaultdict 类提供，由于是 dict 的子类，因此字典所拥有的属性和方法它都可以使用。构造函数 defaultdict()自动配键的做法让人更"省心"。
- 由 collections 模块提供的 OrderedDict（有序字典）存储时会记住插入元素的顺序。

## 7.7　课后习题

### 一、填空题

1. 映射类型有两种：①_____类型，②_____类型。

2. 请根据下列程序语句填写出 dt 的输出结果：_____。

```
dt = dict([('year', 2015), ('month', 7),('day', 25)])
```

3. 请根据下列程序语句填写 dt 的输出结果：_____。

```
dt = dict(zip(['One', 'Two', 'Three'],
    [1, 2, 3] ))
```

4. 要判断字典中某个元素是否存在，可以使用运算符_____或_____。

5. 为防患字典因找不到键而发生错误，方法_____在无键时会返回 None 作为回应；方法_____在无键时会添加此键，并以 None 为对应的值。

6. 方法_____用于获取字典的键，方法_____用于获取字典的值，方法_____用于获取字典的"键-值对"，它们都返回_____对象。

7. 要删除字典中某个元素，可以使用运算符_____或调用方法_____或方法_____。

8. 填写下列字典推导式的结果：_____。

```
dt = {1:'Mon',2:'Tue',3:'Wed'}
print({v:k for k, v in dt.items()})
```

9. collections 提供了两个类，要让字典提供默认的键，可使用_____，要记住字典插入元素的位置，要使用_____。

## 二、实践题与问答题

1. 参考图 7-24 调用 dict()配合 zip()函数来创建字典，并完成下列的输出。

| name | Steven | Peter | Vicky | Tomas | Michelle | John |
|------|--------|-------|-------|-------|----------|------|
| birth | 1998/5/6 | 1990/12/21 | 1990/2/3 | 1991/6/3 | 1991/5/8 | 1988/4/7 |

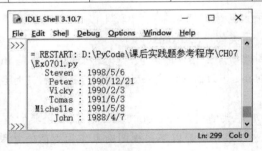

图 7-24

2. 有哪些方式可以预防字典无键而发生错误，请以实例说明。

# 第 8 章

## 集　　合

**学习重点：**

- 认识可变集合与不可变集合
- 调用函数 set() 创建集合
- 了解集合的并集、交集、差集等数学计算
- 集合推导式

Python 语言在内建类中提供了两个集合类：可变集合 set 和不可变集合 frozenset（即固定集合）。两个类之间除了各自的构造函数 set() 和 frozenset() 之外，其他的方法有些是可共同使用的。集合类型在进行数学的集合计算时，除了使用运算符外也可以调用相关的方法。

# 8.1　创建集合

什么是集合类型？除了是无序的群集数据之外，集合同样是以大括号（{}）来创建并在其中存放元素。集合的特点如下：

- 成员测试。使用成员运算符 in/not in 来判断某元素是否在集合内。
- 内置函数 len() 可获取集合对象的长度。
- 可以比对序列对象，删除集合中重复的元素。
- 支持数学运算。
- 集合本身是无序的，所以不会记录元素的位置，也不支持索引、切片操作。

集合类型提供了两个类，set 和 frozenset，表 8-1 列出了它们的差异性。

表8-1　set和frozenset的差异性

| 类 | set | frozenset |
| --- | --- | --- |
| 可变性 | 可变 | 不可变 |
| 哈希值 | 无 | 可哈希 |
| 作为字典的键 | 不能 | 能 |
| 作为另一个集合的元素 | 不可以 | 可以 |

set 对象可以调用 add()方法来添加元素，而 frozenset 对象的大小是固定的，无法调用 add()方法来添加元素，如图 8-1 中的示例所示。

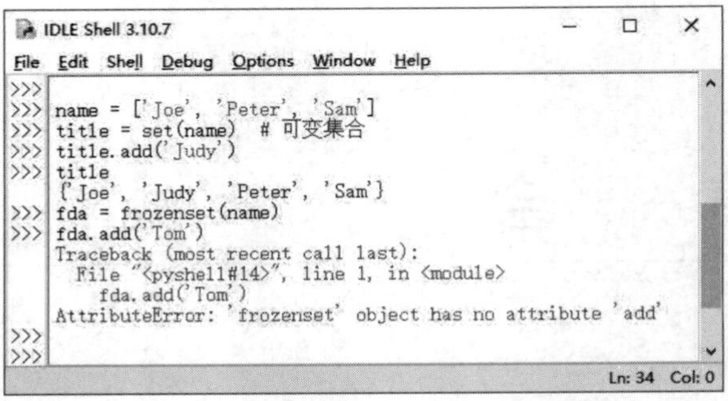

图 8-1

图 8-1 中的示例说明：

（1）分别调用 set()和 frozenset ()函数将 name 转换成可变集合和不可变集合。

（2）可变集合 title 可以调用 add()方法来添加元素，但不可变集合 fda 却无法调用 add()方法来添加元素。

## 8.1.1  认识哈希

在介绍字典的"键"时说过它只能使用可哈希的对象，而集合类型的元素也只能加入可哈希对象。什么是哈希？哈希（Hashing，也称为散列）就是使用哈希函数将要检索的元素或表项和哈希值（产生检索的索引）产生关联，用于日后可供检索的哈希表。

- 哈希函数（Hash Function）或称哈希算法（Hashing Algorithm）：为任何形式的数据建立小的数字指纹（Digital Fingerprint）。它的做法：①固定数据的格式，将数据或信息压缩变小；②将数据打散并混合，重新建立哈希值（即数字指纹）。
- 哈希值（Hash / Hash Value / Hash Code）是由随机字母和数字组成的字符串。

在计算机信息安全的应用中，通过哈希可以辨识文件与数据是否被篡改过，以保证文件与数据确实是由原创者所提供。Python 语言中可哈希的对象要符合以下条件：

- 特殊方法__hash__()，可以返回哈希值。
- 所产生的哈希值在生命周期（Lifetime）内是维持不变的。
- 特殊方法__eq__()可以进行相等与否的比较。

由此可知，Python 内建的类型中 float、frozenset、int、str 和元组都是可哈希的，因而都能加入集合内。此外，可以调用内置函数 issubclass()来判断这些类型是否为可哈希对象，如果返回布尔值 True，就能确定它是某个类的子类。该函数的语法如下：

```
issubclass(class, classinfo)
```

**参数说明：**

- class: 要确认的子类。

● classinfo: 类名。

想要知道可变集合或不可变集合是否为可哈希对象的示例如下：

```
from collections.abc import Hashable    # 导入模块
issubclass(set, Hashable)               # 是否为可哈希（Hashable）的子类
issubclass(frozenset, Hashable)         # 判断是否为 frozenset 类
```

Hashable 类由 collections.abc 模块提供，必须导入才能使用。调用 issubclass()函数来判断 set 类是否为 Hashable 子类，若返回 False，则表示它不是可哈希对象。调用 issubclass()函数来确认 frozenset 类，若返回 True，则表示它是一个可哈希对象。

内置函数 hash()用于获取某个对象的哈希值，它的语法如下：

```
hash(object)
```

**参 数 说 明 ：**

● object: 要获取哈希值的对象。

对于不同的对象，调用 hash()函数获取它的哈希值的示例如图 8-2 中所示。

图 8-2

图 8-2 中的示例说明：

（1）字符串和数值为不可变对象，因而可以获取哈希值。

（2）列表对象属于可变对象，无法获取哈希值，因而返回报错信息。元组对象也是不可变对象，所以可以获取哈希值。

## 8.1.2　创建集合对象

一般而言，集合也是对象容器的一种，与字典一样，可存储不同的数据。集合的特性简介如下：

● 集合的元素不能更改，元素之间不具顺序性（即具有无序性），可参考图 8-3 中的示例。
● 集合的元素都是唯一的，不能有重复的元素，可参考图 8-4 中的示例。

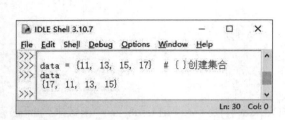

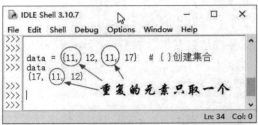

图 8-3　　　　　　　　　　　　　　　　　　　图 8-4

- 集合元素不能使用可变的数据类型，即不能使用可变对象，可参考图 8-5 中的示例。
- 集合的元素可以使用数值、字符串和元组。
- 列表为可变对象，以列表作为集合的元素时会发生错误。

那么如何创建集合呢？最便捷的方式就是使用大括号（{}），元素之间用逗号隔开。创建集合对象时，大括号内要有元素，否则 Python 解释器会把它视为字典而不是集合，可参考图 8-6 中的示例。

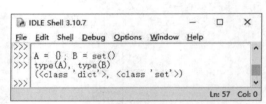

图 8-5　　　　　　　　　　　　　　　　　　　图 8-6

图 8-6 中，调用 type() 函数查看时，对象 A 只有大括号 {} 会被视为字典类型。对象 B 调用了 set() 函数，因此被认为是集合对象。这意味着要创建空的集合要调用 set() 函数，而不是只使用大括号（{}）。

### 8.1.3　调用 set() 函数创建集合

除使用大括号外，创建集合对象的第二种方法就是调用内置函数 set()，并以可迭代对象作为集合的元素，该函数的语法如下：

```
set([iterable])
```

- **iterable**：可迭代对象，只能传入一个参数。

列表对象无法直接成为集合的元素，但可以通过 set() 函数把列表转换成集合，示例如下：

```
name = ['Luck', 'Spiny', 'Eva']   # 列表对象
data = set(name)        # 调用 set() 函数把列表转换为集合
print(data)             # 输出{'Luck', 'Eva', 'Spiny'}
```

虽然可以把可迭代对象转换为集合，但 set() 函数只能使用一个参数，要避免发生如图 8-7 所示的这类错误。

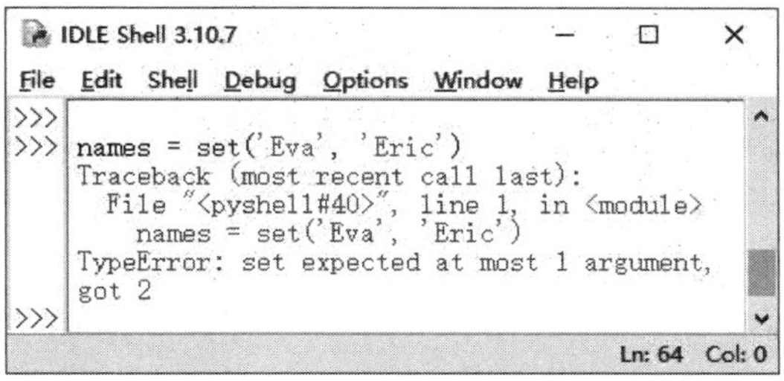

图 8-7

set()函数中只有一个参数，使用列表作为参数不会有问题。set()函数中放入两个都是字符串的参数，参数太多引发了"TypeError"的错误。

同样身为可迭代对象一员的字符串，经过 set()函数的转换就会化身为字符，如图 8-8 所示。

图 8-8

set()函数中还可以加入 range()函数，以可迭代对象作为集合的元素，示例如下：

```
data = set(range(10, 21, 3))
print(data)          # 输出{16, 10, 19, 13}
wd = 'Inition'
print(set(wd))       # 剔除重复的字符，输出{'o', 't', 'n', 'i', 'I'}
```

**示例说明：**

set()函数将字符串转换为字符并变成集合的元素时，就会把重复的字符剔除，因而重复的字符"i"只会取一个。

# 8.2 集合的基本操作

存储于集合中的元素可以调用集合的相关方法来增加、删除或清除，参考表 8-2 的说明。

表8-2 集合的相关方法

| 方　　法 | 说明（s 表示集合对象，x 为元素或数据项） |
| --- | --- |
| s.add(x) | 将数据项 x 加入集合 s，作为集合 s 的元素 |
| s.clear() | 清除集合 s 中的所有元素 |
| s.copy() | 以浅复制返回集合 s 的副本 |
| s.discard(x) | 从集合 s 中移除元素 x |
| s.pop() | 从集合 s 中弹出元素 x |
| s.remove(x) | 从集合 s 中删除元素 x |

## 8.2.1　添加元素和删除元素

创建集合之后，可以调用 add()方法添加元素。不可变对象（如字符串、元组）都能成为集合的元素，可变的列表对象无法成为集合的元素。

调用 add()方法添加元素的示例如下：

```
num = {12, 14, 16, 18}    # 集合
num.add('Joe')
num.add(('Age', 25))
print(num)    # 输出{12, 14, 16, 'Joe', 18, ('Age', 25)}
len(num)    # 返回6
```

**示例说明：**

调用 add()方法添加元素，对于不可变的字符串、元组来说都无问题。内置函数 len()可用于获取集合的长度。

同样地，添加元素时，不能以列表对象为对象，否则会引发"TypeError"的错误，如图 8-9 所示。

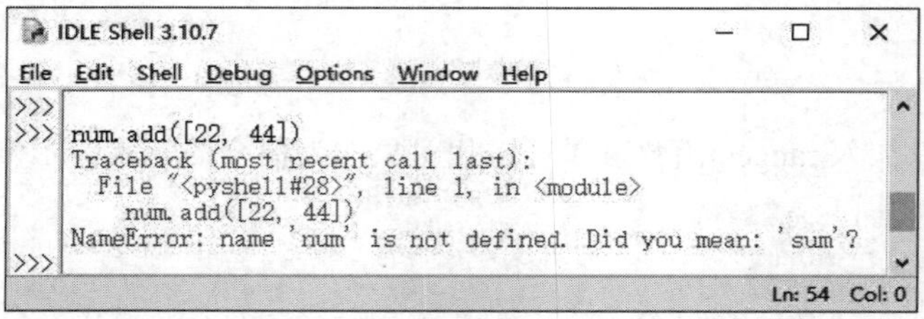

图 8-9

要删除集合中的元素，可以调用 remove()、discard()和 pop()方法。pop()方法无参数，通常是弹出集合的第一个元素（相当于删除）。对于 remove()方法，若删除的元素不存在，会引发错误。而discard()方法在碰到要移除的元素不存在时并不会引发错误。

删除集合中的元素，可参考图 8-10 中的示例。

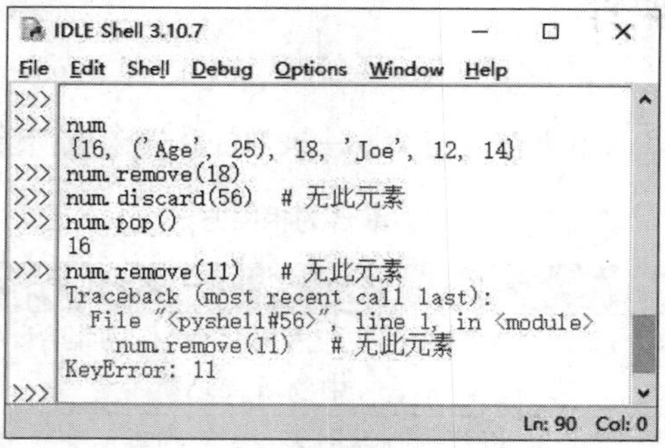

图 8-10

图 8-10 中，调用 discard()方法删除集合中的元素时，即使元素不存在也并不会有任何警示。pop()方法没有参数，它会弹出集合中的第一个元素并返回该元素。

## 8.2.2 集合与数学计算

Python 语言带入了数学的集合概念，可使用集合的并集（Union）或交集计算。Python 中集合常用的运算符如表 8-3 所示。

表8-3 集合常用的运算符

| 运 算 符 | 说 明 |
| --- | --- |
| \| | 并集（去除重复的元素）产生新的集合 |
| & | 交集，两个集合之间共有的元素 |
| - | 差集，可以看作两个集合相减 |
| ^（异或） | 相对差集，两个集合相减所得再做并集 |
| in | 成员运算符，用来判断某个元素是否存在 |
| not in | 成员运算符，用来判断某个元素是否不存在 |

对于集合中的元素，同样可以使用运算符 in 或 not in 来判断某个元素是存在于集合中或是不存在于集合中，示例如下：

```
word = set('Eric')        # 变成{'r', 'c', 'E', 'i'}
if 'c' in word:           # 判断字符 c 是否在 word 集合中
    print(True)           # 由于字符 c 在 word 集合中，所以返回 True
else:
    print(False)
```

除了使用运算符之外，也可调用方法来执行数学的集合运算，所不同的是运算符是针对集合，而集合的相关方法可接收可迭代对象作为参数，这些方法如表 8-4 所示。

表8-4 数学集合的计算方法

| 方 法 | 说明（s 为元素，other 为可迭代对象） |
| --- | --- |
| s.union(other, ...) | 等同 s \| other，即 s 和 other 的并集，新建一个集合 |
| s.intersection(other, ...) | 等同 s & other，即 s 和 other 的交集，新建一个集合 |
| s.difference(other, ...) | 等同 s − other，即 s 和 other 的差集，新建一个集合 |
| s.symmetric_difference(other) | 等同 s ^ other，即 s 和 other 的并集减去它们的交集，新建一个集合 |
| s.update(other, ...) | 等同 s \|= other，把 s 和 other 的并集赋值给 s |
| s.intersection_update(other, ...) | 等同 s &= other，把 s 和 other 的交集赋值给 s |
| s.difference_update(other, ...) | 等同 s −= other，把 s 和 other 的差集赋值给 s |
| s.symmetric_difference_update(other, ...) | 等同 s ^= other，把 s 和 other 的并集减去它们的交集赋值给 s |

## 8.2.3 并集和交集运算

### 1. 并集

要获得两个集合中的所有元素，可以执行集合的并集运算，示意图如图 8-11 所示。

图 8-11

所谓并集就是将两个集合的元素放到一起构成的新集合，不过重复的元素只会保留一份。如图 8-12 所示，集合 num1 和集合 num2 中有重复的元素 23 和 24，求并集时只取一次，形成新的集合。求并集时，可使用"|"运算符或者调用 union()方法。

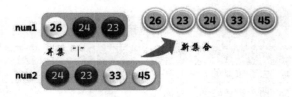

图 8-12

### 范例程序 CH0801.py

```
01 num1 = {23, 24, 26}                      # 准备集合 1
02 num2 = {23, 24, 33, 45}                  # 准备集合 2
03 print(num1 | num2)                        # 求取集合的并集，使用并集运算符"|"
04 num1.union(num2)                          # 求出集合的并集，调用求并集的方法 union()
05 print(num1.union([11, 18, 15]))          # 以列表作为并集的对象
06 print(num1.union('One', ('Two', 25)))    # 可以有多个参数
```

**程序说明：**

- 第 03、04 行，集合 num1 和 num2 做并集运算，取重复元素 23 和 24 各一次，无论是使用运算符"|"还是调用方法 union()都输出相同的结果{33, 23, 24, 26, 45}。
- 第 05 行，以列表为对象求并集，无重复元素，输出{11, 15, 18, 23, 24, 26}。
- 第 06 行，去除字符串中重复的字符，输出{'e', 'n', 'Two', 23, 24, 25, 26, 'O'}。

### 2. 交集

所谓交集就是将两个集合中相同的元素放在一起构成的新集合，如图 8-13 中的阴影部分。

集合 num1 和集合 num2 做交集时，会把两个集合中相同的元素 23 和 24 选出来组成新集合，如图 8-14 所示。两个集合做交集时，使用"&"运算符或者调用方法 intersection()。

图 8-13                          图 8-14

### 范例程序 CH0802.py

```
01 num1 = {23, 24, 26}                       # 准备集合 1
02 num2 = {23, 24, 33, 45}                   # 准备集合 2
03 print(num1 & num2)                        # 求取集合的交集，使用交集运算符"&"
04 num1.intersection(num2)                   # 求取集合的交集，调用求交集的方法 intersection()
05 print(num1.intersection((24, 33, 98)))   # 以元组为参数
```

**程序说明：**

- 第 03、04 行，集合 num1 和 num2 做交集运算，无论是使用运算符 "&" 还是调用方法 intersection()都输出相同的结果{24, 23}。
- 第 05 行，intersection()方法以元组为参数，输出结果为{24}。

除了以数字为集合的运算对象外，也可以调用 set()函数对字符串执行并集或交集运算，示例如下：

```
word = set('Monday') | set('Sunday')     # ① 并集运算
print(word)            # 输出{'n', 'y', 'a', 'u', 'd', 'S', 'M', 'o'}
word = set('Monday') & set('Sunday')     # ② 交集运算
print(word)            # 输出{'a', 'y', 'd', 'n'}
```

**示例说明：**

- ① 调用 set()函数把字符串转变为字符的集合，再用运算符 "|" 做并集运算。除了重复的字符 d、a、y、n 只各取一次之外，再把两个字符串中不重复的字符 M、o、S、u 纳入新集合，就产生一个新集合。
- ② 调用 set()函数把字符串转变为字符的集合，再用运算符 "&" 做交集运算，就是以两个字符串中重复的字符 d、a、y、n 来组成一个新的集合。

## 8.2.4　差集和异或集运算

### 1. 差集

所谓差集就是将两个集合相减，"A – B"的结果可以产生以 A 为主的新集合，"B – A"的结果可以产生以 B 为主的新集合，如图 8-15 所示。

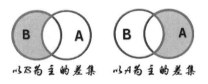

图 8-15

相同的两个集合做差集运算，若以集合 A 为主，进行 "A – B" 的运算，去除集合 A 中也属于集合 B 的元素后，新集合就只有元素 26，如图 8-16 所示。

若差集运算是以集合 B 为主，执行 "B – A" 运算，去除集合 B 中也属于集合 A 的元素，就只有元素 33 和 45，如图 8-17 所示。做差集运算时，可使用 "–" 运算符或者调用方法 difference()。

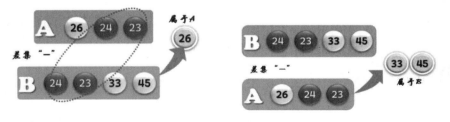

图 8-16　　　　　　　　　　　　　　　图 8-17

**范例程序 CH0803.py**

```
num1 = {23, 24, 26}         # 准备集合 1
num2 = {23, 24, 33, 45}     # 准备集合 2
# 差集计算，输出以 num1 为主的元素，所以是{26}
print(num1 - num2)
# 差集计算，输出以 num2 为主的元素，所以是{33, 45}
print(num2 - num1)
print(num1.difference(num2))        # 输出{26}
print(num2.difference(num1))        # 输出{45, 33}
print(num1.difference([78, 26, 91]))    # 输出{24, 23}
print(num2.difference((33, 35, 21)))    # 输出{24, 45, 23}
```

**程序说明：**

● difference()方法中的参数可以是列表或元组。

**2. 异或集**

所谓异或集（XOR）就是将两个集合互减之后的所得集合再做并集运算。或者可以描述成获取集合 A 和集合 B 的并集，但是要排除调集合 A 与集合 B 的交集，如图 8-18 所示。

示例如图 8-19 所示。求取异或集时，可使用"^"运算符或者调用方法 symmetric_difference()。

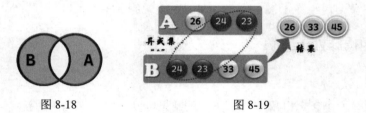

图 8-18                                    图 8-19

**范例程序 CH0804.py**

```
num1 = {23, 24, 26}         # 准备集合 1
num2 = {23, 24, 33, 45}     # 准备集合 2
print('集合 1', num1)
print('集合 2', num2)
# 异或集计算，也即是计算(num1 - num2) | (num2 - num1)
print('num1 ^ num2 = ', num1 ^ num2)
result = num1.symmetric_difference(num2)    # 输出{33, 26, 45}
print('异或集运算', result)
print(num1.symmetric_difference([78, 24]))  # 去除相同的元素 24
```

**程序说明：**

● 调用 difference()方法做异或集运算，将集合 num1 和 num2 中相同的元素 23 和 24 排除之后，以剩下的元素组成新集合{26, 33, 45}。
● 从集合 num1 和集合[78, 24]中去除相同的元素 24 之后，产生新集合{26, 78, 23}。

# 8.3  集合的相关方法

集合提供有交集、并集、差集的相关运算，配合方法 update()或以它为扩展的方法，能加强交集、并集等的运算功能。此外，还能调用集合提供的方法对两个集合进行检测。

## 8.3.1 加强版的计算

调用 update()方法可执行加强版的计算，相关的方法名中如果含有 update 字符串表示此方法有加强的作用。例如加强版的交集运算 intersection_update()方法（当然可以使用具有同等功能的"&="运算符）。那么 update()方法本身有什么作用呢？它是加强版的并集运算，等同于使用运算符"|="，下面通过图 8-20 来认识它。

图 8-20

由于集合属于可变对象，因此调用 add()方法来加入另一个集合会发生错误。调用 update()方法并不会产生新集合而是原地修改调用此方法的集合。

**范例程序 CH0805.py**

```
num1 = {23, 24, 26}          # 集合
num2 = [23, 24, 33, 45]      # 列表
num1.update(num2)
print(num1)                  # 输出{33, 45, 23, 24, 26}
```

**程序说明：**

● 调用 update()方法时，集合 num2 的元素会加入集合 num1，同时排除掉这两个集合重复的元素。

● 由于是集合 num1 调用了 update()方法，因此集合 num1 自身被改写了，输出时可以看到该集合的元素增加了。

● 如果 update()方法自己算第一个方法，那么含有 update 字符串的第二个方法是 intersection_update()，它是加强版的交集运算，等同于执行运算符"&="来完成的计算。

**范例程序 CH0806.py**

```
num1 = {11, 12, 13}               # 集合对象
num2 = {22, 12, 13, 28}           # 集合对象
num1 &= num2                      # 加强版的交集运算
num1.intersection_update(num2)    # 调用方法做加强版的交集运算
print(num1)                       # 输出{12, 13}
```

**程序说明：**

● 表示获取集合 num1 和 num2 这两个集合的交集，由于是集合 num1 去调用加强版的交集运算，因此集合 num1 中的元素被改写了。

要注意的地方是，两个集合执行加强版的交集运算时，若两个集合没有相同的元素，则会返回 set()函数，如图 8-21 所示。

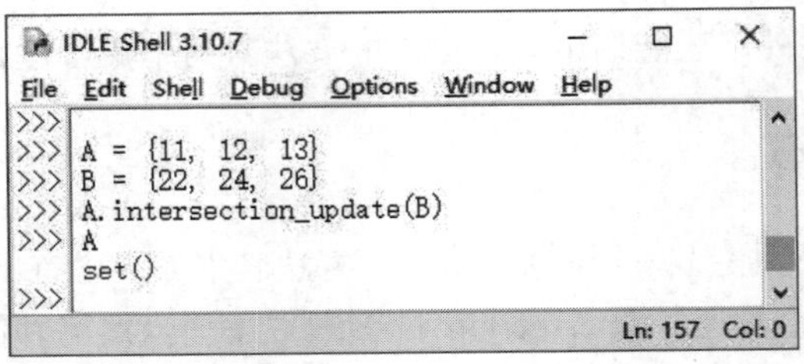

图 8-21

图 8-21 中，两个集合无交集，返回 set() 函数，表示 A 是一个空集合。

含有 update 字符串的第三个方法是 difference_update()，它是加强版的差集运算，就集合 num1 和 num2 来说，相当于执行 "num1 -= num2" 的集合运算。

### 范例程序 CH0807.py

```
num1 = {11, 12, 13, 15}    # 集合对象
num2 = {28, 15, 12, 14}    # 集合对象
num1.difference_update(num2)    # 加强版的差集运算，调用差集运算的方法
print(num1)        # 以集合 num1 为主做差集运算，输出结果为{11, 13}
num1 = {11, 12, 13, 15}    # 集合对象
num2 = {28, 15, 12, 14}    # 集合对象
num2 -= num1    # 加强版的差集运算，使用 "-=" 运算符
print(num2)        # 以集合 num2 为主做差集运算，输出结果为{28, 14}
```

**程序说明：**

● 调用 difference_update() 做加强版的差集运算，以集合 num1 为主和集合 num2 为主所得的运算结果不同。

● 含有 update 字符串的第四个方法是 symmetric_difference_update()，它是加强版的异或集运算，以集合 num1 和 num2 来说，它等同于执行 "num1 ^= num2" 运算，所得的结果会改写集合 num1 的内容。

### 范例程序 CH0808.py

```
num1 = {11, 12, 13, 15}
num2 = {28, 15, 12, 14}
num1.symmetric_difference_update(num2)
print(num1)    # 输出结果为{11, 13, 14, 28}
```

## 8.3.2  检测集合

集合可以成为某个集合的子集合，或是父集合。除了使用运算符之外，也可以调用方法来判断两个集合之间的关系，如表 8-5 所示。

表8-5  父、子集合的相关方法

| 运算符/方法 | 说明（s 为集合，other 为可迭代对象） |
| --- | --- |
| s > other | 测试 s 集合是否为 other 的父集合 |
| s < other | 测试 s 集合是否为 other 的子集合 |

（续表）

| 运算符/方法 | 说明（s 为集合，other 为可迭代对象） |
|---|---|
| s.issuperset(other) | 等同 s >= other，True 表示 other 为子集合 |
| s.isdisjoint(other) | s 与 other 无相同元素时，返回 True |
| s.issubset(other) | 等同 s <= other，True 表示 other 为父集合 |

无论是使用运算符"">="或调用方法 issuperset()，它们都会逐一比对集合 other 中的每个元素是否也在集合 s 中，如果返回 True，则表示 s 为 other 的父集合。使用运算符"<="或调用方法 issubset() 采用同样的比较方式，即集合 s 中的元素和集合 other 中的元素进行比较，如果返回 True，则表示 s 是 other 的子集合。

### 范例程序 CH0809.py

```
num1 = {11, 12, 13, 14}
num2 = {12, 13}
num1.issuperset(num2)        # 集合 num1 是否为集合 num2 的父集合
print('num1 >= num2 >', num1 >= num2)

num1.issubset(num2)          # 集合 num1 是否为集合 num2 的子集合
print('num1 <= num2 >', num1 <= num2)
```

**程序说明：**

● 因为集合 num1 不是集合 num2 的子集合，所以返回 False；但集合 num1 是集合 num2 的父集合，所以返回 True。

● 方法 isdisjoint()可以用来判断两个集合是否有相同的元素，若有，就返回布尔值 False。

### 范例程序 CH0810.py

```
num1 = {11, 12}; num2 = {13, 14}; num3 = {12, 13}
# 集合 num1 和集合 num2 有无相同的元素
print('集合 num1 和集合 num2 有无相同的元素? ', num1.isdisjoint(num2))
# 集合 num2 和集合 num3 有一个相同的元素
num1.issubset(num2)
print('集合 num2 和集合 num3 是否有相同的元素? ', num2.isdisjoint(num3))
```

**程序说明：**

● 当集合 num1 和 num2 无相同的元素时，调用 isdisjoint()方法会返回布尔值 True。

● 当集合 num2 和 num3 有相同的元素 13 时，调用 isdisjoint()方法会返回布尔值 False。

### 范例程序 CH0811.py

搭配不同用途的运算符找出字典对象中符合条件的元素。

**步骤01** 编写如下程序代码：

```
01 student = {'Maya': {'Guangzhou', 'female', 1988},
02          'Tomas':{'Shenzhen', 'male', 1989},
03          'Michelle': {'Guangzhou', 'female', 1990},
04          'Steven': {'Shenzhen', 'male', 1988},
05          'Grace': {'Hangzhou', 'female', 1991} }
06 print('女学生', end = '-')
07 for name, pern in student.items():
08    if pern & {'female'}:    # & 运算符，即交集运算
```

```
09        print(name, end = ', ')
10 print()
11 print('家住深圳，不是 1988 年出生：', end = '')
12 for name, pern in student.items():
13    if 'Shenzhen' in pern and not pern &{1988}:
14        print(name)
15 # 存储个人的相关信息
16 maya = student['Maya']
17 tomas = student['Tomas']
18 michelle = student['Michelle']
19 steven = student['Steven']
20 grace = student['Grace']
21 # 交集，调用方法来实现
22 print('Maya, Michelle 相同点：',
23        maya.intersection(michelle))
24 # |——并集运算
25 print('Tomas, Steven 基本信息\n', tomas | steven)
26 # ^ 求取异或集
27 print('Maya, grace 城市、出生年份不同\n', maya ^ grace)
```

**步骤 02** 保存该程序文件，按 F5 键执行该程序，执行结果如图 8-22 所示。

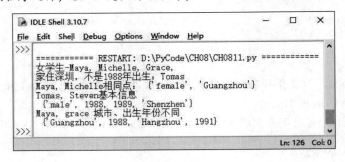

图 8-22

**程序说明：**

- 第 07~09 行，for 循环配合 if 语句和&运算符做交集运算，找出女学生。
- 第 12~14 行，for 循环配合 if 语句和成员运算符 in，找出"家住深圳，不是 1988 年出生"的学生。
- 第 16~20 行，提取 student（字典对象）的个人信息，使用变量配合[]运算符来存储。
- 第 22、23 行，执行交集计算，找出 Maya 和 Michelle 的相同点。
- 第 25 行，将 Tomas 和 Steven 做并集运算作为新集合并输出。

## 8.3.3　集合推导式

集合也可使用推导式，它的语法如下：

```
{表达式 for item in iterable}
{表达式 for item in iterable if 条件判断表达式}
```

产生集合推导式的范例程序如下：

**范例程序 CH0812.py**

```
fruit = ['Banana', 'Apple', 'Morello', 'Strawberry', 'Pineapple']   # 列表
```

```
# 产生集合推导式
num = {len(item) for item in fruit}
print('字符串的长度', num)
```

**程序说明：**

● fruit 是一个列表，集合推导式调用 len()函数获取 fruit 中每个元素的长度，再以 for 循环读取并输出这些长度值。

使用集合推导式时要考虑集合本身是可变的且是无序输出的，所以想要正确获取处理后的结果，可以配合字典、列表或元组来产生字典推导式。使用集合的特性，去除重复性，配合推导式加速数据的处理。

**范例程序 CH0813.py**

```
01 word = 'initiative'
02 # 统计字符，加速数据的读取
03 target = {single:word.count(single) for single in set(word)}
04 print('字符:', target)
05 # 统计字符，只显示重复性高的
06 target = {single:word.count(single) for single in set(word)
07          if word.count(single) > 1}
08 print('字符:', target)
```

**程序说明：**

● 第 03 行，第一次的推导式会把字符出现的次数统计出来，它的输出为: {'t': 2, 'i': 4, 'a': 1, 'n': 1, 'e': 1, 'v': 1}。

● 第 06 行，第二次的推导式加入 if 语句进行条件判断，字符重复次数高于 1 的才输出，它的输出为: {'t': 2, 'i': 4}。可以发现在字符串中字符 i 出现了 4 次。

## 8.3.4 固定集合

在本章的开头，介绍了 set 集合属于可变集合，而 frozenset 为不可变集合。要产生 frozenset 集合，就得借助 frozenset()函数。示例如下：

```
num = 'One', 'Two', 'Three'     # 元组对象
data = frozenset(num)           # 转换为 frozenset 对象
print(data)                     # 输出 frozenset({'One', 'Three', 'Two'})
```

**示例说明：**

输出 frozenset 对象时，会连同函数名 frozenset 一起输出。

当然，frozenset 对象也能调用 set()函数转换为可变集合对象，示例如下：

```
frozenset({'One', 'Three', 'Two'})
print(set(data))        # 输出{'One', 'Three', 'Two'}
```

frozenset 对象一旦创建，内含的元素就无法更改，所以添加元素的方法（例如 add()）或者删除元素的方法（例如 removed()）等都无法使用。不过，为 frozenset 提供的集合运算方法和运算符等则可以使用，示例如下：

```
n1 = 11, 13, 15         # 元组对象
n2 = 13, 15, 17         # 元组对象
```

```
print(frozenset(n1) | frozenset(n2))     # 并集运算
# 输出 frozenset({17, 11, 13, 15})
print(frozenset(n1) & frozenset(n2))     # 交集运算
# 输出 frozenset({13, 15})
```

# 8.4　本章小结

- 集合类型除了是无序的群集数据之外，同样是以大括号（{}）建立并存放集合的元素的。特色有：①使用成员运算符 in/not in 判断某元素是否在集合内；②内置函数 len() 获取 set 对象的长度；③比对序列对象，删除重复的项目；④支持数学集合运算。
- "哈希"就是使用哈希函数将检索项目和哈希值（产生检索的索引）产生关联，用于日后可供检索的哈希表。
- 哈希函数或称哈希算法是为任何形式的数据建立小的"数字指纹"。
- 产生集合有两种方式：第一种是使用大括号来存放集合对象的元素；第二种就是调用内置函数 set()，以可迭代对象作为集合元素。
- 支持的数学集合运算有：①"|"并集，两个集合相加；②"&"交集，两个集合共有元素；③"-"差集，两个集合相减；④"^(XOR)"相对差集，两个集合相减所得再做并集；⑤">"测试左集合是否为右集合的父集合；⑥"<"测试左集合是否为右集合的子集合。
- frozenset 属于不可变集合，建立之后内含的元素就无法添加、修改或移除，但支持应用于数学集合运算的相关方法和运算符。

# 8.5　课后习题

**一、填空题**

1. Python 的集合提供了两种类型，可变的＿＿＿＿和不可变的＿＿＿＿。

2. 写出下面程序语句中 set() 函数产生的集合：＿＿＿＿。

```
wd = 'apple'
print(set(wd))
```

3. 在可变集合中，要添加元素可调用＿＿＿＿方法，要清除集合的所有元素可调用＿＿＿＿方法。

4. 删除可变集合中的元素：方法＿＿＿＿无参数，弹出第一个元素；方法＿＿＿＿删除的元素不存在时，会引发错误信息；方法＿＿＿＿要删除的元素不存在并不会引发错误。

5. 在集合的数学运算中，要获取集合 A 和 B 所有的元素来产生新集合，使用＿＿＿＿运算；获取 A 和 B 两个集合之间相同的元素使用＿＿＿＿运算。

6. 写出运算符：①＿＿＿＿，②＿＿＿＿，转换函数③＿＿＿＿。

```
s1 = 'One'; s2 = 'Fine'
print(③(s1) ① ③(s2))    # 输出{'e', 'n'}
print(③(s1) ② ③(s2))    # {'i', 'e', 'O', 'n', 'F'}
```

7. 继续问题 6，进行差集运算，要调用方法＿＿＿＿，以集合 s1 为主，结果为＿＿＿＿，以集合

s2 为主，结果为_____。

8. 集合 s1 改写后的结果为：_____。

```
s1 = set('One'); s2 = set('Fine')
s1.update(s2)
print(s1)
```

9. 判断集合 A 是否为集合 B 的父集合，使用运算符_____；判断集合 A 是否为集合 B 的子集合，使用运算符_____。

10. 判断集合 A 与集合 B 是否有相同的元素，调用方法_____，若两个集合有相同的元素，则返回布尔值_____。

## 二、实践题与问答题

集合的数学计算，请分别用运算符和相关方法来编写集合运算的示例。

# 第 9 章

函　数

*9*

**学习重点：**

- 认识 Python 提供的内置函数
- 以 def 关键字创建自定义函数
- 参数机制，默认以位置参数为主，也能有默认参数和关键字参数
- 形式参数、实际参数配合*和**运算符，更具弹性
- Lambda 函数和递归函数

本章通过对自定义函数的介绍对 Python 的内置函数进行通盘的了解。定义函数和调用函数是两件事。定义函数要有形式参数（Formal Parameter，简称形参）来接收数据，而调用函数时要有实际参数（Actual arguments，简称实参）来传递数据。本章先讨论参数机制，对函数的运行原理有了基本概念后，再进一步认识变量的作用域（Scope）。

## 9.1　Python 的内置函数

大家应该都使用过闹钟。无论是手机上的闹铃设置，还是撞针式的传统闹钟，这两者的功能都是定时"调用"。只要定时功能没有被解除，它就会随着时间的循环不断重复响铃的动作。从程序的观点来看，闹钟定时调用的功能就是所谓的函数或方法。两者的差别在于函数是结构化程序设计的用语，方法则是从面向对象程序设计而来的概念，Python 语言中有函数，也有方法，执行时必须调用其名称，依其执行程序返回结果。

### 9.1.1　与数值有关的函数

Python 有哪些内置函数？表 9-1 列出了与数值运算有关的函数，它们的使用方法在第 2 章介绍过了。

表9-1　与数值有关的内置函数

| 内置函数 | 说　明 | 参考章节 |
|---|---|---|
| int() | 整数或转换为整数类型 | 第 2.2.2 节 |
| bin() | 把整数转换为二进制数，以字符串方式返回 | 第 2.2.2 节 |
| hex() | 把整数转换为十六进制数，以字符串方式返回 | 第 2.2.2 节 |
| oct() | 把整数转换为八进制数，以字符串方式返回 | 第 2.2.2 节 |
| float() | 浮点数或转换为浮点数类型 | 第 2.3.1 节 |
| complex() | 复数或转换为复数类型 | 第 2.3.2 节 |
| abs() | 取绝对值，x 可以是整数、浮点数或复数 | |
| divmod() | a // b 得商，a % b 取余，a、b 为数值 | 第 2.4.3 节 |
| pow() | x ** y, (x ** y) % z | 第 2.4.1 节 |
| round() | 将数值四舍五入 | 第 2.3.3 节 |

布尔值通常用于逻辑判断，可配合相关函数，参考表 9-2 中的说明。

表9-2　用于逻辑判断的内置函数

| 内置函数 | 说　明 |
|---|---|
| bool() | 布尔值，参考第 2.3.1 节 |
| all() | 返回布尔值，判断元素是否为可迭代对象，参考范例程序 CH0901.py 的说明（第 9.1.1 节） |
| any() | 返回布尔值，判断至少有一个元素是否为可迭代对象，参考范例程序 CH0901.py 的说明（第 9.1.1 节） |

内置函数 all() 和 any() 的使用，可参考下面的范例程序：

### 范例程序 CH0901.py

```
-- all()和 any()函数
# num 是列表，data 是元组，source 是空字典
num = [11, 56]; data = ('one', 'two'); source = {}
print(all(num), all(data), all(source))
# 返回 True, True, True
print(any(data), any(data), any(source))
# 返回 True, True, False
```

**程序说明：**

- 对于 all() 函数，无论可迭代对象中有无元素都返回 False。
- 对于 any() 函数，可迭代对象中有元素则返回 True，无元素则返回 False。

## 9.1.2　与字符串有关的内置函数

表 9-3 列出了与字符串有关的内置函数，像是获取 ASCII 编码的 ord() 函数，将 ASCII 编码转为字符的 chr() 函数等。

表9-3　与字符串有关的内置函数

| 内置函数 | 说　明 | 参考章节 |
|---|---|---|
| str() | 字符串或转换为字符串类型 | 第 5.2.1 节 |
| chr() | 将 ASCII 编码转换为字符 | 第 5.2.1 节 |

（续表）

| 内置函数 | 说　　明 | 参考章节 |
|---|---|---|
| ord() | 将字符转换为 ASCII 编码 | 第 5.2.1 节 |
| ascii() | 以参数返回可打印的字符串 | |
| repr() | 返回可代表对象的字符串 | |
| format() | 根据规则将字符串格式化 | 第 5.4.3 节 |

## 9.1.3　与序列类型相关的函数

序列类型的数据与迭代器息息相关，表 9-4 列出了与迭代器有关的内置函数，这些内置函数的参数多半与迭代器有关。

表9-4　与迭代器有关的内置函数

| 内置函数 | 说　　明 | 参考章节 |
|---|---|---|
| iter() | 返回迭代器 | 第 5.1.1 节 |
| next() | 返回迭代器的下一个 | 第 5.1.1 节 |
| zip() | 聚合两个可迭代器 | 第 6.3.3 节 |
| range() | 返回 range 对象 | 第 4.1.2 节 |
| enumerate() | 列举可迭代对象时加入索引 | 第 5.2.1 节 |
| filter() | 按其函数定义来过滤迭代器 | 第 9.5.4 节 |

表 9-5 列出了与序列类型有关的函数，例如通过 list() 函数可将其他对象转换为列表。

表9-5　与序列类型有关的内置函数

| 内置函数 | 说　　明 | 参考章节 |
|---|---|---|
| list() | 列表或转换为列表对象 | 第 6.2.1 节 |
| tuple() | 元组或转换为元组对象 | 第 6.1.1 节 |
| len() | 返回对象的长度 | 第 5.1.4 节 |
| max() | 找出列表中的最大值 | 第 5.1.4 节 |
| min() | 找出列表中的最小值 | 第 5.1.4 节 |
| slice() | 切片操作 | |
| reversed() | 反转元素，以迭代器返回 | 第 6.2.2 节 |
| sum() | 计算总和 | 第 6.2.3 节 |
| sorted() | 排序 | 第 6.2.3 节 |

表 9-6 列出了与字典、集合有关的内置函数。

表9-6　与字典、集合有关的内置函数

| 内置函数 | 说　　明 | 参考章节 |
|---|---|---|
| dict() | 字典或转换为字典对象 | 第 7.2.2 节 |
| set() | 集合或转换为集合对象 | 第 8.1.3 节 |
| frozenset() | 不可变的集合 | 第 8.3.4 节 |

表 9-7 列出了与对象有关的函数，例如调用 id() 函数可以获取每个对象的 ID（身份标识符）。

表9-7　与对象有关的内置函数

| 内置函数 | 说　　明 | 参考章节 |
| --- | --- | --- |
| id() | 返回对象的 ID | 第 2.1.3 节 |
| type() | 返回对象的类型 | 第 2.2.1 节 |
| hash() | 返回对象的哈希值 | 第 8.1.1 节 |
| object() | 创建基本的对象 | |
| super() | 返回代理对象，委派方法调用父类 | 第 12.3.1 节 |
| issubclass() | 判断类是否为指定类的子类 | 第 8.1.1 节 |
| classmethod() | 类方法 | 第 11.3.4 节 |
| staticmethod() | 静态方法 | 第 11.3.4 节 |
| isinstance() | 判断对象是否为指定类的实例 | 第 6.3.4 节 |
| getattr() | 获取对象的属性项 | 第 11.2.3 节 |
| setattr() | 设置对象的属性项 | 第 11.2.3 节 |
| hasattr() | 判断对象是否有属性项 | 第 11.2.3 节 |
| delattr() | 删除对象的属性项 | 第 11.2.3 节 |
| property() | 属性 | 第 12.3.3 节 |
| memoryview() | 返回"内存视图"对象 | |

## 9.1.4　其他的内置函数

其他的内置函数如表 9-8 所示。

表9-8　与对象有关的内置函数

| 内置函数 | 说　　明 | 参考章节 |
| --- | --- | --- |
| bytearray() | 可变的字节数组 | 第 14.4.1 节 |
| bytes() | 字节 | 第 14.4.1 节 |
| print() | 把字符串输出到屏幕 | 第 1.4.4 节 |
| input() | 获取输入的数据 | 第 1.4.4 节 |
| open() | 打开文件 | 第 14.3.1 节 |
| __import__() | 用于底层的 import 语句 | |
| compile() | 编译源代码 | |
| eval() | 动态执行 Python 表达式 | 第 2.1.3 节 |
| exec() | 动态执行 Python 语句 | |
| globals() | 返回全局命名空间字典 | |
| locals() | 返回局部命名空间字典 | |
| dir(object) | 列出当前区域范围的名称 | 第 8.1.4 节 |
| help() | 启动内建的文件系统 | 第 1.2.3 节 |

# 9.2　函数基本概念

使用函数的优点列举如下：

- 可以达到信息模块化的作用。
- 函数或方法能重复使用，方便日后的调试和维护。
- 从面向对象的观点来看，提供操作接口的方法可达到信息隐藏的作用。

按其程序设计的需求，Python 中的函数分为三种：

- 系统内置函数（Built-in Function，简称 BIF），如获取类型的 type()函数，搭配 for 循环的 range()函数（参考第 4.1.2 节）。
- Python 提供的标准函数库（Standard Library）。就像导入 math 模块时会有 math 类提供的类方法，或者创建字符串对象之后实现的方法。
- 程序设计人员使用 def 关键字自定义的函数。

无论是哪一种函数，都可以调用 type()来探查，例如将内置函数的 sum()作为 type()函数的参数，就会返回"class 'builtin_function_or_method'"，表示它是一个内置函数或方法。如果是自定义的函数，则会返回"class 'function'"。示例如图 9-1 所示。

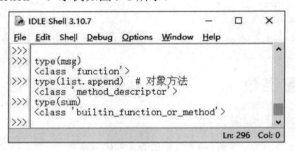

图 9-1

## 9.2.1　函数基础

定义函数可能包含单行或多行程序语句（Statement），或者就是一个表达式。调用函数时，会按照函数名称指定的程序代码接收数据并获取程序运行的控制权。当函数执行完毕时，若有返回值，则把返回值返回给函数的调用者，再将控制权交回给函数的调用者，如图 9-2 所示。

图 9-2

函数大致的工作机制是先定义函数，再调用函数。所以定义函数和调用函数是两件事。例如，total()函数用来计算某个区间的数值之和的流程如下：

- 定义函数：先以 def 关键字定义 total()函数及函数体，它提供的是函数执行的根据。
- 调用函数：从程序语句中调用函数 total()。

如图 9-3 所示，调用函数时，控制权会在 total()函数身上，实际参数将相关的数据传给 total()函数；若有返回值，则交给 return 语句负责，最后交给调用函数的变量 number 保存。此时程序代码的控制权从定义函数 total()回到函数的调用者，而后继续下一条语句。

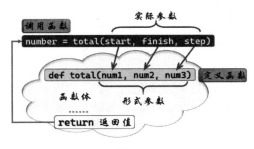

图 9-3

## 9.2.2　定义函数

如何定义函数？Python 语言除了有内置函数和对象/类的方法之外，还可以由编程人员自定义函数来使用。定义函数的语法如下：

```
def 函数名称(参数列表):
    函数体_suite
    [return 返回值]
```

**参数说明：**

- def 是关键字，用来定义函数，为函数程序区块的开头，所以末尾要有冒号（:）。
- 函数名称：命名遵循标识符名称的规范。
- 参数列表：或称形式参数列表用来接收数据，它们的名称也要遵循标识符名称的命名规范，可以有多个参数，也可以省略参数。
- 函数体必须缩进，可以包含单行或多行语句。
- return：用来返回函数执行后的结果值。如果无返回值，则可以省略 return 语句。

下面用几个简单的例子来说明自定义函数。

示例 1：没有参数的函数。

```
def greet():
  print('Hello World')
```

**示例说明：**

（1）关键字 def 为自定义函数 greet()的开端，没有参数列表，但函数名称 greet 的左、右括号不能省略。

（2）函数体只有一行语句，以 print()函数输出字符串。

示例 2：有参数和返回值的函数。

**范例程序 CH0902.py（部分）**

```
def bigValue(x, y):      # 定义函数，有两个参数
  if x > y:              # 找出 x 和 y 中哪一个值较大
    result = x
  else:
```

```
        result = y
    return result          # 返回较大者的值
```

**示例说明：**

（1）关键字 def 自定义函数 bigValue()，有两个形式参数，即 x 和 y，用来接收函数调用者传递进来的数据。

（2）函数体 if/else 语句判断 x 和 y 两个数值的大小，如果 x 大于 y，表示 x 更大；如果不是就表示 y 更大。无论是哪一个，都赋值给变量 result，再以 return 语句返回变量 result 的值。

## 9.2.3  调用函数

定义好的函数应该如何调用？就与我们调用内置函数、类或对象提供的方法一样，在调用处直接编写被调用函数的名称。如果函数有参数就必须带入参数值，经由函数的执行返回其结果。函数 greet() 和 bigValue() 是上一小节所定义的函数，调用这些定义好的函数的示例如下：

示例 1：调用无参数的函数 greet()。

```
greet()   # 调用自定义函数 greet()
```

**示例说明：**

greet() 函数无任何参数，直接调用即可。

示例 2：调用有返回值的函数。

**范例程序 CH0902.py（部分）**

```
num1, num2 = 15, 10
large = bigValue(num1, num2)    # 调用函数，获取函数的返回值
print('较大者的值为', large)
```

**示例说明：**

（1）bigValue() 函数有 2 个形式参数，所以调用此函数要按序提供 2 个实参 num1 和 num2，它们已设值为 15 和 10。

（2）自定义函数 bigValue() 执行完成后，会由 return 语句返回结果，存储在变量 large 中。

（3）形数和实参必须有对应。定义函数时有 2 个形参，则调用函数时也要有 2 个实参对应，否则会引发"TypeError"的错误，指出需要给变量 y 赋值，如图 9-4 所示。

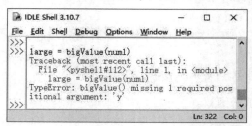

图 9-4

## 9.2.4　返回值

函数可以有返回值,它们把函数运算的结果经由 return 语句返回。下面以内置函数 round()为例,数值 128.269783 经由 round()函数处理,指定输出 4 位小数,结果应该为 128.2697,如图 9-5 所示。

图 9-5

自定义函数是否要有返回值可以分下述几种情况进行讨论。

(1) 自定义函数没有参数,函数体也无表达式,以 print()函数输出信息即可。

**范例程序 CH0903.py**

```
def message():
    info = '''For most, a movie to the city usually
        means better jobs and greater opportunities.'''
    print(info)
message()    # 调用函数
```

**程序说明:**

- 自定义函数 message(),函数体以 print()函数输出其信息,所以直接调用函数名称就能输出相关信息。

(2) 如果自定义函数有参数,而且函数体有相应的运算,那么就要以 return 语句返回运算后的结果。

**范例程序 CH0904.py**

自定义函数 total(),它含有 3 个参数,函数体包含执行计算的程序语句,以 return 语句返回计算的结果,将返回值赋值给调用者设置好的变量,或者直接调用 print()函数输出计算结果。

步骤 01 编写如下程序代码:

```
01 def total(num1, num2, num3):    # 定义函数, 有 3 个参数值
02     result = 0                   # 声明存储计算结果的变量, 并赋初值
03     for item in range(num1, num2 + 1, num3):
04         result += item           # 存储相加的结果
05     return result
06
07 print('计算数值的总和, 输入-1 停止计算')
08 key = input('按 y 开始, 按 n 停止--> ')
09 while key == 'y':
10     start = int(input('输入起始值: '))
11     finish = int(input('输入终止值: '))
12     step = int(input('输入间距值: '))
13     # 调用自定义函数 total
```

```
14    print(f'数值的总和：{total(start, finish, step):,}')
15    key = input('按 y 开始，按 n 停止--> ')
```

步骤 **02** 保存该程序文件，按 F5 键执行该程序，执行结果如图 9-6 所示。

图 9-6

**程序说明：**

- 第 01~05 行，自定义函数 total()，它有 3 个形式参数，接收函数调用者传来的数据。
- 第 03、04 行，使用 for 循环配合内置函数 range()，将第 2 个参数加 1 以符合实际的计算。
- 第 05 行，变量 result 存储相加的结果，并以 return 语句返回该结果。
- 第 09~13 行，当输入字符为 y 时就会进入 while 循环，分别以变量 start、finish 和 step 来存储输入的数值。
- 第 14 行，调用函数 total()，3 个实参分别接收数值之后再传递给函数 total()，完成运算后调用函数 print() 输出结果。

（3）如果返回值有多个，return 语句可以配合元组对象来表达。

**范例程序 CH0905.py**

return 语句借助元组对象返回运算后的多个数值。

步骤 **01** 编写如下程序代码：

```
01 def answer(x, y):  # 定义函数
02    return x+y, x*y, x/y
03
04 numA = int(input('输入第一个数值: '))
05 numB = int(input('输入第二个数值: '))
06 data = answer(numA, numB)    # 调用函数，存储返回的数值
07 # 以 f-string 进行格式化处理
08 print(f'运算的结果: {data[0]}, {data[1]:,},
09        {data[2]:,.10f}')
```

步骤 **02** 保存该程序文件，按 F5 键执行该程序，执行结果如图 9-7 所示。

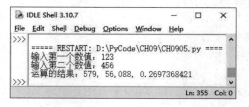

图 9-7

**程序说明：**

- 第 01、02 行，自定义函数 answer() 有 2 个形式参数，return 语句接收这两个形式参数之后进行相加、相乘和相除的运算，最后以元组存储计算的结果并返回。
- 第 06 行，调用函数 answer()，将 numA 和 numB 这两个实参所接收的数值以变量存储。
- 第 08、09 行，使用 f-string 分别处理元组对象的元素，其中 ",.10f" 表示数据含有千位符号，并输出含有 10 位小数的浮点数。

---

提示　函数返回值的做法，综合归纳如下：

① 返回单个值或对象。

② 多个值或对象可存储于元组对象中。

③ 未使用 return 语句时，默认返回 None。

---

## 9.3　参数基本机制

调用函数时，配合参数可进行不同的传递和接收。在开始学习之前，先来了解两个名词：

- 实参：在程序中调用函数时，将接收的数据或对象传递给函数，默认按位置参数（Positional Argument）对应。
- 形参：定义函数时；用来接收实参所传递的数据，然后进入函数体执行语句或运算，默认按位置参数对应。

由于不同参数在函数中扮演的角色并不同，因此定义函数、调用函数时，形参、实参除了按位置参数对应之外，还有哪些方式呢？

- 默认参数值（Default Parameter Value）：让函数的形参采用默认值方式，当实参未传递时，按"参数 ＝ 默认值"赋值。
- 关键字参数（Keyword Argument）：调用函数时，实参直接以形参为名称，配合设置值进行数据的传递。
- 使用 "*表达式" 和 "**表达式"：配合形参，"*表达式" 由元组组成，"**表达式" 由字典辅助，它们可以收集实参。通过实参，"*" 运算符可以拆分可迭代对象，"**" 运算符则能拆分映射对象，让形式参数便于接收。

### 9.3.1　参数的传递

在讨论形参之前，先来了解调用函数时实参如何进行数据的传递？简单来说就是"我丢"（函数调用者，传递参数）"你捡"（定义函数，接收参数）的工作，它有顺序性，而且是一对一的。其他的程序设计语言会以两种方式来传递参数：

- 传值（Call by value）：若为数值数据，会先把数据复制一份再传递，所以原来参数的内容不会被影响。
- 传址（Pass-by-reference）：传递的是参变量的内存地址，会影响原有参变量的内容。

那么 Python 如何进行参变量传递？Python 传参的原则如下：

- 不可变对象（如数值、字符串）：使用对象引用时会先复制一份再进行传递。
- 可变对象（如列表）：使用对象引用时会直接以内存地址进行传递。

### 范例程序 CH0906.py

配合 id()函数来查看可变和不可变对象的传递有何不同。

**步骤 01** 编写如下程序代码：

```
01 def passFun(name, score):
02     print('自定义函数的形参')
03     print('<name>', id(name))
04     print('score >', id(score))
05
06 na = 'Mary'; sc = [75, 68]
07 passFun(na, sc)          # 调用函数
08 print('调用函数的实参')
09 print('<na>', id(na))            # 不可变对象
10 print('sc >', id(sc))            # 可变对象
```

**步骤 02** 保存该程序文件，按 F5 键执行该程序，执行结果如图 9-8 所示。

图 9-8

**程序说明：**

- 字符串 name 和 na 属于不可变对象。调用函数 passFun()，实参 na 先复制一份，再传递给形参 name，经由 id()函数返回的标识符来看 name 和 na 在两个不同的内存位置上。
- 列表对象 score 和 sc 是可变对象。调用函数的实参 sc 和接收数据的形参 score 虽然是两个不同的变量，却返回相同的标识符，表示二者都指向同一个列表对象的地址。

### 范例程序 CH0907.py

延续范例程序 CH0906.py，可变和不可变对象若被修改，对参数传递有何影响？通常，函数 passFun()的 name 被修改时，不会影响外部的 na；而函数 passFun()的 score 会保留所有的修改，同时也会影响外部的 sc 列表。

**步骤 01** 编写如下程序代码：

```
01 def passFun(name, score):    # 定义函数
02     # 只有内部的名字被改变
03     name = 'Tomas'
04     print('名字: ', name)
05     score.append(47)          # 添加一个分数, 也影响函数之外的列表
```

```
06      print('分数：', score)
07
08   na = 'Mary'; sc = [75, 68]
09   passFun(na, sc)      # 调用函数
10   print(na, '分数', sc)
```

**步骤 02** 保存该程序文件，按 F5 键执行该程序，执行结果如图 9-9 所示。

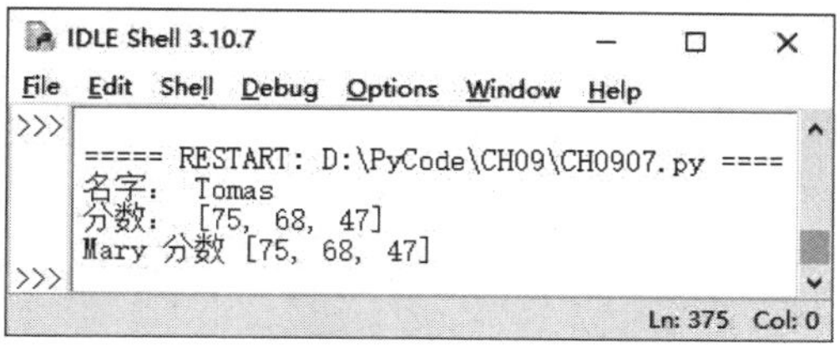

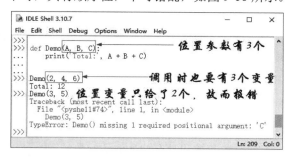

図 9-9

**程序说明：**

- 第 01~07 行，自定义函数 passFun()，有 2 个形参：不可变的字符串 name 和可变的列表对象 score。
- 第 03 行，重设 name 的值，但不会影响函数外的 na 的值。
- 第 05 行，调用 append() 方法添加一个元素，同时也影响函数外的 sc 列表。
- 第 09 行，调用函数 passFun()，传入 2 个实参。
- 查看执行结果，函数之内修改 name 的值只会影响函数内部，但添加列表对象的元素会影响函数外部列表 sc 的元素个数。

**提示** Python 的参数按可变和不可变对象来分别处理：

不可变对象传递参变量时按"传值"处理。

可变对象传递参变量时按"传址"处理。

## 9.3.2　位置参数有顺序性

Python 语言的参数传递机制以位置参数为主。当自定义函数声明了 3 个参数时，调用函数时也必须传递 3 个参数，缺一不可，具有顺序性，不可错乱，如图 9-10 所示。

图 9-10

当自定义函数有 3 个形参时，调用函数时也必须按序传入 3 个实参，当传递的参数太少或太多，都会引发"TypeError"的错误。

### 9.3.3　默认参数值

默认参数值是指自定义函数时，为形参设置默认值，当调用函数时某个参数没有传递数据，自定义函数可以使用其默认值，语法如下：

```
def 函数名数(参数 1，默认参数 2 = value2，...,)：
    函数体_suite
```

**参数说明：**

- 第一个形参必须是位置参数。
- 第二个形参才是具有默认值的参数，同时设置了默认值。

使用默认参数值可以让实参传递更具弹性，但必须遵守下列规则：

- 若有位置参数加入，位置参数必须放在具有默认值的参数之前。
- 具有默认值的参数对于可变和不可变对象会有不同的执行结果。

定义函数时，形参若只有具有默认值的参数不会有任何问题，如果要加入位置参数，则要放在具有默认值的参数之前，否则会发生如图 9-11 所示的错误。下面以范例程序来说明。

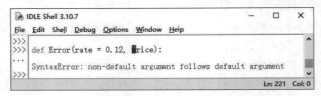

图 9-11

**范例程序 CH0908.py**

```
01 def Demo(A, B = 7, C = 11):        # 定义函数
02     return A ** B // C             # 返回计算结果
03
04 # 调用函数，只传入 1 个参数，千位符号为逗号
05 print(f'1 个参数：{Demo(6):,}')
06 # 调用函数，只传入 3 个参数，千位符号为 "_"（下画线）
07 print(f'3 个参数：{Demo(11, 12, 13):_}')
```

**程序说明：**

- 第 01、02 行，定义 Demo()函数，第 1 个是位置参数，第 2、3 个是具有默认值的参数，return 语句返回计算结果。
- 第 04~07 行，调用 Demo()函数时，只传递 1 个位置参数 6，其余参数就采用默认的参数值；第二次调用 Demo()函数时传递了 3 个参数，则第 2、3 个参数值会取代原有的默认参数值。把含有默认值的参数放在位置参数之前，会引发 "SyntaxError" 的错误，如图 9-11 所示。

自定义函数的形参时，虽然位置参数和具有默认值的参数能同时使用，但第 1 个参数不能使用具有默认值的参数，否则会引发 "SyntaxError" 的错误。第 1 个参数使用位置参数，第 2 个参数定义具有默认值的参数，这才是聪明的做法。

具有默认值的参数如图 9-12 所示。

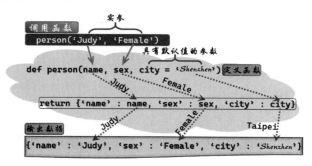

图 9-12

### 范例程序 CH0909.py

以字典的"键-值对"的特性来配合具有默认值的参数，能得到不同的结果。

步骤 **01** 编写如下程序代码：

```
01 def person(name, sex, city = 'Shenzhen'):
02     return {'name' : name, 'sex' : sex, 'city' : city}
03 # 调用函数
04 print('基本数据: ', person('Judy', 'Female'))
05 print('基本数据: ', person('Steven', 'Male', 'Guangzhou'))
```

步骤 **02** 保存该程序文件，按 F5 键执行该程序，执行结果如图 9-13 所示。

图 9-13

**程序说明：**

- 第 01 行，自定义函数 person()有 3 个形参，第 1、2 个是位置参数可接收数据，第 3 个是具有默认值的参数。
- 第 02 行，return 语句返回字典对象。
- 第 04 行，调用 person()函数，第 1 个参数 Judy 取代第 2 行语句字典的 name(value)，第 2 个参数 Female 取代 sex(value)。
- 第 05 行，同样是调用 person()函数，有 3 个参数，第 3 个参数会取代参数的默认值。

将焦点放在不可变对象和可变对象身上，具有默认值的参数若为不可变对象，那么只会执行一次运算。当形参为具有默认值的参数时，无论是字符串还是表达式（不可变对象），都会被实参传递的对象取代。不过形参赋值的是可变对象，如列表对象，它会累积内容，可能会产生意想不到的结果。

### 范例程序 CH0910.py

```
def number(A, B = []):
    B.append(A)
    print(B)
# 调用函数
number(2)       # 输出[2]
number(5)       # 输出[2, 5]
number(12)      # 输出[2, 5, 12]
```

调用 number() 函数时，实参传递的值都会被保留，以列表的元素列出函数的执行结果，所以 B 列表只有在第一次执行时才是空列表。如果希望每一次执行时都由空列表开始，可以参考如下范例程序。

### 范例程序 CH0911.py

**步骤 01** 编写如下程序代码：

```
01 def getColor(item, color = None):
02     if color is None:    # 用 is 运算符判别 color 是否为 None
03         color = []
04     color.append(item)   # 调用 append() 方法为列表添加元素
05     print('颜色: ', color)
06 # 主要语句
07 key = input('y 继续……, n 结束循环: ')
08 while key == 'y':
09     wd = input('输入颜色: ')
10     getColor(wd)        # 调用函数
11     key = input('y 继续……, n 结束循环: ')
```

**步骤 02** 保存该程序文件，按 F5 键执行该程序，执行结果如图 9-14 所示。

图 9-14

**程序说明：**

- 第 01~05 行，自定义函数 getColor()，有两个参数 item 和 "color = []"（空的列表）；item 参数接收输入的数据，再调用 append() 方法加入 color 列表。
- 第 02、03 行，if 语句配合 is 运算符判断 color 是否为 None，此处的 None 用来保留列表的默认位置。
- 第 08~11 行，使用 while 循环来判断是否输入数据，如果是 y 就输入颜色名称。其中的自定义函数 getColor() 会传递输入的颜色名称。

提示 Python 的 None 不太一样：

使用布尔值判断 None 时会返回 False。

None 用来保留对象的位置，可以使用 is 运算符进行判断，所以它不是空（Empty）的对象，如图 9-15 所示。

图 9-15

## 9.3.4 关键字参数

调用函数时不想按序进行一对一的参数传递时，关键字参数就能派上用场。它会直接以定义函数的形参为名称，不需要按位置来赋值，语法如下：

```
functionName(kwarg1 = value1, ...)
```

调用函数时，直接以函数所定义的参数为参变量名，并设置值来进行参数值的传递；关键字参数的位置可随意指定，只需要指出形参名称并设值就可以顺利传递参数。如图 9-16 所示的示例中定义了函数 calc()，它有两个形参 a 和 b。

在函数中使用关键字参数时，形参和实参的名称必须相同，否则会引发"TypeError"的错误，如图 9-17 所示。

```
def calc(a, b):
    return a ** 2 + b //3

calc(b = 124, a = 16)
297
```

图 9-16

```
def calc(a, b):
    return a ** 2 + b //3

calc(y = 124, x = 16)
Traceback (most recent call last):
  File "<pyshell#26>", line 1, in <
module>
    calc(y = 124, x = 16)
TypeError: calc() got an unexpected
keyword argument 'y'
```

图 9-17

此外，调用函数时，第一个实参若以位置为主且它的传递对象是 a，那么就要注意参数的顺序性，图 9-18 中的示例是调用函数 calc()时所引发的错误。

图 9-18 中，调用函数 calc()时第一个参数 a 以位置为主，第二个参数采用关键字参数却还是"a = 5"，于是引发了"TypeError"的错误。

在调用函数时，第一个参数 a 以位置为主，第二个参数 b 为关键字参数，函数能正确返回运算结果。若参数位置的顺序不对，依然会引发错误，如图 9-19 所示。

```
calc(12, 69)
167
calc(69, a = 9)
Traceback (most recent call last):
  File "<pyshell#31>", line 1, in <
module>
    calc(69, a = 9)
TypeError: calc() got multiple valu
es for argument 'a'
```

图 9-18

```
calc(12, b = 57)
163
calc(b = 57, 12)
SyntaxError: positional argument fo
llows keyword argument
```

图 9-19

图 9-19 中函数的第一个参数 b 为关键字参数，第二个参数 b 以位置为主时会引发"SyntaxError"的错误。

那么使用关键字参数有何益处？定义函数时，若有多个形参，可以在调用函数时直接以形参的名称赋值，省却了位置参数一一对应的顺序，使得函数的调用更有弹性。

### 范例程序 CH0912.py

```
# 函数使用关键字参数
def pern(name, sex, age, city):
   print('名称', name, '\n 性别', sex,
        '\n 年龄', age, '\n 居住地', city)
# 调用函数
pern(city = '厦门', age = 27, name = '李大同', sex = 'Male')
```

**程序说明：**

● 自定义函数 pern()有 4 个参数：name、sex、age、city。

● 调用函数 pern()，实参直接以形参的名称赋值并传递。

### 范例程序 CH0913.py

自定义函数计算阶乘，并以 return 语句返回结果。

**步骤01** 编写如下程序代码：

```
01 def factorial(port, begin):
02     result = begin  # 阶乘的开始值
03     for item in port:
04         result *= item   # 读入数值并相乘
05     return result
06
07 # 调用函数，给参数赋值
08 outcome = factorial(port = [3, 5, 7, 11], begin = 1)
09 print(f'数值 3, 5, 7, 11 相乘的结果: {outcome:,}')
```

**步骤02** 保存该程序文件，按 F5 键执行该程序，执行结果如图 9-20 所示。

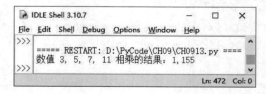

图 9-20

**程序说明：**

- 第 01~05 行，自定义函数 factorial，根据传入的数值计算阶乘，再以 return 语句返回结果。第一个形参是可迭代对象，第二个形参设置阶乘的起始值。
- 第 03、04 行，for 循环按序读取可迭代对象并相乘，变量 result 存储结果。
- 第 08 行，以关键字参数指定第 1 个参数为列表，第 2 个参数设置阶乘起始值为 1。

# 9.4 可变长度的参数列表

定义函数的形参和调用函数的实参，以位置为主才能按元组对应。为了让形参和实参更灵活，可前缀 "*" 和 "**" 字符来搭配使用。定义函数时，以表达式呈现，星号（*）和元组组合，双星号（**）则与字典合作，收集多余的实参。调用函数时，针对实参，"*" 运算符拆分为可迭代对象，"**" 运算符拆分映射对象。

## 9.4.1 形参的 "*表达式"

"*表达式"（Starred Expression，星号表达式）通常用来进行乘法运算，它在自定义函数的形参中则扮演表达式的角色，使用它来收集位置参数。它的语法如下：

```
def 函数名数(参数 1, 参数 2, ..., 参数 N, *tp):
    函数体_suite
```

- *tp: 星号表达式要配合元组对象来收集额外的实参。

通常要拆分一个可迭代对象取出若干元素时，可使用星号表达式。

### 范例程序 CH0914.py

```
pern = ('David', 'Male', 95, 68, 72)  # 元组
name, sex, *score = pern        # 元组拆分用法
print(name)         # 输出'David'
print(score)        # 输出[95, 68, 72]
```

**程序说明：**

- 使用元组的拆分操作，使得 name 的值指向'David'，sex 的值指向'Male'。
- *score 就是星号表达式，它会接收 pern 中其他的元素。

了解了星号表达式的基本用法后，将它用于函数时，可以搭配元组来收集多余的实参。

### 范例程序 CH0915.py

```
def calcu(*value):
    result = 1
    for item in value:
        result *= item
    return result
# 调用函数
print('1 个参数: ', calcu(7))          # 无任何参数
print('3 个参数: ', calcu(2, 3, 5))    # 3 个参数
```

**程序说明:**

在自定义函数 calcu()中,只有一个形参 value,为星号表达式,调用此函数所传递的参数都会放入 value 中,以元组输出元素。发现没,调用函数 calcu()时,实参无论是传递 1 个还是 3 个,形参 value 变成星号表达式后都能完全接收位置参数。for 循环读取接收的位置参数,以 result 存储乘积,由 return 语句返回结果,它的运行机制如图 9-21 所示。

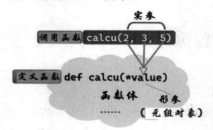

图 9-21

当位置参数不足时,会引发错误,如图 9-22 所示。

图 9-22 中,自定义函数 func()有 3 个位置参数,再加一个以 t 字符为主的星号表达式。调用函数时,实参只以 2 个位置参数进行传递,引发错误。

函数的参数能进一步在 "*tuple" 对象之后加入关键字参数,所以调用函数 func()时,可直接将参数 k 以关键字参数来传递。但要记得实参 k 不能以位置参数来传递数据,因为会引发错误,可参考图 9-23 中的示例。

```
def func(n1, n2, n3, *t):
    print(n1, n2, n3, *t)

func(14, 18)
Traceback (most recent call last):
  File "<pyshell#37>", line 1, in <
module>
    func(14, 18)
TypeError: func() missing 1 require
d positional argument: 'n3'
```

图 9-22

```
IDLE Shell 3.10.7                      —    □    ×
File  Edit  Shell  Debug  Options  Window  Help
>>>
>>> def func(n1, n2, *t, k):
...     print(n1, n2)  # 位置参数
...     print(k, t)    # 关键字参数和元组对象
...
...
>>> func('Peter', 'score', 75, 82, k = True)
Peter score
True (75, 82)
>>>
                                      Ln: 514  Col: 0
```

图 9-23

自定义函数时调用函数的关键字参数,用来接收特定对象,此时星号表达式可放在关键字参数的前面。示例如下:

```
def staff(name, *, 薪资):  # 定义函数
    print(name, '薪资', pay)
staff('赵明', pay = 32500) # 调用函数,输出 赵明 薪资 32500
```

**示例说明:**

自定义函数 staff()有 3 个形参,第 2 个参数只有 "*" 字符,表示它不具名,所以也不会收集多余的实参,第 3 个则用来接收关键字参数。调用函数 staff()时要有两个实参,第 2 个必须是指定其值的关键字参数。

**范例程序 CH0916.py**

自定义函数中包含位置参数、星号表达式及具有默认值的参数等；调用函数时能给予不同的参数。

**步骤 01** 编写如下程序代码：

```
01 def student(name, *score, subject = 4):  # 自定义函数
02    if subject >= 1:
03        print('名字: ', name)
04        print('共有', subject, '科, 分数: ', *score)
05    total = sum(score)  # 计算总分
06    print(f'总分: {total}, 平均: {total/subject:.4f}')
07 # 调用函数
08 student('Peter', 78, 65, 93, 81)
09 student('Wanda', 65, 90, 57, subject = 3)
```

**步骤 02** 保存该程序文件，按 F5 键执行该程序，执行结果如图 9-24 所示。

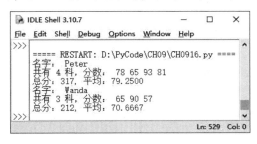

图 9-24

**程序说明：**

- 第 01~06 行，自定义函数 student()，有 3 个形参：第 1 个是位置参数、第 2 个是星号表达式，第 3 个是具有默认值的参数。

- 第 08 行，调用函数 student()，参数中第 1 个位置参数传入名字，第 2~5 个位置参数会被*score 参数收集，成为元组的元素。

- 第 09 行，调用函数 student()，参数中第 1 个位置参数传入名字，第 2~4 个位置参数会被*score 参数收集，第 5 个参数采用关键字参数来取代函数中的第 3 个具有默认值的参数。

## 9.4.2 "**表达式"与字典合作

声明函数的形参中，除了使用"*表达式"（星号表达式）来搭配元组对象之外，也可以使用字典对象配上"**表达式"（双星表达式），以它来收集关键字参数，语法如下：

```
def 函数名称(**dict):
    函数体_suite
```

**参数说明：**

- 单个形参，使用"**表达式"，配合空的字典对象接收关键字参数。

- 调用函数时，关键字参数会以"实参 = 值"的形式来传递。

以一个简单范例说明双星表达式的用法。

### 范例程序 CH0917.py

```
def score(**value):    # 自定义函数,双星表达式收集关键字参数
   print('成绩', value)
score(eng = 52, comp = 93, math = 62)   # 调用函数
# 输出为:成绩 {'eng': 52, 'comp': 93, 'math': 62} (字典对象)
```

**程序说明:**

- 自定义函数 score()非常简单,形参 value 为双星表达式。
- 调用函数时必须使用关键字参数进行数据传递。3 个关键字参数 "eng, math, comp" 传递时会变成字典的键; "52, 93, 62" 传递之后会成为字典的值。

自定义函数时,双星表达式之前也可以加入位置参数,它的语法如下:

```
def 函数名数(参数1, 参数2, ..., 参数N, **dict):
   函数体_suite
```

**参数说明:**

- 位置参数必须放在字典对象之前,否则会引发 "SyntaxError" 的错误。
- **dict: 双星表达式,接收的关键字参数都会放入字典对象中。
- 函数中如何含有位置参数和双星表达式?

### 范例程序 CH0918.py

```
def stud(name, **dt):
   print('Name:', name)
   print('Score:', dt)
stud('Mary')    # 调用函数 - 1个位置参数

# 调用函数 - 1个位置参数,3个关键字参数
stud('Tomas', eng = 65, math = 71, chin = 83)
```

**程序说明:**

- 自定义函数 stud()中有 1 个位置参数,另一个参数是双星表达式,以字典接收关键字参数,并以 "key : value" 的方式输出字典的元素。
- 第一次调用函数,输出 "Name : Mary" "Score : {}"。
- 第二次调用 stud()函数,以关键字参数 "key = value" 来产生,第 1 行输出 "Name: Tomas",以图 9-25 来说明。

调用函数时虽然使用两个参数,但若第 2 个参数未采用关键字参数,还是会引发 "TypeError" 的错误,如图 9-26 所示。

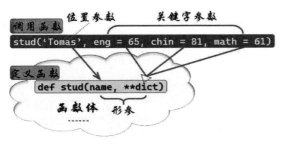

图 9-25

```
def Demo(num, **dict):
    print(num, dt)


Demo(45, 18)
Traceback (most recent call last):
  File "<pyshell#3>", line 1, in <
module>
    Demo(45, 18)
TypeError: Demo() takes 1 position
al argument but 2 were given
```

图 9-26

### 范例程序 CH0919.py

使用双星运算符配合字典推导式来获取某个特定范围的数据。

步骤 01　编写如下程序代码:

```
01 def student(msg, **pern):    # 自定义函数,参数使用双星表达式
02     print(msg, '按学生名字排序')
03     for key in sorted(pern):
04         print(f'{key:8s} {pern[key]}')
05     print('-' * 20)
06     # 使用推导式找出分数低于 60 的学生
07     low60 = {k : v for k, v in pern.items() if v < 60}
08     count = len(low60)    # 获取个数
09     print('分数低于 60 的名单有', count, '人')
10     print(low60)
11 # 调用函数
12 student('2022 学年', Mary = 90, Steven = 45, Eric = 75,
13             John = 55, Ivy = 75, Tomas = 87,
14             Ford = 41, Helen = 88)
```

步骤 02　保存该程序文件,按 F5 键执行该程序,执行结果如图 9-27 所示。

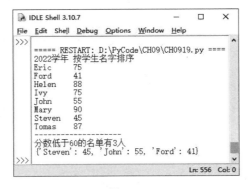

图 9-27

**程序说明:**

● 第 01~10 行,自定义函数 student(),形参中第 1 个是位置参数,第 2 个是双星表达式,用来收集关键字参数传递的表项。

● 第 03、04 行,for 循环读取 pern(字典对象),配合 sorted()函数将学生名字按升序排序。

● 第 07 行,字典推导式,items()方法用于获取字典的元素,通过 if 语句,获取字典元素中

value 低于 60 者，并放入另一个字典对象 low60 中。

● 第 08 行，调用内置函数 len() 获取分数低于 60 分的有几个人。

● 第 12~14 行，调用 student() 函数，除了第一个是位置参数之外，其他都为关键字参数，传递给函数时会被 pern 形参接收。

自定义函数时，形参中的"*表达式"（星号表达式）配合元组对象可以收集多余的位置参数，"**表达式"（双星表达式）则在字典配合下将多余的关键字参数纳入麾下，它的语法如下：

```
def 函数名称(*tuple, **dict):
    函数体_suite
```

● 形参有两个：第一个是星号表达式，收集位置参数；第二个是双星表达式，放入多余的关键字参数。

自定义函数的形参若有位置参数，则必须放在星号表达式和双星表达式之前，它的语法如下：

```
def 函数名数(参数 1, 参数 2, ..., 参数 N, *tuple, **dict):
    函数体_suite
```

同时使用星号表达式和双星表达式，可参考图 9-28 中的示例。

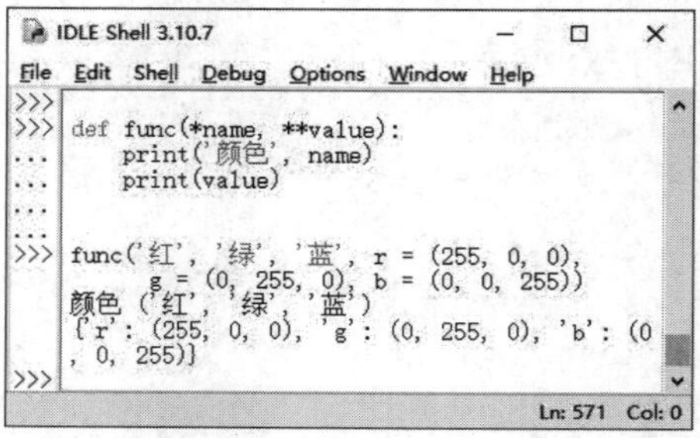

图 9-28

图 9-28 中，调用函数时，传入 3 个位置参数，它会被形参的 name 放入元组；而 3 个关键字参数会由形参 value 接收，成为字典的元素。

### 范例程序 CH0920.py

自定义函数的参数含有星号表达式和双星表达式，星号表达式"*score"收集位置参数传递的值，数据排序后以格式化输出。

步骤 01 编写如下程序代码：

```
01 def student(name, *score, StdNo, **pern):
02    print('名字: ', name, ' 学号: ', StdNo,)
03    for item in sorted(pern):
04        print(f'{item:8s}{pern[item]:<}')
05    print('成绩: ', sorted(score))
06 # 调用函数
07 student('Tomas', 65, 78, 71, StdNo = '108HJ2501',
08        Year = 2022, have = '必修', Subject = 'Computer')
```

步骤 02 保存该程序文件，按 F5 键执行该程序，执行结果如图 9-29 所示。

图 9-29

**程序说明：**

- 第 01~05 行，自定义函数 student()，形参按序是位置参数、星号表达式、关键字参数和双星表达式。星号表达式"*score"收集位置参数传递的值，StuNo 采用关键字参数，双星表达式"**pern"则以字典对象收集关键字参数传递的表项。
- 第 03、04 行，for 循环将接收的字典元素以内置函数 sorted()进行排序。
- 第 07、08 行，调用函数 student()传入相关的参数。
- 在自定义函数的程序中星号表达式和双星表达式同时使用。

## 9.4.3　"*"运算符拆分可迭代对象

自定义函数的形参使用星号表达式和双星表达。调用函数，实参传递数据时，同样能使用"*"运算符来拆分可迭代对象，而形参会以位置参数来接收这些可迭代对象的元素。下面通过范例程序来了解。

### 范例程序 CH0921.py

```python
def number(n1, n2, n3, n4, n5):
    print('Number:',n1, n2, n3, n4, n5)

# 调用函数，使用"*"运算符拆分可迭代对象
print('后 2 个是可迭代对象')
number(11, 12, *range(13, 16))
```

**程序说明：**

- 自定义函数 number()，它的形参有 5 个，都是位置参数。调用函数时，数值 11 和 12 是位置参数，range()函数可提供可迭代对象"13，14，15"，使用"*"运算符拆分后，共有 5 个实参。所以执行时会输出"11，12，13，14，15"，参考图 9-30 的说明。

又如图 9-31 所示，调用 demo()函数时只传递 4 个参数（2 个数值，range()函数提供 2 个可迭代对象），传递的参数不足，会引发"TypeError"的错误。

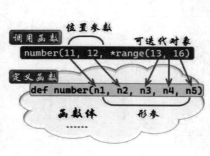

图 9-30

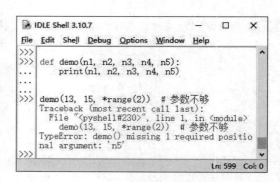

图 9-31

调用 demo()函数将可迭代对象放在位置参数前面，如图 9-32 所示。用于实参的 "*" 运算符是将 range()函数提供的 3 个可迭代对象拆分之后，分别传递给形参的 n1~n3 来接收。

```
def demo(n1, n2, n3, n4, n5):
    print(n1, n2, n3, n4, n5)


demo(*range(3), 12, 18)
0 1 2 12 18
```

图 9-32

### 范例程序 CH0922.py

函数的参数接收数据后，算出总分和平均分。

**步骤01** 编写如下程序代码：

```
01 def score(name, n1, n2, n3):
02     print(name)
03     print('分数: ', n1, n2, n3)
04     total =  n1 + n2 + n3
05     average = total/3
06     print(f'总分: {total} 平均:{average:.4f}')
07 number = [78, 94, 35]
08 # 调用函数——number 列表对象，可迭代
09 score('Tomas', *number)
```

**步骤02** 保存该程序文件，按 F5 键执行该程序，执行结果如图 9-33 所示。

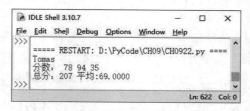

图 9-33

**程序说明：**

- 第 01~06 行，自定义函数 score()，需要 4 个形参；将接收到的 1、n2 和 n3 相加并计算平均值，再以 format()方法设置输出为保留 4 位小数的浮点数。

- 第 09 行，调用函数，传入可迭代对象 number（本身是列表对象），以 "*" 运算符拆分后再传递给函数。

## 9.4.4 "**" 运算符拆分字典对象

调用函数时，映射运算符（**）可拆分映射类型的相关对象（通常以字典为主）。拆分字典的元素时，键要作为形参的名称，用它来接收字典对象的值。

**范例程序 CH0923.py**

```
data = {'x':78, 'y':56, 'z':92}   # 定义字典
# 自定义函数——形参的 x、y、z 来自字典的键
def student(n1, n2, n3, x, y, z):
    print(f'{n1:<6s}{x:3d}')
    print(f'{n2:<6s}{y:3d}')
    print(f'{n3:<6s}{z:3d}')
# 调用函数——第 4 个实参为字典对象，使用 "**" 运算符
student('Eric', 'Tom', 'Ivy', **data)
```

**程序说明：**

- data 为字典对象，大括号内的表项由 "key : value" 组成。其中的键 "x、y、z" 由 "**" 运算符拆分后转化为自定义函数的形参，成为 3 个位置参数，再加上其他 3 个位置参数，共有 6 个形参。
- 调用函数时，实参中必须以字典对象 data 为关键字参数名称，配合 "**" 运算符，才能传递字典对象的值。
- 输出时通过字典的键就可以获取所对应的值，它的工作机制可参考图 9-34 的说明。

若调用 student() 函数所传递的位置参数只有 2 个 "'One', 'Two'"，参数不足会引发 "TypeError" 的错误，如图 9-35 所示。

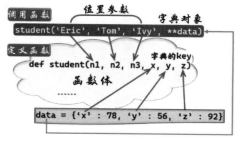

图 9-34

```
student('One', 'Two', **data)
Traceback (most recent call last):
  File "<pyshell#40>", line 1, in <
module>
    student('One', 'Two', **data)
TypeError: student() missing 1 requ
ired positional argument: 'n3'
```

图 9-35

自定义函数 student() 时未把字典的键放入形参中或者设错名称，调用函数时也会引发 "TypeError" 的错误，如图 9-36 所示。

调用函数时，必须以字典对象名称 score 为关键参数，否则会引发 "NameError" 的错误，如图 9-37 所示。

```
score = {'A':78, 'B':52, 'C':84}
def student(n1, n2, n3, A, B, c):
    print(n1, A)
    print(n2, B)
    print(n3, C)

student('One', 'Two', 'Three', **score)
Traceback (most recent call last):
  File "<pyshell#44>", line 1, in <module>
    student('One', 'Two', 'Three', **score)
TypeError: student() got an unexpected keyw
ord argument 'C'
```

图 9-36

```
score = {'A':78, 'B':52, 'C':84}
def student(n1, n2, n3, A, B, C):
    print(n1, A)
    print(n2, B)
    print(n3, C)

student('One', 'Two', 'Three', **value)
Traceback (most recent call last):
  File "<pyshell#48>", line 1, in <module>
    student('One', 'Two', 'Three', **value)
NameError: name 'value' is not defined. Did
you mean: 'False'?
```

图 9-37

### 范例程序 CH0924.py

自定义函数 student()，它有 6 个形参，后 3 个位置参数名称来自字典对象的三个键 "x、y、z"，接收字典对象拆分后的值。

**步骤 01** 编写如下程序代码：

```
01 def student(n1, n2, n3, x, y, z):     # 定义函数
02     print(f' {n1:4s}{x:4d}')
03     print(f' {n2:4s}{y:4d}')
04     print(f' {n3:4s}{z:4d}')
05     print('-'*15)
06     print(f' 总分{(x + y + x):4d}')
07 # 定义字典
08 data = {'x':78, 'y':56, 'z':92}
09 # 调用函数——第 3 个实参为字典对象，前缀**
10 student('1st', '2nd', '3rd', **data)
```

**步骤 02** 保存该程序文件，按 F5 键执行该程序，执行结果如图 9-38 所示。

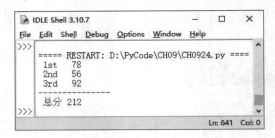

图 9-38

**程序说明：**

- 第 01~06 行，自定义函数 student()，用来接收字典对象拆分后的值。
- 第 08 行，创建字典对象，以 "key : value" 方式配对，其中的 key 必须成为函数 student() 形参的位置参数。
- 第 10 行，调用函数 student()，共有 4 个实参，其中的 data 使用 "**" 运算符来拆分字典对象的键并传递给函数。

### 范例程序 CH0925.py

调用函数时，实参使用 "*" 和 "**" 运算符来拆分列表元素和字典对象的键和值。

步骤 **01** 编写如下程序代码：

```
01 def student(n1, n2, n3, n4, n5,          # 自定义函数
02          One, Two, Three, Four, Five):
03    s1 = '分数'; s2 = '总分: '
04    re1 = sum(One)
05    print('%7s'%n1, s1, One, s2, re1)
06    re2 = sum(Two)
07    print('%7s'%n2, s1, Two, s2, re2)
08    re3 = sum(Three)
09    print('%7s'%n3, s1, Three, s2, re3)
10    re4 = sum(Four)
11    print('%7s'%n4, s1, Four, s2, re4)
12    re5 = sum(Five)
13    print('%7s'%n5, s1, Five, s2, re5)
14 # name 为列表, score 为字典对象
15 name = ['Mary', 'Tomas', 'Francis', 'Judy', 'Rudolf']
16 score = {'One':(78, 92, 56, 81),
17          'Two': (47, 92, 81, 90),
18          'Three': (91, 87, 72, 61),
19          'Four': (95, 82, 55, 67),
20          'Five':(65, 84, 97, 78)}
21 student(*name, **score)   # 调用函数
```

步骤 **02** 保存该程序文件，按 F5 键执行该程序，执行结果如图 9-39 所示。

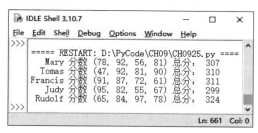

图 9-39

**程序说明：**

● 第 01~12 行，自定义函数 student()，有 10 个形参，前 5 个用来接收列表的元素，后 5 个是字典对象的键。

● 第 04 行，调用内置函数 sum() 来统计字典对象的值"One"（本身是元组对象）之和。

● 第 15 行，创建列表存储名称。

● 第 16~20 行，字典对象，以 value 存储每个人的成绩（本身是元组）。

● 第 21 行，调用函数 student()，它有 2 个实参，第 1 个实参配合"*"运算符；第 2 个实参配合"**"运算符。

# 9.5　更多函数的讨论

无论是变量还是函数，对于 Python 而言都有其作用域（Scope）。变量按其作用域可分为三种：

● 全局（Global）作用域：适用于整个程序文件（*.py）。

- 局部（Local）作用域：适用于所声明的函数或流程控制的程序区块，离开此范围它的生命周期就结束了。
- 内置（Built-in）作用域：由内置函数通过 builtins 模块所建立的作用域，在该模块中使用的变量会自动被所有的模块所拥有，它可以在不同程序文件之间使用。

可导入 builtins 模块，再以指令 dir(builtins)来查看模块所提供的内容，包含先前所介绍的内置函数。

```
import builtins
dir(builtins)        # 输出如下信息
['ArithmeticError', 'AssertionError', 'AttributeError', 'BaseException',
'BlockingIOError', 'BrokenPipeError', 'BufferError', 'BytesWarning', 'ChildProcessError',
 . . .
'ZeroDivisionError', '__build_class__', '__debug__', '__doc__', '__import__',
'__loader__', '__name__', '__package__', '__spec__',
 . . .
'min', 'next', 'object', 'oct', 'open', 'ord', 'pow', 'print', 'property', 'quit', 'range',
'repr', 'reversed', 'round', 'set', 'setattr', 'slice', 'sorted', 'staticmethod', 'str', 'sum',
'super', 'tuple', 'type', 'vars', 'zip']
```

Python 语言根据函数的作用域建立了四种函数：全局函数、局部函数、lambda()函数和方法。

- 全局函数（Global Function）：表示整个文件都适用，一般在程序中定义的函数都是全局函数。
- lambda()函数：以运算为主的匿名函数（Anonymous Function），可用来取代小函数。
- 局部函数（Local Function）：函数中再定义的函数。
- 方法：泛指类或对象所调用的方法，例如前面调用 math 类的方法，或者创建列表对象之后所调用的 append()方法，或者自定义类或对象所产生的方法。

## 9.5.1　作用域

通常内置作用域是最大的命名空间（Namespace），接下来是较小的全局作用域，最小的是局部作用域。

### 范例程序 CH0926.py

```
def total(name, n1, n2, n3, n4):
    result = 0               # result 局部变量
    result = sum(price)      # sum 内置作用域
    print(name, '$', result)
# 创建可迭代对象——序列对象
price = [78, 92, 65, 55]     # price 全局变量
total('早餐', *price)
```

**程序说明：**

- 变量 result 在函数中声明，表示它是一个局部变量，作用域只能在函数区块内。若在函数区块以外的地方使用 result 变量，则会报出 "NameError: name 'result' is not defined" 的错误提示信息。
- 内置函数 sum()在函数区块内使用，建立了内置作用域。
- 列表对象 price 属于全局变量，表示它的作用域在整个文件内。

给变量赋值之后，执行程序时如何知道变量的作用域？通常由内而外（从小到大），先从最小的作用域找起，再来看全局作用域，最后才是内置作用域。如何判别变量的作用域？以第一次声明时所在地来表示其作用域。不过，当声明的位置不对时，可能无法得到想要的结果。

示例 1：说明全局变量和循环内的局部变量。

```
score = [78, 65, 84, 91]   # score 为全局变量
for item in score:
    total = 0              # 局部变量，存储加总的结果
    total += item          # 每次 total 的值都从 0 开始，无法累加
print(total)
```

**示例说明：**

（1）score 存储列表元素，为全局变量，在程序的任何位置都可以存取它。

（2）total 声明于 for/in 循环内，离开循环区块它的生命周期就结束了。

（3）执行 print(total)时，total 变量已离开循环，所以无法输出加总的结果。

示例 2：使用局部变量 total。

```
score = [78, 65, 84, 91]         # score 为全局变量
total = 0                        # 全局变量，存储加总的结果
for item in score:
    total += item                # 存储累加的值
print(total)
```

**示例说明：**

变量 total 为全局变量时，才能存储累加的结果。

示例 3：变量声明于函数程序区块之外，一般是全局变量。已定义的函数可以存取全局变量，如图 9-40 所示。

图 9-40

**示例说明：**

fruit 为全局变量，所以它的作用域是整个程序文件。调用函数 Demo()时可以存取全局变量 fruit 并输出其值。

若一不小心让局部变量和全局变量使用了相同的名称，会发生什么情况呢？下面的范例程序中调用函数 Demo()引发了错误，为什么？

**范例程序 CH0927.py**

```
# 改变全局变量的值
```

```
fruit = 'Orange'  # 全局变量
def Demo():       # 自定义函数
    print('最爱的水果', fruit)
    fruit = 'Watermelon'   # 改变全局变量的值
    print('夏天的水果', fruit)
Demo()   # 调用函数，发生"UnboundLocalError"的错误
```

**程序说明：**

- 位于自定义函数 Demo() 之外的 fruit 为全局变量，位于 Demo() 函数之内的 fruit 是局部变量，对其值进行修改，结果如图 9-41 所示。

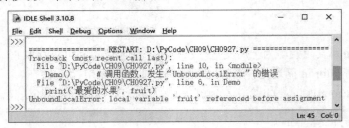

图 9-41

局部变量在赋值之前已给值，给全局变量和局部变量造成了混乱。

下面对范例程序 CH0927.py 的代码进行小幅修改。

**范例程序 CH0928.py**

```
# 声明并给局部变量赋值
fruit = 'Orange'            # 全局变量
def Demo():                 # 自定义函数
    fruit = 'Watermelon'    # 局部变量
    print('夏天的水果', fruit)
Demo()    # 调用函数
```

**程序说明：**

- 调用 Demo() 函数时，系统会先在局部作用域内找局部变量，再从程序区块外找出是否有全局变量。
- 位于自定义函数 Demo() 的局部变量 fruit 会优先输出"夏天的水果 Watermelon"，所以不会引发错误。

为了让 Python 解释器识别哪一个是全局变量，哪一个是局部变量，可以在使用全局变量的同时，在它的前面加上 global 关键字。

**范例程序 CH0929.py**

```
fruit = 'Orange'  # 全局变量
def Demo():       # 自定义函数
    global fruit
    print('最爱的水果', fruit)
    fruit = 'Watermelon'     # 局部变量
    print('夏天的水果', fruit)
Demo()    # 调用函数
```

当全局变量和局部变量同名又同时要在自定义函数内使用时，为了不让彼此之间发生冲突，可

以在函数内在全局变量之前加上 global 关键字（算不上是好方法，最好还是避用同名的变量）。如此一来，全局变量和局部变量就都可以顺利输出相应的值。

Python 解释器处理局部作用域、全局作用域和内置作用域内的变量的原则归纳如下：

- 变量可用于不同作用域内，若是同名的变量，局部变量的优先级高于全局变量，而全局变量的优先级高于内置作用域。
- 第一次声明变量名称时，即声明了它的作用域。执行时，作用域从小到大，从局部到全局再到内置作用域。

## 9.5.2　函数是 Python 语言的基本组成结构

无论是数字、字符串还是序列的列表和元组，对 Python 语言来说都是对象。一般来说，定义函数后可以把它赋值给变量，以获取返回值，或者把它当作参数传给其他函数。下面先以一个简单的示例来解说在 Python 语言中函数为何为基本组成结构，如图 9-42 所示。

**示例说明：**

（1）定义 show()函数，无参数，只会输出信息"Hello Python！"。

（2）定义 greeter()函数，只有一个形参；函数体只有一行语句，用来调用函数。

（3）调用函数 greeter()，参数为 show（无括号），会去调用 show()函数而输出信息"Hello Python！"。

要注意的是，函数中的参数只能使用 show 名称，Python 会把它视作对象，若使用"show()"作为参数，因为代表的是函数而不是对象，反而会引发"TypeError"的错误，如图 9-43 所示。

图 9-42

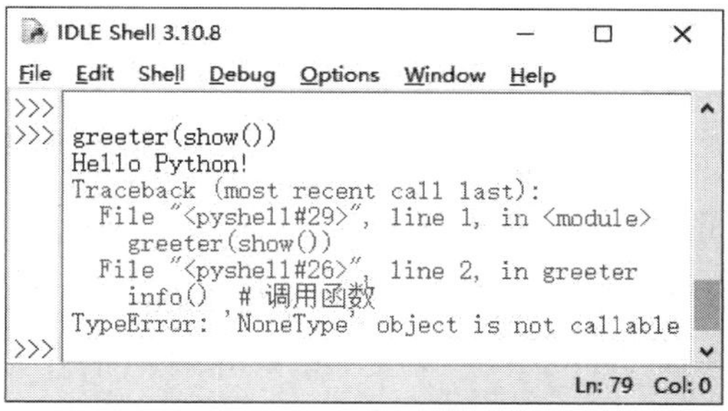

图 9-43

同样是 B 函数去调用 A 函数，并传入两个数值执行运算操作，参考下面的范例程序。

**范例程序 CH0930.py**

```
def multip(num1, num2):        # 函数 1
    print('两数相乘', num1 * num2)
def handle(func, one, two):    # 函数 2 有 3 个参数
    func(one, two)
handle(multip, 4, 7)           # 调用函数
```

**程序说明：**

- 第 1 个函数 multip()有 2 个参数，接收数据后会相乘。
- 第 2 个函数 handle()有 3 个形参：func 用来调用函数，one 和 two 用来接收数值。

- 调用函数 handle()，第 1 个实参为函数名 multip，第 2、3 个参数则是把数值传递到函数内。它会调用 multip()函数并传递 4 和 7 这两个数值，完成计算并输出结果，所以最终会输出 "两数相乘的结果为 28"。

**范例程序 CH0931.py**

定义两个函数，第 1 个函数 sum()算出接收到的多科分数的总分，第 2 个函数 getScore()会去调用第 1 个函数 sum()并获取总分，再以 return 返回。

**步骤 01** 编写如下程序代码：

```
01 def student(*score):    # 函数 1
02     return sum(score)
03 # 第 2 个函数有 3 个参数，第 2 个参数以函数为对象，第 3 个参数接收多个参数
04 def getScore(name, func, *one):
05     print(name, '总分: ', end = '')
06     return func(*one)    # 返回函数及参数
07 # 调用第 2 个函数
08 print(getScore('Tomas', student, 78, 65, 92))
09 print(getScore('Vicky', student,
10              95, 74, 45, 84))
```

**步骤 02** 保存该程序文件，按 F5 键执行该程序，执行结果如图 9-44 所示。

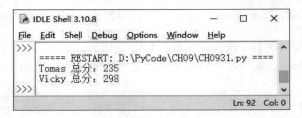

图 9-44

**程序说明：**

- 第 01、02 行，第 1 个函数 student()，形参 score 为 "*表达式"，可接收多个参数。
- 第 04~06 行，第 2 个函数 getScore()有 3 个参数，第 2 个参数用于接收函数名，第 3 个参数同样是 "*表达式"，接收多个实参。
- 第 08~10 行，调用函数时，传入长度不一的参数。

## 9.5.3　局部函数与闭包

在 Python 语言中，在函数中定义其他函数时，就称这个函数为局部函数或嵌套函数（Nested function）。

**范例程序 CH0932.py**

```
# 声明局部函数
def exter(x, y):        # 函数中有函数
    def internal(a, b):
        # 内置函数 divmod() a//b, a % b
        return divmod(a, b)
    return internal(x, y)
```

```
print(exter(25, 7))     # 调用函数
```

**程序说明：**

- 第 1 个函数 exter()有 2 个形参：x、y。使用 return 语句返回 internal()函数。
- 第 2 个函数 internal()也有 2 个形参：a、b。调用内置函数 divmod()完成运算后，再以 return 语句返回。

这种函数中有函数的，即是局部函数。所以调用 exter()函数时，参数 25 和 7 会传给 exter()函数的 x 和 y，并调用内置函数 internal()，再把 x、y 所接收的值分别传给 a 和 b，完成运算（25 // 7，25 % 7）后得到结果（3，4）。

Python 可以把接收多个参数的函数改为接收单个参数的函数。执行函数 exter()时，它会经由返回的函数对象所定义的参数(x、y)去调用另一个函数 internal()，这就是函数的柯里化（Currying）的概念。简单来说，它就像是把两个函数"糅合"在一起。

### 范例程序 CH0933.py

```
def Outer(num1):   # 函数中有函数
    def Inner(num2):
        return num1 ** num2
    return Inner
result = Outer(5)(3)    # 调用函数必须两个参数都给，并存储计算结果
print(result)
```

**程序说明：**

- 第 1 个函数 Outer()只有一个形参 num1，而函数体返回第 2 个函数 Inner 的计算结果。
- 第 2 个函数 Inner()也只有一个形参 num2，函数体则把 num2 作为 num1 的幂次方，并用 return 语句返回计算结果。这种使用局部函数能直接存取其外部函数（Outer()）的参数的技术，使得调用函数时参数的传递简化了。通常调用函数 Outer()时，其参数 5 的生命周期本来会随其调用而结束。但由于函数 Outer()和 Inner()形成局部函数，为了让 Inner()函数能存取 Outer()函数所创建的局部变量 num1，Outer()函数会形成闭包（Closure）。只要还有变量被 Inner()函数存取，它的变量值（参数 5）就会被保存。

所谓的闭包是一种由其他函数主动产生的函数，例如 Outer()函数所扮演的角色。它能直接引用包裹该函数 inner 所定义的局部变量 num2。而变量 num2 并不会因为离开该 Outer()函数的作用域而结束其生命周期。

### 范例程序 CH0934.py

使用局部函数可以加 nonlocal 关键字，让 oneFun()函数能读取外部的 total 变量，表达式"total += item"的赋值操作才能延续。

**步骤 01** 编写如下程序代码：

```
01 def allNums(total):          # 定义函数
02     def oneFun(item, step):  # 定义函数的函数
03         nonlocal total
04         print('数值: ', end = '')
```

```
05        for item in range(1, item + 1, step):
06            print(f'{item:3d}', end = '')
07            total += item
08        print()
09        return total          # 返回加总的结果
10    return oneFun              # 返回函数对象
11 star = allNums(0)            # total = 0，调用函数
12 # 调用函数 oneFun，变量 star 配合 range(1, 20, 3)函数执行加总的运算
13 print('合计：', star(20, 3))
```

步骤 **02** 保存该程序文件，按 F5 键执行该程序，执行结果如图 9-45 所示。

**程序说明：**

- 第 01~10 行，第 1 个函数 allNums()只有一个形参 total，return 语句返回函数对象 oneFun。
- 第 02~09 行，第 2 个函数 oneFun()有两个形参：item 和 step。
- 第 03 行，如果 total 变量前未加 nonlocal 关键字，则程序执行时就会引发"UnboundLocalError"的错误，如图 9-46 所示。
- 第 05~07 行，for 循环配合 range()函数，形参 item 和 step 作为终止值和间距值（或步长），以 total 返回加总的结果。
- 第 11 行，调用第 1 个函数 allNums()，传递参数为 0 的值，以 star 变量存储计算的结果。
- 第 16 行，调用第 2 个函数 oneFun()，通过 star()传递两个参数：20 和 3。

为什么不加关键字 nonlocal 会引发如图 9-46 所示的错误呢？

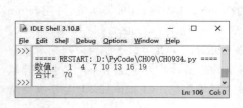

图 9-45

```
================= RESTART: D:\PyCode\CH09\CH0934.py =================
Traceback (most recent call last):
  File "D:\PyCode\CH09\CH0934.py", line 20, in <module>
    print('合计：', star(20, 3))
  File "D:\PyCode\CH09\CH0934.py", line 6, in oneFun
    total    # 未加 nonlocal，程序会出现错误
UnboundLocalError: local variable 'total' referenced before assignment
```

图 9-46

因为 oneFun()函数只能读取外部的 total 变量，所以表达式"total += item"的赋值操作无法继续。加入 nonlocal 关键字之后，表示它是属于 allNums()函数的变量，这样才能在 oneFun()函数内重新给它赋值，存储累加的结果。

> **提示** 当函数中还定义了另一个函数时，原有的内置、全局、局部的作用域必须再加上 Enclosing 作用域，如此一来局部函数才能存取外部函数的变量，此乃遵循 Python 语言的 LEGB 所定的规则。
>
> Local(function)：局部函数的命名空间。
>
> Enclosing function locals：外部函数的命名空间。
>
> Global(module)：函数定义所在模块的命名空间。
>
> Builtin(Python)：Python 内置模块的命名空间。

## 9.5.4 Lambda 函数

Lambda 函数又称为 Lambda 表达式，它没有函数名称，只会以一行语句来表达，它的语法如下：

```
lambda 参数列表, ... : 表达式
```

**参数说明：**

● 参数列表使用逗号分隔开，表达式之前的冒号不能省略。

● Lambda 函数只会有一行语句。

● 表达式不能使用 return 语句。

那么自定义函数与 Lambda 函数有何不同呢？下面以一个简单示例来说明。

```
def calc(x, y):   # 自定义函数
    return x**y
calc = lambda x, y : x ** y    # Lambda 函数
```

**示例说明：**

（1）自定义函数时，函数名为 calc，可作为调用 Lambda 函数的变量名。所以自定义函数有名称，Lambda 函数无名称，须借助设置的变量名。

（2）calc()函数有 2 个形参，即 x 和 y，它们亦为 Lambda 的参数。

表达式"x ** y"在 calc()函数中以 return 语句返回，Lambda 的运算结果由变量 calc 存储，所以定义函数时，函数体有多行语句，可以是语句，也可以是表达式，Lambda 函数只能有一行表达式，如图 9-47 所示。

示例 1：了解 Lambda 函数的执行方式。

```
calc = lambda a, b : a ** b
print(calc(7, 3))       # 输出 343
```

**示例说明：**

Lambda 函数必须指定一个变量来存储运算的结果，再以变量名 calc 来调用 Lambda 函数，根据定义传入参数。

示例 2：必须以变量存储 Lambda 运算后的结果，如图 9-48 所示。

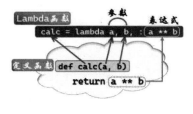

图 9-47

```
lambda a, b : a ** b
<function <lambda> at 0x0000022ED10
8B400>
lambda a, b : return a ** b
SyntaxError: invalid syntax
result = lambda a, b : a ** b
type(result)
<class 'function'>
```

图 9-48

图 9-48 中的示例说明：

（1）Lambda 函数若未指定变量来存储它的结果，表示没被对象引用，会显示"function <lambda> ..."而被当作垃圾回收。

（2）Lambda 函数如果加入了 return 语句，则会引发"SyntaxError"的错误。

（3）使用 type 函数查看存储 lambda()函数运算结果的变量，会发现它是一个 function 类。

示例 3：以 Lambda 函数先定义再调用指定的变量 result。

```
result = lambda a, b : a ** b        # 表示 lambda 有两个参数
result(4, 7)    # 传入两个数值让 Lambda 函数执行运算的操作
```

### 范例程序 CH0935.py

配合 Lambda 函数来设置 sort()方法。注意其中的 key 参数，当数据有两个以上字段时，可使用 Lambda 函数来指定排序的字段。

**步骤 01** 编写如下程序代码：

```
01 pern = [('Mary', 1988, 'Shenzhen'),
02          ('Davie', 1992, 'Guangzhou'),
03          ('Andy', 1999, 'Hangzhou'),
04          ('Monica', 1987, 'Suzhou'),
05          ('Cindy', 1996, 'Shenzhen')]
06 st = lambda item: item[0]   # 定义 sort()方法的参数 key
07 pern.sort(key = st)
08 print('按名字排序: ')
09 for name in pern:
10     print('{:6s},{}, {:10s}'.format(*name))
11 # 直接在 sort()方法中带入 Lambda 函数
12 pern.sort(key = lambda item: item[2], reverse = True)
13 print('按出生地降序排序: ')
14 for name in pern:
15     print('{:6s},{}, {:10s}'.format(*name))
```

**步骤 02** 保存该程序文件，按 F5 键执行该程序，执行结果如图 9-49 所示。

图 9-49

**程序说明：**

- 第 01~05 行，创建一个含有元组的列表，每个元素有 3 个字段：第 1 个字段（索引值[0]）是名字，第 2 个字段是出生年份，第 3 个字段是出生地。

- 第 06、07 行，使用 Lambda 函数，将字段以 item 变量表达，指定第 1 个字段 item[0]（以索引值[0]表示）为排序的根据，也就是使用名字的第一个字母为排序的根据。

- 第 12 行，将 Lambda 函数内嵌于 sort()方法的 key 参数，以第 3 个字段（出生地）为排序的根据。

## 9.5.5　filter()函数

除 Lambda 函数之外，Python 还提供了另一些有趣的函数，像本节要介绍的内置函数 filter()，它的语法如下：

```
filter(function, iterable)
```

- function：表示要定义一个函数或是使用 lambda()函数来取代。
- iterable：表示迭代器的可迭代元素。

filter()函数可以将迭代器的元素根据参数 function 的设置进行过滤，它会获取返回 True 的元素，并以序列类型（列表、字符串、元组）来组成。同样地，它会剔除返回 False 的元素。

**范例程序 CH0936.py**

```
def getNums(n):     # 自定义函数
    return n > 2
ary = range(10)     # 产生可迭代对象，0~9 数值
# 调用 list()将它转换为列表对象才能显示出结果
print(list(filter(getNums, ary)))
```

**程序说明：**

- 先定义一个函数 getNums()，返回大于 2 的数值。再调用 range()函数产生可迭代的元素 0~9，再存储到 ary 中。然后调用 filter()函数，参数带入前面设置的 getNums 和 ary。0~9 数值中大于 2 的才会被返回，所以结果是[3, 4, 5, 6, 7, 8, 9]。

当然，filter()函数的 function 函数可以用 lambda()函数来取代，用范例程序 CH0937.py 来说明。

**范例程序 CH0937.py**

```
ary = range(1, 16)      # 数值 1~15
# 被 3 整除者放入 result 变量
result = list(filter(lambda x : x % 3 == 0, ary))
print(result)           # 输出 "3, 6, 9, 12, 15"
```

**程序说明：**

- filter()函数的第一个参数针对 lambda()函数，能被 3 整除的数值返回 True，无法被 3 整除的数值就返回 False。

**范例程序 CH0938.py**

在函数中，元组收集位置参数，而 filter()函数获取偶数，配合 lambda()函数来判断随机数是否能被 2 整除。

**步骤01** 编写如下程序代码：

```
01 from random import randint         # 导入随机数模块
02 def addNum(*data):                 # 自定义函数，*data 表示将位置参数以元组来收集
03     result = 0
04     print('index value')
05     print('-'*12)
06     # 以 emumerate()函数返回 index 和元素，再调用 sorted()进行排序
07     for i, j in enumerate(sorted(data)):
```

```
08        print(f'{i:^6d}{j:>4d}')
09        result += j
10    return result
11 numbers = []   # 空的列表
12
13 for item in range(9):            # 随机产生 9 个 1~99 的数值
14    numbers.append(randint(1, 99))
15 outcome = list(filter(lambda n: n % 2 == 0, numbers))
16 even = tuple(outcome)            # 转换为元组对象
17 # 调用函数，*even 将元组元素拆分再传递给函数
18 print('1~99 随机数')
19 total = addNum(*even)
20 print('-'*12)
21 print('偶数和：', total)
```

**步骤 02** 保存该程序文件，按 F5 键执行该程序，执行结果如图 9-50 所示。

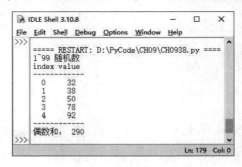

图 9-50

**程序说明：**

- 第 01 行，导入随机数模块。
- 第 02~10 行，自定义函数 addNum()，形参只有一个 "*表达式"（星号表达式），将接收的多个数据放入元组对象 data 中。
- 第 07~09 行，配合内置函数 enumerate() 来读取 data 元组的元素，配合 sorted() 函数输出有索引值并按序递增的元素。result 变量存储元素累加的结果。
- 第 10 行，return 语句返回计算的结果。
- 第 11 行，创建空的列表对象 number，存放整数随机数。
- 第 13、14 行，以 randint() 函数产生 1~99 的随机数，for 循环配合 range() 函数来读取这些随机数，并调用 append() 方法将它们加入 number 列表中。
- 第 15 行，filter() 函数获取偶数，配合 lambda() 函数来判断随机数能否被 2 整除，若能被 2 整除就返回 True，并加入 outcome 对象。
- 第 19 行，调用 addNum()，只有一个实参。*运算符配合元组对象 even，拆分元素后再传递给函数 addNum() 的形参。

## 9.5.6　递归

所谓的递归（Recursion）就是函数自己调用自己。最常用到递归的例子就是求解阶乘，正整数阶乘就是所有小于及等于该数的正整数的积，Python 的 math 模块提供了 factorial() 方法，只要传入

参数值就可得到计算结果，如图 9-51 所示。

```
import math
math.factorial(6)
720
```

图 9-51

图 9-51 中，导入 math 模块之后，就可以计算了。math.factorial(6)表示是 6*5 * 4 * 3 * 2 * 1，结果为 720。

阶乘运算是如何进行的呢？阶乘定义如下：

```
factorial(N) = N!
    = N * (N-1)!
    = N * (N-1) * (N-2)!
    . . .
    = N * (N-1) * (N-2) *... * 3 * 2 * 1
```

- 注意，0 或 1 阶乘的结果都是 1。
- 阶乘大于或等于 2 才是 N! = N * (N-1)!。

从函数观点来定义阶乘时，可以如此编写程序代码：

### 范例程序 CH0939.py

```
# 定义计算阶乘的函数
def fact(x):
    upshot = 1              # 存储阶乘的计算结果
    for item in range(1, x+1):
        upshot *= item       # 累积相乘的结果
    return upshot
print(f'{fact(8):_}')        # 调用函数，返回 40_320
```

**程序说明：**

- 变量 upshot 存储阶乘的计算结果。for 循环配合 range()函数来读取阶乘的每个数值，累积相乘的结果。

如果以递归来编写阶乘，程序代码如下：

### 范例程序 CH0940.py

```
# 附递归定义计算阶乘的函数
def factR(num):
    if num <= 1 :        # 0! = 1! = 1，基本情况
        return 1          # 终止递归，递归调用的出口
    # 如果是 2(含)以上的阶乘，函数自己调用自己
    else:
        return (num * factR(num - 1))        # 递归调用，递归情况
print(factR(6))
```

**程序说明：**

- 定义函数 factR()，函数体使用 if/else 语句进行条件判断。当数值大于或等于 2 时才会进行递归调用，函数调用自己来让数值减 1，直到为 1 时才终止。
- 由于使用递归函数会用掉较多的系统资源，因此注意两种情况：

> 基本情况（Base Case）：用来终止递归的调用。就上述阶乘来说，当形参 x 的值小于或等于 1 时，会执行 if 语句，返回 1。

> 递归情况（Recursive Base）：自己调用自己，进行递归。

下面介绍另一个使用递归方法的例子，就是著名的斐波那契数列（Fibonacci），该数列从 0 和 1 开始，之后的斐波那契数列的各项值就是其之前两项相加的和，产生的数列如下：

```
1、1、2、3、5、8、13、21、34、55、89......
```

根据其特性，可以将斐波那契数列定义如下：

```
N<2 时，F0 = 0 或 F1 = 1
n≥2 时，Fn = Fn-1 + Fn-2，可以用 fib(n-1) + fib(n-2) 表示
```

如果以迭代方式来定义斐波那契数列，那么程序代码如下：

### 范例程序 CH0941.py

```python
# 定义函数
def fiboA(num):
    result = []     # 存储斐波那契数列
    a, b = 0, 1
    while b < num:
        result.append(b)
        a, b = b, a + b
    return result
print('Fibonacci:', fiboA(10))     # 调用函数
```

### 范例程序 CH0942.py

使用递归，设置好基本情况和递归情况来产生斐波那契数列。

**步骤01** 编写如下程序代码：

```python
01 def fibon(x):
02     if x <= 1:        # 基本情况
03         return x
04     else:
05         return fibon(x - 1) + fibon(x-2)     # 递归情况
06 # 调用函数
07 outcome = []     # 空列表
08 for item in range(10):
09     outcome.append(fibon(item))
10 print('递归: ', outcome)
```

**步骤02** 保存该程序文件，按 F5 键执行该程序，执行结果如图 9-52 所示。

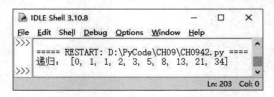

图 9-52

**程序说明:**

- 第 01~05 行,定义斐波那契数列的递归函数。由于斐波那契数列从 0 和 1 开始,因此 if 语句为"基本情况",它会返回 0 或 1 来终止递归调用。
- 第 04、05 行,"递归情况"由 else 语句来处理,当斐波那契数列大于或等于 2 时会将前面的数值相加。所以开始调用自己,将相加所得用 return 语句返回。
- 第 08、09 行,for 循环配合 range()函数来产生斐波那契数列。

## 9.6　本章小结

- 定义函数和调用函数是两件事。定义函数要有形参来接收数据,而调用函数要有实参进行数据传递。
- 定义函数使用 def 关键字,作为函数程序区块的开头,末尾要有冒号来产生程序区块。函数名以标识符名称为规范,可根据需求在括号内放入形参列表。
- 函数返回值有三种:①函数无参数,函数体也无表达式,调用 print()函数输出信息;②函数有参数,函数体有运算,以 return 语句返回运算结果;③返回值有多个,return 语句配合元组对象来表达多个返回值。
- 调用函数时,实参将数据或对象传递给自定义函数,默认采用位置参数。形参在定义函数时用来接收实参所传递的数据,默认以位置参数为主。
- Python 语言的参数传递原则:①不可变对象会先复制一份再进行传递;②可变对象会直接以内存地址进行传递。
- 在定义函数时,采用具有默认值的参数是给形参设置好默认值,当调用函数时某个参数没有传递数据时,可以使用它的默认值。
- 关键字参数直接以自定义函数的形参为名称,不需要按照参数定义的位置来传参赋值。
- 自定义函数的形参,"*t"表示它是一个"*表达式"搭配元组,用来收集位置参数。使用"**表达式"则是与字典对象搭配来收集关键字参数。"*表达式"和"**表达式"并用,用于收集相关参数。
- 调用函数以实参传递数据时,使用"*"运算符拆分可迭代对象,拆分映射运算符(**)可将字典对象的键拆分给形参来接收对应的值。
- 无论是变量还是函数,对于 Python 而言有三种作用域:①全局作用域,适用于整个程序文件(*.py);②局部作用域,适用于所声明函数或流程控制的程序区块;③内置作用域,内置函数所使用的范围。
- 在 Python 语言中,在函数中定义其他函数时,就称该函数为局部函数或嵌套函数。
- Lambda 函数又称为 Lambda 表达式,它没有函数名,只会以一行语句来表达。
- 递归就是函数自己调用自己。它有两种情况:①基本情况(Base case),用来终止递归的调用;②递归情况(Recursive case),调用自己,进行递归。

# 9.7 课后习题

## 一、填空题

1. 定义函数（见图 9-53），说明其意义：①_____，②_____，③_____。

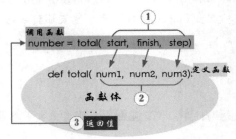

图 9-53

2. 定义函数时，以_____接收数据，而_____则是传递数据。

3. Python 如何进行参数传递？_____会先复制一份再进行传递，_____会直接以内存地址进行传递。

4. 根据下列语句来填入正确的名词：函数中，"x、y"是_____参数；"z = 7"是_____参数；test(3, 4)输出_____；test(6, 8, 11)输出_____。

```python
def test(x, y, z = 7):
    return x + y + z
print(test(3, 4))
print(test(6, 8, 11))
```

5. 根据下列语句来填入正确的名词：调用函数时"y = 5"表示是_____参数，x 是_____参数。

```python
def test(x, y):
    return x ** y
print(test(y = 5, x))
```

6. 自定义函数 score()中：参数 value 本身是_____对象；配合接收关键字参数_____、_____。

```python
def score(name, **value):
    print(value)
score('Mary', eng = 78, chin = 98)
```

7. 定义函数 func()，range()函数的两个参数应设置为_____，_____，"17 + 18 + 19"才能相加，而 range()函数是提供_____。

```python
def func(x, y, z):      # 定义函数
    print (x + y + x)
func(*rang())
```

8. 调用函数时，实参传递数据时以位置参数为主，还可以使用_____参数；"**"运算符可拆分_____对象，被称为_____参数。

9. 请按下列语句来填写变量范围：total 为_____变量，x 为_____变量。

```
total = 0
def func pern():    # 定义函数
    x = 7
    return total = x ** 2
func()              # 调用函数
```

10. 根据下列语句来填入相关名词：函数 first()和 second()形成_____函数，其中的 second()函数形成_____。

```
def first(a, b):
    def second(x, y):
        return x ** y
    return second(a, b)
print(first(4, 3))
```

## 二、实践题与问答题

1. 参考范例程序 CH0905.py 并进行修改以输出下列结果。

```
输入第一个数值:25
输入第二个数值:456
输入第三个数值:22
调用 pow()函数: 3
三个数值:(25, 456, 22)
```

2. 参考范例程序 CH0913.py，按下列调用函数的语句完成输出内容。

```
student(score = [83, 75, 67, 68], name = 'Eric')
student(score = [81, 94, 72], name = 'Mary')
student(score = [57, 84, 77, 65, 81], name = 'Andy')
# 输出的数据
        最高分 总分    平均
----------------------
Eric     83  293 73.2500
----------------------
Mary     94  247 82.3333
----------------------
Andy     84  364 72.8000
```

3. 参考范例程序 CH0919.py 中 student()函数的实参，输出时将成绩从高到低降序排序。

4. 将下列定义函数的程序语句改成 lambda()函数,并比较自定义函数与 lambda()函数有何不同。

```
def product(x, y):
    x *= y
    return x
```

5. 编写程序代码，调用 filter()函数配合 lambda()函数找出 1~50 的数值并以元组对象来存储。

# 第 10 章

# 模块与函数库

**学习重点：**

- 使用 from/import 语句导入 Python 模块
- time 模块用于获取时间戳，datetime 模块用于处理日期和时间
- 认识第三方套件 wordcloud、pyinstaller

Python 提供了功能强大的标准函数库，它们大部分可通过 import 语句导入来使用。本章将简单介绍 sys、time、datetime 这些模块的用法。

## 10.1　导入模块

当程序变得庞大，内容趋于复杂时，Python 允许设计者通过逻辑性的组织，把程序打包或者分割成好几个文件，而彼此之间能共生共享。这些分置于不同文件的程序代码可能包含类或者是收集了一系列已定义好的函数。一般来说，将多个模块组合在一起可以生成套件（Package，或者叫作程序包、包）。

### 10.1.1　import/as 语句

Python 语言的模块其实就是一个*.py 文件。模块内包含可执行的程序语句和定义好的函数。那么如何区别一般的.py 文件和用于模块的文件呢？很简单，一般我们编写的.py 文件要通过解释器才能执行，而模块则要通过 import 语句将文件导入之后方可使用。导入模块的语法如下：

```
import 模块名称1, 模块名称2, ..., 模块名称N
import 模块名称 as 别名
```

**参数说明：**

- 使用 import 语句可以导入多个模块，不同模块可用逗号分隔开。
- 当模块较长时，允许使用 as 子句给予别名。

同时导入 Python 标准模块的数学和随机数模块的示例如下：

```
import math, random
```

由于导入随机数模块的名称较长，可给予一个简短的名称，示例如下：

```
import random as rd
```

那么要把 import 语句置于程序代码的何处呢？习惯将它放在程序的起始部分。由于模块本身就是一个类，使用时还要加上类名称，再以"."存取，示例如下：

```
import math          # 导入数学模块
math.pi              # 圆周率，返回 3.141592653589793
math.pow(6, 3)       # 等同 6*6*6，返回 216.0
```

## 10.1.2　from/import 语句

通常加载模块时，与它相关的属性和方法也会同时加载。为了节省资源，加上 from 语句为开头来指定其对象名，语法如下：

```
from 模块名称 import 对象名
from 模块名称 import 对象名 1，对象名 2，...，对象名 N
from 模块名称 import *
```

from 语句配合模块名称，再以 import 语句指定它的属性和方法。使用"*"字符表示导入一切非私有套件。同样地，若要指定多个对象，可以用逗号分隔开，示例如下：

```
# 一般调用的方式为"类.方法"
import math          # 导入数学模块
math.fmod(15, 4)     # 获取余数，返回 3.0
```

**示例说明：**

要调用 fmod()方法，由于它是 math 类提供的方法，因此必须使用"."访问符以"类.方法()"的形式来调用。

只导入模块中的某个方法的示例如下：

```
# from/import 语句
from math import factorial, ceil
factorial(5)         # 返回计算阶乘的结果 120(1*2*3*4*5)
ceil(2.58)           # 无条件进位之后，取整数
```

**示例说明：**

指定导入 math 模块的 factorial()和 ceil()方法之后，就可以直接通过方法名来调用。

若要使用模块的其他对象，在未指明的情况下会引发"NameError"的错误，示例如下：

```
from math import ceil, factorial
print(ceil(15.1133))             # 正确输出
print(math.floor(13.879))        # 引发"NameError"的错误
```

## 10.1.3　命名空间和 dir()函数

要使用模块就要了解其命名空间，因此必须配合内置函数 dir()。调用函数 dir()的语法如下：

```
dir([object])
```

- object：可选参数，返回有效的属性，以列表方式表示。

在第 9 章介绍自定义函数时，介绍过作用域的概念。配合 Python 的执行环境，就会有命名空间的存在。可把命名空间视为容器，它从使用模块时就已建立，随着对象的产生而有所不同。一般来说，内置函数 dir() 有两种方式：

- 无参数时 dir() 函数会找出当前已定义的该函数。
- 有参数 object 时用来查看某个模块已定义的名称。

示例 1：调用无参数的 dir() 函数，它会带出 __builtins__、__name__ 等属性，如图 10-1 所示。
示例 2：添加了元组对象和字符串，再调用 dir() 函数时，显示当前作用域已加入两个新的名称，如图 10-2 所示。

```
dir()
['__annotations__', '__builtins
__', '__doc__', '__file__', '__
loader__', '__name__', '__packa
ge__', '__spec__', 'student']
```

图 10-1

```
num = 'One', 'Two', 'Three' #Tuple
word = 'Python'
dir()
['__annotations__', '__builtins__',
'__doc__', '__file__', '__loader__'
'__name__', '__package__', '__spe
c__', num, 'student', word]
```

图 10-2

示例 3：有参数的 dir() 函数，如图 10-3 所示。

图 10-3

dir() 函数以 math 模块为参数时，它会列举 math 模块的相关属性和方法。

# 10.2  自定义模块

除了使用 import 语句加载标准模块之外，用户也可以自行定义模块文件，再加载到系统中来使用。在加载自定义模块之前可通过 sys 模块的 path 属性来查看其路径是否已加载，有了执行路径才有办法让自定义模块发挥作用。

## 10.2.1  模块路径

使用 import 语句加载某个模块时，Python 解释器会如何处理呢？第一步是以该模块的名称搜索内置模块，第二步去找 sys.path 所存放的模块搜索路径。通常 sys.path 会对环境变量 PYTHONPATH

执行初始化操作，该环境变量由列表组成，列表的元素就是以字符串表示的相关路径，它包含：

- Python 程序文件所在的目录。如果是空字符串，则表示尚未加入 Python 这个目录。一旦设置成功，只要使用 Python 解释器来解释执行某个 Python 程序，就会到设置好的目录中搜索该 Python 程序。
- 安装 Python 软件或程序的默认目录（或路径）。
- Python 标准函数库所在的目录。

通过 sys 模块的属性 path 来认识一下模块搜索路径究竟有哪些，参考图 10-4 中的示例。

图 10-4 中，路径存放在列表对象中，第一个元素就是 Python 程序文件所在的目录。其他是 Python 的标准函数库和 Python 软件的安装路径。

其实，只要引用这些已导入模块的名称就可以查看它们所在的路径。不过 sys 模块是例外，它只会显示 built-in（内置模块），如图 10-5 所示。

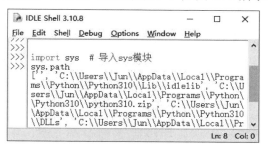

图 10-4　　　　　　　　　　　　　　　　　　图 10-5

图 10-5 中，导入 sys 模块后，直接输入该模块的名称就可以看到它的显示是 "built-in"。

Python 解释器会从 PYTHONPATH 环境变量所提供的路径中寻找.py 程序文件或.pyc 模块文件。如果要加入某一个路径，可调用 append()方法。示例如下：

```
import sys
sys.path.append('D:\\PyCode\\CH10')
```

**示例说明：**

append()是列表对象用来添加元素的方法，调用时提供想要添加的完整路径，执行成功后该路径就成为 path 列表的最后一个元素。

## 10.2.2　导入自定模块

确保存储范例程序的路径已加入 sys.path 的模块搜索路径，这样才能用 import 语句导入。如果没有要导入范例程序的路径，就会引发 "Module Not Found Error" 的错误，如图 10-6 所示。

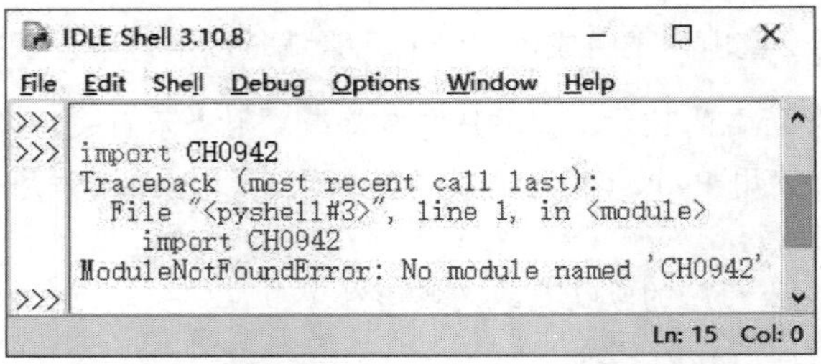

图 10-6

### 范例程序 CH1001.py

说明自定义模块的用法。在 Python 交互模式下，配合 import 语句导入范例程序文件以执行相关的语句。

**步骤01** 编写如下程序代码：

```
01 from random import randint, randrange    # 导入 random 模块
02 def numRand(x, y):         # 定义函数，产生某个区间的随机整数
03    cout = 1              # 计数器
04    while cout <= 10:
05       number = randint(x, y)
06       print(number, end = ' ')
07       cout += 1
08    print()
09
10 def numRand2(x, y):
11    cout = 1
12    result = []            # 存放随机数
13    while cout <= 10:
14       number = randint(x, y)
15       result.append(number)
16       cout += 1
17    return result
```

**步骤02** 保存程序代码，按 F5 键确定无任何错误即可。

**步骤03** 使用 import 语句导入此程序文件，结果如图 10-7 所示。

**步骤04** 在 Python 交互模式下，还可以使用 from/import 语句，如图 10-8 所示。

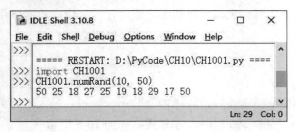

图 10-7

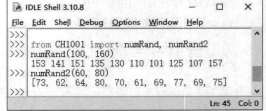

图 10-8

**程序说明：**

- 第 01 行，使用 from/import 语句导入指定方法 randint 和 randrange 来产生某个区间的随机整数。
- 第 02~08 行，定义 numRand() 函数，获取参数 x 和 y 来作为 randint() 方法产生随机数的区间。

- 第 04~07 行，配合计数器，以 while 循环来产生 10 个随机数。
- 第 10~17 行，定义 numRand2()函数，将产生的随机数以列表方式存放，再以 return 语句返回给函数的调用者。

使用 import 语句时实际上加载了 CH1001.py 程序文件，Python 解释器会把它编译成字节码（Byte code），并*.pyc 的格式存储。若 CH1001.py 的内容未做变更，载入此程序文件时，就会直接调用 CH1001.pyc 文件以提高程序的执行效率。

载入 CH1001.py 的同时，也会以此文件名建立命名空间，所以存取时要前置模块的名称，如 CH1001.numRand。

## 10.2.3　属性__name__

每个模块都有__name__属性，以字符串存放模块的名称。如果直接执行某个.py 程序文件，则 __name__属性会被设为__main__，表示它是主模块。如果是以 import 语句来导入此程序文件，则属性__name__会被设置为模块名。示例如图 10-9 所示。

图 10-9 中，如果导入文件 CH1001.py，由于它是模块，因此__name__属性会显示文件名，如果要执行此程序文件，__name__则返回__main__。

### 范例程序 CH1002.py

配合导入的模块，认识属性__name__的用法。

**步骤 01** 编写如下程序代码：

```
01 from random import randint
02 number = randint(10, 100)    # 产生 10~100 的随机整数
03 if __name__ == '__main__':
04     print('我是主程序')
05 print('随机整数：', number)
```

**步骤 02** 保存该程序文件，按 F5 键执行该程序，执行结果如图 10-10 所示。

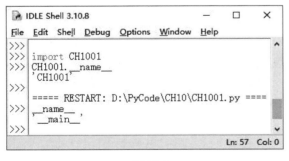

图 10-9

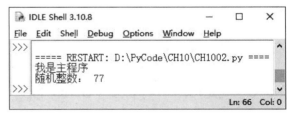

图 10-10

**程序说明：**

- 第 03、04 行，使用 if 语句判断属性__name__是否为'__main__'，若是就执行此程序，输出 "我是主程序" 的信息。如果是以模块来导入此程序文件，就不会显示 "我是主程序" 的信息。

### 范例程序 CH1003.py

```
# 自行定义模块——导入产生随机数的模块

from random import randint

# 产生 10~100 的随机整数
number = randint(10, 100)
```

### 范例程序 CH1004.py

将范例程序 CH1003.py 作为模块让其他程序以加载方式来使用。

**步骤 01** 编写如下程序代码：

```
01 from CH1003 import number    # 以模块方式导入范例程序 CH1003.py
02 count = 1      # 统计次数
03 guess = 0      # 存储输入的数值
04
05 while guess != number :
06    guess = int(input('输入 1~100 的整数->'))
07    if guess == number:    # if/elif 语句来反映猜测的情况
08       print('第{0}次猜对，数字为：{1}'.format(
09          count, number))
10    elif guess >= number:
11       print('数字大了！')
12    else:
13       print('数字小了！')
14    count += 1
```

**步骤 02** 保存该程序文件，按 F5 键执行该程序，执行结果如图 10-11 所示。

**程序说明：**

- 第 01 行，导入模块 CH1003 的属性 number。
- 第 05~14 行，使用 while 循环来猜测随机生成的整数，以变量 count 来统计猜了几次才猜对。
- 第 07~13 行，使用 if/elif 语句来提示用户输入的整数是大了或小了。

图 10-11

## 10.3   获取时间戳的 time 模块

一般来说，在 Python 中处理日期和时间有多个模块可供使用：

- time：获取时间戳（timestamp）。
- calendar：获取日历，例如显示整个年份的日期或是某个年份的日历。
- datetime：用来处理日期和时间。

## 10.3.1　获取当前时间

要表示一个绝对时间，可使用 time 模块，它通常是从某个时间点开始以秒数来计算。下面先认识几个 time 模块常见的专有名词：

- epoch：中文译为 "纪元"，以 Unix 平台来说，它是从 1970 年 1 月 1 日开始算起的秒数。
- UTC（Coordinated Universal Time）：是 "世界标准时间"，之前也称它为 "格林威治标准时间" 或称 GMT。
- DST（Daylight Saving Time）：是夏令时间，会在某个时期以当地时间进行调整。

time 模块常用的方法可参考表 10-1。

**表10-1　time模块提供的常用方法**

| 方　　法 | 说　　明 |
|---|---|
| time() | 以浮点数返回自 1970/1/1 之后的秒数 |
| sleep(secs) | 让线程暂时停止执行的秒数 |
| asctime([t]) | 以字符串返回当前的日期和时间，由 struct_time 转换 |
| ctime([secs] | 以字符串返回当前的日期和时间，由 epoch 转换 |
| gmtime() | 获取 UTC 日期和时间，可以调用 list()函数转换成数字 |
| localtime() | 获取本地日期和时间，可以调用 list()函数转换成数字 |
| strftime() | 将时间格式化 |
| strptime() | 按指定格式返回时间值 |

先来看看 time()方法获取的 epoch 值，如图 10-12 中的示例所示。

图 10-12

图 10-12 中的示例说明：

（1）time()方法获取的秒数是从 1970 年 1 月 1 日 00:00:00 开始算起的秒数。

（2）ctime()方法把 epoch 值（秒数）转为当前的日期和时间，是一个具有 24 个字符的字符串。

要获取当前的时间，有两种方式：

- 以字符串返回时，调用 asctime()方法或 ctime()方法。
- 以时间结构返回时，调用 gmtime()或 localtime()方法。

（1）调用 asctime()或 ctime()方法返回的都是字符串，是一个具有 24 个字符的字符串。当 asctime()方法未传入参数时，会以 localtime()获取的时间结构（struct_time）为参数值进行转换，而 ctime()

方法在未给予参数的情况下则是以 epoch 为基准，调用 time.time()方法获取时间戳（秒数）来进行转换。示例如下：

```
import time   # 导入时间模块
print(time.ctime())
print(time.asctime())
```

不含参数时，两个方法会返回时间值"Fri Apr 22 05:52:10 2022"（星期 月份 日期 时:分:秒 年份）。

（2）调用 gmtime()方法会以 UTC 时间来返回时间结构，调用 localtime()方法会返回当地时间的时间结构。

调用 gmtime()方法的示例如图 10-13 所示。

比较清晰的结果是配合 list()函数或 tuple()函数，以列表或元组对象返回，示例如图 10-14 所示。

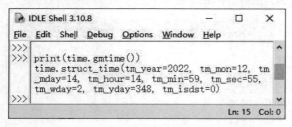

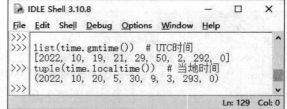

图 10-13                                      图 10-14

- 配合 list()或 tuple()函数，根据时间结构 struct_time 返回"年份 月份 日期 时 分 秒 月的周数 年的天数 是否设置了 DST（夏令时间）"。
- 方法 localtime()用于获取当地时间，方法 gmtime()用于获取格林尼治时间，两者会有时差且有不同的时间值。

根据列表或元组对象返回的时间元素共有 9 个，为 struct_time 时间结构，它们的各个属性及其索引值可参考表 10-2。

表10-2    struct_time的属性及其索引值

| 索 引 值 | 属　　性 | 值/说明 |
| --- | --- | --- |
| 0 | tm_year | 1993；公元年份 |
| 1 | tm_mon | range[1, 12]；1~12 月 |
| 2 | tm_mday | range[1, 31]；月天数 1~31 |
| 3 | tm_hour | range[0, 23]；小时数 0~23 |
| 4 | tm_min | range[0, 59]；分钟数 0~59 |
| 5 | tm_sec | range[0, 31]；秒数 0~31 |
| 6 | tm_wday | range[0, 6]；星期数 0~6；0 代表星期一 |
| 7 | tm_yday | range[1, 366]；一年的天数 1~366 |
| 8 | tm_isdst | 值为 1 表示是夏令时间<br>值为 0 表示不是夏令时间<br>值为-1 表示不确定是否为夏令时间 |

## 10.3.2　时间结构和格式转换

获取的时间值要如何处理？strftime()方法会把 struct_time 结构存储的时间值以指定的格式返回；strptime()方法则把时间值以字符串的时间结构返回。下面先来认识方法 strftime()，它的语法如下：

```
strftime(format[, t])
```

**参数说明：**

- format 是格式化字符串，具体可参考表 10-3。
- 参数 t 可配合 gmtime()或 localtime()方法来获取时间。

表10-3　时间转换的格式

| 时间属性 | 转换指定形式 | 说　　　明 |
| --- | --- | --- |
| 年 | %y | 以两位数表示年份 00～99 |
| | %Y | 以四位数表示年份 0000～9999 |
| | %j | 一年的天数　001～366 |
| 月 | %m | 月份 01~12 |
| | %b | 简短月份名称，例如：Apr |
| | %B | 完整月份名称，例如：April |
| 日期 | %d | 月份的某一天　0~31 |
| 时 | %H | 24 小时制 0～23 |
| | %I | 12 小时制 01～12 |
| 分 | %M | 分钟　00～59 |
| 秒 | %S | 秒数 00～59 |
| 星期 | %a | 简短星期名称 |
| | %A | 完整星期名称 |
| | %U | 一年的周数　00～53，由星期天开始 |
| | %W | 一年的周数　00～53，由星期一开始 |
| | %w | 星期 0～6，星期第几天 |
| 时区 | %Z | 当前的时区名称 |
| 其他 | %c | 本地日期和时间，"年/月/日 时：分：秒" |
| | %p | 表示本地时间加入上、下午标志的 A.M.或 P.M. |
| | %x | 本地对应的日期，以"年/月/日"表示 |
| | %X | 本地对应时间，以"时：分：秒："表示 |

调用 strftime()方法时，它的格式化形式可根据实际需求来表示。

### 范例程序 CH1005.py

```
from time import strftime, localtime
special = localtime()        # 获取当地时间
d1 = strftime('%Y-%m-%d %H:%M:%S', special) # 输出日期和时间
print('当前日期，时间', d1)
print(strftime('%A, 第%j 天', special))        # 星期几的完整名，年的天数
d2 = strftime('%x', localtime())              # 显示简短日期
print('日期', d2)
tm = strftime('%X %p', localtime())           # 显示时间带有上、下午标记 AM 或 PM
```

```
print('时间', tm)
```

**程序说明：**

- 配合格式化字符串返回不同格式的时间。
- strftime()方法的第二个参数 t 调用 localtime()方法来获取当前的日期和时间。
- 格式化字符 '%A %j' 会输出 "Friday，第 112 天" 这种格式的时间。
- 格式化字符 '%x' 会输出当前的日期，而格式化字符 '%X %p' 则会输出含有 AM 或 PM 的时间，例如 07:48:06 AM。

strptime()方法和 strftime()方法相反，它会把已格式化的时间值以 struct_time 结构返回，它的语法如下：

```
strptime(string[, format])
```

**参数说明：**

- string：要指定格式的日期和时间，以字符串来表示。
- format：格式化字符串，参考表 10-3。

**范例程序 CH1006.py**

```
special = '2022-04-22 07:48:06'
target = time.strptime(special, '%Y-%m-%d %H:%M:%S')
print(target)       # 以时间结构返回
```

**程序说明：**

- 变量 special 存储的是日期和时间。调用 strptime()方法时，第二个参数所指定的格式化字符串要能配合变量 tm 的日期和时间，才能正确返回 struct_time 的时间结构。
- 调用 strptime()方法时第二个参数指定的格式无法对应第一个参数的日期和时间就会返回出错提示信息，如图 10-15 所示。

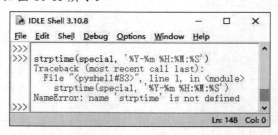

图 10-15

# 10.4　datetime 模块

datetime 模块顾名思义是用来处理日期和时间的，它有两个常数：

- datetime.MINYEAR：表示最小年份，默认值为 MINYEAR = 1。
- datetime.MAXYEAR：表示最大年份，默认值为 MAXYEAR = 9999。

datetime 模块能支持日期和时间的运算，它的有关类如下：

- date 类：用来处理日期问题，与年（Year）、月（Month）、日（Day）有关。
- time 类：它可能是某个特定日期的某个时段，包含了时（Hour）、分（Minute）、秒（Second），还有更小的时间单位微秒（Microsecond）。
- datetime 类：由于包含了日期和时间，因此 date 和 time 类有关的内容都包含在内。
- timedelta 对象：表示时间的间隔，可用来计算两个日期、时间之间的时间差。

## 10.4.1　date 类

date 类用来表示日期，也就是包含了年、月、日。通常类都由构造函数来实例化对象，date 类的构造函数为 date()，它的语法如下：

```
date(year, month, day)
```

**参 数 说 明：**

- year：必不可少的参数，范围是 1~9999。
- month：必不可少的参数，范围是 1~12。
- day：必不可少的参数，范围则根据 year、month 来决定。

date()构造函数获取日期的示例如下：

```
print(date(2022, 3, 5))    # 输出 2022-03-05
```

**示 例 说 明：**

调用 date()构造函数时，3 个参数缺一不可，否则会引发"TypeError"的错误。

date 类会提供类和对象方法。调用类方法时要直接使用 date 名称。表 10-4 列出了它的常用类方法和属性。

表10-4　date类常用的类方法和属性

| 类 方 法 | 说 明 |
| --- | --- |
| day | 返回整数天数 |
| year | 返回年份 |
| month | 返回月份 |
| today() | 无参数，返回当前的日期 |
| fromordinal(ordinal) | 根据天数返回年、月、日 |
| fromtimestamp(timestamp) | 参数配合 time.time()可返回当前的日期 |

调用对象的方法时，要给对象赋值。表 10-5 列出了 date 对象常用的对象方法和属性。

表10-5　date类常用的对象方法和属性

| 对象方法 | 说 明 |
| --- | --- |
| ctime() | 以字符串返回"星期几 月 日 时:分:秒 年" |
| replace(y, m, d) | 重设参数中的年（y）、月（m）、日（d）来新建日期 |
| weekday() | 返回星期值，索引值 0 表示星期一 |

（续表）

| 对象方法 | 说　　明 |
|---|---|
| isoweekday() | 返回星期值，索引值 1 表示星期一 |
| isocalendar() | 以元组对象返回时间值，如（year，month，day） |
| isoformat() | 以字符串返回时间值；如 'YYYY-MM-DD' |
| strftime(format) | 将日期格式化 |
| timetuple() | 返回 time.struct_time 的时间结构 |

构造函数 date()可根据年、月、日来指定新的日期，而 replace()方法可以根据参数的年（year）、月（month）、日（day）来重新赋值。它的语法如下：

```
date.replace(year = self.year, month = self.month, day = self.day)
```

调用 replace()方法重新指定日期的示例如图 10-16 所示。

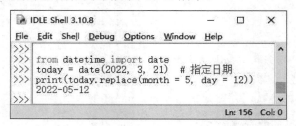

图 10-16

图 10-16 中，先以构造函数 date()设置一个日期，接着赋值给对象 today。再调用 replace()方法重设月份和日期并以 print()方法输出。

today()方法会以构造函数 date()来返回时间值，以（年、月、日）的格式显示。更好的方式是以 print()函数输出获取正常的日期值。可参考图 10-17 中的示例。

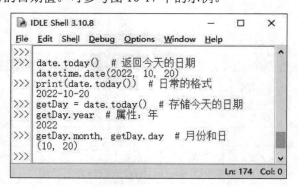

图 10-17

图 10-17 中，用变量 getDay 再配合相关属性 year、month、day 来获取年、月、日之值。

isocalendar()方法由"Named tuple"（具名元组）对象以 year、week 和 weekday 三部分组成。其中的 iso 是表示格里高利历（Gregorian Calendar）。示例如下：

```
special = date(2021, 10, 15)
print('星期', special.weekday() + 1)      # 输出"星期 5"
print('星期', special.isoweekday())       # 输出"星期 5"
```

```
print('日期', special.isocalendar())      # 输出"日期 datetime.IsoCalendarDate(year=2021,
week=41, weekday=5)"
print('日期', special.isoformat())        # 输出"日期 2021-10-15"
```

**示例说明：**

（1）由于 weekday()方法从索引值 0 开始，因此加 1；而 isoweekday()方法的索引值从 1 开始。

（2）isocalendar()方法以 Name tuple 对象输出，格式为"日期　datetime.IsoCalendarDate(year=2021, week=41, weekday=5)"。

（3）isoformat()以惯常用的日期格式来输出。

日常生活中常见的就是距离某个特定的日子还有几天。最简单的计算方式就是设置基准，例如 today()方法获取今天的日期，特定日期则以 datetime 类的 date()构造函数来指定，两者相减所得天数就是时间差。

### 范例程序 CH1007.py

计算当前日期到父亲节还有几天。使用两个日期来获取相差的天数。

**步骤01** 编写如下程序代码：

```
01 from datetime import *
02 td = date.today()          # 先获取当前的日期
03 fatherDay = date(td.year+1, 8, 8)      # 计算到 2023 年的父亲节
04 result = fatherDay - td
05 print('到父亲节还有', result)
06 print('到父亲节还有{:4d}天'.format(result.days))
```

**步骤02** 保存该程序文件，按 F5 键执行该程序，执行结果如图 10-18 所示。

图 10-18

**程序说明：**

- 第 02 行，以 today()方法获取今天的日期。
- 第 03 行，配合构造函数 date()来设置父亲节的年、月、日。
- 第 05、06 行，配合属性 days 输出结果。

### 范例程序 CH1008.py

使用两个日期相减来获取天数之后，再调用 timedelta()构造函数来获取工作的年份。

**步骤01** 编写如下程序代码：

```
01 from datetime import date, timedelta
02 tody = date.today()          # 今天的日期
03 work = date(2004, 7, 12)     # 到职日期
04 diff = tody - work
05 # 输出工作天数
```

```
06 print(f'工作天数: {diff.days:,}天')
07 result = diff/timedelta(days = 365)
08 print(f'{result:.2f}年')
```

**步骤 02** 保存该程序文件，按 F5 键执行该程序，执行结果如图 10-19 所示。

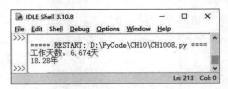

图 10-19

**程序说明：**

- 第 03 行，以构造函数 date()设置到职日期并赋值给变量 work。
- 第 04 行，以今天的日期减去到职日，再赋值给 diff 变量。
- 第 07、08 行，将 diff 除以 timedelta()构造函数所指定的天数之后会得到年份，配合 format() 方法做格式化输出。

## 10.4.2　time 类获取时间值

在 datetime 模块中，处理日期以 date 类为主，那么时间呢？毫无意外是 time 类。组成时间数据的不外乎是时、分、秒和更小的微秒，它的构造函数的语法如下：

```
time(hour = 0, minute = 0, second = 0, microsecond = 0, tzinfo = None)
```

**参数说明：**

- time()构造函数的参数都以零为默认值，可根据实际的需求来设它的参数值。
- tzinfo: 时区信息。

time()构造函数获取时间值的示例如下：

```
print(time())      # 输出 00:00:00
print(time(hour = 8, second = 35))    # 输出 08:00:35
```

**示例说明：**

time()构造函数的参数是可选的，即使未给出任何参数，也会显示"00:00:00"（0 时 0 分 0 秒）。

既然是时间值，那么就有限定值：

- 时（hour）: <= 24。
- 分（minute）: <= 60。
- 秒（second）: <= 60。
- 微秒（microsecond）: <= 1000000。

time 类还包含了 max（最大值）和 min（最小值），分别用于获取时间的最大值和最小值。示例如下：

```
import datetime
print(datetime.time.max)     # 输出 23:59:59.999999
print(datetime.time.min)     # 输出 00:00:00
```

date 类的 replace() 方法可指定参数来取代已声明对象的年、月、日。同样地，time 类也有 replace() 方法，可按它指定的参数取代已声明对象的时、分、秒，它的语法如下：

```
replace([hour[, minute[, second[, microsecond[, tzinfo]]]]])
```

● 　四个参数分别表示时、分、秒和微秒，可根据需要指定新值。

示例如下：

```
tm = time(15,20,30)          # 构造函数指定时、分、秒
print(tm.replace(hour = 17)) # 输出 17:20:30
```

**示例说明：**

先以 time 类的构造函数 time() 指定时、分、秒的参数值。再以 replace() 方法中的参数指定要改变的参数。

## 10.4.3　datetime 类组合日期、时间

datetime 模块还提供了另一个对象 datetime，使用它可以将日期和时间组合在一起，或者用来表示特定的时间，它的构造函数的语法如下：

```
datetime(year, month, day, hour = 0, minute = 0,
    second = 0, microsecond = 0, tzinfo = None)
```

参数中的年、月、日必须指定，与时间有关的参数由于采用了默认值，因此可选。

**范例程序 CH1009.py**

调用 datetime() 构造函数根据不同的需求来设置参数。

```
from datetime import date, datetime
print(datetime(2022, 3, 12))  # 输出日期 2022-03-12 00:00:00
print(datetime(2022, 3, 12, hour = 8))
# 输出日期/时间 2022-03-12 08:00:00
print(datetime(2022, 3, 12, 8, 42, 27))
# 输出简短的日期，时间含有时、分、秒 2022-03-12 08:42:27
```

**程序说明：**

● 　datetime() 构造函数的年、月、日参数必须指定。日期以参数名指定所需的时间，或者将日期和时间按序指定。

datetime 类本身包含了日期和时间，属性包含：year、month、day、hour、minute、second、microsecond。datetime 类具有的类方法和 date 类、time 类所提供类方法大同小异，参考表 10-6。

表 10-6　datetime 类常用方法

| 类　方　法 | 说　　明 |
| --- | --- |
| today() | 获取今天的日期和时间，等同于 datetime.fromtimestamp(time.time()) |
| now(tz = None) | 获取当前的日期和时间 |
| utcnow() | 返回 UTC 当前的日期和时间 |
| combine() | 把日期和时间结合在一起 |
| strptime(date_string, format) | 格式化 datetime 类的日期和时间 |

datetime 类的 now()方法和 today()方法都会返回当前的日期和时间。下面先以 now()方法获取当前的日期和时间，了解它的相关属性。

### 范例程序 CH1010.py

```
from datetime import date, datetime
now = datetime.now()   # 获取当前的日期和时间
print('目前', now)
special = now.year, now.month, now.day        # 获取年、月、日属性
print(f'日期 {special[0]}-{special[1]}-{special[2]}')
tm = now.hour, now.minute, now.second          # 获取时、分、秒属性
print(f'时间 {tm[0]}:{tm[1]}:{tm[2]}')
```

**程序说明：**

● now()方法会返回当前的日期和时间。配合相关的属性可以获取年、月、日和时、分、秒。

两个日期相减的示例如下：

```
from datetime import date, datetime
d1 = datetime.today()                # 今天的日期
d2 = datetime(2023, 5, 14)           # 构造函数指定日期的年、月、日
diff = d2 - d1
print(f'母亲节还有{diff.days}天')     # 输出"母亲节还有 205 天"
```

**示例说明：**

datetime 类设置两个日期，再相减，然后使用 timedelta 类的属性 days 把获取的值转换成天数。

datetime 类还提供了 replace()方法来产生新的 datetime 对象，它的语法如下：

```
replace([year[, month[, day[, hour[, minute[,
    second[, microsecond[, tzinfo]]]]]]]])
```

调用 replace()方法时要先建立一个日期基准，再根据这个日期基准调用 replace()来设置新值，示例如下：

```
from datetime import datetime
dt = datetime.today()            # 获取今天的日期
dm = dt.replace(day = 10)        # 日期变成第 10 天
print(dm)                        # 输出 2022-04-10 16:50:58.316067
```

**示例说明：**

先以变量 dt 存储调用 today()方法所获取的今天的日期。再通过对象 dt 调用 replace()方法，指定"day = 10"表示是第 10 天，所以会输出某个月份的第 10 天。

调用 replace()方法取代月份的示例如下：

```
d1 = datetime(2021, 9, 12)
print(d1.replace(month = 7))
```

**示例说明：**

对象 d1 调用 replace()方法，指定参数"month = 7"表示所指定日期为 7 月。

有时候需要将日期和对象结合在一起，这时可调用 combine()方法，它的语法如下：

```
combine(date, time)
```

● date：日期对象。

- time：时间对象。

### 范例程序 CH1011.py

```
from datetime import datetime, date, time
dt = date(2022, 2, 12)              # 时间，取自 date()构造函数
tm = time(14, 50)                   # 日期，取自 time()构造函数
print(datetime.combine(dt, tm))     # 输出 2022-02-12 14:50:00
print(datetime.combine(dt, tm).strftime(
    '%Y-%m-%d %H:%M:%S'))           # 输出 2022-02-12 14:50:00
```

**程序说明：**

- 变量 dt 存储来自 date 类的构造函数的返回值，而 tm 变量存储来自 time 类的构造函数的返回值。
- 变量 dt 和 tm 的内容再以 datetime 类的 combine()方法组成新的日期和时间。
- 可调用 strftime()方法进行格式化输出。

## 10.4.4　timedelta 类计算时间间隔

如果要表示某个特定的日期，或者将日期用于计算，则可以通过 timedelta 类，配合 date 和 time 类指定日期和时间值，它的构造函数的语法如下：

```
timedelta(days = 0, seconds = 0, microseconds = 0,
    milliseconds = 0, minutes = 0, hours = 0, weeks = 0)
```

timedelta 可以配合构造函数来指定日期和时间进行时间格式的转换。示例如下：

```
from datetime import datetime, timedelta
job = datetime(2012, 4, 1)     # 开始工作日
tdy = datetime.today()         # 获取当前日期
work = tdy - job               # 算出时间间隔
workYear = work.days // 365
print(workYear)                # 输出 10 年
```

**示例说明：**

（1）变量 work 存储 datetime.timedelta(days = 3674, seconds = 70554, microseconds = 709184)的返回值。

（2）由于有属性 days，才能以"work.days // 365"求得年数。

timedelta()构造函数也可将两个日期相加。

### 范例程序 CH1012.py

```
from datetime import datetime, timedelta
d1 = timedelta(days = 3, hours = 6)
d2 = timedelta(hours = 3.2)
dr = d1 + d2                                 # 将两个日期和时间相加
print(dr.days, '天')
print(f'9.2时 = {dr.seconds:,} 秒')          # 输出 33120 秒
print(f'3天 9.2时 = {dr.total_seconds():,}秒') # 输出 292310.0 秒
```

**程序说明：**

- timedelta 类具有的属性有 days、seconds 和 microseconds。变量 dr 可用来分别显示 days 和 seconds 的结果。
- 方法 total_seconds() 把 dr 的天数和时间全部转换成秒数，所以输出 "292320.0" 秒。

运用 timedelta 将日期和时间进行加、减、乘、除运算。

**范例程序 CH1013.py**

```
from datetime import datetime, timedelta
d1 = datetime(2015, 7, 8)
print('日期: ', d1 + (timedelta(days = 7)))
d2 = datetime(2022, 3, 25)
d3 = timedelta(days = 105)
dt = d2 - d3        # 将两个日期相减
print('日期二: ', dt.strftime('%Y-%m-%d'))
print('以年、周、星期返回', dt.isocalendar())
```

**程序说明：**

- 先以 datetime() 构造函数设置日期之后，再以 timedelta() 构造函数指定天数，将两者相加之后可以得到一个新的日期，它会输出 "2015-07-15 00:00:00"。
- 同样以 datetime()、timedelta() 构造函数设置日期，两者相减之后，得到日期 "2021-12-10"。
- 以 strftime() 函数设置输出格式，以 isocalendar 表示 "2021, 12, 10"，此日期的输出结果是 2021 年，第 49 周，星期五，实际的输出格式为以年、周、星期返回 datetime.IsoCalendarDate (year=2021, week=49, weekday=5)。

**范例程序 CH1014.py**

使用 timedelta 类计算时间间隔，以一个日期为基准来找出另一个日期。

**步骤 01** 编写如下程序代码：

```
01 from datetime import datetime, timedelta
02 # 创建存储星期的列表对象
03 weeklst = ['Monday', 'Tuesday', 'Wednesday',
04         'Thursday', 'Friday', 'Saturday', 'Sunday']
05 def getWeeks(wkName, beginDay = None):
06     if beginDay is None:      # 如果未传入 beginDay 的日期，就以今天为主
07         beginDay = datetime.today()
08     # weekday() 方法返回获取的星期的索引值，Monday 的索引值为 0
09     indexNum = beginDay.weekday()
10     target = weeklst.index(wkName)
11     lastWeek = ( 7 + indexNum - target) % 7
12     if lastWeek == 0:
13         lastWeek = 7
14     # timedelta() 构造函数获取天数
15     lastWeek Day = beginDay - timedelta(days = lastWeek)
16     return lastWeek_Day.strftime('%Y-%m-%d')
17 # 只传入 1 个参数
18 print('以今天开始算的上周二: ', getWeeks('Tuesday'))
19 # 传入 2 个参数
20 dt = datetime(2016, 3, 5)
21 print('以 2022/3/23 开始算的上周六: ', getWeeks('Saturday', dt))
```

步骤 02　保存该程序文件，按 F5 键执行该程序，执行结果如图 10-20 所示。

图 10-20

**程序说明：**

- 第 05~16 行，定义函数，根据传入的星期名称找出对应的日期。
- 第 06、07 行，使用 if 语句来判断第 2 个参数是否为 None，如果是，就以 datetime()构造函数获取今天的日期作为参数。
- 第 09~11 行，将第 2 个参数通过 weekday()方法获取从 0 开始的星期数值，并和存放星期名称的索引值进行计算，以所得余数作为星期判断天数的根据。
- 第 12、13 行，若 lastweek 的余数为 0，表示与指定日期相差 7 天。
- 第 15 行，将第 2 个参数指定的日期减去相差天数就能获得上周指定星期的日期。

# 10.5　套　　件

前面介绍的模块都来自 Python 的标准函数库。什么是标准函数库？为了让编程者更简捷高效地使用 Python 语言，Python 会把编写好的程序打包提供给编程者使用，这样的程序包就被称为标准函数库或类库、模块。由于它们内置于 Python 环境中，因此使用时必须通过 import 语句来导入这些模块。

此外，经由第三方开发的第三方函数库（Third-Party，或称为第三方程序包、第三方套件、第三方模块），同样可以用于 Python 环境。这些套件五花八门，应用广泛。不过，它们来自外部环境，使用时必须通过 pip 指令安装到 Python 的目标运行环境。

为了有所区别，我们把 Python 标准函数库称为模块，把来自外部要经由指令安装的程序包称为第三方库，或简称套件。

## 10.5.1　有趣的词云

词云也被称为"文字云"，是把文字数据中出现频率较高的"关键词"进行渲染来产生视觉图像，形成了像云一样的彩色图，让人一眼就能领略文字数据想要表达的重要含义。用于 Python 的第三方库 WordCloud 可以用来建立词云，下面一起来通过它体验文字之妙。

如何下载适用自己系统的 WordCloud 呢？根据操作系统和已安装的 Python 下载对应版本即可。例如笔者的 Windows 操作系统是 64 位的，安装了 Python 3.10，因此就找 cp310，cp 后面数字即为版本号，310 就表示 3.10 版，39 就表示 3.9 版。

### 安装 WordCloud

**步骤 01** 打开"命令提示符"窗口。按【Win + R】组合键启动"运行"对话框,输入"cmd"并单击"确定"按钮,如图 10-21 所示。

**步骤 02** 在"命令提示符"窗口执行命令"pip install wordcloud"。若无法安装,则前往相应的网站找到 Wordcloud 套件进行下载,如图 10-22 所示。

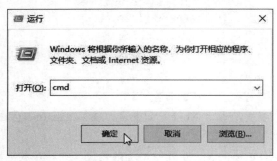

**Wordcloud:** a little word cloud generator.

wordcloud-1.8.1-pp38-pypy38_pp73-win_amd64.whl
wordcloud-1.8.1-cp311-cp311-win_amd64.whl
wordcloud-1.8.1-cp311-cp311-win32.whl
wordcloud-1.8.1-cp310-cp310-win_amd64.whl
wordcloud-1.8.1-cp310-cp310-win32.whl
wordcloud-1.8.1-cp39-cp39-win_amd64.whl
wordcloud-1.8.1-cp39-cp39-win32.whl
wordcloud-1.8.1-cp38-cp38-win_amd64.whl
wordcloud-1.8.1-cp38-cp38-win32.whl

图 10-21                                    图 10-22

**步骤 03** 将下载的套件直接存放在"C:\Users\用户名称"文件夹下。在"命令提示符"窗口中进行安装,安装命令为"pip install wordcloud-1.8.1-cp310-cp310-win_amd64.whl"。注意要提供完整的文件名称(包括文件扩展名),如图 10-23 所示。

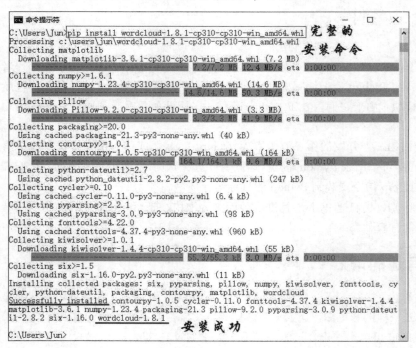

图 10-23

**步骤 04** 安装成功后,在 Python Shell 交互窗口执行"import wordcloud"命令,若无任何报错信息,则表示 WordCloud 套件可以使用了。

WordCloud 套件的相关方法可参考表 10-7。

表10-7　WordCloud套件的相关方法

| 方　　法 | 说　　明 |
|---|---|
| WordCloud(<参数>) | 创建词云对象，参数可省略 |
| generate(text) | 加载文字数据产生词云对象 |
| fit_words(frequencies) | 依据单词及其出现频率来产生词云 |
| to_file(filename) | 将词云对象制成图像 |

构造函数 WordCloud()可以省略参数，但也可以进行设置，其常用参数可参考表 10-8。

表10-8　WordCloud()构造函数的常用参数

| 参　　数 | 说　　明 |
|---|---|
| height | 指定词云图像的高度，默认值为 400 像素 |
| width | 指定词云图像的宽度，默认值为 200 像素 |
| min_font_size | 设置词云为最小号的字 |
| max_font_size | 设置词云为最大号的字 |
| font_path | 设置字体文件的路径，默认为 None |
| max_words | 设置词云的最大单词量，默认值为 200 |
| stop_words | 不在词云里显示的单词 |
| Mask | 设置词云的形状，默认为矩形 |
| background_color | 设置词云的背景色 |

示例：产生 300×300 的词云对象（词云图像），背景为白色。

```
import wordcloud
show = wordcloud.WordCloud(background_color = 'white',
       width = 300, height = 300)
```

fit_words()方法是按字典对象产生词云对象，它的语法如下：

```
fit_words(frequencies)
```

● frequencies：字典对象。

有了词云套件后，分三个步骤即可完成一个简单的词云图像：

（1）创建词云对象，调用 wordcloud.WordCloud()。
（2）把文字数据加载到词云中，调用方法 fit_words()或 generate()。
（3）产生词云图像，　to_file()方法指定图像的输出格式，如 JPEG 或 PNG 等。

### 范例程序 CH1015.py

字典对象调用 fit_words()方法来产生词云。单词词频高者显示的字号就大，单词词频低者显示的字号就小。

步骤 **01** 编写如下程序代码：

```
01 import wordcloud   # 导入词云套件
02 sample = {'Tomas' : 92, 'Edward' : 75,
```

```
03              'Charles' : 92, 'Madeleine' : 83,
04              'Lucia' : 62, 'Stavro' : 53,
05              'Peter' : 48, 'Sam' : 62}
06 # 1.创建词云对象，背景为白色
07 show = wordcloud.WordCloud(background_color = 'white',
08       width = 200, height = 200, margin = 2)
09 show.fit_words(sample)         # 2．在词云中放入单词和词频
10 show.to_file('Demo.png')       # 3．产生词云图像
```

**步骤 02** 保存该程序文件，按 F5 键执行该程序，执行结果如图 10-24 所示。

图 10-24

**程序说明：**

● 第 07、08 行，产生 200 × 200 的词云对象（词云图像），背景为白色。

● 因为 Tomas 和 Charles 的词频最高，所以字号最大，而 Stavro 和 Peter 的词频不高，所以字号就小。

### 范例程序 CH1016.py

调用 generate()方法自动统计文字来制作词云。

**步骤 01** 编写如下程序代码：

```
01 import wordcloud    # 导入词云套件
02 sample = '''With the proliferation of data in the past
03         decade, Python emerged as a viable language
04         for data processing and analysis.
05         Its simple syntax and powerful toolbox
06         and libraries make Python the standard
07         language for data.'''
08 # 1.创建词云对象，背景为透明的
09 show = wordcloud.WordCloud(mode = 'RGBA',
10     background_color = None, width = 350,
11     height = 250, margin = 2)
12 show.generate(sample)          # 2．在词云中放入单词和词频
13 show.to_file('Demo02.png')  # 3．产生词云图像
```

**步骤 02** 保存该程序文件，按 F5 键执行该程序，执行结果如图 10-25 所示。

图 10-25

程序说明：

- 第 09~11 行，在 WordCloud()方法中，设置参数 mode = 'RGBA'，background_color = None，这样设置词云的图像属性后，它的背景会是透明的。

## 10.5.2　封装程序的 Pyinstaller

Python 程序须在 Python 运行环境下才能执行。能否让 Python 程序经过封装（或者打包）形成 *.exe 可执行文件，在未安装 Python 软件的环境下也能独立执行？答案是肯定的，下面介绍第 2 个第三方套件 Pyinstaller，它可用于封装 Python 程序。

### 安装 Pyinstaller

**步骤01** 启动 Windows 的"命令提示符"窗口。

**步骤02** 执行"pip install pyinstaller"命令安装此套件，如图 10-26 所示。

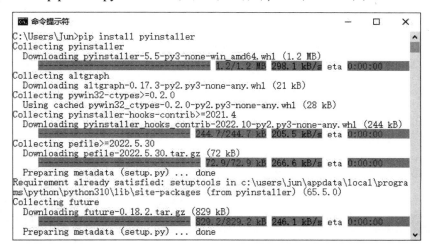

图 10-26

调用 Pyinstaller 封装 Python 程序的命令如下：

```
pyinstaller -F <*.py>
```

- -F：打包程序使用的参数。

要封装 Python 程序，同样要在"命令提示符"窗口中进行。例如要封装 CH1013.py，步骤如下：

### 封装 CH1013.py

**步骤01** 启动"命令提示符"窗口，切换到要封装程序的目录下，执行如下命令：

```
pyinstaller -F CH1013.py
```

**步骤02** 对程序进行封装，如图 10-27 所示。

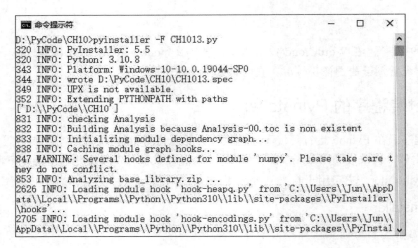

图 10-27

步骤 03 Python 程序经过封装后，会产生相关文件夹，如图 10-28 所示。

步骤 04 封装后程序放在 dist 文件夹中，如图 10-29 所示。

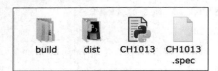 

图 10-28　　　　　　　　　　　　　　　　图 10-29

封装程序常用的参数可参考表 10-9。

表10-9　封装程序常用的参数

| 参　　数 | 说　　明 |
| --- | --- |
| -h | 寻求帮助 |
| --clean | 清理封装过程中产生的临时文件 |
| -D, --onedir | 默认值，产生 dist 文件夹 |
| -F, --onefile | 在 dist 文件夹中会产生独立的封装文件 |
| -i<图示文件.ico> | 封装时加入图标（icon） |

## 10.6　本章小结

- 所谓模块，其实就是一个*.py 文件。模块内包含可执行的语句和定义好的函数。
- Python 执行环境会随着对象的创建而加入不同的命名空间。内置函数 dir()无参数时返回当前作用域，加入参数 object 可查看某个对象的属性项。
- 使用 import 语句导入模块时，Python 解释器会以"路径搜索"去搜索对应的模块。可通过 sys 模块的 path 属性获取搜索路径。
- 直接执行某个.py 文件，__name__属性会被设置为__main__，表示它是主模块。以 import

语句来导入此文件，则__name__属性会被设置为模块名称。

- time 模块可表示一个绝对时间，它通常从某个时间点开始以秒数计算，它是 Unix 时间，从 1970 年 1 月 1 日开始算起，称为 epoch（纪元）值。
- time 模块有两种方式来获取当前时间：①以字符串返回时间，调用 asctime()方法或 ctime()方法；②以时间结构来返回时间，调用 gmtime()或 localtime()方法。
- datetime 模块用来处理日期和时间，有两个常数：①datetime.MINYEAR，表示最小年份，默认值为 MINYEAR = 1；②datetime.MAXYEAR，表示最大年份，默认值为 MAXYEAR = 9999。
- 词云也称文字云，是把文字数据中出现频率较高的关键词进行渲染来产生视觉图像，形成像云一样的彩色图，让阅读的人一眼就能领略文字数据想要表达的重要含义。
- 要封装程序可以安装第三方套件 Pyinstaller，它可以把 Python 程序变成.exe 可执行文件。

# 10.7　课后习题

## 一、填空题

1. 对于 Python 语言来说，所谓_____指的是文件扩展名为*.py 的文件。

2. 执行某个.py 文件，属性__name__被设置为__main__名称，表示它是_____；以 import 语句来导入此文件，属性__name__则被设置为_____。

3. 要探知加载的模块有哪些，可使用 sys 模块的属性_____来探查。

4. time 模块有两个时间：UTC 表示_____，DST 表示_____。

5. 在 time 模块中，获取当前时间并以字符串返回，调用方法_____或方法_____。要以时间结构返回当前时间，调用方法_____或方法_____。

6. 在 time 模块中，struct_time 所创建的时间结构中，年份：_____，月份：_____，天：_____，时：_____。

7. 根据下列语句，输出的结果为：_____。

```
from time import strftime, localtime
special = localtime()   # 设置当前日期 2022-2-3
d1 = strftime('%Y-%m-%d %H:%M:%S', special)
print(d1)
```

8. 根据下列语句，输出的结果为：_____。

```
from datetime import date
thisday = date(2022, 1, 25)
print(thisday)
```

9. 方法 isocalendar()由"Named tuple"（具名元组）对象由 year、week 和 weekday 三部分组成。其中的 iso 是表示"格里高利历"。

10. 根据下列语句，输出的结果为：_____。

```
from datetime import datetime, timedelta
dt = datetime(2022, 1, 8)
print('日期: ', d1 + (timedelta(days = 15)))
```

## 二、实践题与问答题

1. 导入 time 模块，调用 ctime()方法获取当前时间，再调用 strptime()方法输出如下的时间格式。

```
#('2022 年 04 月 25 日 星期 1, ' 'PM:08 点 ')
```

2. 配合 datetime 模块，输入年、月、日，然后计算到今日为止总共是多少年、多少月、多少日。

# 第11章

# 认识面向对象

*11*

**学习重点：**

- 从面向对象程序设计的观点来认识类和对象
- 定义类和实例化对象
- 函数可作为装饰器，类也能当作装饰器来使用
- 重载运算符，包含基本的加、减、乘、除、比较大小等

对于 Python 语言来说，面向对象程序技术（Object Oriented Programming，简称 OOP）构建了 Python 语言的骨干，它涵盖了面向对象的主要特性：继承、封装与多态。

## 11.1 面向对象概念

所谓面向对象是将真实世界的事物模块化，主要目的是提供软件的可重用性和可读性。

- 1960 年，Simula 最早提出面向对象程序设计的语言，它引入了和对象有关的概念，如图 11-1 所示。

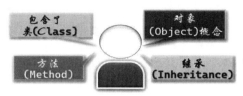

图 11-1

- 1970 年，数据抽象化（Data Abstraction）被提出探讨，随后派生出抽象数据类型（Abstract Data Type）概念，其中包含了信息隐藏（Information hiding）功能。
- 1980 年，Smalltalk 语言对面向对象程序设计发挥出最大的作用，它除了汇集 Simula 的特性之外，还引入了消息（Message）机制。

在面向对象的世界里，通常是通过对象和传递的消息来表现所有动作，简单来说，就是将脑海

中描绘的概念以实例方式来表现。

## 11.1.1　对象具有属性和方法

什么是对象？以我们生活的世界来说，人、汽车、书本、房屋、电梯、大海和大山等，都可视为对象。举例来说，想要购买一台电视机，品牌、尺寸大小、外观和功能等都可用来描述电视机的特征，这些也都可能是购买时要考虑的因素。以对象观点来看，电视机的这些特征就是它的属性（Attribute）。如果以犬类这个名词来描述狗，可能只有一个模糊的印象，但是说它是一只拉布拉多犬，就是较具体的描绘：体型高大、短毛，毛色可能是黄、白或黑。上述这些特征的描述，可视为对象的属性。真实世界当然包含各种大大小小、形形色色的犬，这也说明在以面向对象技术来模拟真实世界的过程中，系统是多元的，它由不同的对象组成。

对象具有生命，表达对象的内涵还包含了行为（Behavior）。例如一只猫跳上了桌子，却不慎打翻了一杯水！所以行为是动态的表现。以手机来说随着科技的普及，一般手机都具有照相、上网、即时通信等相关功能，以对象观点来看，这些功能就是方法。属性表现了对象的静态特征，方法则是对象动态的特写。

对象除了具有属性和方法外，还要有沟通方式。人与人之间通过语言的沟通来传递信息，那么对象之间如何进行信息的传递呢？以提取现金的 ATM（自动提款机）来说，放入银行卡，输入密码才能与 ATM 进行下一步的"沟通"。如果将 ATM 视为对象，输入密码就是与 ATM 沟通的方法，输入数字按下"确认"按钮之后，就会把这些数字传送出去，以建立提款流程。进一步来说，"输入密码"方法中传递的参数就是这些密码！信息正确无误，才能提款。对应地，以方法传递参数，必须要有返回值。

## 11.1.2　类是对象蓝图

面向对象应用于分析和系统设计时，称为面向对象分析（Object Oriented Analysis）和面向对象设计（Object Oriented Design）。

我们知道 Python 语言是不折不扣的支持面向对象程序设计的语言，想要认识它的魅力就要从面向对象开始着手。一般来说，类提供实现对象的模型，在编写程序时，必须先定义类，设置类成员的属性和方法。例如，盖房屋之前要先规划蓝图，标示坐落的位置，楼高多少，何处是大门、阳台、客厅和卧室等。蓝图规划的主要目的就是反映出房屋建造后的真实面貌。因此，可以把类视为对象原型，产生类之后，还要具体化对象，即实例化（Instantiation），经由实例化的对象被称为实例（Instance）。类可以产生不同状态的对象，每个对象也都是独立的实例，如图 11-2 所示。

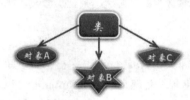

图 11-2

### 11.1.3 抽象化是什么

若要模拟真实世界，则必须把真实世界的事物抽象化为计算机系统的数据。在面向对象世界里是以各个对象自行分担的功能来产生模块化，基本上包含三个基本元素：数据抽象化（封装）、继承和多态（动态绑定）。

数据抽象化（Data Abstraction）是以应用程序为目的来决定抽象化的视角，基本上就是"简化"实例的功能。例如描述一位朋友：身高可能是 170 厘米，体型高瘦，短发，戴一副眼镜。这就是数据抽象化的结果，针对一些易辨认的特征将这个人的外观进行数据抽离。数据抽象化的目的是便于日后的维护，当应用程序的复杂性越高，数据抽象化做得越好时，越能提高程序的可复用性和阅读性。

日常生活中使用手机拨打电话也是如此，数据抽象化之后，手机的操作界面只有数字键、确认键和取消键，将显示数字的属性和操作按键的行为结合起来就是封装。对于使用手机的人来说，并不需要知道数字如何显示，确保按下正确的数字键就好。操作模块在规范下，按下数字 5 不会变成数字 8，使用手机只能通过操作界面使用它的功能，外部无法变更它的按键功能，如此一来就能达到信息隐藏的目的。

创建抽象数据类型时包含两种访问权限：公有的和私有的。定义为公有访问权限的变量能自由地被存取，但是定义为私有访问权限的变量只适用于它的类成员，外部无法存取私有访问权限的变量，这就是信息隐藏的一种表现方式。

若想要进一步了解对象的状态则必须通过它的行为，这也是封装概念的由来。在面向对象的世界里，对象的行为通常用方法对应面向过程程序设计中的函数）来表示，它定义了对象接收信息所对应的程序代码。

## 11.2 类与对象

在对面向对象的概念有了基本认识之后，下面就开始以 Python 语言的观点来深入探讨类和对象的实现，从面向对象程序设计视角来了解类和对象的创建方式。根据 Python 语言的官方说法，Python 语言的类的机制是 C++和 Modula-3 的综合体，它的特性如下：

- Python 所有的类与其包含的成员都是公有的，使用时不用声明该类的类型。
- 采用多重继承，派生类（Derived class）的方法可以和基类（Base Class）的方法同名，也能覆盖（Override，或称为覆写）它的基类的所有方法。

### 11.2.1 认识类及其成员

类由类成员（Class Member）组成，类在使用之前要声明，声明类的语法如下：

```
class ClassName:
    # 定义初始化内容
    # 定义方法
```

**参数说明：**

- class：使用关键字创建类，配合冒号（:）产生程序区块。

- ClassName：创建的类的名称，同样必须遵守标识符的命名规范。
- 定义方法时，与先前介绍过的自定义函数一样，必须使用 def 语句。

创建一个空类，示例如下：

```
class student:
    pass
```

**示例说明：**

（1）使用关键字 class 来定义类 student。

（2）未进一步初始化类的成员，使用 pass 语句是表示什么事都不做。

通常在创建类之后，会以类名称产生独特的命名空间，可使用内置函数 dir() 查看命名空间，示例如图 11-3 所示。

```
dir()
['__annotations__', '__builtins__'
, '__doc__', '__file__', '__loader
__', '__name__', '__package__', '_
_spec__', 'student']
```

图 11-3

图 11-3 中，调用内置函数 dir() 查看时，可以发现多了一个命名空间 student。

那么 Python 类的特性又有什么不一样呢？简要说明如下：

（1）每个类都可以实例化多个对象：经由类创建的新对象都能获得自己的命名空间，可以独立存放数据。

（2）经由继承扩充类的属性：自定义类之后，可建立命名空间的层级结构，在类外部重新定义它的属性来扩充此类，定义多个行为（即方法）时更优于其他工具。

（3）运算符重载（Overload）：经由特定的协议来定义类的对象，响应内建类型的运算或操作，例如：切片、索引等。

类也会有成员，可能是属性或者是对象的方法，因此对于方法而言：

- 它只能定义于类的内部。
- 只有实例化（对象）之后才能被调用。

一般来说，绑定（Binding）会引发方法的调用。简单地说，当实例去调用方法时才有绑定的动作。根据 Python 语言使用的惯例，定义方法的第一个参数必须是自己，习惯上使用 self 来表达，它代表创建类后实例化的对象。self 类似其他语言中的 this，指向对象自己。

类中如何定义方法？它与定义函数相同，使用 def 语句开头。

此外，定义方法中的 self 语句不进行任何参数的传递，借由这条语句，它就成了对象变量，能让方法之外的对象来存取。示例如下：

```
class Motor:        # 定义类
    def buildCar(self, name, color):
        self.name = name
        self.color = colorpass
```

**示例说明：**

在 Motor 类中，定义一个方法 buildCar，第一个参数必须是 self。

将参数 name 的值传给 self.name，会让一个普通的变量转变成对象变量（也就是属性），并由对象来存取。当然，无论是定义的 Motor 类还是其实例化的对象，都能调用内置函数 type() 来查看，示例如图 11-4 所示。

```
type(Motor)
<class 'type'>
car1 = Motor()
type(car1)
<class '__main__.Motor'>
car1
<__main__.Motor object at
0x000001B5BF637550>
```

图 11-4

图 11-4 中，调用内置函数 type() 查看 Motor 类和它的对象 car1，得到它是类和对象的提示信息。

### 范例程序 CH1101.py

定义类和两个对象方法，实现的对象会调用这些方法。

**步骤01** 编写如下程序代码：

```
01 class Motor:          # 定义类
02    def buildCar(self, name, color): # 定义方法1：获取名称和颜色
03        self.name = name
04        self.color = color
05    def showMessage(self):           # 定义方法2：输出名称和颜色
06        print(f'款式：{self.name:>6s}, \
07            颜色：{self.color:4s}')
08 car1 = Motor()          # 对象1
09 car1.buildCar('Vios', '极光蓝')
10 car1.showMessage()       # 调用方法
11 car2 = Motor()          # 对象2
12 car2.buildCar('Altiss', '炫魅红')
13 car2.showMessage()
```

**步骤02** 保存该程序文件，按 F5 键执行该程序，执行结果如图 11-5 所示。

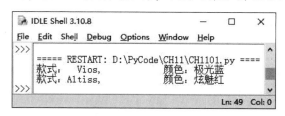

```
IDLE Shell 3.10.8                          —    □    ×
File  Edit  Shell  Debug  Options  Window  Help

>>>
  ===== RESTART: D:\PyCode\CH11\CH1101.py ====
  款式： Vios,              颜色：极光蓝
  款式：Altiss,             颜色：炫魅红
>>>
                                          Ln: 49  Col: 0
```

图 11-5

**程序说明：**

- 第 01~07 行，创建 Motor 类，定义了两个方法。
- 第 02~04 行，定义第 1 个方法，用来获取对象的属性。如果未加 self 语句，则以对象调用此方法时会引发 "TypeError" 的错误。
- 第 03、04 行，方法 buildCar() 将传入的第 2 个参数和第 3 个参数 color 作为对象的属性。

由于它们定义在方法内，因而属于局部变量，离开此作用域就失效了。

- 第 05~07 行，定义第 2 个方法 showMessage() 来输出对象的相关属性。
- 第 08~10 行，实例化类 Motor，创建对象并调用它的方法。

提示    方法中的第 1 个参数 self：
　　① 定义类时所有的方法都必须声明它。
　　② 当对象调用方法时，Python 解释器会传递它。

将类实例化就是创建对象，创建对象的语法如下：

```
对象 = ClassName(参数列表)
```

- 实例化所产生的对象，类后的左、右括号不能省略。

类实例化的示例如下：

```
class Motor:
    pass
car1 = Motor()    # 对象 1
car2 = Motor()    # 对象 2
```

**示例说明：**

类实例化时不会只有一个对象。

在上面的示例中创建的对象可视为"创建 Motor 类的实例，并将该对象赋值给局部变量 car1 和 car2"。有了对象之后，才能进一步存取其成员，成员可能是属性或方法，存取成员的语法如下：

```
对象.属性
对象.方法()
```

- 使用 "." 访问符进行存取。
- 对象名称同样要遵守标识符的规范，参数列表可根据对象初始化进行选择。

示例如下：

```
car1 = Motor()                      # 对象 1
car1.buildCar('Vios', '极光蓝')      # 调用方法
```

此外，Python 语言采用动态数据类型，不同的对象可传入不同类型的数据。

### 范例程序 CH1102.py

```
class Student:    # 定义类
    def message(self, name):      # 方法 1
        self.data = name
    def showMessage(self):        # 方法 2，输出对象属性
        print(self.data)
s1 = Student()                    # 第一个对象，以字符串方式进行传递
s1.message('James McAvoy')        # 调用方法时传入字符串
s1.showMessage()                  # 返回 James McAvoy
s2 = Student()                    # 第二个对象，以浮点数为参数值
s2.message(78.566)                # 调用方法时传入浮点数
s2.showMessage()                  # 返回 8.566
```

**程序说明：**

- 定义 message()方法，通过 self 将传入的参数 name 设为对象的属性。
- 对象 s1 以字符串方式进行传递，对象 s2 以浮点数为参数值。

同样地，定义类时也能通过它的方法来传入参数，完成计算后返回其值。

**范例程序 CH1103.py**

```
class Student:                          # 定义类
    def score(self, s1, s2, s3):        # 成员方法
        return (s1 + s2 + s3) / 3
Tomas = Student()                       # 对象
print(Tomas.score(92, 83, 62))          # 输出 79.0
```

**程序说明：**

- 创建 Student 类，只定义一个方法，传入 3 个参数值，计算后返回它的平均值。
- 创建 Tomas 对象，调用 score()方法，设置 3 个成绩并以参数传入。

## 11.2.2　先创建再初始化对象

通常在定义类的过程中可将对象初始化。其他的程序设计语言一般会采用构造函数通过一个步骤来完成对象的创建和初始化，Python 语言则稍有不同，它通过两个步骤来完成：

（1）先调用特殊方法\_\_new\_\_()来创建对象。

（2）再调用特殊方法\_\_init\_\_()来初始化对象。

在创建对象时，会以\_\_new\_\_()方法调用 cls 类来新建对象，它的语法如下：

```
object.__new__(cls[, ...])
```

**参数说明：**

- object: 类实例化所产生的对象。
- cls: 创建 cls 类的实例，通常会传入用户自定义的类。
- 其余参数用于辅助新建对象。

\_\_new\_\_()方法可以决定对象的创建，如果第一个参数返回的对象是类实例，则会调用\_\_init\_\_()方法继续执行（如果有定义的话），它的第一个参数会指向所返回的对象，如果第一个参数未返回该类实例（返回别的实例或 None），则\_\_init\_\_()方法即使已定义也不会执行。

由于\_\_new\_\_()本身是一个静态方法，它几乎涵盖创建对象的所有要求，因此 Python 解释器会自动调用它。但是对于对象的初始化，Python 语言要求重载\_\_init\_\_()方法，它的语法如下：

```
object.__init__(self[, ...])
```

调用\_\_init\_\_()方法的第一个参数必须是 self 语句，后续的参数则可根据实际需求来覆盖此方法（即同名方法的不同实现）。需要注意的是，在定义类时，方法\_\_new\_\_()与\_\_init\_\_()须具相同个数的参数；若两者的参数不相同，同样会引发"TypeError"的错误。

提示    **什么是重载？**

在定义方法时，方法的名称相同但参数不同，Python 解释器会根据参数的多寡来决定所要调用的对应方法。

### 范例程序 CH1104.py

此范例程序用来说明方法__new__()和__init()两者之间的连动变化。通过定义__new__()方法来认识对象如何创建对象与进行初始化。

步骤01 编写如下程序代码：

```
01 class newClass:      # 定义函数
02    def __new__(Kind, name):        # __new__()创建对象
03       if name != '' :
04          print("对象已创建")
05          return object.__new__(Kind)
06       else:
07          print("对象未创建")
08          return None
09    def __init__(self, name):       # __init__()初始化对象
10       print('对象初始化……')
11       print(name)
12
13 x = newClass('')     # 新建对象
14 print()
15 y = newClass('Second')
```

步骤02 保存该程序文件，按 F5 键执行该程序，执行结果如图 11-6 所示。

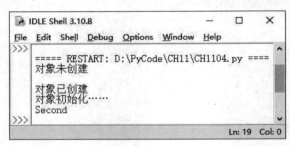

图 11-6

**程序说明：**

● 第 02~08 行，定义__new__()方法，参数 Kind 用来接收实例化的对象，参数 name 则是创建对象时传入它的名称。

● 第 03~08 行，使用 if/else 语句进行条件判断，若生成的对象有传入的字符串才会显示信息。

● 第 09~11 行，定义__init()方法，第 2 个参数 name 必须与__new__()的第 2 个参数相同。

● 第 13、15 行，有 x、y 两个对象，对象 x 的参数为空字符串，所以会返回 None，显示"对象未创建"，而对象 y 则传入字符串，所以它调用__new__()创建对象之后继续执行__init__()方法。

对象要经过初始化才能使用。范例程序 CH1101.py 并未调用方法__new__()和__init__()，那么要如何初始化对象？很简单，当实例化类（产生对象）时，Python 解释器会自动调用这两个方法，就如同其他程序设计语言自动调用默认构造函数一样。如果要在范例程序 CH1101.py 加入__init__()方法来初始化对象，可将该范例程序改写如下。

### 范例程序 CH1105.py

```
# 改写范例 CH1101.py，加入__init__()方法
    def __init__(self, name, color):
        self.name = name
        self.color = color
car = Motor('Vios', '极光蓝')
```

**程序说明：**

- 把范例程序 CH1101.py 所定义的 buildCar()方法必须使用的参数变更成__init__()方法的参数，这样就能完成对象的初始化。

- 由于__init__()方法要有两个参数，因此实例化对象时就要传入 name 和 color 两个参数值。若未加入这两个参数，则会引发 "TypeError" 的错误。

对类有了初步的认识之后，继续思考"为什么要使用类？"

如果要计算圆的周长和面积，用函数定义实现的方式如下。

### 范例程序 CH1106.py

```
import math
def calcPerimeter(radius):        # 计算圆的周长
    return 2 * radius * math.pi
def roundArea(radius):            # 计算圆的面积
    return radius * radius * math.pi
print(f'圆的周长：{calcPerimeter(15):4f}')
print(f'圆的面积：{roundArea(15):4f}')
```

### 范例程序 CH1107.py

用类实现的方式来改写范例程序 CH1106.py，将计算圆的周长和圆的面积的函数变更为类方法的实现方式。

**步骤01** 编写如下程序代码：

```
01 import math
02 class Circle:          # 定义类
03     '''
04     定义类的方法
05     calcPerimeter : 计算圆的周长
06     roundArea     : 计算圆的面积
07     init()        : 自定义对象初始化的状态
08     '''
09     def __init__(self, radius = 15):  # 把对象初始化
10         self.radius = radius
11     def calcPerimeter(self):          # 定义计算圆的周长的方法
12         return 2 * self.radius * math.pi
13     def roundArea(self):              # 定义计算圆的面积的方法
14         return self.radius * self.radius * math.pi
15 # 创建对象
```

```
16  r1 = Circle(12)
17  print('圆的半径: ', r1.radius)
18  periphery = r1.calcPerimeter()
19  print('圆的周长: ', periphery)
20  area = r1.roundArea()
21  print('圆的面积: ', area)
```

**步骤 02** 保存该程序文件，按 F5 键执行该程序，执行结果如图 11-7 所示。

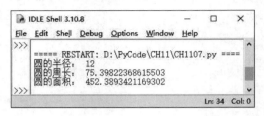

图 11-7

**程序说明：**

● 第 03~08 行，长行注释文字，必须存放在类定义的范围内，可以通过属性__doc__读取，可以调用 print(类名称.__doc__)打印出来。

● 第 09、10 行，定义__init__()方法将对象初始化，表示创建 Circle 类的对象时要传入第 2 个参数 radius（圆的半径值）。若未传入参数值就采用默认的参数值 15。如果有传入的半径值，就通过 self 语句赋值成对象的属性。

● 第 11、12 行，定义方法来计算圆的周长。定义时第 1 个参数是 self 语句，不过调用时 self 不会接收任何参数，所以不传入参数。

● 第 13、14 行，定义方法来计算圆的面积，第 1 个参数同样是 self 语句。

● 第 16、17 行，创建对象时传入圆的半径值（参数），并进一步设置圆的属性（radius）。

● 第 18~21 行，调用方法来计算圆的周长和面积。

创建的类对象也可以在 Python Shell 对话窗口中执行，如图 11-8 所示。

使用属性__doc__获取类定义范围内的注释文字，输出这些注释文字，如图 11-9 所示。

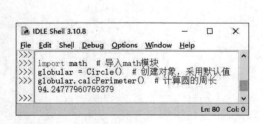

图 11-8

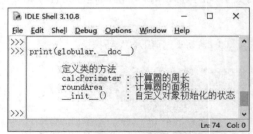

图 11-9

## 11.2.3　设置、检查对象属性

在 Python 语言中，除了调用__init__()方法配合 self 参数来设置属性之外，还可以在创建对象之后动态地自定义属性。例如添加一个属性 subject 为列表，再调用 append()方法加入一个科目名称。

## 范例程序 CH1108.py

```
Tomas.subject = []      # 自定义属性
Tomas.subject.append('math')
print(Tomas.subject)   # 输出'math'
```

**程序说明：**

- 输入 Tomas.subject 之后再输入 "."，与列表有关的方法就会列出来。
- 若调用 dir()函数来查看 Tomas 对象的属性，可以看到有两个特殊的属性：__dict__ 和 __class__。
  - ➤ 属性__dict__：由字典组成，只要是添加到某个对象的属性都可由属性__dict__列示出来。通常属性名会转为键，属性值以值呈现，对应 "键-值对"。
  - ➤ 属性__class__：返回它是一个类实例。

继续范例程序 CH1108.py，设置类 Student 对象的相关属性。

## 范例程序 CH1108.py（续）

```
Tomas.birth = '2003/9/12'
Tomas.subject[0] = 72
print(Tomas.__dict__)
# 以字典对象输出{'subject': [72], 'birth': '2003/9/12'}
print(Tomas.__class__)   # 输出<class '__main__.Student'>
```

**程序说明：**

- 定义类的方法第一个参数要使用 self 语句，而 self 指向实例化的对象本身。
- 实例化对象就如同调用函数一般，所以可产生多个对象；产生了对象之后，还能动态增加对象的属性。

综上，对象就像是内含记录的数据，而类则是处理这些数据的程序。

除了定义类时可自定义类的属性之外，还可以使用 Python 提供的内置函数来存取这些属性，参考表 11-1 中的说明。

**表11-1　与类属性有关的内置函数**

| 内置函数 | 说明（参数 obj 为对象，name 为属性名） |
| --- | --- |
| getattr() | 存取对象的属性 |
| hasattr(obj, name) | 检查某个属性是否存在 |
| setattr() | 设置属性，如果此属性不存在，则会新建一个属性 |
| delattr(obj, name) | 删除一个属性 |

内置函数 getattr()可以存取对象的属性，它的语法如下：

```
getattr(object, name[, default])
```

**参数说明：**

- object：对象。
- name：属性名称，必须是字符串类型。
- default：若无此信息，可使用此参数输出相关信息。

getattr()函数获取属性值的示例如下：

```
getattr(p1, 'name')              # 获取 name 的属性值
getattr(p1, 'sex', 'None')       # 若无 sex 属性值，以 None 表示
```

另一个内置函数 setattr()用来设置添加或重设属性值，语法如下：

```
setattr(object, name, value)
```

**参数说明：**

● object：对象。

● name：属性名称，以字符串表示。

● value：属性值。

以下示例先定义一个空类 Student()，再创建一个对象，进一步了解这些内置函数的用法。

```
class Student:              # 定义一个空类
    pass
Joson = Student()          # 创建对象
setattr(Joson, 'age', 23)          # 添加新属性
print(getattr(Joson, 'age'))       # 获取属性值 23
delattr(Joson, 'age')              # 删除属性
print(hasattr(Joson, 'age'))       # 检查是否有此属性，返回 False
```

**示例说明：**

（1）先调用 setattr()函数，添加一个属性 age 并设值。

（2）调用 getattr()函数来返回 age 属性值。

（3）当调用 delattr()函数删除 age 属性时，hasattr()函数会返回 False，表示此属性不存在。

## 11.2.4   处理对象的特殊方法

Python 除了提供创建、初始化对象的方法之外，还有一些殊的方法用于支持类实例化，参考表 11-2 的说明。

表11-2   与类实例化相关的特殊方法

| 特殊方法 | 说　　明 | |
|---|---|---|
| __del__() | 也叫析构函数，用来清除对象 | |
| __str__() | 定义字符串的格式，调用内置函数 str()、format()和 print()时都可输出 | |
| __repr__() | 调用 repr()时，重建符合此格式的字符串对象来返回 | |
| __format__() | 调用 format()时，字符串对象以格式化字符串来返回 | |
| __hash__() | 调用 hash()函数，计算哈希值 | |
| __getattr__() | 在正常的地方无法找到属性项时会调用此方法 | |
| __setattr__() | 调用此方法来设置属性项 | |
| __delattr__() | 调用此方法来删除某个属性项 | |
| __getattribute__() | 任何情况下都可调用此方法查找属性项 | |
| __dir__() | 返回含有对象属性项的列表对象 | |
| __class__ | 属性，用来指向实例的类型 | |

这些特殊的方法如同__init__()方法，可以在定义类时重载。下面先来认识与字符串对象有关的特殊方法。

一般来说，print()函数只能打印出字符串，若参数并非字符串时，调用 print()函数来打印内容就显得较为吃力。下述这些特殊方法的返回值均为字符串，可借助它们输出更多内容，它们的语法如下：

```
object.__repr__(self)
object.__str__(self)
object.__format__(self, format_spec)
```

**参数说明：**

● object：对象。

● format_spec：格式化字符串。

__str__()方法配合 print()函数输出可以阅读的字符串，无此方法时的输出可以参考图 11-10 中的示例。

图 11-10 中定义类 people，没有调用方法__str__()，而是传入参数来创建对象 addr，输出该对象时只会显示它是一个对象。

对该示例做一点修改，定义类时加入方法__str__()，参考图 11-11 中的示例。

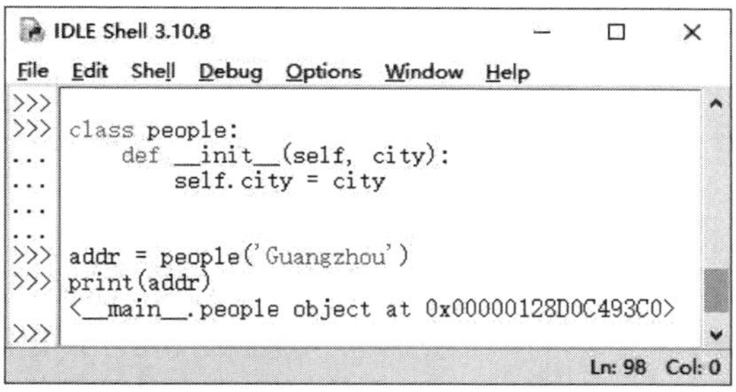

图 11-10

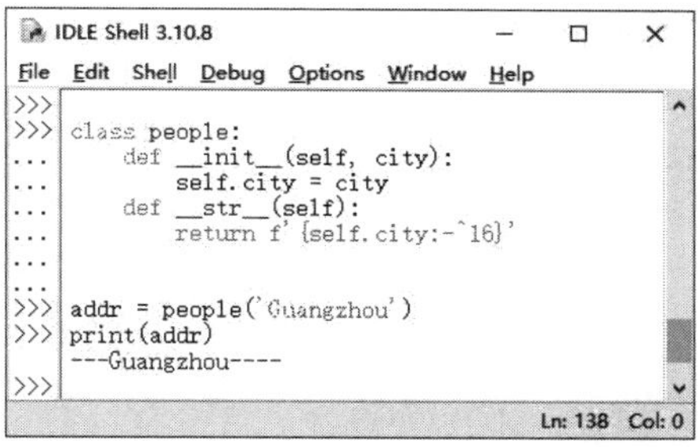

图 11-11

图 11-11 中，覆盖方法__str__()，给予格式化字符串 ':-^16'，表示把字段宽度设置为 16，以"-"字符填充，字符串居中对齐。

**范例程序 CH1109.py**

演示说明方法__str__()和__repr__()的用法。

**步骤01** 编写如下程序代码：

```
01 class Birth():      # 定义函数
02   def __init__(self, name, y, m, d):   # 初始化
03     self.title = name
04     self.year = y      # 年
05     self.month = m     # 月
06     self.date = d      # 日
07   def __str__(self):
08     print('Hi!', self.title)
09     yr = 'Birth - {}年'.format(str(self.year))
10     mo = '{}月'.format(str(self.month))
```

```
11        return yr + mo + f'{str(self.date)}日'
12    def __repr__(self):
13        return '{}年 {}月 {}日'.format(
14            self.year, self.month, self.date)
15  # 创建对象
16  p1 = Birth('Grace', 1987, 12, 15)
17  print(p1)
18  print(p1.title, 'birth day: ', repr(p1))
```

**步骤 02** 保存该程序文件，按 F5 键执行该程序，执行结果如图 11-12 所示。

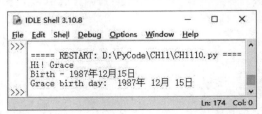

图 11-12

**程序说明：**

● 第 02~06 行，__init__()方法将输入参数转换为对象的属性。

● 第 07~11 行，__str__()方法将年、月、日相关属性以 str()函数字符化。由于字符串很长，没有使用 "\" 字符进行折行处理，因此设置两个变量 yr 和 mo 来存储加入控制格式的年和月，使用 return 返回时，再以 "+" 符号串接字符串。

● 第 12~14 行，定义__repr__()方法，调用字符串的 format()方法将年、月、日按格式化输出。

● 第 16~18 行，实例化对象 p1 调用 print()函数可输出__str__()方法所定义的字符串，调用 repr()函数也能达到相同的效果。

Python 提供了垃圾自动回收机制，也就是当某个对象不再被引用时（内建类型和实例化的对象）就会被定期清除，释放占用的内存空间。对象如何被回收呢？Python 提供了一个特殊方法__del__()来清除对象。通过此方法让对象具有被回收的资格，也就是当引用该对象的计数为 0 时进行回收。__del__()方法一般是在对象被回收之前才会被执行（因为回收对象的时间不一定，所以不建议在对象使用后立即就调用该方法）。

**范例程序 CH1110.py**

```
class RemoveAt():      # 定义函数
  def  init  (self, x = 0, y = 0):
    self.x = x
    self.y = y
  def  del  (self): # 析构函数——用来清除对象
    number = self.__class__.__name__
    print('已清除', number)
one = RemoveAt(15, 20)      # 创建对象
two = one                   # 两个对象同时指向（引用）一个对象
print(f'one = {id(one)} \ntwo = {id(two)}')
del one; del two      # 清除对象
```

**程序说明：**

● 定义__del__()方法，表示调用析构函数来清除对象。此处__class__.__name__用来获取类的

实例对象。

- 调用内置函数 id()来查看 ID（标识符），会发现 one 和 two 具有相同 ID。
- 使用 del 语句删除 t1 对象时，才会调用特殊方法__del__()执行清除对象的操作。何时清除此对象则由 Python 系统自行决定。

# 11.3　类与装饰器

除了将类实例化之外，自定义类时也能定义类的变量，搭配装饰器来创建类的方法。装饰器本身就是一个函数，它以@为前缀字符，可以传递函数，也可以传递类。此外，先前介绍的属性以对象属性为主，类也有属性，下面就来介绍类的属性。

## 11.3.1　类也有属性

在创建或定义类之后，实例化对象可调用定义在类中的属性和方法。因此，定义在__init__()方法内的是对象实例的变量，简称对象变量或实例变量（Instance Variable），在此方法之外就属于类变量（Class Variable），它被所有对象共享。此外，Python 还提供了一些特殊的只读属性，简要说明如下：

- __doc__：可获取类定义范围内的注释文字，等同于使用__func__.__doc__。
- __name__：方法名称，等同于使用__func__.__name__。
- __module__：定义方法时所在的模块名称，如果没有则为 None。
- __dict__：由字典组成，用于存储属性。
- __bases__：包含基类所产生的元组。

**范例程序 CH1111.py**

将范例程序 CH1106.py 进行修改，加入类变量（属性），用来统计创建的对象。类变量和对象变量两者并不相同，类变量被所有对象共享，而对象变量则被各个对象自己拥有。

**步骤01** 编写如下程序代码：

```
01 class Circle:        # 定义类
02    cnt = 0           # 类变量
03    def __init__(self, radius = 15):   # 初始化对象
04       self.radius = radius
05       Circle.cnt += 1
06 # 省略部分程序代码
07 oneR = Circle()      # 创建对象 1
08 print('圆的半径: ', oneR.radius)
09 twoR = Circle(13)    # 创建对象 2
10 print('圆的半径: ', twoR.radius)
11 print('创建了{0}个对象'.format(Circle.cnt))
12 print('Circle.__name__: ', Circle.__name__)
13 print('Circle.__doc__ : ', Circle.__doc__)
14 print('Circle.__module__: ', Circle.__module__)
```

**步骤02** 保存该程序文件，按 F5 键执行该程序，执行结果如图 11-13 所示。

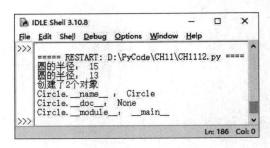

图 11-13

**程序说明：**

- 第 02 行，设置一个类变量 cnt。
- 第 05 行，类变量 cnt 用来统计初始化对象。使用类变量时要加入类名称。
- 第 11 行，输出类变量。由于只创建了两个对象 oneR 和 twoR，因此会输出数值 2。
- 第 12~14 行，使用类名称来输出这些只读属性。不过要注意的是属性__doc__只会输出文件注释内容（以 3 个单引号或双引号作为起止符内的文字）；如果没有这些文件，就以 None 输出。

## 11.3.2　认识装饰器

什么是装饰器（Decorator，或称为修饰器）？装饰器本身可以是经过定义的函数或类，Python 程序以@decorator 语法来支持装饰器。就函数而言，Python 可以把函数当作参数放在另一个函数内执行，而且还可以用变量指向一个函数。示例：以函数来定义购物金额。

```
def Entirely():    # 定义函数
    return 555.0
print('金额', Entirely())
```

若购物金额超过 500 元可以打 9 折，如果不想改变原有的函数，就再定义另一个函数。

**范例程序 CH1112.py**

```
def Entirely():         # 购物金额
    return 455.0
def discount(price):  # 将金额打 9 折
    if price() >= 500.0:
        return lambda: price() * 0.9
    else:
        return lambda: price()
Entirely = discount(Entirely)  # 调用函数
print('合计: ', Entirely())
```

**程序说明：**

- 函数 discount()所接收的参数 price 是函数对象，在 discount()函数内调用 Lambda 函数进行打九折的计算。

范例程序 CH1112.py 调用 Entirely()函数就可视为"将函数当作参数传递给另一个函数"，再把结果返回给调用函数。所以，discount()函数会以函数对象 Entirely 的返回值（或者将 Entirely()函数当作变量来使用）来计算打折后的金额。购物金额打九折的过程原有的函数 Entirely() 没有改变，另行定义函数 discount() 来实现。

第二种处理方法便是使用装饰器来处理打 9 折的问题。

**范例程序 CH1113.py**

```
def discount(price):        # 定义装饰器函数
  if price() >= 500.0:
    return lambda: price() * 0.9
  else:
    return lambda: price()
@discount          # 装饰器
def Entirely():    # 购物金额
  return 455.0
print('合计: ', Entirely())
```

**程序说明：**

● 使用装饰器时首先要定义装饰器函数。然后使用@前导字来创建装饰器。再调用装饰器的函数。

再来看看使用装饰器的第二个例子。假设有两个数值可以进行相加和相减，首先使用函数来定义其功能。

**范例程序 CH1114.py**

```
def plusNumbers(x, y):      # 两数相加
    return x**2 + y**2
def minusNumbers(x, y):     # 两数相减
    return x**2 - y**2
a, b = eval(input('请输入两个数，以逗号分隔: '))
print('两数的平方和: ', plusNumbers(a, b))
print('两数的平方差: ', minusNumbers(a, b))
```

**程序说明：**

● 先调用内置函数 eval() 来获取 x、y 两个输入值，再去调用计算和、差的两个函数。

接下来定义一个函数 outerNums()，调用其他函数作为参数，再以此函数为装饰器。

**范例程序 CH1115.py**

步骤 **01** 编写如下程序代码：

```
01 def outerNums(func):    # 定义函数为装饰器
02   def inner(x, y):      # 接收参数
03     x, y = eval(input('请输入两个数，以逗号分隔: '))
04     return func(x, y)
05   return inner
06 @outerNums   # 装饰器
07 def plusNumbers(x, y):
08     return x**2 + y**2
09 @outerNums
10 def minusNumbers(x, y):
11     return x**2 - y**2
12 a, b = 0, 0
13 print('两数的平方和: ', plusNumbers(a, b))
14 print('两数的平方差: ', minusNumbers(a, b))
```

步骤 **02** 保存该程序文件，按 F5 键执行该程序，执行结果如图 11-14 所示。

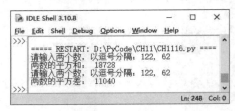

图 11-14

**程序说明：**

- 第 01~05 行，定义 outerNums()函数，以它为装饰器。它以函数为参数，即函数作为被传递的对象。
- 第 02~04 行，内置函数 inner()接收参数，并以内置函数 eval()来接收输入值。通常，装饰器会以 inner()函数来返回值。
- 第 06~08 行，以 outerNums 为装饰器，形成 plusNumbers = outerNums(plusNumbers)功能的语句，而 plusNumbers()函数的参数就变成内置函数 inner()的参数。
- 第 09~11 行，同样以 outerNums 为装饰器，形成 minusNumbers = outerNums(minusNumbers)功能的语句。

装饰器可以加入参数，示例如下：

```
@decorator(deco args)
def func():
    pass
# 从以函数为参数的观点来看
func = decorator(deco_args)(func)
```

再来看一个示例，定义一个获取当前日期和时间的函数。

```
import time
def Atonce():
    return time.ctime()
```

假设要增强 Atonce()函数的功能，譬如调用函数时可自动打印，但又不希望修改 Atonce()函数的内容，就可借助装饰器来修饰 Atonce()函数。

调用函数的装饰器时，为了避免函数引发相关的异常，会借助 functools 模块的 3 个函数来处理，简述如下：

- partial()函数：使用包装手法来"重新定义"函数的签名，由于函数可视为对象，因此通过默认参数来调用它的对象并返回。它能冻结部分函数的位置参数或关键字参数。
- update_wrapper()函数：主要用于装饰器函数，用来获取包装函数而不是原始函数。它可以把被封装函数的属性\_\_name\_\_、module、\_\_doc\_\_（属于模块层的常数 WRAPPER_ASSIGNMENTS）和\_\_dict\_\_（模块级常数 WRAPPER_UPDATES）都复制给封装函数。当 partial()所调用的函数对象没有属性\_\_name\_\_和\_\_doc\_\_时会采用默认值。
- wraps()函数：简便函数，简单地说就是调用 partial()函数将 update_wrapper()函数内容进行封装。

wraps()函数的语法如下：

```
wraps(wrapped, assigned = WRAPPER ASSIGNMENTS,
    updated = WRAPPER_UPDATES)
```

**参数说明：**

- assigned：将属性__name__、module、__doc__进行复制。
- update：复制属性__dict__。

### 范例程序 CH1116.py

由于函数 Records()本身是装饰器，因此它会以函数来返回。只不过 Atonce()函数虽然存在，但是借助同名称变量的赋值指向了新的函数，所以调用 Atonce()函数却是由 Records()函数执行，并由内部的 wrapper()函数负责函数的调用和输出。

步骤01 编写如下程序代码：

```
01 import time, functools
02 def Records(some func):       # 定义装饰器，以函数作为参数
03   @functools.wraps(some_func)
04   def inner(*args, **kw):   # 返回函数的执行结果
05     print(f'Hi! 调用了{some func.  name  }()')
06     return some_func(*args, **kw)
07   return inner
08 @Records  # 装饰器
09 def Atonce():
10   # 将获取的时间进行格式化处理
11   return time.strftime('%Y-%b-%d %H:%M:%S',
12     time.localtime())
13 print('登录时间: ', Atonce())       # 调用函数
```

步骤02 保存该程序文件，按 F5 键执行该程序，执行结果如图 11-15 所示。

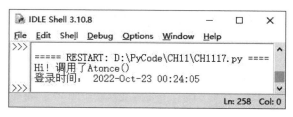

图 11-15

**程序说明：**

- 第 02~07 行，嵌套函数：第 1 层 Records()是装饰器，以函数为参数；第 2 层是函数 inner()，*agrs 用于接收位置参数，**kw 用于收集关键字参数，所以可以接收任意参数，并把结果返回给函数 Atonce()。由于函数本身也是对象，因此可以使用属性__name__来获取函数的名称。
- 第 03 行，调用了 functools 模块的装饰器函数 wraps，如此才能将原始函数的属性__name__复制到 inner()函数中，否则 Atonce.__name__获取的是 inner()函数而不是自身。
- 第 08 行，以@为前导的装饰器。
- 第 09~12 行，定义函数 Atonce()。先配合 time 模块获取当前的日期和时间，再调用 strftime()函数进行格式化输出。

在对 wraps() 函数配合装饰器的用法有了初步了解之后，再来了解含有参数的装饰器。对范例程序 CH1116.py 做一些修改，将原有的两层嵌套函数变成三层嵌套函数，那么含有参数的装饰器会是这样的：

```
Atonce = Records('Jason')(Atonce)
```

虽然是以 Records('Jason') 来执行，返回的是 Person() 函数。若继续调用此函数，则会以 Atonce() 函数为参数，不过最后返回的是 wrapper() 函数。

### 范例程序 CH1117.py

三层的嵌套函数，继续讨论位于第 3 层的 wrapper() 函数，它可以接收任意参数，并返回给函数 Atonce()。若探查 Atonce.\_\_name\_\_ 时，则会发现所得结果是 wrapper() 函数。

**步骤 01** 编写如下程序代码：

```
01 import time, functools
02 def Records(name): # 定义装饰器函数
03   def Person(some func):
04     #@functools.wraps(some func)
05     def inner(*args, **kw):
06       print(f'Hi! {name}, 调用了{some func._ name_ }()')
07       return some func(*args, **kw)
08     return inner # 返回函数
09   return Person
10 @Records('Joson')    # 含有参数的装饰器
11 # 省略部分程序代码
```

**步骤 02** 保存该程序文件，按 F5 键执行该程序，执行结果如图 11-16 所示。

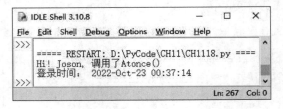

图 11-16

**程序说明：**

- 第 02~09 行，嵌套函数：第 1 层 Records() 是装饰器，传入参数；第 2 层是 Person()，以函数为参数；第 3 层是函数 wrapper()，它可以接收任意参数，并把结果返回给函数 Atonce()。
- 第 10 行，带有参数的装饰器。

## 11.3.3  类装饰器

同样可以把类包装成装饰器来使用，示例如下：

```
@decorator        # 装饰器
class myClass:     # 定义类
    pass
myClass = decorator(myClass)
```

示例说明：

类装饰器以接收类为主，并返回类。

### 范例程序 CH1118.py

将函数作为装饰器，包裹着类。

**步骤 01** 编写如下程序代码：

```
01 def Car(status):      # 装饰器，以类来传入
02    class Motor:
03       def   init  (self, name):   # 初始化对象
04          self.title = name        # 车型
05          self.obj = status()      # 获取传入的实例化对象
06          print('车型: ', self.title)
07       def tint(self, opt):        # 获取颜色
08          return self.obj.tint(opt)
09       def power(self, rmp):       # 获取排气量
10            return self.obj.power(rmp)
11    return Motor
12
13 @Car   # 装饰器，Equip = Car(Equip)
14 class Equip:
15    def tint(self, opt):
16       match opt:
17          case 1: hue = '炫魅红'
18          case 2: hue = '极光蓝'
19          case 3: hue = '云河灰'
20       return hue
21    def power(self, rmp):
22       if rmp == 4:
23          return 1600
24       elif rmp == 5:
25          return 1800
26 op1, op2 = eval(input(
27    '选择颜色: 1..红, 2.蓝色, 3.灰色 \n' +
28    '排气量: 4.1600, 5.1800...\n'))
29 hybrid = Equip('Yaris')
30 color = '你选择的颜色: {} '.format(hybrid.tint(op1))
31 print(color + f'排气量 {hybrid.power(op2)} c.c')
```

**步骤 02** 保存该程序文件，按 F5 键执行该程序，执行结果如图 11-17 所示。

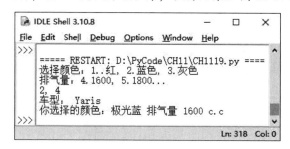

图 11-17

**程序说明：**

● 第 01~11 行，定义装饰器，用它来装饰类。

- 第 02~10 行，定义 Motor 类，传入名称以进行初始化。
- 第 07~10 行，定义两个方法：tine()和 power()。它们必须与装饰器之后所定义的类的方法同名，传递相同名称的参数，不然会引发 "AttributeError" 或 "NameError" 的错误。
- 第 14~25 行，定义 Equip 类，它会被装饰器传递，所以方法 tine()和 power()必须与装饰器函数所包裹的类有相同名称的方法和参数。

除了以函数为装饰器来包裹类之外，也可以使用类来定义装饰器。不过，在此之前，先来认识对象的另一个特殊方法__call__()，它的语法如下：

```
object.__call__(self[, args...])
```

- args 表示位置参数可以是一个到多个，都能被接收。

简单来说，如果一个对象上具有__call__()方法，则它的实例可以使用圆括号来传入参数，此时会调用实例__call__()方法。

### 范例程序 CH1119.py

```python
class Motor:
    def __call__(self, *args):
        for arg in args:
            print(arg, end=' ')
        print()
# *args 收集位置参数，所以参数可长可短
vehicle = Motor() # 创建对象
vehicle('Yaris')
vehicle('Altis', 1800)
vehicle('Hybrid', 2000, '极致黑')
```

**程序说明：**

- 调用__call__方法，其中的参数 args 可接收长短不一的参数；for 循环将输出接收的数据。

### 范例程序 CH1120.py

对范例程序 CH1119.py 进行修改，将 Motor 类变更成类装饰器，并加入初始化对象的__init__()方法。

**步骤 01** 编写如下程序代码：

```python
01 class Motor: # 以类为装饰器
02    def __init__(self, func):
03        self.func = func
04    def __call__(self, *args):
05        for arg in args:
06            print(arg, end=' ')
07        print()
08 @Motor #下面语句等同于 Motor = Equip(Motor)
09 def Equip(arg):
10    pass
11 veh1 = Equip('Yaris')  # 调用__call__()方法
12 veh2 = Equip('Altis', 1800)
13 veh3 = Equip('Hybrid', 2000, '极致黑')
```

**步骤 02** 保存该程序文件，按 F5 键执行该程序，执行结果如图 11-18 所示。

图 11-18

**程序说明：**

- 第 01~07 行，以类为装饰器，定义了两个方法：\_\_init\_\_()和\_\_call\_\_()。\_\_init\_\_()以函数为参数来接收函数对象。
- 第 08 行，使用类装饰器。
- 第 09、10 行，定义一个什么都没做的类 Equip。
- 第 12、13 行，实例化对象时，加入可长可短的参数，其实就是调用\_\_call\_\_()。它的执行结果和范例程序 CH1119 相同。

## 范例程序 CH1121.py

类作为装饰器会实例化对象，所以\_\_call\_\_()方法会去调用另一个类的对象并传递。

**步骤01** 编写如下程序代码：

```
01 class machine:     # 以类为装饰器
02   def __init__(self, func):
03     self.func = func
04   def __call__(self):
05     class Motor:
06       def __init__(self, obj):
07         self.obj = obj
08       def tint(self, opt):
09         return self.obj.tint(opt)
10       def power(self, rmp):
11         return self.obj.power(rmp)
12     return Motor(self.func())
13 @machine  # 装饰器
14 class Equip:
15 # 省略部分程序代码
16 hybrid = Equip()
```

**步骤02** 保存该程序文件，按 F5 键执行该程序，执行结果如图 11-19 所示。

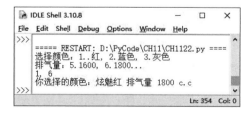

图 11-19

**程序说明：**

- 第 01~12 行，定义类装饰器 machine。

- 第 02、03 行，初始化时获取函数对象。
- 第 04~12 行，定义\_\_call\_\_()方法，定义另一个 Motor 类，它调用\_\_init\_\_()方法进行初始化，并定义其他方法。当类被返回时，会调用定义在类内的方法而以对象来返回相关的属性值。
- 第 13 行，调用类装饰器。
- 第 16 行，创建 Equip 类的对象 hybrid，不带任何参数，却以类装饰器来获取对象的属性值。

## 11.3.4　类方法和静态方法

定义类时使用 self 会指向对象自身，它为实例化的对象所共享。那么类的方法呢？它会影响整个类，当类有改动时，同样也会影响所有的对象。Python 提供了两个内置函数：

- staticmethod()：将函数转换为静态方法，不会以 self 作为第一个参数。
- classmethod()：将函数转换为类方法，第一个参数是类本身，习惯使用 cls。

定义类时若希望某个方法不被对象绑定，可通过装饰器@classmethod 进行装饰。此外，@staticmethod 所装饰的静态方法也可在类中使用，语法如下：

```
classmethod(cls, function)
staticmethod(function)
```

**参数说明：**

- @classmethod 会把函数装饰成类方法，接收 cls 类为第一个隐性参数（如同 self）。
- @staticmethod 则返回一个静态方法。

类方法和对象方法有何不同？先以范例程序 CH1122.py 来说明 classmethod()函数的用法。

**范例程序 CH1122.py**

```
class Motor:      # 定义类
  @classmethod    # 将 equip()方法装饰为类方法
  def equip(cls, name, seats):
    print('车型', name, '座位数', seats)
car = Motor()     # 创建对象
Motor.equip('SUV', 7)      # 以类调用类方法
car.equip('altis', 4)      # 以对象调用对象方法
```

**程序说明：**

- 将@classmethod()函数作为装饰器，所以 equip()是一个类方法。
- equip()方法的第一个参数 cls 是指向类本身，不会做参数传递。
- 使用类 Motor 或者对象 car 来调用 equip()方法都是可行的。

如何产生静态方法？搭配函数 staticmethod()。

**范例程序 CH1123.py**

```
class Motor:       # 定义类
  @staticmethod    # 将 equip()方法修饰为静态方法
  def equip(name, seats):
    print('车款', name, '座位数', seats)
car = Motor()          # 产生对象
Motor.equip('SUV', 7)  # 以类调用类方法
```

```
car.equip('altis', 4)    # 以对象调用对象方法
```

**程序说明：**

- 将@staticmethod()函数作为装饰器，所以 equip()方法就转换为静态方法。
- 虽然类 Motor 和它的对象 car 都能调用 equip()方法，但较好的方式是以类来调用静态方法。

**提示** 有以下几点需要注意：

- 定义实例方法时，第一个参数必须使用 self，调用时才能进行绑定。
- 使用类方法要以@classmethod 为装饰器，它的第一个参数 cls 是指向类本身。
- 静态方法使用@staticmethod 为装饰器，尽可能以类来调用此方法。
- 无论是类方法还是静态方法，都为整个类的对象所共享。

### 范例程序 CH1124.py

以@classmethod 为装修器来定义类方法，以@staticmethod 为装饰器来产生静态方法。

**步骤01** 编写如下程序代码：

```
01  class Motor:
02    count = 0            # 类属性统计对象
03    def __init__(self):
04      Motor.count += 1    # 计算对象个数
05    @classmethod            # 类方法
06    def equip(cls, rmp, seats):    # cls 为类本身
07      print('排气量', rmp, '座位数', seats)
08    @staticmethod            # 静态方法
09    def display():
10      print('有', Motor.count, '个对象')
11
12  car = Motor()            # 创建第 1 个对象
13  car.equip(1500, 4)        # 以对象调用方法
14
15  hybird = Motor()          # 第 2 个对象
16  hybird.equip(2000, 7)
17  juddy = Motor()            # 第 3 个对象
18  Motor.equip(1800, 5)      # 类调用方法
19  Motor.display()            # 统计对象个数
```

**步骤02** 保存该程序文件，按 F5 键执行该程序，执行结果如图 11-20 所示。

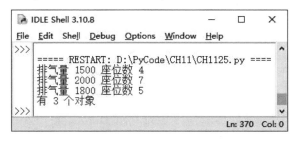

图 11-20

**程序说明：**

- 第 03、04 行，当对象初始化时就会以 count 进行计数。

- 第 05、07 行，以@classmethod 为装修器，所定义的 equip()方法为类方法。
- 第 08~10 行，以@staticmethod 为装饰器，所定义的 display()方法为静态方法，显示对象个数信息。

# 11.4　重载运算符

Python 允许用户使用一些特别的方法将运算符重载，本章节分两大类来简要介绍。

- 用于基本算术运算的运算符，例如__add__()、__sub__()、__mul__()等。
- 用来处理逻辑值或比较大小的运算符，例如__and__()、__or__()等。

## 11.4.1　重载算术运算符

表 11-3 列出了与算术运算符有关的方法。

表11-3　与算术运算符有关的方法

| 方　　法 | 说　　明 |
|---|---|
| operator.__add__(a, b) | 返回 a + b 的结果 |
| operator.__sub__(a, b) | 返回 a − b 的结果 |
| operator.__mul__(a, b) | 返回 a * b 的结果 |
| operator.__pow__(a, b) | 返回 a ** b 的结果 |
| operator.__floordiv__(a, b) | 返回 a // b 的结果 |
| operator.__mod__(a, b) | 返回 a % b 的结果 |

**范例程序 CH1125.py**

认识__add__()和__sub__()方法。对象初始化时传入数值，它会调用__add__()和__sub__()方法并重载，再返回其结果。

步骤 01 编写如下程序代码：

```
01 class Arithm:
02   def   init  (self, num):
03     self.value = num
04   def __add__(self, num):  # 相加
05     return Arithm(self.value + num)
06   def   sub  (self, num):  # 相减
07     return Arithm(self.value - num)
08 one = Arithm(255)
09 result = one + 20
10 print('相加: ', result.value)
11 result = one - 144
12 print('相减: ', result.value)
```

步骤 02 保存该程序文件，按 F5 键执行该程序，执行结果如图 11-21 所示。

图 11-21

**程序说明：**

- 第 04、05 行，定义__add__()方法，将传入的参数与原有的数值相加，并以 return 语句返回其结果。
- 第 06、07 行，定义__sub__()方法，将传入的参数与原有的数值相减，并以 return 语句返回其结果。

## 11.4.2　重载加号

在类里定义__add__()方法时，它传入的参数是对象还是数值是否有所不同？究竟是一视同仁，还是会另眼相待？其实，当两个操作数进行"a + b"的运算时，和它相呼应的除了__add__()方法之外，还有__iadd__()和__radd__()两个方法。

- __iadd__(a, b)方法：也被称为原地加法。若有 a 和 b 两个参数时，就执行"a += b"的运算。
- __radd__(self, other)：为对象方法，也被称为右侧加法。当进行"a + b"运算时，若 a 并非实例（对象）则 Python 会调用此方法。

如何调用__add__()方法？如何重载运算符？下面通过范例程序来认识__add__()方法。

**范例程序 CH1126.py**

```
class Increase:              # 定义类
    def __init__(self, num = 0):      # 初始化对象
        self.value = num
    def __add__(self, num):           # 两数相加
        return self.value + num
```

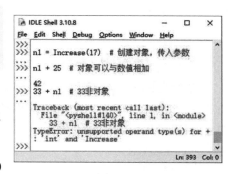

图 11-22

**程序说明：**

- 定义__add__()方法，让传入的参数可以和原有的数值相加，此时它会返回一个新的实例。

定义类之后，可在 Python Shell 交互窗口中了解__add__()方法的用法，参考图 11-22 中的示例。

图 11-22 中的示例说明：

（1）执行"n1 + 25"可以顺利获取相加的结果。

（2）执行"33 + n1"，因为左侧的操作数并非对象而是数值，于是引发了错误。

调用__add__()方法进行计算时，左侧遇见了非对象操作数就会引发错误，因此纳入__radd__()方法。下面来看一下这两个方法是否有所不同。

### 范例程序 CH1127.py

```
class Increase:                      # 定义类
    def __radd__(self, num):         # 允许左侧操作数是数值
        return num + self.value
```

**程序说明：**

- 定义了__radd__()方法，它传入了数值参数也能执行相加的操作。

再到 Python Shell 交互窗口来验证一下所定义的__radd__()方法，参考图 11-23 中的示例。

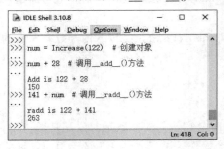

图 11-23

图 11-23 中，为了更清楚地了解__add__()和__radd()__方法两者的不同之处，分别在这两个方法中加入了一行语句。

### 范例程序 CH1127.py（续）

```
class Increase:    # 定义类
    def __add__(self, num):          # 两数相加
        print('add is {} + {}'.format(self.value, num))
    def __radd__(self, num):         # 允许左侧操作数是数值
        print('radd is {} + {}'.format(self.value, num))
```

**程序说明：**

- 当__add__()方法被调用时就会输出传入的参数。

继续在 Python Shell 交互窗口中调用__add__()和__radd__()方法进行运算，参考图 11-24 中的示例。图 11-24 中，执行"A + 12"当然是调用__add__()方法，执行"12 + B"则调用了__radd__()方法。继续在 Python Shell 交互窗口中执行"A + B"会如何呢？参考图 11-25 中的示例。

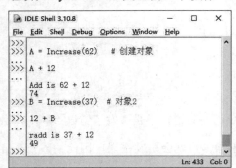

图 11-24

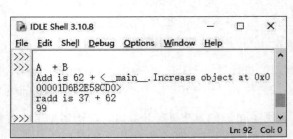

图 11-25

图 11-25 中，"A + B"中的两个操作数都是对象，Python 虽然调用了\_\_add\_\_()方法，却认为 B 是对象而再一次调用了\_\_radd\_\_()方法进行计算并输出结果。

那么要如何解决当前的问题呢？在传入参数给\_\_add\_\_()或\_\_radd\_\_()方法之前先判断它是否为对象，这时就需函数 isinstance()来协助。

### 范例程序 CH1128.py

以内置函数 isinstance()来判断操作数是否为对象。

步骤 01 编写如下程序代码：

```
01 class Increase:      # 定义类
02    def __init__(self, num = 0):       # 初始化对象
03       self.value = num
04
05    def __add__(self, num):            # 两数相加
06       if isinstance(num, Increase):
07           num = num.value
08       return Increase(self.value + num)
09 # 省略部分程序代码
```

步骤 02 保存该程序文件，按 F5 键执行该程序，执行结果如图 11-26 所示。

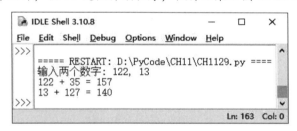

图 11-26

**程序说明：**

● 第 06、07 行，以 if 语句加上内置函数 isinstance()来判断参数是否为 Increase 类的对象，如果是对象才获取它的内容。

将两数相加的第 3 个方法是\_\_iadd\_\_()，它也被称为原地加法，调用函数"a = iadd(a, b)"相当于执行赋值运算"a += b"。

### 范例程序 CH1129.py

```
class Increase:                      # 定义类
    def __init__(self, num = 0):     # 初始化对象
        self.value = num
    def __add__(self, num):          # a += b
        self.value += num
        return self
n1, n2 = eval(input('输入两个数字: '))      # 创建对象
A = Increase(n1)
A += n2
print('A +=', n2, '结果: ', A.value)
```

**程序说明：**

● 定义\_\_iadd\_\_()方法，将传入的参数按赋值运算符"+="进行运算。

继续在 Python Shell 交互窗口中来了解\_\_iadd\_\_()函数的用法，参考图 11-27 中的示例。

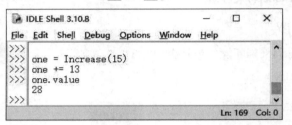

图 11-27

图 11-27 中，创建对象之后，以赋值运算符进行原地相加的运算。

每个重载运算符都有类似的方法来支持，例如，对于让两数相减的\_\_sub\_\_()方法，它有\_\_rsub\_\_()方法用于右侧减法的运算，也有\_\_isub\_\_()用于原地相减的运算。

## 11.4.3　重载比较大小的运算符

对两个对象比较大小，定义类时可使用表 11-4 列出的这些方法。

表 11-4　比较对象大小的相关方法

| 方　　法 | 说　　明 |
|---|---|
| operator.\_\_lshift\_\_(a, b) | 将 a 左移 b 位（a << b） |
| operator.\_\_rshift\_\_(a, b) | 将 a 右移 b 位（a >> b） |
| operator.\_\_and\_\_(a, b) | 返回 a & b 的结果 |
| operator.\_\_or\_\_(a, b) | 返回 a \| b 的结果 |
| operator.\_\_xor\_\_(a, b) | 返回 a ^ b 的结果 |
| operator.\_\_eq\_\_(a, b) | 是否 a == b |
| operator.\_\_ne\_\_(a, b) | 是否 a != b |
| operator.\_\_gt\_\_(a, b) | 是否 a > b |
| operator.\_\_ge\_\_(a, b) | 是否 a >= b |
| operator.\_\_lt\_\_(a, b) | 是否 a < b |
| operator.\_\_le\_\_(a, b) | 是否 a <= b |

**范例程序 CH1130.py**

在类 Comp 中定义相关方法来比较对象的大小。

步骤 01 编写如下程序代码：

```
01 class Comp:    # 定义类
02    data = 743
03    def __gt__(self, value):     # x > y
04      return self.data > value
05    def __lt__(self, value):     # x < y
06      return self.data < value
```

```
07    def   eq (self, value):          # x == y
08        return self.data == value
09 A = Comp()    # 创建对象
10 print('返回值: ', A > 8865)
11 print('返回值: ', A < 253)
12 print('返回值: ', A == 743)
```

**步骤 02** 保存该程序文件，按 F5 键执行该程序，执行结果如图 11-28 所示。

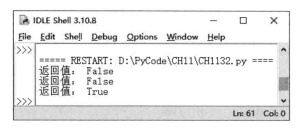

图 11-28

**程序说明：**

- 第 03、04 行，定义__gt__()方法，检查对象是否大于传进来的参数。
- 第 05、06 行，定义__lt__()方法，检查对象是否小于传进来的参数。
- 第 07、08 行，定义__eq__()方法，检查对象是否等于传进来的参数。

# 11.5 本章小结

- 1960 年，Simula 语言提出面向对象程序设计，引入了和对象有关的概念。1980 年，Smalltalk 语言除了汇集 Simula 的特性之外，还引入消息机制。
- 以对象观点来看，对象具有生命，除了属性外，行为表达了对象的内涵。
- 在编写程序时，必须先定义类，设置成员的属性和方法。有了类，还要具体化对象，即实例化，经由实例化的对象被称为实例。类可以产生不同状态的对象，每个对象也都是独立的实例。
- 定义类时还可以加入属性和方法，再通过对象进行存取（或访问），所以方法只能定义于类的内部，借助产生的实例（对象）才能调用。
- 对象有两个特殊的属性：__dict__由字典组成，存储对象的属性，属性名会转为键，属性值以值呈现，即"键-值对"；__class__则返回它是一个类的实例。
- 定义类的过程中可将对象进行初始化，其他的程序设计语言会将创建和初始化对象以一个步骤来完成，通常采用构造函数来完成。Python 语言用两个步骤来实施：①调用特殊方法__new__()来创建对象；②再调用特殊方法__init__()来初始化对象。
- 要检查或存取对象的属性，可由这些内置函数来协助：①getattr()存取对象的属性；②hasattr()检查某个属性是否存在；③setattr()设置属性；④delattr()删除属性。
- print()函数只能打印出字符串，若参数并非字符串时，特殊方法__str__()、__repr__()、__format__()的返回值均为字符串，可借助它们来输出更多内容。
- Python 提供了垃圾自动回收机制，特殊方法__del__()用于清除对象。当引用对象的计数为

0 时，对象就具有了被回收的资格而等待被清除。

- 类变量也被称为类的属性，为所有对象所共享。类也有一些特殊的只读属性：① \_\_doc\_\_ 用于获取类定义范围内的注释文字；② \_\_name\_\_ 获取方法名称；③ \_\_module\_\_ 获取定义方法时所在的模块名称；④ \_\_dict\_\_ 由字典组成，存储属性；⑤ \_\_bases\_\_ 包含基类所产生的元组。
- 装饰器本身可以是经过定义的函数或类，Python 以 @decorator 语法来支持装饰器。
- Python 提供了两个内置函数：①staticmethod()，将函数转换为静态方法，不会以 self 作为第 1 个参数；②classmethod()，将函数转换为类方法，第 1 个参数是类本身，习惯使用 cls。
- Python 允许用户使用一些特别的方法重载运算符，可重载的运算符有两大类：①用于基本算术运算的运算符，例如\_\_add\_\_()、\_\_sub\_\_()、\_\_mul\_\_()等；②处理逻辑值或比较大小的运算符，例如\_\_and\_\_()、\_\_or\_\_()等。

## 11.6　课后习题

### 一、填空题

1. 根据下列语句来回答问题。类是＿＿＿＿＿，对象是＿＿＿＿＿。

```
class Some:
    pass
one = Some()
```

2. 对象有两个特殊的属性：＿＿＿＿＿由字典组成，存储对象的属性；＿＿＿＿＿则返回它是一个类的实例。

3. 对象初始化在 Python 中分两个步骤来实施：①调用特殊方法＿＿＿＿＿创建对象；②再调用特殊方法＿＿＿＿＿来初始化对象。

4. 在 Python 提供实例的特殊方法中，方法＿＿＿＿＿用来清除对象；方法＿＿＿＿＿用格式化字符串来输出内容，而方法＿＿＿＿＿用于定义字符串格式。

5. 在 Python 的特殊只读属性中：＿＿＿＿＿用于获取方法名称；＿＿＿＿＿由字典组成，用于获取类定义范围内的注释文字。

6. 在定义类后，在 Python 的内置函数中，＿＿＿＿＿用于存取对象的属性，＿＿＿＿＿用于设置对象的属性。

7. 简写①语句的作用：＿＿＿＿＿＿＿。

```
def discount(price):
    pass
Entirely = discount(Entirely)   # ①
```

8. 填写下列语句的作用：①＿＿＿＿＿，②＿＿＿＿＿。

```
@discount          # ①
def Entirely():    # ②
    return 455.0
```

9. functools 模块提供函数协助装饰器：重新定义函数签名是＿＿＿＿＿函数，用来获取包装函数的是_____函数。

10. Python 提供了两个内置函数：_____将函数转换为静态方法；_____将函数转换为类方法。

11. 执行运算时，可调用 Python 的特殊方法，加是_____，减是_____，乘是_____，整除是_____。

12. 类中可调用特殊方法将两个操作数相加，其中__radd__()是_____，__iadd__()是_____。

## 二、实践题与问答题

1. 参考范例程序 CH1102.py，以__init__()方法来初始化对象。

2. 定义一个类，它必须调用__new__()、__init__()和__del__()三个方法。

3. 使用类装饰器的概念并配合__call__()，让长短不一的分数能执行加总运算。

4. 输入两个数值并调用特殊方法进行加、减、乘、整除的运算。

# 第 12 章

# 浅谈继承机制

*12*

**学习重点：**

- 了解继承关系的 is_a（是什么）和 has_a（组合）的不同
- 从单一继承到多重继承，子类覆盖父类的方法
- 抽象类的定义和实现，多态的用法

面向对象程序设计的三个主要特性是继承、封装和多态。它们的特别之处究竟在哪里？本章一起来认识它们。

## 12.1 认识继承

面向对象的一个很重要的机制就是继承。当派生类继承了基类之后，除了能让程序代码再用的机会大大的提升之外，也能物尽其用，缩短开发的流程。Python 虽然采用了多重继承机制，但会以单一继承为重点。

### 12.1.1 继承的相关名词

类当然可以派生出其他的类，在介绍继承之前，先介绍一些与继承有关的专有名词。

- 基类（Base Class）也被称为父类（Super Class），表示它是一个被继承的类。
- 派生类（Derived Class）也被称为子类（Sub Class），表示它是一个继承他类的类。

本章的内容会混用这些相关名词，有时称父类，有时也称基类。

### 12.1.2 继承概念

继承机制是利用现有类派生新的类。所建立的层级式结构。通过继承让已定义的类能添加、修改原有模块的功能。使用 UML 表示类之间的继承关系，如图 12-1 所示。

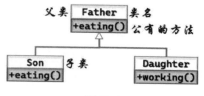

图 12-1

在 UML（Unified Modeling Language，统一建模语言）图中，白色空心箭头会指向父类，表示 Son 和 Daughter 类继承了 Father 类。Father 类是一个基类，而 Son 和 Daughter 则是派生类。Father 的公有的方法 eating() 由子类 Son 来继承，而子类 Daughter 自定义它的方法 working()。

## 12.1.3　特化和泛化

就继承概念而言，派生类是基类的特制化项目。当两个类建立了继承关系时，表示派生类会拥有基类的属性和方法。图 12-1 中基类和派生类是一种上下的对应关系，此处的基类（Father 类）是派生类 Son 和 Daughter 类的泛化（Generalization）。另一方面 Son 类和 Daughter 类则是 Father 类的特化（Specialization）。

一般来说，派生类除了继承基类所定义的数据成员和成员方法外，还能自定义本身使用的数据成员和成员方法。从面向对象的视角来看，在类架构下，派生类的层级越低，其特化的作用越强；同样地，基类的层级越高，其泛化的作用越强。

泛化表达了基类和派生类"是什么"（is_a，即 is a kind of 的简写）的关系，如图 12-2 所示，可以说"咖啡是饮料的一种"，饮料是通称，咖啡是特定的。所以，继承的派生类还能够进一步阐述基类要表现的模型概念。因此根据白色箭头来读取，咖啡"是"饮料的一种。

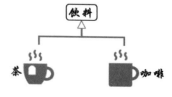

图 12-2

继承的关系可以继续往下推移，表示某个继承的派生类还能往下派生出孙子类。当派生类继承了基类已定义的方法时，还能修改基类某一部分的特性，这种青出于蓝的方法，被称为覆盖（Override）。

## 12.1.4　组　合

另一种继承关系是组合（Composition），被称为 has_a 关系。在模块概念中，对象是其他对象模块的一部分，例如计算机是一个对象，它由主机、显示器、键盘等对象组合而成（见图 12-3）。

图 12-3

在组合概念中，比较常听到整体和部分的关系，它表达的是一个"较大"类的对象（整体）是由另一些"较小"类的对象（部分）组成。

## 12.2  继承机制

Python 提供了动态类型，配合面向对象的机制，有三种继承模式：内建继承、多重继承（Multiple Inheritance）、多态与鸭子类型（Duck Typing）。

Python 采用多重继承（Multiple Inheritance）机制，即在继承关系中，如果基类同时拥有多个父类，就被称为多重继承机制，换句话说，就是子类可能在双亲之外尚有义父或义母。与之不同的是，如果子类只有一位父亲或母亲（单亲），就是单一继承机制。后面先介绍单一继承机制，再介绍多重继承机制。

### 12.2.1  产生继承

对 Python 来说，要继承另一个类，只要在定义类时指定某个已存在的类名即可，继承的语法如下：

```
class DerivedClassName(BaseClassName):
    <statement-1>
    . . .
    <statement-N>
```

**参数说明：**

- DerivedClassName：通过继承而产生的类，即派生类或子类，它的名称必须遵循标识符的规范。
- BaseClassName：括号之内是被继承的类，即基类或父类，它的名称也必须遵循标识符的规范。

类之间如何产生继承关系？参考下列范例程序。

### 范例程序 CH1201.py

```
01 class Father:       # 基类
02   def walking(self):
03     print('多走路有益健康！')
04 class Son(Father):       # 派生类
05   pass
06 # 创建子类的实例
07 Joe = Son()             # 子类的实例（即子类的对象）
08 Joe.walking()
```

**程序说明：**

- 第 01、02 行，定义父类（或基类）Father，内含方法 walking()。
- 第 04 行，定义了另一个子类（或称派生类）Son，括号内是父类的名称 Father，即表示 Son 类继承自父类 Father。
- 第 07、08 行，创建子类的对象（即实例化），而后可以调用父类的方法 walking()。

派生类可以扩展父类的方法而非完全取代它，将范例程序 CH1201.py 修改如下。

### 范例程序 CH1202.py

```
01 class Father:            # 基类
02   # 与范例程序 CH1201 相同
03 class Son(Father):        # 派生类
04   def walking(self):
05     Father.walking(self)        # 调用父类的方法
06     print('饭后要多多散步')
07 Steven = Father()         # 父类的对象
08 Joe = Son()              # 子类的对象
```

**程序说明：**

- 第 04~06 行，子类中的方法 walking()除了引用父类的方法外，它额外多了一行调用 print() 函数的语句。
- 第 07、08 行，分别产生了父类和子类的对象 Steven 和 Joe。

使用 Python Shell 交互模式来查看父、子类的互动，过程如图 12-4 所示。

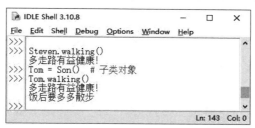

图 12-4

　　父类的实例 Steven 当然是调用自己的 walking()方法。子类的实例 Tom 也是调用自己的 walking() 方法，不过 walking()方法中引入了父类同名的方法，所以连同父类方法所定义的内容也一起输出。

　　该范例程序应用了覆盖的概念，可以参考第 12.2.2 节的更多讨论。当然，派生类除了拥有基类 的属性和方法之外，也可以自定义自己的属性和方法。

### 范例程序 CH1203.py

先定义父类 Motor，再由子类 Hybrid 继承父类的方法，创建子类的对象也能获取父类的方法。

**步骤 01** 编写如下程序代码：

```
01 class Motor:    # 基类或父类
02   def __init__(self, name, price = 65, capacity = 1500):
03     self.name = name
04     self.price = price
```

```
05      self.capacity = capacity
06    def equip(self, award):          # 配置
07      self.price = self.price + award
08    def  repr  (self):               # 设置输出格式
09      msg = '{0:8s} {1:7.2f} {2:8,}'
10      return msg.format(self.name,
11          self.price, self.capacity)
12 class Hybrid(Motor):     # 派生类或子类
13    def equip(self, award, cell = 2.18):
14      Motor.equip(self, award + cell)
15    def tinted(self, opr):
16      if opr == 1: return '极致蓝'
17      elif opr == 2: return '魅力红'
18
19 stand = Motor('standard')     # 创建父类的对象
20 print('{:^8s}{:^8s}{:12s}{:5s}'.format(
21    '车型', '定价(万)', '排气量(c.c)', '配置'))
22 print('-' * 38)          # 设置表头
23 apollo = Motor('Apollo', price = 65.2, capacity = 1795)
24 print(apollo, format('不含电子锁', '>8s'))
25 apollo.equip(1.2)   # 配置加价 1.2 万
26 inno = Hybrid('Innovate', 114.8)     # 创建子类的对象，有参数
27 inno.equip(1.1)       # 配置加价 1.1 万
28 print(f'Hybrid {inno.tinted(2):>20}{"含电子锁":>5s}')
29 print()
30 print(format('三种车型售价', '-^22'))
31 for item in (stand, apollo, inno):
32    print(item)
```

步骤 **02** 保存该程序文件，按 F5 键执行该程序，执行结果如图 12-5 所示。

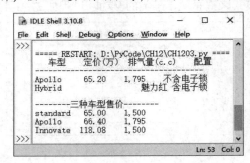

图 12-5

**程序说明：**

- 第 08~11 行，重载特殊方法 __repr__()，设置输出格式。
- 第 12~17 行，定义子类 Hybrid，它继承了 Motor 类，方法 equip() 与父类同名称，此外还自定义了 tined() 方法，并进一步以父类名称来调用其方法。
- 第 19~25 行，创建父类 Motor 的两个实例，按 __init__() 方法传入参数。
- 第 26 行，创建子类 Hybrid 的对象 inno，由于继承自父类，因此必须传入参数。
- 第 31、32 行，使用 for 循环来读取这 3 个不同的对象。

调用类中的方法时，通常会这样做：

```
instance.method(args...)
```

Python 解释器会自动转换成：

```
class.method(instance, args...)
```

范例程序 CH1203.py 在子类定义与父类同名的方法时，直接以父类来调用它所定义的方法 Motor.equip(self, award + cell)，而子类本身的方法名虽然与父类相同，但却多了一个参数要传递，这表示子类扩展了父类的方法。

## 12.2.2　多重继承机制

由于 Python 采用多重继承（子类可以有多个父类），因此派生类同时拥有多个基类是可行的，它的语法如下：

```
class DerivedClassName(Base1, Base2, Base3):
    <statement-1>
    . . .
    <statement-N>
```

**参数说明：**

- DerivedClassName 为派生类或子类，同样要遵循标识符的命名规范。
- 括号之内的 Base1 和 Base2 代表基类的名称，可根据继承需求同时指定多个基类。

由于多重继承引发的问题较为复杂，此处不会进行更多的讨论，可参考如下的范例程序了解 Python 的多重继承的用法。

### 范例程序 CH1204.py

```
class Father:        # 基类 1
    def walking(self):
        print('多走路有益健康！')
class Mother:        # 基类 2
    def riding(self):
        print('I can ride a bike!')
class Son(Father, Mother):       # 派生类
    pass
Joe = Son()          # 创建子类的实例，能同时调用两个父类的方法
Joe.walking()        # 返回"多走路有益健康！"
Joe.riding()         # 返回"I can ride a bike!"
```

**程序说明：**

- 定义两个父类 Father 和 Mother，各类里有不同的方法。
- 派生类 Son 同时继承了基类 Father 和 Mother，但什么事也没做。

上述范例程序说明 Python 采用了多重继承机制，继承的子类同时拥有父类的方法，并且以自己的实例去调用两个基类的方法是可行的。

## 12.2.3　继承有顺序，搜索有规则

对于 Python 来说，在多重继承机制下，它的搜索规则是从本身（子类）开始，向上一层到父类从左到右搜索，再向上一层到祖父类从左到右搜索，直到达到顶层为止。下面通过范例来说明这种

继承机制。

### 范例程序 CH1205.py

```python
class Parent():   # 父类有两个方法
    def show1(self):
        print("Parent method one")
    def show2(self):
        display("Parent method two")
class Son(Parent):            # 子类1
    def display(self):
        print('Son method')
class Daughter(Parent):   # 子类2
    def show2(self):
        print('Daughter method one')
    def display(self):
        print('Daughter method two')
class Grandchild(Son, Daughter):      # 有两个父类
    def message(self):
        print('Grandchild method')

eric = Grandchild()      # 孙子类的对象
eric.message()           # 先找到自己的方法
eric.display()           # 按顺序 Grandchild > Son
eric.show2()             # Grandchild > Son > Daughter
eric.show1()             # Grandchild > Son > Daughter > Parent
```

在三代同堂的继承机制下，范例程序 CH1205.py 的继承架构如图 12-6 所示。

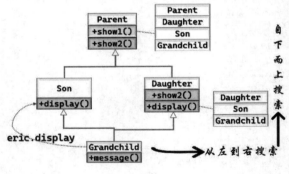

图 12-6

从图 12-6 可知，当 Grandchild 类的对象 eric 调用 message()方法时，根据搜索规则，先从本身的类找起，再从左到右、自下而上搜索。由于类自身有此方法，直接输出信息即可。所以，在 Python Shell 交互模式中，与 Grandchild 类的对象 eric 有关的方法都会被列出。按搜索规则，上一层的 Son 类的 display()方法、同一层往右的 Daughter 类的 show2()方法，再往上一层的 Parent 类的 show1()都包含其中，如图 12-7 所示。所以，语句 eric.message()就直接输出信息，如图 12-8 所示。

图 12-7　　　　　　　　　　　　　　　　　　　　　　　图 12-8

Grandchild 类的对象 eric 调用 display()方法时，搜索时还是先从自身类开始，再向上找，由于同时继承了 Son 和 Daughter 类，因此右侧的 Son 类的 display()方法会先被找到而输出信息，如图 12-9 所示。

Grandchild 类的对象 eric 调用 show1()方法时，搜索时还是先从自身类开始，再向上找 Son 和 Daughter 类，它们无此方法，只得再往上一层找到 Parent 类的 show1y()方法而输出信息，如图 12-10 所示。

```
>>> eric.display()  # 来自Son类
Son method
```

图 12-9

```
>>> eric.show1()  # Son, Daughter, Parent类
Parent method one
```

图 12-10

## 12.3　子类覆盖父类

对于 Python 来说，子类可以覆盖父类的方法。何谓覆盖？简单地说，就是在继承机制下，子类重新改写父类中已定义的方法。如何重新改写？简述如下：

● 　调用内置函数 super()：子类调用父类的方法。
● 　类的特殊属性__bases__，它用于记录所继承的父类。

### 12.3.1　使用 super()函数

在继承机制下，子类和父类的方法名称相同，那么调用此方法时，究竟调用了谁的方法？下面通过范例程序来做了解。

**范例程序 CH1206.py**

父类的方法 display()，传入参数 pay，超过 30000 打 9 折。子类的方法与父类的方法同名，传入参数，同样条件是打 8 折。

```
class Mother():          # 父类
  def display(self, pay):
    self.price = pay
    if self.price >= 30000:
      return pay * 0.9

class Son(Mother):            # 子类
  def display(self, pay):      # 覆盖 display 方法
    self.price = pay
    if self.price >= 30000:
      print('8折: ', end = ' ')
      return pay * 0.8

Joe = Son()    # 创建对象
print(Joe.display(35000))
```

在 Python Shell 交互模式中调用父类和子类的方法，如图 12-11 所示。

图 12-11

从图 12-11 中可知，父类和子类的实例都能调用自定义的方法。

当父类和子类的方法同名时，若子类要调用父类所定义的方法，该如何操作呢？就要借助内置函数 super()，它的语法如下：

```
super([type[, object-or-type]])
```

**参数说明：**

● 使用中括号表示参数是可以省略的。

**范例程序 CH1207.py**

使用 super()函数来调用父类的方法。

步骤 **01** 编写如下程序代码：

```
01 class Mother():      # 父类
02    def display(self, pay):
03       self.price = pay
04       if self.price >= 30000:
05          self.price *= 0.9
06       else: self.price
07       print(f' = {self.price:,}')
08 class Son(Mother):            # 子类
09    def display(self, pay):  # 覆盖 display 方法
10       self.price = pay
11       super().display(pay)
12       if self.price >= 30000:
13          self.price *= 0.8
14       else:
15          self.price
16       print(f'8折 {self.price:,}')
17 Liz = Mother()       # 基类的对象
18 print('40000 * 9折', end = '')
19 Liz.display(40000)
20 Joe = Son()          # 创建子类的对象
21 print('35000 * 9折', end = '')
22 Joe.display(35000)
```

步骤 **02** 保存该程序文件，按 F5 键执行该程序，执行结果如图 12-12 所示。

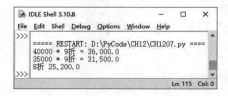

图 12-12

**程序说明：**

- 第 08~16 行，定义子类 Son，它继承自 Mother 类。它也声明了一个方法 display()，名称与参数都与基类的方法相同。
- 第 11 行，方法 display()同时也以内置函数 super()调用了父类的方法 display()。
- 第 17、19 行，基类的对象 Liz 调用了 display()方法，执行 9 折计算。
- 第 20、22 行，基类的对象 Joe 调用了 display()方法，由于方法中调用内置函数 super()，因此会同时执行 9 折和 8 折的计算。

调用 super()函数来获取父类的方法，对于子类来说，即使在__init__()方法内也同样适用。

**范例程序 CH1208.py**

```
class Parent():        # 父类
   def __init__(self):    # 进行初始化
      print('I am parent')
class Child(Parent):  # 子类
   def __init__(self, name):
      super().__init__()  # 调用父类的__init__()方法
      print(name, 'is child')
tom = Child('Tomas')  # 子类的实例
# 输出 "I am parent"
# 输出 "Tomas is child"
```

**程序说明：**

- 定义父类 Parent，调用__init__()进行初始化。
- 定义子类 Child()，以__init__()初始化对象时，要传入一个参数。方法内使用函数 super()去调用父类的__init__()方法。
- 产生子类实例时，按__init__()方法传入参数。

## 12.3.2　属性__base__

类有一个特殊的属性__bases__，它可以通过子类记录所继承的父类，也能经由动态赋值来变更父类的记录。

**范例程序 CH1209.py**

**步骤01** 编写如下程序代码：

```
01 class Father():     # 父类1
02    def display(self, name):
03       self.name = name
04       print('Father name is', self.name)
05 class Mother():     # 父类2
06    def display(self, name):
07       self.name = name
08       print('Mother name is', self.name)
09 class Child(Father, Mother):    # 子类继承自 Father 和 Mother 类
10    pass
11 class Son(Father): # 子类继承自 Father 类
12    pass
13 print(Child.__name__, '类，继承自两个基类')
```

```
14 for item in Child.__bases__:
15    print(item)
16 Tom = Son()            # 子类的实例,只有一个父类
17 Tom.display('Eric')
18 print(Son.__name__,'类,一个父类')
19 print(Son.__bases__)
20 Son.__bases__ = (Mother,)
21 Tom.display('Judy')
```

**步骤 02** 保存该程序文件,按 F5 键执行该程序,执行结果如图 12-13 所示。

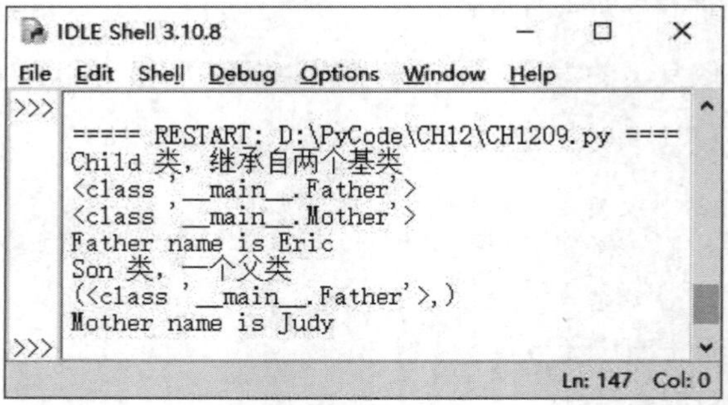

图 12-13

**程序说明:**

- 第 09、10 行,子类 Child 同时继承 Father 和 Mother 类,不过什么事都没做。
- 第 11、12 行,子类 Son 只继承 Father 类,同样是什么事都不做。
- 第 14、15 行,for 循环读取 Child 子类的属性__bases__,可以很清楚地看到它有两个父类。
- 第 16、17 行,子类 Son 的对象只继承了 Father 类,调用 display()方法时,会去执行父类的 display()方法。
- 第 19~21 行,首次存取子类 Son 的__bases__时是 Father 类,经过动态赋值后会变成 Mother 类,所以它会执行父类 Mother 的 display()方法。

## 12.3.3　以特性存取属性

通常类若要对一个不公开的属性进行存取,则可以通过特性来处理,究竟如何做?参考如下的范例程序。

### 范例程序 CH1210.py

```
class Student:
    def __init__(self, birth):
        self.birth = birth
tom = Student('1998/5/21')
print('Tom 生日', tom.birth)
```

类 Student 存储学生 Tom 的生日,假如在很多地方都要使用生日的相关数据,就要进一步修改。先检查它传入的参数是否为空字符串,另外生日数据不对外公开,必须经过特定方法存取,避免数据被篡改。将生日数据变更为私有属性,就需要对程序进行相应的修改。

### 范例程序 CH1211.py

```
class Student:    # 父类
    def __init__(self, birth):
        if birth == None:
            raise ValueError('不能是空字符串')
        self.__birth = birth     # __birth: 私有属性
    def getBirth(self):          # 获取__birth 属性值
        return self.__birth
    def setBirth(self, birth):
        self.__birth = birth
tom = Student('1998/5/21')
print('Tom 生日', tom.getBirth())
tom.setBirth('1998/5/21')
```

**程序说明:**

- 属性__birth 表示它是一个私有属性, 外部无法存取。
- getBirth()方法用来获取__birth 属性值。
- setBirth()方法用来设置__birth 属性值。

> **提示**　对 Python 而言, 类所定义的属性和方法都是公有的。如果不想公开此属性或方法, 其他的程序设计语言会以修饰词 private 来修饰, Python 语言使用前缀_（单下画线）或__（双下画线）来表示此方法或属性是私有的, 外部无法存取。

如果不想这么大费周章, 可以使用 Python 提供的内置函数 Property()来建立特性（Property）。在 Python 程序中, 默认属性和方法都是公有的, 为了要让某些属性不公开却又希望它能间接被存取, 可以通过 Python 提供的特性编写相关的 getter 和 setter。内置函数 Property()的语法如下:

```
class property(fget = None, fset = None, fdel = None, doc = None)
```

**参数说明:**

- fget 为 getter（存取器）, fset 为 setter（设置器）, fdel 为 delete（删除器）, doc 代表 docstring（文件字符串）。

下面改写范例程序 CH1211.py。先在类中产生 property()函数所需的三个方法, 再进一步调用 property()函数。

### 范例程序 CH1212.py

```
class Student:    # 定义类
    def __init__(self, birth):
        if birth == None:
            raise ValueError('不能是空字符串')
        self.__birth = birth     # __birth: 私有属性
    def getBirth(self):          # 获取私有属性__birth
        return self.__birth
    def setBirth(self, birth):   # 设置私有属性__birth
        self.__birth = birth
    def delBirth(self):
        del self.__birth         # 删除私有属性__birth
    birth = property(getBirth, setBirth,
                     delBirth, 'birth 属性说明')
tom = Student('1998/5/21')       # 创建对象
```

```
print('Tom 生日', tom.birth)
tom.birth = '1998/5/21'
```

**参数说明：**

- 先设置私有属性\_\_birth，再以方法 setBirth()设置数据、以 getBirth()获取内容等。这些相关属性调用内置函数 property()函数来处理。
- 如果将 property()函数以装饰器来装修，应该会更好。下面再将范例程序 CH1212.py 变更为装饰器的实现方式。由于装饰器本身是一个函数，它的参数是一个函数或方法，而且会返回一个"经过装饰的"版本。因此在存取 birth 属性时，它会转发调用 property()函数所对应的 getBirth、setBirth、delBirth 引用的方法，对于 Student 类来说，不用修改也可以达到控制存取的目的。

### 范例程序 CH1213.py

将 property()函数以装饰器进行装修。要注意属性 birth 须通过@property 先创建好特性，才能进一步定义@birth.setter 和@birth.deleter 等装饰器。

**步骤 01** 编写如下程序代码：

```
01 class Student:
02     def __init__(self, birth):
03         if birth == None:
04             raise ValueError('不能是空字符串')
05         self.__birth = birth          # __birth: 私有属性
06     @property                         # getter 为 birth 创建一个特性
07     def birth(self):
08         return self.__birth
09     @birth.setter                     # 附加 setter 设置器
10     def birth(self, birth):
11         self.__birth = birth
12     @birth.deleter                    # 附加 deleter 删除器
13     def birth(self):
14         del self.__birth
15 tom = Student('1998/5/21')           # 创建对象
16 print('Tom 生日', tom.birth)
17 tom.birth = '1998/5/21'
```

**步骤 02** 保存该程序文件，按 F5 键执行该程序，执行结果如图 12-14 所示。

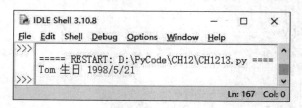

图 12-14

**程序说明：**

- 第 06 行，getter（存取器），调用 property()函数为 birth 创建特性。使用@property 的效果如同以一个 getter 方法为参数调用 property()。
- 第 09 行，setter（设置器），附加选择到 birth 特性上。

● 　第 12 行，deleter（删除器），同样是附加选择到 birth 特性上。

若要让继承的子类也能使用特性，该如何处理？具体可参考下面的范例程序。

### 范例程序 CH1214.py

```
# 在父类使用特性
class Student:
  def __init__(self, birth):
    if birth == None:
      raise ValueError('不能是空字符串')
    #__birth: 私有属性
    self.__birth = birth

  @property          # getter 为 birth 创建一个特性
  def birth(self):
    return self.__birth

  @birth.setter           # 附加 setter 设置器
  def birth(self, value):
    if not isinstance(value, str):
      raise TypeError('应该是字符串')
    self.__birth = value

  @birth.deleter          # 附加 delete 删除器
  def birth(self):
    raise AttributeError('属性不能删除')
```

### 范例程序 CH1215.py

去掉范例程序 CH1213.py 第 15~17 行的程序代码，把 CH1214.py 程序以模块的方式导入范例程序 CH1215.py 中。

**步骤 01** 编写如下程序代码：

```
01 from CH1214 import Student
02 class Person(Student):
03    @property  # getter 为 birth 创建一个特性
04    def birth(self):
05       return super().birth
06    @birth.setter  # 附加 setter 设置器
07    def birth(self, value):
08       super(Person, Person).birth.__set__(self, value)
09    @birth.deleter  # 附加 deleter 删除器
10    def birth(self):
11       super(Person, Person).birth.__delete__(self)
12 eric = Person('1998/5/21')  # 创建对象
13 print('Eric 生日', eric.birth)
```

**步骤 02** 保存该程序文件，按 F5 键执行该程序，执行结果如图 12-15 所示。

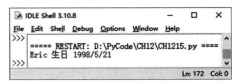

图 12-15

**程序说明：**

● 　第 03 行，getter（存取器），调用 property()函数为属性 birth 建立特性。

● 　第 06~08 行，setter（设置器），附加选择到 birth 特性上。以 super()函数去调用父类 birth

属性并配合对象方法__set__()设置属性。

- 第 09~11 行，deleter（删除器），同样是附加选择到 birth 特性上。以 super()函数去调用父类 birth 属性并配合对象方法__delete__()删除属性。

# 12.4　抽象类与多态

本节介绍的抽象类须调用 abc（Abstract Base Classes）模块才能成行。此外，本节将简单介绍多态的用法，并以浅显的方式来说明继承的另一个"组合"。

## 12.4.1　定义抽象类

第 11 章介绍过数据抽象化的概念，下面进一步探讨面向对象的抽象类（Abstract Class）。什么是抽象类？简单来说，就是由子类实现父类所定义的抽象方法。定义类的过程，可将本身的数据抽象化，其中的某些方法通过子类去具体实现。不过对 Python 来说，无法自定义抽象类的规范，必须导入 abc 模块，使用 ABCMeta 类来定义抽象类并调用 abstractmethod()方法作为装饰器来定义抽象方法，进而达到抽象类规范的要求。

下面先通过一个范例程序来认识抽象类是如何定义的。

**范例程序 CH1216.py**

```
from abc import ABCMeta, abstractmethod
class Person(metaclass = ABCMeta):        # 抽象类
    @abstractmethod                       # 装饰器——必须定义抽象方法
    def display(self, name):              # 抽象方法
        pass           # 表示什么事都不用做，交给子类即可
    def pay(self):     # 常规方法
        self.display(self.name, self.salary)
```

**程序说明：**

- 定义抽象类要导入 abc 模块。
- 定义抽象类 Person 时，括号里需以"metaclass = ABCMeta"指明其继承类，才能定义抽象类的相关规范。
- 装饰器@abstractmethod，说明底下定义的方法 display()是抽象方法，pass 语句表示什么事都不做。
- pay()方法是常规方法，它会调用抽象方法 display()并传递两个参数。

若尝试为此抽象类创建对象，则会发生错误，如图 12-16 所示。

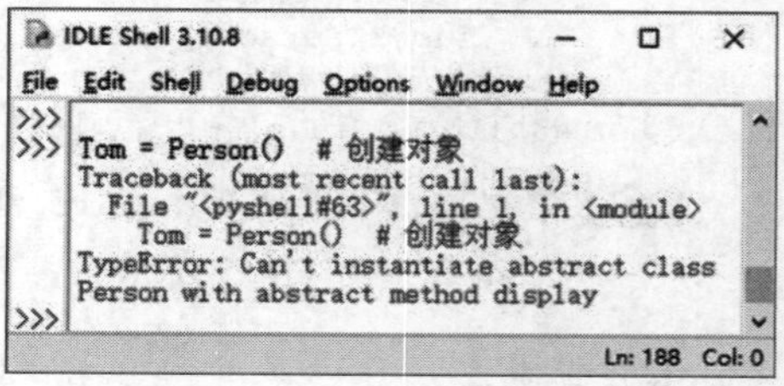

**范例程序 CH1216.py（续）**

实现范例程序 CH1216.py 先前所定义的抽象类和抽象方法。

图 12-16

步骤 01 编写如下程序代码：

```
01 # 省略部分程序代码
02 class Clerk(Person):
03   def __init__(self):
04     self.name = 'Steven'
05     self.salary = 28000
06   def display(self, name, salary):
07     print(name, 'is a Clerk')
08     print(f'薪水: {salary:,}')
09 # 创建对象, 调用抽象类的常规方法 pay()
10 steven = Clerk()
11 steven.pay()
```

步骤 02 保存该程序文件，按 F5 键执行该程序，执行结果如图 12-17 所示。

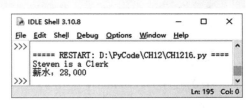

图 12-17

**程序说明：**

- 第 03~05 行，初始化对象，设置两个属性 name 和 salary。

- 第 06~08 行，实现 display()方法，它接收的参数必须与抽象类的 pay()方法相同，否则会引发错误。

- 如果调用子类 Clerk 的 display()方法，它与父类 Person 的 pay()方法中所调用的方法的参数无法对应时会引发错误。

- 子类 Clerk 初始化时属性没有与调用的 display()方法相对应，也会引发错误。

- 若继承的子类 Clerk 未实现抽象类的 display()方法，则 Clerk 类依然是个抽象类，这点必须注意。

> **提示** 在 Python 语言中，对象是类的实例，而类是 type 的实例，可以编写方法来改变 type 创建实例与初始化的过程，这是 metaclass 最初浅的概念。
>
> Python 将 metaclass 视为协议，指明 metaclass 的类时，Python 解释器会在剖析完类定义后，以指定的 metaclass 进行类的构造与初始化。

## 12.4.2　多态

Python 经由鸭子类型（Duck Typing）来"阐述"多态（Polymorphism），也就是 Python 可以让子类的对象以父类来处理，这个过程称为鸭子类型。它秉持的做法是"如果它走起路来像鸭子或游水像鸭子，它就是鸭子。"也就是不在乎它是否是鸭子（继承），只要它能走路或游水。

如何编写多态程序？下面通过范例程序来说明。

### 范例程序 CH1217.py

```
class Motor():    # 父类
  def __init__(self, name, price):
    self.name = name
    self.price = price
  def equip(self):
```

```
        return self.price
    def show(self):
        return self.name
class sportCar(Motor):      # 子类1
    def equip(self):
        return self.price * 1.15
class Hybrid(Motor):        # 子类2
    def equip(self):
        return self.price *1.2
```

**程序说明：**

- 定义父类 Moter，内含两个方法：equip()和 show()。
- 定义子类 sportCar，继承 Motor 类，覆盖 equip()方法。
- 定义子类 Hybrid，继承 Motor 类，再一次覆盖 equip()方法。

导入范例程序 CH1217.py 为模块，编写范例程序 CH1218.py。

### 范例程序 CH1218.py

```
from CH1217 import Motor, sportCar, Hybrid
altiz = Motor('Altiz', 487500)          # 父类的对象
print(f'{altiz.show():8s} 定价{altiz.equip():10,}')
inno = sportCar('Innovate', 638000)# 子类的对象
print(f'{inno.show():8s} 定价{inno.equip():12,}')
suv = Hybrid('SUV', 1150000)            # 子类的对象
print(f'{suv.show():8s} 定价{suv.equip():12,}')
```

**程序说明：**

- 创建父类 Motor 对象 altiz，调用 show()和 equip()方法。
- 子类对象 inno 和 suv 都能存取父类的 equip()方法，这就是多态的基本用法，三个不同类调用不同实现的 equip()方法。

### 范例程序 CH1219.py

采用鸭子类型法定义一个类 Vehicle，不过它与前面范例程序中的 Motor、sportCar 和 Hybrid 类无任何关联。

**步骤 01** 编写如下程序代码：

```
01 from CH1217 import Motor, sportCar, Hybrid
02 class Vehicle():                # 与Motor、sportCar和Hybrid类无关联
03     def equip(self):
04         return 2500
05     def show(self):
06         return 'Qi Charger'
07 def unite(article):     # 定义函数来输出各对象
08     print(f'{article.show():12s} {article.equip():>12,}')
09
10 # 设置表头
11 print(f'{"商品":^10s}{"售价":^18}')
12 print('*' * 26)
13 altiz = Motor('Altiz', 487500)    # 创建 CH1217 中类的对象
14 unite(altiz)
15 inno = sportCar('Innovate', 638000)
16 unite(inno)
```

```
17 suv = Hybrid('SUV', 1150000)      # 子类的对象
18 unite(suv)
19 car = Vehicle()       # Vehicle 对象
20 unite(car)
```

**步骤 02** 保存该程序文件，按 F5 键执行该程序，执行结果如图 12-18 所示。

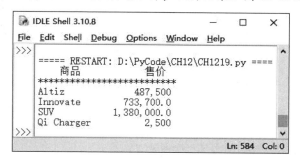

图 12-18

**程序说明：**

- 第 01 行，将范例程序 CH1217.py 视为模块导入当前范例程序。
- 第 02~06 行，根据鸭子类型法定义一个 Vehicle 类，它同样也内含两个方法：show() 和 equip()。
- 第 07~08 行，定义函数 unite()，以实例为参数，它会去调用 show() 和 equip() 方法。
- 第 13~18 行，创建范例程序 CH1217.py 中父类 Motor 的对象 altiz 以及子类 sportCar 和 Hybrid 的两个对象 inno 和 suv，将它们作为方法 unite().py 的参数。

## 12.4.3　组合

组合在继承机制中是 has_a 的关系，例如学校由上课的日期、学生和教室组合而成，下面就使用这个概念编写一个组合的范例程序。

### 范例程序 CH1220.py

把类 Student 和类 Room 组合成类 School，再以它的方法 display() 输出相关信息。

**步骤 01** 编写如下程序代码：

```
01 from datetime import date
02 class Student: # 学生
03   def  init (self, *name):
04     self.name = name
05 class Room:    # 教室
06   def  init (self, title, tday):
07     self.title = title
08     self.today = tday
09     print('上课日期: ', self.today)
10     print('上课教室: ', self.title)
11 class School: # 学校
12   def  init (self, student, room):
13     self.student = student
14     self.room = room
15   def display(self):
16     print('Student:', self.student.name)
```

```
17 tday = date.today()    # 获取今天的日期
18 eric = Student('Eric', 'Vicky', 'Emily')          # Student 对象
19 abc123 = Room('Abc123', tday)                # 上课教室
20 tc = School(eric, abc123)                    # School 实例
21 tc.display()   # 调用方法
```

**步骤 02** 保存该程序文件，按 F5 键执行该程序，执行结果如图 12-19 所示。

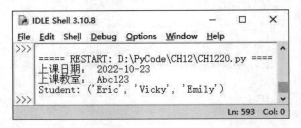

图 12-19

**程序说明：**

- 第 02~04 行，定义 Student 类，传入学生名字，参数 *name 表示可以接收多个位置参数。
- 第 05~10 行，定义 Room 类，可以传入教室名称和日期。
- 第 11~16 行，定义 School 类，传入 Student、Room 类的对象。
- 第 15、16 行，方法 display() 输出相关信息，此处获取学生名字时要使用 self.student.name。

## 12.5　本章小结

- 继承是面向对象技术的重要概念。继承机制是使用现有类派生出新的类建立层级式结构。通过继承让已定义的类能添加、修改原有模块的功能。
- 在类结构中，派生类的层级越低，其特化的作用越强；同样地，基类的层级越高，其泛化（Generalization）的作用越强。
- 泛化表达了基类和派生类"是什么"（is_a，即 is a kind of 的简写）的关系，另一种关系是组合，被称为 has_a 关系。在模块概念中，对象是其他对象模块的一部分。
- Python 采用多重继承机制。在继承关系中，如果基类同时拥有多个父类，就称之为多重继承机制。
- Python 采用多重继承，它的搜索顺序是从子类开始，接着在同一层级的父类从左到右搜索，再到更上层的父类从左到右搜索，直到达到顶层为止。
- 在 Python 中，继承的子类可覆盖父类的方法，即在继承机制下，子类可重新改写父类中已定义的方法。
- 子类要调用父类所定义的方法，要借助内置函数 super() 和特殊属性 __bases__，__bases__ 可以通过子类记录所继承的父类，也能经由动态赋值来变更父类的记录。
- 对 Python 而言，默认属性和方法都是公有的，要让某些属性不公开却又希望它能间接被存取，可以通过 Python 提供的特性编写相关的 getter 和 setter。
- 对 Python 来说，无法自定义抽象类规范，必须导入 abc 模块，使用 ABCMeta 类来定义抽

象类并调用 abstractmethod() 方法作为装饰器来定义它的抽象方法，进而达到抽象类规范的要求。

## 12.6　课后习题

**一、填空题**

1. 在类结构中，派生类的层级越低，_____ 作用就会越强；基类的层级越高，_____ 作用也就越高。

2. 看图 12-20 回答问题。继承关系是 _____，所以 _____ 是咖啡的一种。

图 12-20

3. Python 继承以 _____ 为主，子类只有一个父类，称为 _____。

4. 在子类中，使用属性 _____ 记录父类，以 _____ 内置函数来调用父类所定义的方法。

5. 根据下列语句回答问题。

```
class Father:   # ①
    def walk(self):
        print('走路有益健康！')
class Son(Father):   # ②
    def walk(self):
        print('饭后百步走，健康久久！')
李大同 = Son()   # 子类的对象
李大同.walk()   # ③
```

①类 Father 是 _____，②类 Son 是 _____，③输出 _____。

6. 延续第 5 题，当父类和子类的方法同名时，就称为 _____。要让李大同.walk() 也输出类 Father 的 walk() 方法，Son 类的程序代码应该如何修改？

```
class Son(Father):
    def walk(self):
```

7. 内置函数有 4 个参数，分别是：存取器 _____，设置器 _____，删除器 _____，文件字符串 _____。

8. 参考下列语句回答问题。在定义抽象类时，必须导入什么模块？① _____，类 Person 为抽象类，②装饰器该如何编写？ _____。

```
from ①
class Person(metaclass = ABCMeta): # 抽象类
    ② # 装饰器
```

9. 延续第 8 题，定义抽象类须有抽象方法，要如何编写？

## 二、实践题与问答题

1. 参考图 12-6 来回答问题。

```
Eva = Daughter()        # 类 Daughter 的对象
Eva.show1()             # 输出 "Parent method one"
Eva.display()           # 输出 "Daughter method two"
```

（1）Eva.show1()会输出什么？找到方法 show1()的搜索顺序。

（2）Eva 调用 display()方法，会输出什么？找到方法 display()的搜索顺序。

2. 定义一个类名称，并以特性来存取属性。

3. 参考范例程序 CH1220.py 编写一个主机、显示器、键盘的"组合"程序。

# 第 13 章

# 异常处理机制

*13*

**学习重点:**

- 异常处理的概念,Python 提供的异常处理类型
- 引发异常时,可使用 try/except 语句进行处理
- 使用 try/finally 语句让引发异常的程序完成执行过程
- 使用 raise 和 assert 语句让程序抛出异常

Python 提供的异常(Exception)处理机制简介如下:

- try/except: 捕捉 Python 程序代码可能引发的错误。
- try/finally: 无论是否发生异常行为,都会执行清理操作。
- raise: 以手动方式处理程序代码产生的异常。
- assert: 有条件地处理程序代码的异常。

## 13.1 什么是异常

什么是异常?当程序执行时产生了非预期的结果,Python 解释器就会接手程序的控制器来中止程序的运行。发生异常时 Python 提供了异常处理机制(Exception Handling)来捕捉程序的错误。

---

**提示** 与异常有关的二三事。

- exception: 中文可译为异常、例外,本书会以异常来解说各种情况。
- raise: 本书采用"引发"一词。
- try/except 语句: 处理异常情况会以"捕捉"来说明。

---

### 13.1.1 语法错误

编写 Python 程序时经常发生的两种错误为语法错误(Syntax Error)和程序产生的异常。语法错误有可能是编写程序时不小心造成的,例如定义函数或使用流程结构相关的语句忘记加":"来形成

程序区块，显示出 "SyntaxError: expected ':'" 的错误，表示语句部分遗漏，如图 13-1 所示。

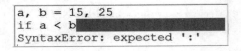

图 13-1

## 13.1.2 引发异常

Python 解释器会对执行中的程序予以检测，若发现有错误就会引发异常。什么情况下会引发异常让程序无法继续执行呢？通常引发异常的原因比较复杂，例如声明了列表，而存取元素的指定索引值超出边界值，Python 解释器通常会显示 "Traceback ..." 并指出错误提示信息是 "IndexError: list assignment index out of range"。

如图 13-2 所示，由于 List 的索引是 0~3，无索引 4，所以引发了索引超出界限的信息。

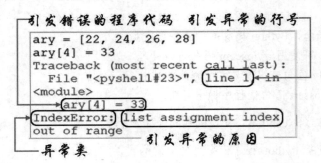

图 13-2

图 13-2 表明了 "ary[4] = 33" 程序代码发生错误，只有一行程序，所以发生错误的程序代码所在的行号是 "line 1"。

在执行程序时，潜藏其中的错误如果被我们忽略，那么 Python 默认的异常处理行为会让程序停止执行，发出错误提示信息。为了不让执行的程序中止，就要使用 "异常处理程序" 来捕捉错误。当程序发生错误时，它会跳到异常处理器（Exception Handler）尝试捕捉错误并让程序继续往下执行。

在引发异常之后，要有对应的处理机制，就是所谓的异常处理机制。它的作用是在程序代码引发异常之处捕捉错误，并用另一段程序代码进行处理。对于 Python 来说，所有的类型都以对象来处理，所以 Python 提供了异常处理类型。

## 12.1.3 内建的 Exception 类

通常引发这些 Traceback（追踪回溯）的错误提示信息是由 Python 的内建异常处理类提供。它们以 BaseException 为基类，有 4 个派生类，如图 13-3 所示。

内建异常类采用了类的继承架构，被称为异常层级（Exception Hierarchy）。下面简单说明 BaseException 的派生类。

- SystemExit 类：当调用 sys 模块 exit() 方法时引发。
- KeyboardInterrupt 类：以图 13-4 来说，由于 while 形成无限循环，因此按【Ctrl + C】组合

键（即中止键）来中止某个正在执行的程序就会引发此异常。

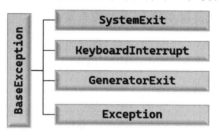

图 13-3

```
Traceback (most recent call last):
  File "<pyshell#27>", line 3, in
<module>
    print(a)
KeyboardInterrupt
```

图 13-4

- GeneratorExit 类：当调用 generator 或 coroutine 对象的 close()方法时引发。
- Exception 类：所有内建、非系统引发的异常都可以处理，图 13-5 列出了 Exception 类及其派生类，颜色较深的方块表示还有派生类。

位于 Exception 类下的派生类繁多，下面就常见的异常类做一个通盘的认识：

（1）ArithmeticError：当未将数值运算进行妥善处理时引发，它为 OverflowError、ZeroDivisionError、FloatingPointError 的基类。例如，表达式 1/0 是不允许的，所以会引发"ZeroDivisionError"的错误，如图 13-6 所示。

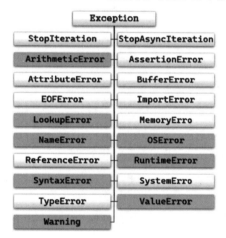

图 13-5

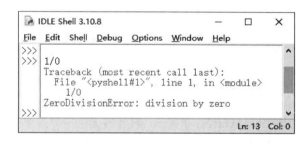

图 13-6

（2）LookupError：当映射或序列类型的键或索引值无效时引发，它有两个派生类——IndexError 和 KeyError。

（3）NameError：它只有一个派生类——UnboundLocalError。在调用函数时，函数中某个名称并未被定义，就会引发"NameError"的错误，如图 13-7 所示。

变量未在作用域内声明而引发的异常，示例如下：

```
for item in range(5):
    total += item
print(total) # 0~4 加总
```

**示例说明：**

total 变量在 for 循环内使用，但是在使用前没有声明并赋初值，就会引发异常，如图 13-8 所示。

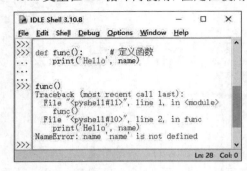

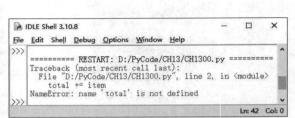

图 13-7　　　　　　　　　　　　　　　　图 13-8

（4）OSError：当操作系统函数发生错误时引发，其中的派生类 ConnectionError 有 4 个派生类，它的继承结构如图 13-9 所示。

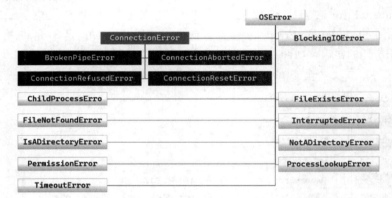

图 13-9

（5）RuntimeError：运行库的异常不被任何类引发，它有两个派生类——NotImplementedError 和 RecursionError。

（6）SyntaxError：Python 解释器无法理解要解译的程序代码会引发此异常，它有一个派生类——IndentationError，而其下有派生类 TabError。可参考图 13-10 中的示例。

図 13-10

（7）ValueError：调用内置函数时，参数中的类型正确但值不正确，使用像 IndexError 无法精确地描绘时，就会引发此异常，它的派生类结构可参考图 13-11。图 13-12 的示例中调用 input()函数来接收数据，并以 int()函数转换为数值，输入时却是字符串，就会引发异常。

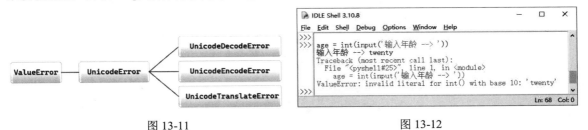

图 13-11                                    图 13-12

（8）Warning：当程序中有异常时用来发出警告。它的派生类有 DeprecationWarning、PendingDeprecationWarning、RuntimeWarning、SyntaxWarning、UserWarning、FutureWarning、ImportWarning、UnicodeWarning、BytesWarning、ResourceWarning。

# 13.2  异常处理情况

引发异常情况时，为了不让程序中止执行，可以使用 try/exception 设置捕捉器来拦截异常，让程序进行相应的处理。

## 13.2.1  设置捕捉器

Python 程序若发生错误引发异常，Python 解释器会抛出异常事件。如果程序没有进行拦截，就会向外抛至执行环境，显示追踪回溯并中止程序的执行。想要处理异常，可以使用 try/except 语句，下面先来了解它的完整语法：

```
try:
    语句
except 异常类型名: # 只处理所列出的异常
    处理情况 1
except (异常类型名 1, 异常类型名 2, ...):
    处理情况 2
except 异常类型名 as 名称:
    处理情况 3
except :            # 处理所有异常情况
    处理情况 4
else :
    # 未发生异常的处理
finally :
    # 无论如何，最后一定执行 finally 语句
```

**参数说明：**

● try 语句之后要有冒号来形成程序区块，列出可能引发异常的语句。
● except 语句配合"异常类型"，用来拦截或捕捉 try 语句区块内引发的异常。同样地，语句之后要用冒号形成程序区块。

- else 语句则是未发生异常时所对应要执行的程序区块。
- 无论有无引发异常，finally 语句所形成的程序区块一定会被执行。

在发生异常时，Python 会如何处理？相关流程可参考图 13-13。

图 13-13

从图 13-13 可知，try 语句捕捉到异常时，会开始查看异常处理程序，依次检查 exception 语句中的各个子句，直到找到匹配的语句。若未发生异常，则执行 else 语句。因此，except 也可以分成两方面来讨论：

- 空的 except 语句：也就是 except 语句之后不加任何异常的处理类型，表示它能捕捉 try 语句所列出的任何异常情况。
- except 配合异常处理类型：可根据 try 语句来列出相关的异常处理类型。

except 语句不加入任何异常处理类型，也可针对 try 语句拦截的异常进行处理。

### 范例程序 CH1301.py

```python
number = 25, 67, 12   # 元组，3 个元素
try:
    print(number[3])   # 捕捉元组的索引值是否有误，该示例的索引值已越界
except:
    print('索引值超界')  # 引发异常就输出此信息
```

**程序说明：**

- try 语句区块用来捕捉元组元素使用的索引值是否越界。
- except 语句区块，如果 try 语句捕捉到索引值越界，就输出相关信息。

此处的 except 语句由于未加任何的异常处理类型，表示它是一个空的 except 语句，这样的特性能让它"大小通吃"，捕捉所有的异常。不过它的方便性也有可能拦截到与程序代码无关而与系统有关的异常。为了避免这类麻烦，可选择 Exception 类。

### 范例程序 CH1302.py

```python
number = 25, 67, 12   # Tuple，索引 0~2
try:
    print(number[3])
except Exception:
    print('索引超出界值')
```

**程序说明：**

- except 语句之后加入 Exception 类，它可以捕捉大部分的异常。

使用 except 语句配合异常处理类型所形成的异常处理程序，除了直接以 print()函数输出相关信息之外，也可以使用 as 语句给异常类型赋予别名，再输出此对象的异常信息。

### 范例程序 CH1303.py

```
number = 25, 67, 12    # 元组，索引值 0~2
try:
    print(number[3])    # 错误，索引值越界
except Exception as err:
    print(f'错误: {err}')
```

**程序说明：**

- 将 Exception 类用 as 语句赋予别名 err。
- 若有异常发生，调用 print()函数输出信息 "错误：tuple index out of range"。

除此之外，也可以调用 format()方法以发生异常的对象为参数输出相关信息。

### 范例程序 CH1304.py

```
number = 25, 67, 12, 64    # Tuple
def getIndex(index):         # 定义函数
    try:        # try/except 语句
        return (number[index])
    except IndexError as ex:
        print("错误: {0}".format(ex))
x = 0
x = int(input('输入索引值返回元素: '))
print('元组的元素: ', getIndex(x))
```

**程序说明：**

- 使用 Exception 类的孙子类 IndexError，并以 as 语句赋予别名 ex，当 try 语句捕捉到索引值越界时就会输出此异常信息。
- format()方法输出异常信息。

范例程序 CH1304.py 发生异常的情况如图 13-14 所示。

这些异常类型都是类，可用它们的属性__builtins__进行查看如图 13-15 所示。

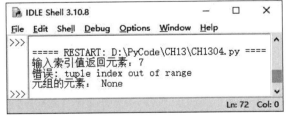

图 13-14　　　　　　　　　　　　图 13-15

直接输入 NameError 或者使用内置作用域属性__builtins__，都会返回它属于类。

## 13.2.2　Try 语句究竟是如何工作的

对于 try/except 语句如何进行异常的捕捉有了基本认识之后，可进一步了解它们的工作过程。

- 如果程序中并无引发异常，会将 try 语句区块执行完毕且略过 except 语句区块。
- 若 try 语句执行过程中发生了异常，则会跳过该区块的其他语句，并且搜索 except 语句之后是否有符合的异常类型名称。若找到符合者，则执行 except 语句区块，然后继续执行 try 之后的语句。

如果异常类型与 except 语句所列出的类型没有符合者，则会将信息传递给上一层的 try 语句，如果还是没有找到处理此异常的程序代码，就形成一个未处理异常，程序会被终止而列出相关的 Traceback。

### 范例程序 CH1305.py

IndexError 无法捕捉 try 语句中索引值越界的异常而引发另一个错误。

```
number = 25, 67, 12    # 元组，索引值 0~2
try:
    print(number(3))    # 本该使用方括号，却使用了圆括号
except IndexError as err:
    print('错误: ', err)
```

该范例程序执行后发生了错误，如图 13-16 所示。

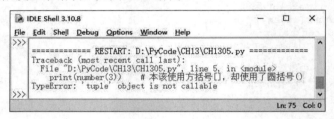

图 13-16

使用 try/except 语句可以视实际需求来指定多个不同的异常类型，但只有一个 except 子句的处理程序被执行。以范例程序 CH1305.py 为例，异常处理程序只针对某一个异常进行了相应的处理，无法顾及同一个 try 子句的其他异常。解决方式就是在 except 语句之后以元组方式来列举多个异常类型。

### 范例程序 CH1306.py

```
number = 25, 67, 12    # 元组，索引值 0~2
try:
    print(number(3))    # 本该使用方括号，却使用了圆括号
except (IndexError, TypeError) as err:
    print('错误: ', err)
```

**程序说明：**

- except 语句之后以元组来列出异常类型，再以 err 对象输出异常信息。
- 执行 except 语句之前，与异常有关的详细信息会被 sys 模块的 3 个对象接收，这 3 个对象如下：

  ➤ sys.exc_type 接收标示异常的对象。

  ➤ sys.exc_value 接收异常的参数。

> sys.exc_traceback 接收一个追踪回溯对象。

它们会指示程序中异常发生的地点，而这些详细信息也可以通过 sys.exc_info()方法获得，它会以元组对象返回上述对象的相关信息。

### 范例程序 CH1307.py

```
import sys
number = 25, 67, 12    # 元组，索引值 0~2
try:
    print(number[3])    # 本该使用方括号，却使用了圆括号
except IndexError as err:
    print('错误: ', err)
except:  # 可拦截取所有异常，放在所有 except 语句的最后
    print('错误: {0[0]}\n {0[1]}\n {0[2]}'.format(sys.exc_info()))
```

**程序说明：**

- 不加任何异常类型的 except 语句放在加入异常类型的 except 语句之后。
- 调用 sys 模块的 exec_info()方法来输出 except 所处理的异常信息。

## 13.2.3　try/else 语句

为什么 try/except 语句之后要加上 else 语句？一般来说，try/except 程序区块会尽责地处理发生异常的部分，却无法清楚得知流程的走向，而加上 else 语句可以让未引发异常的程序代码如期继续执行。try/except 语句有了 else 语句的延续，让异常处理程序处理的流程更为明确。

### 范例程序 CH1308.py

在程序执行时，输入的数值正常的话，就执行 else 语句，输出两数相除的结果。若除数为零，就会引发异常而被 try 语句捕捉，再以 except 语句输出提示出错的信息。

**步骤 01** 编写如下程序代码：

```
01 num1, num2 = eval(input('请输入两个数值，用逗号分隔开: '))
02 try:
03     result = num1 / num2
04 except ZeroDivisionError as err:
05     print('Error:', err)
06 else:
07     print('相除的结果: ', result)
```

**步骤 02** 保存该程序文件，按 F5 键执行该程序，执行结果如图 13-17 所示。

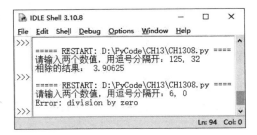

图 13-17

**程序说明：**

- 第 01 行，调用内置函数 eval() 获取两个输入的数值。
- 第 02、03 行，try 语句构成的程序区块用来捕捉表达式可能引发的异常。
- 第 04、05 行，except 语句产生的程序区块在捕捉了异常之后，用来显示异常对象的信息。
- 第 06、07 行，else 语句形成的程序区块，若无异常发生，则输出表达式的结果。

### 13.2.4　try/finally 语句

try 语句之后还可以加入 finally 语句。无论 try 语句的异常是否被引发，finally 语句的程序区块一定会被执行，所以，finally 子句具有清理善后的功能。

**范例程序 CH1309.py**

```
def func(num1, num2):
  try:
    result = num1 // num2
    print('Result:', result)
  finally:
    print('完成计算')          # 若有异常会如何
func(151, 12)       # 可得结果
func(1, 0)          # 引发异常
```

**程序说明：**

- finally 程序区块只有一行语句，也就是完成计算会输出。
- 第一次调用函数 func() 并传入参数 151、12，正常完成运算。第二次调用函数时所传入的参数并不正确，但 finally 程序区块依然会执行并抛出异常信息（见图 13-18）。

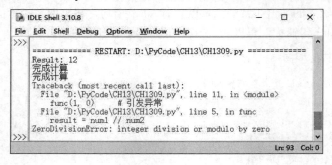

图 13-18

根据该范例程序的示例结果，可以将 try/finally 语句的运行过程总结如下：

- try 语句在未发生异常时，finally 语句会先被执行，再执行其他语句。
- try 语句在发生了异常时，还是会执行 finally 语句，然后去寻找异常处理程序，最后才中止程序的执行。

因此，无论有无异常发生，finally 语句都会被执行。当然也可以将 try/except/finally 语句搭配在一起使用。

**范例程序 CH1310.py**

把 try/except/finally 语句搭配在一起进行异常的捕捉，即使是 "1/0" 也能让程序执行完毕。

步骤 **01** 编写如下程序代码。

```
01 def demo(num1, num2):
02   try:
03      result = divmod(num1, num2)
04   except ZeroDivisionError as err:
05      print('错误', err)
06   else:
07      print('计算结果', result)
08   finally:
09      print('完成计算')
10 one, two = eval(input('请输入两个数值，用逗号分隔开: '))
11 demo(one, two)
```

步骤 **02** 保存该程序文件，按 F5 键执行该程序，执行结果如图 13-19 所示。

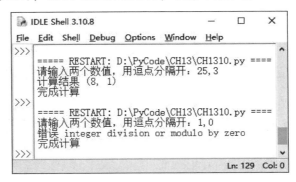

图 13-19

程序说明：

● 第 02、03 行，try 程序区块用来捕捉运算时可能发生的错误。

● 第 04、05 行，except 程序区块在发生异常时显示相应的信息。

● 第 06、07 行，else 程序区块在未发生异常时显示计算结果。

● 第 08、09 行，无论有无异常发生，都会执行 finally 程序区块。

# 13.3　抛出异常

除了用 Python 的内建类型来捕捉异常之外，还可以在程序里使用 raise 或 assert 语句抛出异常。

## 13.3.1　raise 语句引发异常

如何在程序中使用 raise 语句抛出异常？有三种处理方式。

第一种方式是直接调用内建异常类型或对象，它的语法如下：

```
raise 内建异常类型名称 | 异常对象
```

参考图 13-20 中的示例。

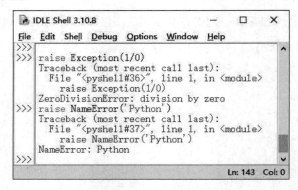

图 13-20

图 13-20 中的示例说明：

（1）第一条语句是调用 Exception，第二条语句是调用 NameError，它们都会引发异常。

（2）可以在异常类型名称内传入参数，让捕捉异常时有更充分的信息。

如何在程序代码中以 raise 语句调用内建异常类型？通过定义的函数即可。

### 范例程序 CH1311.py

**步骤 01** 编写如下程序代码：

```
01 import math
02 def calcArea(radius):          # 定义函数
03   if radius < 0:
04     raise RuntimeError("不能输入负值！")
05   else:
06     area = radius * radius * math.pi
07     return area
08 value = float(input('请输入数值：'))   # 调用函数
09 circleArea = calcArea(value)
10 print('圆面积', circleArea)
```

**步骤 02** 保存该程序文件，按 F5 键执行该程序，执行结果如图 13-21 所示。

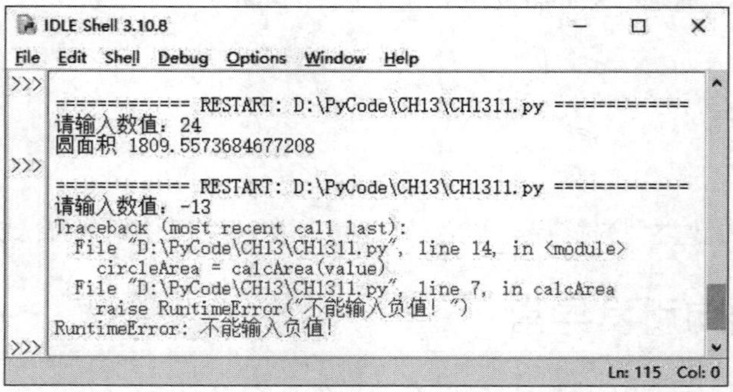

图 13-21

**程序说明：**

- 第 02~07 行，定义一个计算圆面积的函数。
- 第 04 行，若输入负值，使用 raise 语句来捕捉异常。

第二种方式是在程序捕捉到异常并进行处理又不希望程序中止执行时，可以使用 try/except 语句再加上 raise 语句。

### 范例程序 CH1312.py

```
try:
    raise Exception('引发错误')
except Exception as err:
    print(err)
else:
    print('没有错误')
```

**程序说明：**

- 在 try 程序区块中以 raise 语句引发错误。
- except 程序区块必须配合 raise 语句来使用相同类型。

### 范例程序 CH1313.py

调用函数时使用 try/except 语句是更好的处理方式。

**步骤01** 编写如下程序代码：

```
01 def demo(data, num):     # 定义函数
02     try:
03         data[num]
04     except IndexError as err:
05         print(err)
06         raise IndexError('索引值越界')
07     else:
08         print(data[num])
09 ary = ['Tom', 'Vicky', 'Steven']   # List
10 demo(ary, 1)
11 demo(ary, 3)
```

**步骤02** 保存该程序文件，按 F5 键执行该程序，执行结果如图 13-22 所示。

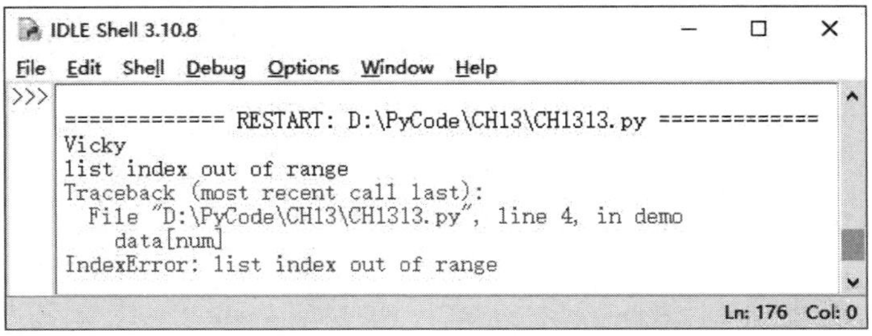

```
IDLE Shell 3.10.8                              —    □    ×
File  Edit  Shell  Debug  Options  Window  Help
>>>
    ============ RESTART: D:\PyCode\CH13\CH1313.py ============
    Vicky
    list index out of range
    Traceback (most recent call last):
      File "D:\PyCode\CH13\CH1313.py", line 4, in demo
        data[num]
    IndexError: list index out of range
                                              Ln: 176  Col: 0
```

图 13-22

**程序说明：**

- 第 01~08 行，定义一个函数，使用 try/except 语句来检查索引值是否越界。

- 第 06 行，使用 raise 语句，它搭配的内建异常类型必须与 except 异常处理程序相同。
- 当列表对象的索引值越界就会引发异常。

第三种方式是 raise 语句加上 from 子句来表达另一个异常类或对象，通常它会附加到引发异常的 __cause__ 属性上。当然，异常若没有被捕捉到，Python 解释器会把异常视为错误信息的一部分输出。它的语句如下：

```
raise exception from otherexception
```

raise 语句配合 from 子句的示例如下：

```
try:
    print(1 / 0)
except Exception as err:
    raise TypeError('错误') from err
```

### 13.3.2  assert 语句

同样地，assert 语句也能引发异常。它的语法如下：

```
assert 表达式 1, 表达式 2
```

使用 assert 语句所引发的异常，可结合 if 和 raise 语句，示例如下：

```
if   __debug__ :
    if not 表达式 1:
        raise AssertionError(表达式 2)
```

**示例说明：**

__debug__ 是个内建常数，启动 Python 解释器时会给它赋值。
是否引发异常，视表达式的逻辑值而定。

- 若表达式 1 的结果为 False，就会引发异常，表达式 2 是异常的附加数据。当引发的异常 AssertionError 未被捕捉时就会中止程序的执行。
- 若表达式 1 的结果为 True，但 __debug__ 加上参数 "-O" 时也会变成 False，那么 assert 语句就不会被执行。

所以也有人称它是简化版的 raise 语句，但它与 raise 语句稍有不同，它必须配合条件语句，参考图 13-23 中的示例，创建一个空的列表对象，以 assert 语句通过索引值去读取列表对象就会引发异常。

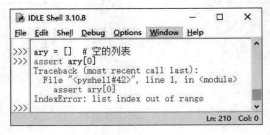

图 13-23

**范例程序 CH1314.py**

定义一个 demo 函数，将列表对象中的元素加总。使用 assert 判断元素的值，若小于 60 就抛出异常。

**步骤01** 编写如下程序代码：

```
01 data = [82, 59, 78]
02 def demo(data):      # 定义函数
03    total = 0
04    for item in data:
05        assert item > 60, '输入的值要大于 60！'
06        total += item
07    return total
08 print('合计: ', demo(data))
```

**步骤02** 保存该程序文件，按 F5 键执行该程序，执行结果如图 13-24 所示。

图 13-24

**程序说明：**

● 第 05 行，assert 语句用来检查值是否大于 60。如果列表的元素大于 60 就能完成加总计算的执行，只要有一个元素小于 60 就会抛出异常。

## 13.3.3　自定义异常处理

除了 try/except 语句外，也可以自定义异常处理类型，不过它必须继承 Exception 类来产生自己所需的异常类。

**范例程序 CH1315.py**

**步骤01** 编写如下程序代码：

```
01 class MyError(Exception):    # 定义类，继承自 Exception 类
02    def  init (self, radius):
03       self.radius = radius
04    def __str__(self):
05       return repr(self.radius)
```

**步骤02** 保存该程序文件，按 F5 键执行该程序，无任何错误提示信息。

**程序说明：**

● 第 01~04 行，定义一个类，它继承自 Exception 类。

● 第 02、03 行，初始化时接收传入的半径值。

- 第 04、05 行，调用__str__()方法返回半径值。

步骤 **03** 编写第二个程序，用来调用自定义异常类型。

### 范例程序 CH1316.py

```
01 import math
02 from CH1315 import MyError        # 导入自定义异常处理的模块
03 class Circular:     # 定义模块
04    def  init (self, radius):
05      self.setR(radius)
06    def getR(self):                # 获取半径值
07      return self. radius          #  radius 私有属性
08    def setR(self, radius):        # 设置半径值
09      if radius > 0:
10        self. radius = radius
11      else:
12        raise MyError(radius)
13    def periphery(self):           # 计算圆周长
14      return 2 * self. radius * math.pi
15    def calcArea(self):            # 计算圆面积
16      return self. radius * self. radius * math.pi
17    def  repr  (self):             # 设置输出格式
18      da1 = '圆周长: {:4.3f}'.format(self.periphery())
19      return da1 + '圆面积: {:4.3f}'.format(self.calcArea())
20 try:
21    one = Circular(15)             # 对象 1
22    print(one)
23    two = Circular(-11)            # 对象 2
24    print(two)
25 except MyError as err:
26    print()
27    print('引发异常，错误值: ', err.radius)
```

步骤 **04** 保存该程序文件，按 F5 键执行该程序，执行结果如图 13-25 所示。

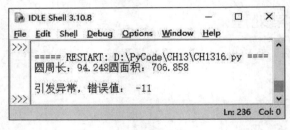

图 13-25

### 程序说明:

- 第 02 行，导入先前自定义的异常类 MyError 类。
- 第 06、07 行，将获取的半径值以 getR()方法设为私有属性_radius。
- 第 08~12 行，以方法 setR()设置半径值，用 if/else 语句来判断半径值是否大于 0，否则以 raise 语句去调用自定义异常类型，并传入半径值。
- 第 13~19 行，如果半径值没有问题，就调用 periphery()和 calcArea()方法计算圆的周长和圆的面积，再调用__repr__()方法来输出计算的结果。
- 第 20~27 行，try/except 语句用于捕捉 Circular 类的实例传入的半径值是否有问题。发生异

常时，except 程序区块就会调用自定义异常类型，发出异常通知。

## 13.4　本章小结

- 什么是异常？程序执行时产生了非预期的结果，Python 解释器就会中止程序的运行并提供异常处理机制来捕捉程序的错误。
- 为了不让执行的程序中止，要使用异常处理程序去捕捉错误。发生错误时，它会跳转到异常处理程序尝试捕捉错误并让程序继续执行。
- 产生异常情况时，为了不让程序中止执行，可以使用 try/except 设置捕捉器来拦截异常，让程序进行相应的处理。
- try/except 语句加上 else 语句能让未引发异常的语句顺利执行，让 try/except 语句异常处理的流程更为明确。
- 空的 except 语句不加入任何异常处理类型，这样的特性能让它"大小通吃"，捕捉所有的异常。为了防止拦截到与程序代码无关的异常，可加入 Exception 类。
- 发生异常时，在执行 except 语句之前，与异常有关的详细信息会被 sys 模块的 3 个对象所接收，它们是：①sys.exc_type 接收标示异常对象；②sys.exc_value 接收异常的参数；③sys.exc_traceback 接收一个追踪回溯对象。
- try 语句之后还可以加入 finally 语句，无论 try 语句的异常是否被引发，finally 语句的程序区块一定会被执行，所以，finally 子句具有清理善后的功能。
- 如何在程序中使用 raise 语句抛出异常？程序代码中有三种处理方式。方式一：直接调用内建异常类型或对象；方式二：在程序捕捉到异常并进行处理又不希望程序中止执行时，可使用 try/except 语句再加上 raise 语句；方式三：raise 语句加上 from 子句来表达另一个异常类或对象。
- assert 语句所引发的异常结合了 if 和 raise 语句，所以也有人称它是简化版的 raise 语句。

## 13.5　课后习题

**一、填空题**

1. 下列语句会引发何种错误？＿＿＿＿＿。

```
x, y = 12, 18
if x > y
```

2. 表达式＿＿＿＿＿执行时，会引发"ZeroDivisionError"的错误。

3. 下列语句，会引发什么异常？＿＿＿＿＿，＿＿＿＿＿。

```
da = []   # 空的列表
len(d)
'A' + 2
```

4. 在 Python Shell 交互模式中，输入图 13-26 中所示的数据会引发何种异常？＿＿＿＿。

```
>>> x, y = eval(input('Two numbers ->'))
    Two numbers ->'12' '15'
```

图 13-26

5. 当 while 语句形成无限循环时，强行中止循环会引发什么异常？＿＿＿＿。

6. 下列程序代码中，哪行语句有误？会引发何种异常？＿＿＿＿。

```
number = 25, 67, 12
try:
   print(number(3))
except IndexError:
   print('错误: ')
```

7. 下列程序代码，会引发何种异常？＿＿＿＿。原因是＿＿＿＿。

```
for item in range(5):
   total += item
print(total)
```

8. 要让程序代码引发异常，有两种语句：＿＿＿＿和＿＿＿＿。

9. 执行 try/except 语句，与异常有关的详细信息会被 sys 模块的 3 个对象所接收，它们是：
①标示异常对象的＿＿＿＿；②接收异常参数的＿＿＿＿；③追踪回溯对象的＿＿＿＿。

## 二、实践题与问答题

1. 参考范例程序 CH1310.py 编写一个处理异常的程序，要使用 try/except/else/finally 语句。

2. 参考范例程序 CH1315.py 以一个继承自 Exception 类的自定义异常子类来处理"1/0"的错误。

# 第 14 章

## 数据流与文件

*14*

**学习重点:**

- Python 的文件路径与 io 模块
- 文件的创建与写入,以及 open()函数的使用
- with/as 语句和环境管理器的关系
- CSV 和 JSON 格式的文件

与数据流有关操作的不外乎是输入与输出,Python 的 io 模块就是用于输入和输出的。数据来源多种多样,CSV 和 JSON 格式的文件也是文本文件。文件格式不同,处理的方式也会不一样,但无论是创建新文件还是读取文件,一定会用到 open()函数。另外,与获取文件数据有关的操作就是对文件路径与文件夹进行的操作。

## 14.1 认识文件与目录

要获取文件,需了解文件的存储位置,还必须了解文件的相对路径和绝对路径。

### 14.1.1 文件路径

存取文件时要有文件路径,才能知道文件的位置所在。本书用于演示的范例程序都存储于 D 盘的 PyCode 目录下,各章的范例程序按照各章的目录分别存放,因此"CH14"目录(或文件夹)下存放的是第 14 章的范例程序。

例如范例程序 CH1402.py 的文件路径是"D:\PyCode\CH14\CH1402.py",表示 CH1402.py 的存储位置位于"D:\PyCode\CH14\"目录之下,如图 14-1 所示。

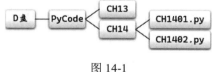

图 14-1

操作系统对文件路径有两种表达方式:

- 相对路径：它会随着当前所在目录的不同而改变。如果当前目录是 "D:\PyCode\"，那么第 14 章的范例程序所在的位置的相对路径就是 CH14。
- 绝对路径：或称为完整路径，它不会随着当前目录的不同而改变。例如范例程序 CH1402.py 的绝对路径是 "D:\\PyCode\\CH14\\CH1402.py"。

表示路径时字符串必须用 "\\"（双斜线）或 "/"（习惯称正斜线）字符，使用双斜线是为了避免把 "\" 作为转义字符的前导符。使用 "." 能查看所在目录的所有文件，使用 "../" 表示回退到当前目录的上一级目录。

## 14.1.2　获取路径

在对文件路径有了初步了解之后，想一下这个问题：Python Shell 交互模式所在的位置究竟在哪里？可以导入 os 模块的 getcwd()方法来获取当前目录，如图 14-2 中的示例所示。

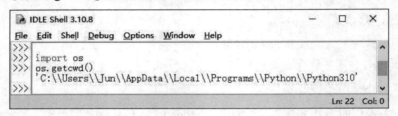

图 14-2

从图 14-2 中可知，这个文件位置其实就是第 1 章安装 Python 时软件默认的文件位置。不过，若解释执行过 Python 程序，那么当前目录就有可能转向所执行的 Python 程序文件所在的目录，如图 14-3 所示。

从图 14-3 中可知 os 模块的 getcwd()方法的返回值是绝对路径。此外，还可以进一步使用 os.path 模块的 abspath()方法获取更多的文件路径，如图 14-4 中的示例所示。

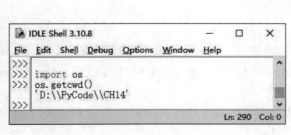

图 14-3　　　　　　　　　　　　　　　　　　图 14-4

检查路径下对应的目录或文件的方法的语法如下：

```
os.path.exists(path)    # 检查目录或文件是否存在
os.path.isabs(path)     # 检查绝对路径
os.path.isdir(path)     # 检查目录
os.path.isfile(path)    # 检查文件
```

- path：文件路径。

这些检查目录或文件的方法若查验出目录或文件存在，则返回 True，若不存在则返回 False，如图 14-5 中的示例所示。

图 14-5 中的示例说明：

（1）由于当前位置位于 CH14 文件夹之下，因此调用 exists()方法去寻找 CH14 文件夹当然是找不到的，所以返回 False。只有在 CH14 文件夹的上一级文件夹（或目录）才会找到 CH14 的文件夹。

（2）isfile()方法用来检查文件，若给予的路径不正确，就无法获取正确的结果。

（3）调用 isdir()方法检查目录时可以用绝对路径表示，也可以用正斜线"/"表示。

os.path.getsize()方法还可以进一步获取文件的大小，如图 14-6 中的示例所示。

图 14-5

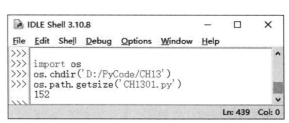

图 14-6

图 14-6 中的示例说明：

（1）os 模块的 chdir()方法用于切换到指定目录。

（2）os.path.getsize()方法进一步获取某个文件的大小。

# 14.2　数据流与 io 模块

与计算机接触最频繁的操作就是输入和输出，即 I/O（Input/Output）。在编写程序时，无论是程序的编辑、存储还是执行，都需要有 I/O 接口。

对于 I/O 操作，数据流（Stream）是其中很重要的一个概念。可以将数据流想象成一根管子，数据如同管子里的水，只能单向流动。

- Input Stream 是数据从外部（磁盘、网络）流进内存。
- Output Stream 则是数据从内存流向外部。

Python 如何支持数据流？下面从 io 模块谈起，探讨它的 open()方法如何配合参数来创建和读取文件。

### 14.2.1　文件对象与 io 模块

什么是文件对象（File Object）？存储文件要有媒体（如磁盘），数据流会以文件为主，调用相关方法（write()、read()或其他方法）来创建文件，所以文件对象与数据流有关。Python 有以下三种文件对象，它们均通过 io 模块来定义。

● 原始的二进制文件。
● 具有缓冲区功能的二进制文件。
● 文字数据文件。

创建文件对象很简单，一律调用 open()函数即可。此外，对于 Python 来说，文件对象也能泛指数据流或类文件对象（File-like Object）。既然文件对象有三种，则对应的 Python 的 io 模块也有三种类型，它们提供接口输入/输出的处理（见图 14-7）：

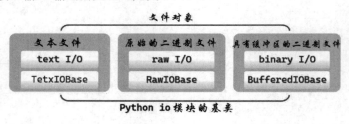

图 14-7

● text I/O：指的是文本文件对象 ，基本上以 str 对象为主，由 TetxIOBase 类提供相关的实现方法。
● binary I/O：又称缓冲 I/O（Buffered IO），采用二进制方式来存储数据，也就是具有缓冲区功能的二进制文件。它以字节对象为实例，不执行编码、解码或换行操作，通过 BufferedIOBase 类提供相关的实现方法。
● raw I/O：也称非缓冲 I/O，用来处理低级的文字和二进制数据，也就是原始的二进制文件，它由 RawIOBase 类提供相关的实现方法。

在 Python 提供的 io 模块中，以 IOBase 为抽象类来继承它的类有：RawIOBase、BufferedIOBase 和 TextIOBase，如图 14-8 所示。

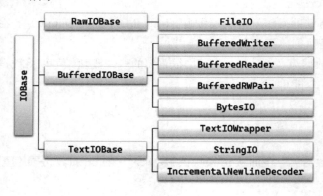

图 14-8

下面来认识基类 IOBase 所提供的属性或方法，如表 14-1 所示。

表14-1　IOBase类提供的属性或方法

| 属性或方法 | 说　　明 |
|---|---|
| close() | 清除缓冲区并关闭文件 |
| closed | 属性，是否已关闭文件，已关闭则返回 True |
| flush() | 清除写入缓冲区的数据 |
| fileno() | 如果文件存在，则返回文件的描述符（整数） |
| isatty() | 若为交互模式，则返回 True |
| readable() | 若为可读，则返回 True，否则返回 False 并引发 OSError 异常 |
| readline(size=-1) | 读取 1 行，指定 size 时以它为读取的字符数 |
| readlines(hint =-1) | 以 hint 值为读取的行数 |
| seek() | 以偏移量来作为位置的改变 |
| seekable() | 是否支持随机存取 |
| tell() | 返回文件当前的位置 |
| truncate(size=None) | 重设大小来作为缩减或扩增的根据 |
| writable() | 若为可写，则返回 True |
| writelines(lines) | 写入多行 |

## 14.2.2　文件与 open()函数

io 模块提供的不是文件的物理设备，下面以文件对象为例进行讲解，其他还有数据流和类文件对象。这些对象基本上是存取接口，什么情况下能读、能写，或者只能读不能写，这些都取决于背后的设备或传输介质。无论是哪一种文件对象，都必须用内置函数 open()来创建，它的语法如下：

```
io.open(file, mode = 'r', buffering = -1,
    encoding = None, errors = None, newline = None,
    closefd = True, opener = None)
```

相关参数参考表 14-2。

表14-2　函数open()的相关参数

| 参　　数 | 默　认　值 | 说　　明 |
|---|---|---|
| file | | 以字符串来指定要打开文件的路径和名称 |
| mode | 参考表 14-3 | 以字符串来指定要打开文件的存取方式 |
| buffering | -1 | 设置缓冲区大小，容量是 4096 或 8192 字节。值为 0 表示关闭缓冲区，按二进制方式进行处理；值为 1 表示按文字方式进行处理；值大于 1 表示缓冲区的大小固定 |
| encoding | None | 打开文件是一般文本时所采用的字符编码 |
| errors | None | 错误处理原则，不能按二进制方式来处理，当指定的编码和解码发生错误时：strict 表示发生错误，引发异常 ValueError；ignore 为忽略；replace 表示置换成其他字符 |

（续表）

| 参　　数 | 默　认　值 | 说　　明 |
|---|---|---|
| newline | None | 处理新行，只适用于一般文本文件，不同的操作系统以不同字符来代表换行操作，Python 采用"通用新行"（Universal Newline）机制。读取模式时，即使已使用默认值 None，还可以根据读取操作进行转换，"\n"表示新行。若是""，则会判断但不进行转换。保留"\r""\r\n""\n"为新行但不进行转换。写入文本时，默认值 None 的作用是把"\n"转换成"os.linesep"，为新行 |
| closefd | True | 文件描述符，关闭文件时是否也关闭文件描述 |
| opener | None | 负责打开文件的描述符 |

一般而言，打开文件是读或写，有不同的存取方式，参考表 14-3 的说明。

表14-3　文件的存取模式

| 存取模式 | 说　　明 |
|---|---|
| r | 读取模式（默认值） |
| w | 写入模式，创建新文件或覆盖旧文件（覆盖文件中的原有数据） |
| a | 附加（写入）模式，创建新文件或附加到原文件的末尾 |
| x | 写入模式，文件若不存在则创建新文件，文件若存在则报错 |
| t | 文本模式（默认） |
| b | 二进制模式 |
| R+ | 更新模式，可读可写，文件必须存在，从文件开头进行读写 |
| w+ | 更新模式，可读可写，创建新文件或覆盖原有文件的内容，从文件开头进行读写 |
| a+ | 更新模式，可读可写，创建新档或从原有文件的末尾进行读写 |

## 14.2.3　TextIOBase 类与文件处理

TextIOBase 类与文件处理有关，表 14-4 列出了该类相关的属性和方法。

表14-4　TextIOBase类提供的属性和方法

| 属性或方法 | 说　　明 |
|---|---|
| encoding | 字符编码 |
| errors | 错误处理原则 |
| newlines | 新行，可能是 None、元组、字符串 |
| buffer | 二进制的缓冲区 |
| read(size) | 以指定的 size 来读取字符数 |
| readline(size=-1) | 返回单个字符表示是新行或文件尾（EOF），若是 EOF 则返回空格符 |
| seek() | 参考表 14-1 中的 seek()方法 |
| write(s) | 写入字符串 |

想要把一串文字以类文件对象来读取，StringIO 类便能派上用场，它继承了 TextIOBase 类，其构造函数的语法如下：

```
    io.StringIO(initial_value = '', newline = '\n')
```

● newline：换行符，读取数据时可以决定何时加入换行符。

### 范例程序 CH1401.py

调用 StringIO()构造函数把现有的字符串包裹于文件中，字符串与字符串之间加入换行符，read()方法能指定要读取的字符数。

**步骤 01** 编写如下程序代码：

```
01 from io import StringIO
02 flo = StringIO('Though leaves are many,' +
03               '\nthe root is one;' +
04               '\nThrough all the lying days of my youth!')
05 print('读取17个字符: ', flo.read(17))
06 print('第一行未读取: ', flo.read())
07 while True:    # 从the root ...读起
08    msg = flo.readline()# 读取整行
09    if msg == '':
10       break
11    print(msg.strip())
```

**步骤 02** 保存该程序文件，按 F5 键执行该程序，执行结果如图 14-9 所示。

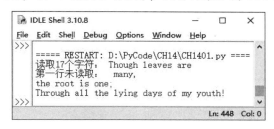

图 14-9

**程序说明：**

● 第 02~04 行，构造函数 StringIO()配合 read()方法，先读取第一行的 17 个字符，再持续读取第一行剩余的字符。

● 第 05 行，read()方法指定字符数时，第二次调用 read()方法就会读取第一行未读取的字符。

● 第 07~11 行，while 循环读取未被读取的字符串，并调用字符串的 strip()方法去除换行符，输出时分成两行输出。

> **提示** 类文件对象有别于文件对象，它可以模仿正常的文件。想要测试一个文件时，就可以使用 StringIO 来创建一个内含测试的类文件对象，然后传入可处理文件的函数。

## 14.2.4　文件指针

读取文件时，可以通过文件指针来获知读取的内容是否读完了，或者移到某一行继续读取。表 14-1 列出了三个方法，即 tell()、truncate()和 seek()，而 TextIOBase 类也有 seek()和 tell()方法。若同一时间调用这三个方法，则彼此之间会互有影响。下面先来认识这三个方法。

- truncate()方法会从文件的首行首个字符开始截断 n 个字符。若未指定 n 值，则表示从当前位置进行截断。字符串被截断之后，n 值之后的所有字符被删除。
- tell()方法使用指针方式指出当前读取文件所停留的位置。
- seek()方法会根据偏移量来更改位置。

虽然 tell()方法能指出文件指针所停留的当前位置，但它会受到除 truncate()方法之外的 seek()、readline()、read()和 readlines()这些方法的影响。为什么要调用 tell()方法？因为在编辑文本文件时，通常会使用"插入点"在字符与字符之间移动，如果将插入点移向文件的开头，调用 tell()方法会返回 0，而插入点是移向文件开头还是文件结尾，则由 seek()方法来决定。

seek()方法的语法如下：

```
seek(offset, whence = SEEK_SET)
```

**参数说明：**

- offset：偏移量。
- whence：决定偏移量的位置。

偏移量由参数 whence 来确定，它有三个常数值：

（1）SEEK_SET 或 0：从起始位置移动。
（2）SEEK_CUR 或 1：从当前位置移动。
（3）SEEK_END 或 2：从末尾位置移动。

下面来了解一下 seek()和 tecc()方法的用法。

### 范例程序 CH1402.py

步骤 01 编写如下程序代码：

```
01 fo = open('../Demo/demo1402.txt', 'w+')
02 show = 'Though leaves are many\n'
03 print('字符串的长度: ', len(show))
04 fo.write(show)
05 print('文件当前的位置: ', fo.tell())
06 fo.seek(3, 0)   # 从文件开头移动 3 个字符
07 print('文件目前的位置: ', fo.tell())
08 fo.close()
```

步骤 02 保存该程序文件，按 F5 键执行该程序，执行结果如图 14-10 所示。

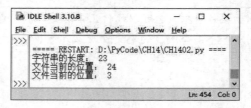

图 14-10

**程序说明：**

- 第 01 行，open()方法的参数 mode 设置为'w+'，表示新的内容会覆盖原文件的内容。'../Demo/'

表示从 CH14 目录回到上一层目录 PyCode，再进入 PyCode 的下一级子目录 Demo。此处路径的表示使用"/"字符。

● 第 04、05 行，以 write()方法写入文件之后，再调用 tell()方法，它会停留在文件末尾（包括换行符），所以显示的结果会与 len()的返回值不同。

● 第 06、07 行，调用 seek()方法移动位置后再调用 tell()方法，指向文件的位置会变化，这说明方法 seek()和 tell()若配合使用，seek()方法会影响 tell()方法。

## 14.3　文本文件的读写

Python 仿照 Unix 系统，让文件的输入和输出变得简单。在了解了 io 模块之后，我们知道文件对象是一个提供存取的接口，并非实际的文件。打开文件之后，需通过文件对象执行读（Read）或写（Write）的操作。

### 14.3.1　文件和指定模式

编写文本文件之后，可以调用 write()方法来全部读取或者分段读取，而 print()函数也能输出文件内容。write()方法的语法如下：

```
fo.write(s)
```

● 以数据流方式将字符串 s 写入文件。

先在 Python Shell 交互模式中创建文件，write()方法会返回写入文字的字符数（长度），如图 14-11 中的示例所示。

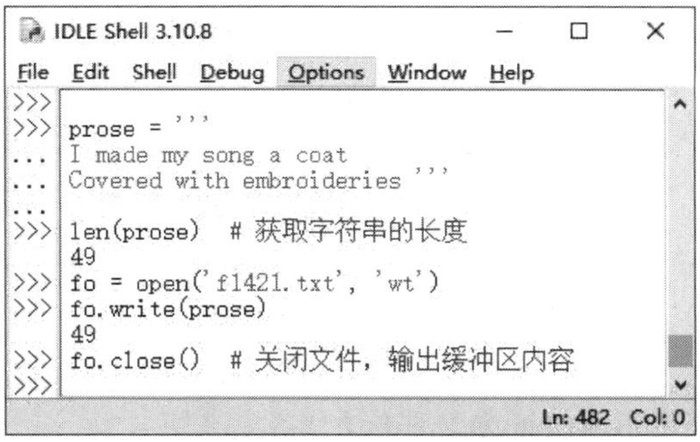

图 14-11

图 14-11 中的示例说明：

（1）调用内置函数 len()获取 prose 的字符串长度，结果是 49。
（2）调用 open()函数创建文件，"wt"模式说明它是按文本模式写入文件 f1421.txt。
（3）先调用内置函数 open()创建新文件并指定给文件对象 fo，再以 fo 调用 write()方法并传入参数，此时也会返回数值 49，它告诉我们已获取字符串 prose 的内容。

为什么要调用 close()方法来关闭文件？此时去查看创建的文件 f1421.txt 可以发现它并无内容，直到调用 close()方法之后才会将原本位于缓冲区的内容写入文件，而且关掉文件之后才会释放缓冲区资源。

### 范例程序 CH1403.py

使用长串的文字配合 write()方法写入另一个目录的文件，最后调用 close()方法关闭文件。

```
yeats = '''
Where the wandering water gushes
From the hills above Glen-Car,
In pools among the rushes
That scarce could bathe a star,
We seek for slumbering trout
Give them uniquiet dream;
'''
# 创建新文件，以文本模式写入
fn = open('../Demo/demo1403.txt', 'wt')
fn.write(yeats)    # 将字符串写入文件
fn.close()         # 关闭文件
```

**程序说明：**

- 以长串的文字（使用 3 个单引号或双引号）建立字符串内容。
- 调用 open()函数时必须指定文件对象变量 fn。第一个参数以文件名指定创建的文件，此处使用文本文件；第二个参数 mode 为 'wt'，表示"按文本模式写入"。
- 调用 open()函数创建文件路径，由于采用 "/" 来创建目录，因此会有下拉列表供我们选择，如图 14-12 所示。

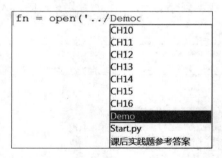

图 14-12

- 以 fn（文件对象）调用 write()方法并传入参数。
- 以 fn 调用 close()方法来关闭文件，如此才能将位于缓冲区的内容全部写入文件；若未调用 close()方法，那么所创建的文件可能就是空的。

除了调用 write()方法来写入文件之外，也可以调用内置函数 print()。在很多情况下，print()函数大部分都是以输出字符串对象为主，偶尔配合参数 "end = """ 来取消换行操作。下面复习一下 print()函数的语法：

```
print(*objects, sep=' ', end='\n', file = sys.stdout, flush = False)
```

**参数说明：**

- file：默认是系统标准输出，可以使用 file 指定其他的输出对象，例如文件对象，它可以是支持文件接口的媒体设备，也可以是标准数据流的输入/输出设备。
- sep：分隔符，默认值是空格符。
- end：结尾字符串，默认值是可以换行的 '\n'（换行符）。

在 print()函数中，参数 sep 能加入的换行符如图 14-13 中的示例所示。

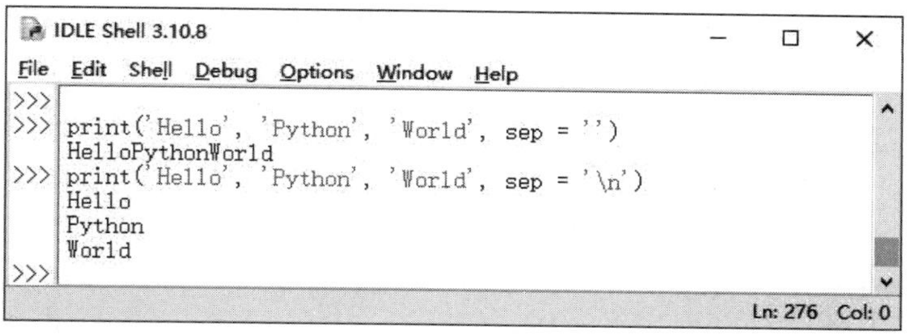

图 14-13

图 14-13 中的示例说明：

（1）若参数 sep 的值变为空值，那么三个字符串就会首尾相连逐个输出。

（2）若参数 sep 的值变为换行符，那么三个字符串就分成三行输出。

调用 print()函数时是把对象转换成字符串后再传入标准输出的文件对象，也就是屏幕上所看到的样子。所以，使用的键盘（输入）或者是屏幕（输出），它们都是文件对象，与标准数据流有密切关系，它们分别由模块 sys 的 stdin 与 stdout 支持，如图 14-14 中的示例所示。

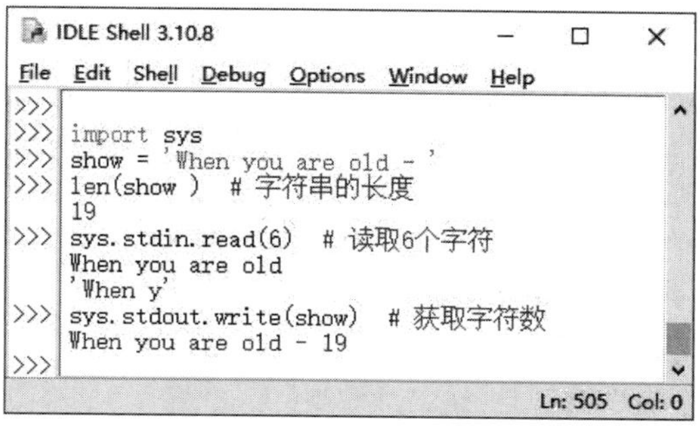

图 14-14

图 14-14 中，在交互模式中调用文件对象的 write()方法，它会返回字符数。

所以，要让文件内容通过 print()函数写入，要维持字符串设置的原貌，就把参数 set 和 end 的默认值改为无字符状态。

**范例程序 CH1404.py**

```
prose = '''
I made my song a coat
Covered with embroideries '''
```

```
fo = open('D:\\PyCode\\Demo\\demo1404.txt', 'wt')
print(prose, file = fo, sep = '', end = '')
fo.close()    # 关闭文件，缓冲区的内容才会输出
```

**程序说明：**

- open()函数创建文件的位置采用绝对路径。
- 调用 print()函数时，其中的参数 file 设成文件对象 fo，而 sep 和 end 的参数值设置为空字符串。

打开文件 demo1404.txt 并查看它的内容，会发现它和 f1421.txt 并无差异。下面换个方式调用 print()函数，参数给予字符串和文件对象即可，看看是否有所不同。

### 范例程序 CH1405.py

调用 write()方法把来源内容分段写入，这里采用的是字符串切片的用法。

**步骤 01** 编写如下程序代码：

```
01 # 省略 prose 字符串
02 fo = open('../Demo/demo1405.txt', 'wt')
03 amount = len(prose)  # 获取字符串的长度
04 separate, mass = 0, 200
05 # prose[start: end]做切片
06 while True:
07     if separate > amount:
08         break
09     fo.write(prose[separate : separate + mass])
10     separate += mass
11 fo.close()
```

**步骤 02** 保存该程序文件，按 F5 键执行该程序。

**程序说明：**

- 第 06~10 行，以 while 循环读取字符串内容，if 语句来判断读取的字符数 separate 是否大于字符串的长度，若为 True 就中断循环的读取（表示字符串无法执行切片操作）。

为了避免覆盖了原有文件的内容，可将 open()函数的 mode 参数变更为 'xt'。若文件已存在，就会抛出"FileExistsError"的异常，如图 14-15 所示。

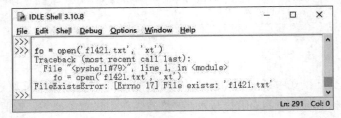

图 14-15

更好的做法是配合 try/except 语句来避免程序抛出异常。

### 范例程序 CH1406.py

```
try:
```

```
    with open('../Demo/demo1406.txt', 'xt') as fo:
        fo.write('暂停一下！')
except FileExistsError:
    print('已有此文件，不能覆盖')
```

**程序说明：**

- 使用 with/as 语句的语法，可关闭打开的文件，同执行 try/finally 语句的效果一样。也就是在 with/as 程序区块中若发生了异常，系统一定会让程序执行完毕并关闭文件对象。对于 with/as 语句的说明，参考第 14.3.2 节。

## 14.3.2　with/as 语句

通常在调用 open()函数打开文件之后，必须调用 close()方法关闭文件才能让系统将文件读写操作占用的资源释放掉。使用 with/as 语句可以让打开的文件在不用之后自动关闭掉，让编程者不会因为忘记关闭文件而遭遇麻烦。with/as 语句的语法如下：

```
with expression [as variable]:
    # with 语句区块
```

- expression 表达式。
- as variable: 使用 as 语句指定变量，之后加上 "：" 即可形成 with 语句的程序区块。

打开文件必定会消耗系统资源，所以完成文件操作后要执行清除或释放资源的操作。实际上，Python 提供了上下文管理协议（Context Management Protocol），让对象自主管理。以 with 语句作为进入与离开的标示，也让对象在适当时刻自行执行清理收尾的操作。而上下文管理员（Context Manager）要支持上下文管理协议，必须实现__enter__()与__exit__()两个方法。

with 语句一旦开始执行，就会调用__enter__()方法，所返回的对象可通过 as 语句指定给变量（如果有的话），再进入 with 程序区块，它的语法如下：

```
__enter__(方法)
```

若 with 程序区块中的程序代码引发了异常，就会执行__exit()__方法，它的语法如下：

```
__exit__(exc_type, exc_val, exc_tb)
```

**参数说明：**

- exc_type: 异常的类型。
- exc_val: 异常信息。
- exc_tb: traceback 对象。

当__exit__()方法返回 False 时，异常会重新抛出。

如果 with 程序区块中没有发生异常且执行完毕，同样也会调用__exit__()方法，但此方法的三个参数都将接收到 None。

**范例程序 CH1407.py**

使用 with/as 语句自动执行文件的打开和关闭。

**步骤 01** 编写如下程序代码：

```
01 class AutoClose:
02    def __init__(self, msg):
03        self.show = msg
04        print('打开' + msg)
05    def __enter__(self):
06        print('进入 with 程序区块')
07        return self.show
08    def __exit__(self, type, value, tb):
09        if type is None:
10            print('文件自动关闭')
11        else:
12            print('引发异常！' + str(type))
13        return False
14 with AutoClose('../Demo/demo1407.txt') as file:
15    for line in file:
16        print(line, end = '')
```

**步骤 02** 保存该程序文件，按 F5 键执行该程序，执行结果如图 14-16 所示。

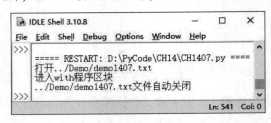

图 14-16

**程序说明：**

- 第 05、06 行，定义 __enter__()方法，当 with 语句调用此方法时会显示进入的信息。
- 第 08~13 行，定义 __exit__()方法，未返回文件对象时所做的相关处置。
- 法第 14~16 行，使用 with/as 语句来打开文件，完成之后会显示提示来说明文件已自动关闭，并释放了占用的资源。

## 14.3.3　读取文本文件

文件创建之后可以调用 read()、readline()或 readlines()方法来读取文件。这三个方法的语法如下：

```
read(size = -1)    # 按照指定的字符数来逐个读取字符
readline()         # 读取整行
readlines()        # 读取一行返回一行
```

read()方法是一个字符一个字符地去做读取，若未指定读取的字符数且被读取的文件很大，则会耗费掉很大的系统资源，所以调用 read()方法时限定读取的字符数是较好的方式。

### 范例程序 CH1408.py

读取文件时设置 open()函数的参数为 'rt' 表示读取文本文件，同时要注意是否已到文件尾，read()函数会返回空字符串表示到文件尾了。

**步骤 01** 编写如下程序代码：

```
01 show = ''
02 capacity = 80           # 每次要读取的字符数
03 with open('../Demo/demo1408.txt', 'rt') as foin:
04    while True:
05       segment = foin.read(capacity)    # 读取 80 个字符
06       # 把内容显示到屏幕上
07       print(segment, sep = '', end = '')
08       if not segment:   # print(segment)
09          break
10       show += segment
11 print('字符数: ', len(show))
```

步骤 **02** 保存该程序文件，按 F5 键执行该程序，执行结果如图 14-17 所示。

**程序说明：**

● 第 03~10 行，open()函数的参数为 'rt' 表示读取文本文件，并设置 read()每次读取 80 个字符。使用 while 循环来读取文本文件。

● 第 07 行，调用 print()函数可以将文件输出到屏幕上，同时取消参数 sep 和 end 的默认值，对比图 14-17 和图 14-18 可以查看 print()函数在具有默认值的参数和没有参数时程序的执行结果是否不同。

➢ 直接以 print()函数输出，不含参数，结果如图 14-17 所示。

➢ 以 print(segment, sep = '', end = '')的方式（即含有参数）输出，结果如图 14-18 所示。

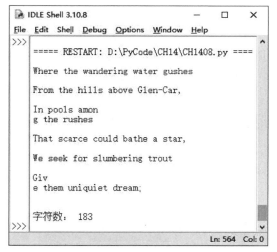

图 14-17

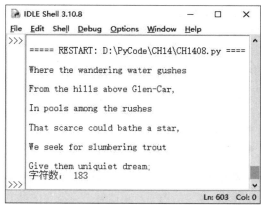

图 14-18

读取文件可以调用的第 2 个方法是 readline()，它读取整行的字符串。既然是读取整行字符串，那就可以加入 tell()方法查看文件指针的变化。

### 范例程序 CH1409.py

```
show = ''
with open('../Demo/demo1408.txt', 'rt') as foin:
   print('文件指针: ')
   while True:
      print(foin.tell(), end = ' ')      # tell()方法查看文件指针
      line = foin.readline()             # 读取整行
```

```
    if not line:
        break
    show += line
```

**程序说明：**

● 调用 tell()方法来查看文件指针移动的变化。

● 调用 readline()方法来读取整行。

如果想要在文件内读取一行并返回一行，就要找 readlines()方法来帮忙了。

**范例程序 CH1410.py**

```
with open('../Demo/demo1408.txt', 'rt') as foin:
    total = foin.readlines()     # 读取总行数
# 获取行数，再以 for 循环读取
print('行数: ', len(total))
for line in total:    #
    print(line, end = '')
```

**程序说明：**

● readlines()方法获取文件的总行数，再以 for 循环一行一行地读出。

# 14.4  二进制文件

文本文件以处理文字数据为主，但是计算机上的数据，除了文字之外，还有图像、音乐，或者经过编译的可执行文件等，这些就必须按其他的数据格式来处理。

## 14.4.1  认识 byte 与 bytearray

下面来认识一下 byte 和 bytearray。

● bytes 为 8 位整数，值为 0~255，是不可变数据。

● bytearray 是可变数据，值也是 0~255。

内置函数 bytes()和 bytearray()拥有相同的参数，它们的语法如下：

```
bytes([source[, encoding[, errors]]])
bytearray([source[, encoding[, errors]]])
```

**参数说明：**

● source: 数据源。

● encoding: 如果是字符串，则要以字符串形式指定编码格式。

这两个内置函数的用法可参考图 14-19 中的示例。

图 14-19 中的示例说明：

（1）函数 bytes()返回二进制数据。

（2）函数 bytearray()配合函数 range()能产生特定范围的二进制数据。

　　如何表达二进制数据？图 14-19 中的示例调用函数 bytes()把数据转换为二进制数据，二进制数据通常以"b'"作为前导符，后面接着十六进制的数据，再由对应的"'"结束。

　　还可以调用函数 ord()来获取字符的 ASCII 值，再调用 Bytes 类的其他方法转换为二进制数据，如图 14-20 中的示例所示。

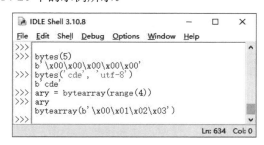

图 14-19

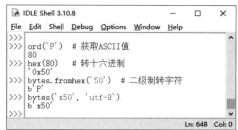

图 14-20

图 14-20 中的示例说明：

（1）bytes 类的 fromhex()方法会将字符串数据转成 bytes 对象。

（2）调用内置函数 bytes()时同样会返回 bytes 对象，不过必须指明它的编码。

## 14.4.2　读写二进制文件

　　BytesIO 类继承自 BufferedIOBase 类。如何使用 BytesIO 类来读取二进制数据？先来认识此类的两个方法：

● 　getbuffer()方法获取缓冲区的内容。

● 　getvalue()方法输出缓冲区的内容。

　　构造函数 BytesIO()的语法如下：

```
io.BytesIO([initial_bytes])
```

● 　initial_bytes: 可选参数，初始化二进制数据。

　　二进制数据能调用 BytesIO()构造函数进行初始化，并暂存于缓冲区，再以方法 getbuffer()输出。

**范例程序 CH1411.py**

```
from io import BytesIO
fo = BytesIO(b'Python')      # 把二进制数据初始化，以 b'为前导符
view = fo.getbuffer()        # 暂存于缓冲区
view[2:4] = b"Cr"            # 置换字符
print(fo.getvalue())
data = BytesIO(b'\x50\x79\x74\x68\x6f\x6e')
print(data.read())
```

　　如果要创建二进制文件，函数 open()的 mode 参数须加入"b"来表示它是二进制，否则会引发错误。由于 write()方法的参数是一般数值而不是二进制数据，因此会引发"NameError"的异常，如图 14-21 中的示例所示。

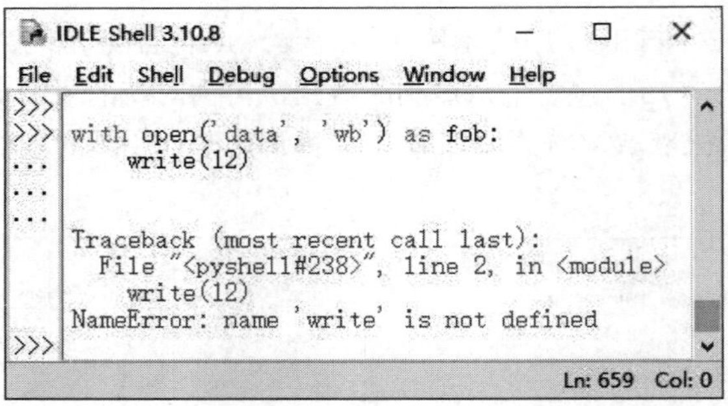

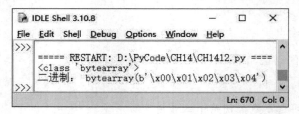

图 14-21

### 范例程序 CH1412.py

使用 write()方法写入二进制数据，再以 read()方法读取数据。

步骤 01 编写如下程序代码：

```
01 ary = bytearray(range(5))
02 # 二进制数据的写入
03 with open('../Demo/demo1412', 'wb') as fob:
04   fob.write(ary)
05 # 二进制数据的读取
06 with open('D:/PyCode/Demo/demo1412', 'rb') as fob:
07   fob.read(3)
08   print(type(ary))
09   print('二进制: ', ary)
```

步骤 02 保存该程序文件，按 F5 键执行该程序，执行结果如图 14-22 所示。

图 14-22

**程序说明：**

- 第 01 行，调用以内置函数 bytearray()获取二进制数据。
- 第 03、04 行，open()方法创建二进制新文件，mode 设为'wb'，以 write()方法写入二进制数据。
- 第 06~09 行，读取二进制数据并输出，open()函数的参数为 'rb'，表示读取二进制文件。

## 14.4.3    struct 模块与二进制数据

Python 提供了 struct 模块，它是一个类似 C 或 C++的 struct 结构，配合该模块提供的方法可以将二进制数据与 Python 的数据结构进行转换。其中三个常用方法如下：

- pack(fmt, v1, v2, ...)：按照指定格式（fmt）将数据（v1, v2, ...）封装，指定格式参考表 14-5。简单来说，就是把存储的对象转成二进制数据。

- unpack(fmt, string): 按照指定格式（fmt）将要解析的数据（string）解析为元组对象再予以返回。也就是将原来封装的二进制数据还原成 Python 对象。
- calcsize(fmt): 计算指定格式（fmt）占用多少字节。

要把常规数据封装为二进制数据，或者把已封装的二进制数据还原成常规数据，除了调用 struct 模块的 pack() 和 unpack() 方法来配合外，还要设置数据的格式。与整数有关的数据格式可参考表 14-5。

表14-5　与数值有关的数据格式

| fmt | Python 类型 | C 语言类型 | 标准大小 |
|---|---|---|---|
| x | 无 | 填充字节 | 1 |
| ? | bool | _Bool | 1 |
| h | int | short | 2 |
| H | int | unsigned short | 2 |
| i | int | int | 4 |
| I | int | unsigned int | 4 |
| l | int | long | 4 |
| L | int | unsigned long | 4 |
| q | int | long long | 8 |
| Q | int | unsigned long long | 8 |

表 14-6 列出了与字符、浮点数有关的数据格式。

表14-6　数据格式

| fmt | Python 类型 | C 语言类型 | 标准大小 |
|---|---|---|---|
| c | 长度为 1 的字符串 | char | 1 |
| b | int | signed char | 1 |
| B | int | unsigned char | 1 |
| f | float | float | 4 |
| d | float | double | 8 |
| s | str | char[] | |
| p | str | char[] | |
| P | int | void* | |

指定数据格式时，还可以指定它的顺序和大小，具体可参考表 14-7 中的说明。

表14-7　字节的顺序和大小

| | 字节顺序 | 大　　小 | 对　　齐 |
|---|---|---|---|
| @ | 原生 | 原生 | 原生 |
| = | 原生 | 标准 | None |
| > | 大端 | 标准 | None |
| < | 小端 | 标准 | None |
| ! | 网络（等同>） | 标准 | None |

调用 struct 模块的 pack() 和 unpack() 方法把浮点数封装成二进制数，再还原为浮点数，如图 14-23 所示。

图 14-23 中，把变量 numA 设置为 12.558。调用 struct 模块的 pack() 方法将它转换成二进制数据，再以 unpack() 方法还原成 Python 的浮点数。

若是浮点数，调用 pack() 方法进行数据转换时要对应好。如果参数 fmt 采用了与整数无关的格式，则会引发错误，如图 14-24 所示。

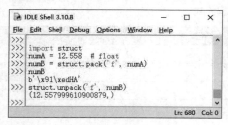
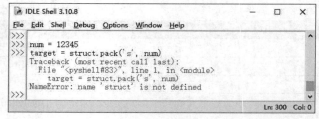

图 14-23　　　　　　　　　　　　　　　　图 14-24

### 范例程序 CH1413.py

导入 struct 模块，以 pack() 和 unpack() 方法把数据转换为二进制数再还原到原有格式。

**步骤 01** 编写如下程序代码：

```
01 from io import open
02 import struct
03 # 写入二进制数据
04 with open('../Demo/demo1413', 'wb') as fo:
05     data = struct.pack('hhl', 2, 4, 7)
06     print('二进制数据\n', data)
07     fo.write(data)
08 # 读取二进制数据
09 with open('demo1206', 'rb') as fo:
10     value = struct.unpack('hhl', fo.read(8))
11     print('Python 数据: ', value)
12     print('字节大小: ', struct.calcsize('hhl'))
```

**步骤 02** 保存该程序文件，按 F5 键执行该程序，执行结果如图 14-25 所示。

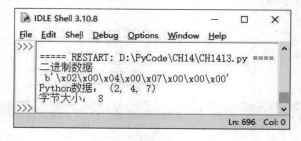

图 14-25

**程序说明：**

- 第 05 行，调用 pack() 方法将数值 2、4、7 分别以格式 h（short）、h（short）、l（long）转换为二进制数，字节大小为 8。

● 第 10 行，调用 unpack()方法，再以格式 'hhl' 配合 read()方法将二进制数还原成 Python 数据。由于字节大小为 8，因此 read()方法的大小也要设为 8。

# 14.5　文本文件并非只有文字

文本文件除了含有文字和数字字符之外，可能还含有不同的分隔符，像是逗号"，"或是制表符 tab（'\t'）等。如果它是一个 HTML 或 XML 文件，则可能还含有标签"<"和">"。

## 14.5.1　浅谈文字编码

Python 支持多种编码格式，Python 较早版本的字符以 ASCII 编码为主，随着技术的演进，Python 3.x 版迎来了 Unicode 编码，bytes 变成了独立的类型，用来存储字节数据，并且可以搭配 bytearray 共同使用。结论如下：

● str（字符串）以 Unicode 来表示，不需要表示成"u'abc'"。
● bytes 负责字节数据，它的值在 0~255 之间。

那么 Python 对于 Unicode 字符串又是如何处理的呢？Python 的 I/O 是分层组负责的，文本文件由一个具有缓冲的二进制模式文件（Buffered binary-mode file）外加一个 Unicode 编码/解码层组成，它的运行机制如图 14-26 所示。

图 14-26

（1）从外部获取数据时，一律进行解码，转换成 Unicode 字符串。
（2）Python 的内部，只有 Unicode 字符串。
（3）要输出数据就进行编码，变成字节数据。

了解了"Unicode 编码在内，字节在外"的运行机制之后，再来认识其他的编码系统，参考图 14-27 中的示例。

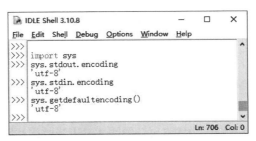

图 14-27

　　不同系统有不同的编码系统，通过 sys 模块查看到标准输出（屏幕）和标准输入（键盘）都为 utf-8；getdefaultencoding()方法可以获取文字的编码格式。那么 gb2312 是什么编码系统？答案是简体中文，不过它是由 Windows 操作系统提供的简体中文。表 14-8 列出了 Python 所支持的一些较为常见的编码格式。

表 14-8　Python 支持的编码格式

| 文字编码格式 | 语言、地区 | 别　　名 |
| --- | --- | --- |
| ascii | 英文 | us-ascii |
| cp850 | 西欧 | 850、IBM850 |
| big-5 | 繁体中文 | big5-tw、csbig5 |
| cp950 | 繁体中文 | 950、ms950 |
| gb2312 | 简体中文 | eucgb2312-cn、chinese |
| hz | 简体中文 | hzgb、hz-gb、hz-gb-2312 |
| utf-8 | Unicode | U8、utf8、UTF |
| utf-16 | Unicode | utf16、U16 |
| utf-32 | Unicode | utf32、U32 |

　　若要把字符串从 utf-8 编码格式编码成 bytes 数据，可调用 str 的 encode()方法，它的语法如下：

```
str.encode(encoding = "utf-8", errors = "strict")
```

● encoding = 'utf-8'：获取 utf-8 编码的字符串再赋值给字符串。

　　示例如图 14-28 所示，先将 utf-8 编码的字符串赋值给 sunflower，再调用 encode()方法进行编码；此处调用内置函数 len()来查看字符串在编码时的长度变化。

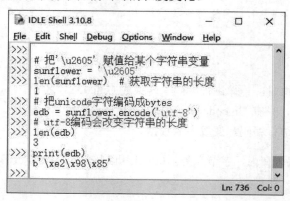

图 14-28

图 14-28 中的示例说明：

（1）完成编码后，直接输入变量 edb，它会得到二进制数据，表示编码完成。

（2）'\u605' 原本存储的是单个字符，所以字符串长度为 1。

　　字符串可以编码成二进制数据，当然也可以解码。二进制数据解码要调用 bytes 类的 decode()方法，它的语法如下：

```
bytes.decode(encoding = "utf-8", errors = "strict")
```

- encoding：指已编码的二进制数据。

如何将已编码的二进制数据还原？示例如图 14-29 所示，使用特殊字符才能突显编码和解码的效果。

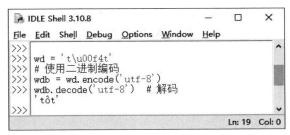

图 14-29

图 14-29 中的示例说明：

（1）Unicode 的格式为"uXXXX"，所以最后一个字符"t"不用"\"分隔开。
（2）调用字符串的 encode()方法指明用 utf-8 来进行二进制数据的编码。
（3）调用 bytes 的 decode()方法进行解码。

## 14.5.2　CSV 格式

CSV（Common-Separated Value，逗号分隔值）格式的文件也是文本文件的一种。从大型数据库提取出数据到 Excel 软件上进行试算和分析，或者从 Excel 软件导出数据时，都可以选择转存为 CSV 格式。在 CSV 文件中，第一行称为表头（header），也有可能没有这个表头，后续的数据与数据之间以逗号分隔开。

Python 提供的 csv 模块让我们可以轻松读写 CSV 文件。打开 CSV 文件之后，首要的工作是让 csv 模块的 reader()和 writer()方法进行解析和读取。这两个方法的参数相同，它们的语法如下：

```
reader(csvfile, dialect='excel', **fmtparams)
writer(csvfile, dialect='excel', **fmtparams)
```

- csvfile：要读取或写入的 CSV 文件。
- 无论是读取还是写入都会通过**fmtparams 去调用 dialect 类的属性 delimiter 来指定它的分隔符，默认为","（半角逗号）。

下面通过范例程序来说明 CSV 文件的读写。

### 范例程序 CH1414.py

双层 with/as 语句，外层先读取 CSV 文件，之后再以内部的 with/as 语句写入新的 TXT 文件。

步骤 01　编写如下程序代码：

```
01 import csv
02 # 先读取 CSV 文件
03 with open('../Demo/demo1415.csv', 'r',
04     encoding = 'utf-8') as fino:
05   # 将读取的 CSV 文件写入另一个文件
```

```
06      with open('demo107.txt', 'w',
07              encoding = 'utf-8') as fouto:
08          reader_csv = csv.reader(fino)
09          write_txt = csv.writer(fouto)
10          for row in reader_csv:
11              print(', '.join(row))
12              write_txt.writerow(row)
```

**步骤 02** 保存该程序文件，按 F5 键执行该程序，执行结果如图 14-30 所示。

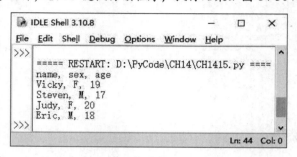

图 14-30

**程序说明：**

- 第 03~12 行，外层 with/as 语句，读取 CSV 文件，编码设置为 utf-8。
- 第 06~12 行，内层 with/as 语句，读取 CSV 文件以编码设置为 utf-8 写入另一个文件。
- 第 08、09 行，调用 csv 模块的 reader()方法并传入文件对象，然后再调用 writer()方法写入。
- 第 10~12 行，for 循环读取 CSV 文件，并以 join()方法串接字段与字段之间的数据。

## 14.5.3  JSON 格式

JSON（JavaScript Object Notation）是 JavaScript 处理网页时所用的轻型数据格式。毋庸置疑，Python 也支持它。表 14-9 为 JSON 与 Python 数据类型的对照表。

表14-9　JSON与Python数据类型的对照表

| JSON | Python |
|---|---|
| Object | dict |
| Array | list |
| String | str |
| number(int) | int |
| number(real) | float |
| True | True |
| False | False |
| Null | None |

将数据结构保存成文件或可传输的对象称为序列化，在 Python 中称为 Pickling，在其他程序设计语言中称为 serialization，marshalling，flattening 等。相反地，将序列化的对象转为数据结构，则称为反序列化（Unpickling）。可以用 JSON 格式自定义转换器将数据序列化，或者通过 pickle 模块来解析或还原二进制的文件格式。

Python 提供了 json 模块来处理数据，调用 dump()或 dumps()方法将 Python 对象转换成 JSON 格式（即序列化<Serialize>对象），这两个方法的参数大同小异，先来认识 dump()方法的语法：

```
dump(obj, fp, skipkeys = False, ensure ascii = True,
    check circular = True, allow nan = True,
    cls = None, indent = None, separators = None,
    default = None, sort_keys = False, **kw)
```

● 　fp：类文件对象。

dump()方法参照表 14-9 的对应关系将对象序列化为 JSON 格式，其中的数据流在 write()支持下能转为类文件对象。

另一个是 dumps()方法，它的语法如下：

```
dumps(obj, *, skipkeys = False, ensure_ascii = True,
    check_circular = True, allow_nan = True, cls = None,
    indent = None, separators = None, default = None,
    sort_keys = False, **kw)
```

**参数说明：**

● 　obj：要转换为 JSON 格式的 Python 对象。
● 　skipkeys：默认值为 False。若为 True，则表示字典对象的键无法使用基本类型。
● 　default：可自定义一个函数来返回可序列化的对象。
● 　sort_keys：将默认值 False 变更为 True 时可以将多个项目排序。

dump()和 dumps()方法的差别在于 dump()方法会将 JSON 写入类文件对象，而 dumps()方法会以字符串返回标准的 JSON。

下面两个范例程序分别调用 dumps()和 dump()方法将 Python 的字典对象转成 JSON 格式。

### 范例程序 CH1415.py

调用 json 模块的 dumps()方法，可以将 Python 的字典对象转成 JSON 格式。

```
import json  # 导入 json 模块
data = dict(name = 'Tom', sex = 'Male', salary = 25000)
data json = json.dumps(data)    # 转成 JSON 格式
print('JSON:', data_json)       # 输出：JSON 格式 {"salary": 25000, "name": "Tom", "sex":
"Male"}。
```

如果提供错误的值给 dump()方法，则会引发异常，如图 14-31 所示。

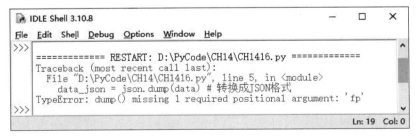

图 14-31

### 范例程序 CH1416.py

调用 dump()方法将字典对象转为 JSON 格式，需要使用 StringIO 类来创建一个类文件对象。

```
import json
from io import StringIO
data = {'C':'Three', 'B':'Two', 'D':'Four'}
floi = StringIO()        # 写入类文件对象
json.dump(['A = One'], floi)
data_json = json.dump(data, floi, sort_keys = True)
print(floi.getvalue())        # 输出内容
```

**程序说明：**

- 使用 StringIO 创建类文件对象。
- 调用 dump()方法两次（会累积对象），并把 sort_keys 参数值设置为 True，对 Python 对象进行排序。

load()或 loads()方法则恰好相反，它是将 JSON 格式转换为 Python 对象（即反序列<Deserialize>对象）。load()方法的语法如下：

```
load(fp, cls = None, object_hook = None,
    parse_float = None, parse_int = None,
    parse_constant = None, object_pairs_hook = None, **kw)
```

- fp: 类文件对象。

另一个方法是 loads()，它的语法如下：

```
loads(s, cls = None, object_hook = None,
    parse_float = None, parse_int = None,
    parse_constant = None, object_pairs_hook = None, **kw)
```

- s: 指的是 str、bytes 或 bytearray 等的对象。

延续范例程序 CH1415.py 的内容，调用 loads()方法将 JSON 格式还原成 Python 对象：

```
# 省略前面程序代码
data_p = json.loads(data_json)
print('dict:', data_p)
```

执行结果如图 14-32 所示。

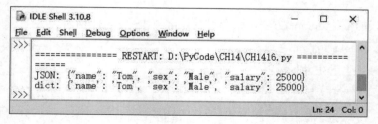

图 14-32

**范例程序 CH1417.py**

定义类并创建对象,调用 dumps()方法并加入参数"sort_keys = True"对序列化的对象进行排序。

步骤 **01** 编写如下程序代码:

```
01 import json
02 class Motor:           # 定义类
03   def __init__(self, name, color, size):
04       self.name = name
05       self.color = color
06       self.size = size
07 altis = Motor('Altizz', 'Gray', 1795)      # 创建对象
08 def show(car):          # 获取 dump()方法中的默认参数值, 自定义可序列对象
09   return{
10       'Car'      : car.name,
11       'Color'    : car.color,
12       'Capacicy' : car.size
13   }
14 altisJn = json.dumps(altis,
15           sort_keys = True, default = show)
16 print('JSON\n', altisJn)
17 altisP = json.loads(altisJn)
18 print('dict 对象\n', altisP)
```

步骤 **02** 保存该程序文件, 按 F5 键执行该程序, 执行结果如图 14-33 所示。

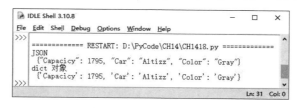

图 14-33

**程序说明:**

- 第 02~06 行, 定义一个 Motor 类, 初始化时要传入三个参数。
- 第 08~13 行, 定义 show()方法, 用来获取 dumps()方法中的默认参数值, 自定义可序列对象, 并进一步返回 __init__()方法所接收的参数值。
- 第 14、15 行, 调用 dumps()方法将排序后的字典对象转换成 JSON 格式。
- 第 17 行, 调用 loads()方法把 JSON 格式还原为 Python 对象。

# 14.6　本章小结

- 文件路径的"相对路径"会随当前所在位置的变化而有所不同,"绝对路径"不会随当前所在位置变化而改变。
- Python 有三种文件对象, 它们通过 Python 的 io 模块来定义: ①原始的二进制文件; ②具有缓冲区功能的二进制文件; ③文本文件。
- Python 的 io 模块 (Input 和 Output) 提供了三种输入/输出处理接口: ①text I/O 以 str 对象

为主，由 TetxIOBase 类提供相关的实现方法；②binary I/O 又称缓冲 I/O（Buffered I/O），采用二进制方式来存储数据，由 Buffered IOBase 类提供相关的实现方法；③raw I/O 也称非缓冲 I/O，用来处理低级的文本和二进制数据，它由 RawIOBase 类提供相关的实现方法。

- truncate()方法会从文件的首行首个字符开始截断 n 个字符；tell()方法使用指针方式指出当前读取文件所停留的位置；seek()方法会根据偏移量来更改位置。
- 写入文件除了调用 write()方法外，也可以调用内置函数 print()。print()函数的参数 sep 和 end 不带字符时也能将内容写入文件。
- Python 提供上下文管理协议让对象自己做好管理。with 语句作为进入与离开的标示，也让对象在适当时刻自行进行清理收尾的操作。上下文管理员支持上下文管理协议，必须实现 __enter__()与 __exit__()两个方法。
- read()方法是一次读取一个字符；readline()方法可以整行读取；要在文件内读取一行并返回一行，就要找 readlines()来帮忙。
- 把字符串以 utf-8 格式编码成 bytes 数据，需调用字符串的 encode()方法；二进制数据解码则要调用 bytes 类的 decode()方法。
- bytes 为 8 位整数，值为 0~255，为不可变数据。bytearray 则是可变数据，值也是 0~255。
- Python 提供了 struct 模块，它是一个类似 C 或 C++的 struct 结构，pack()方法用于把存储的对象转换成二进制数据，unpack()用于将二进制数据还原成 Python 对象。
- CSV 格式文件也是文本文件的一种。Python 提供了 csv 模块，其中 reader()和 writer()方法用于解析和读取文件数据。
- 将数据结构保存成文件或可传输的对象称为序列化，Python 称之为 Pickling，其他的程序设计语言称之为 serialization，marshalling，flattening 等。相反地，将序列化的对象转换为数据结构，被称为反序列化。
- 在 Python 中，对于 JSON 格式的自定义转换器，可以调用方法 dump()和 dumps()将数据序列化，或者通过 pickle 模块的 load()和 loads()方法来解析或还原二进制的文件格式。

# 14.7　课后习题

**一、填空题**

1. 在 Python 的 io 模块中，有三种输入/输出处理接口：①_____，②_____，③_____。

2. Python 的三种文件对象：①_____，②_____，③_____。

3. 在 io 模块的 open()方法中，参数 mode 设为 'wb' 是表示_____，'rt' 是表示_____，'a' 是表示_____。

4. 在 BytesIO 类中，_____方法用于获取缓冲区的内容，_____方法用于输出缓冲区的内容。

5. seek()方法的参数 whence 有三种常数来代表移动的位置：0 表示_____，1 表示_____，2 表示_____。

6. print()函数的参数 sep 的作用是_____，参数 end 的作用是_____。

7. with/as 语句必须实现哪两个方法？_____和_____。

8. 将字符串从 utf-8 格式编码成 bytes 数据，要调用字符串的_____方法，二进制数据解码则要调用 bytes 的_____方法。

9. 在 struct 模块中，_____方法把存储的对象转换成二进制数据，_____方法将二进制数据还原成 Python 对象。

10. 在 json 模块中，_____方法把 Python 对象转换成 JSON 格式，_____方法将 JSON 格式还原成 Python 对象。

## 二、实践题与问答题

1. 请以实例说明 read()、readline() 和 readlines() 三个方法的不同处。

2. 请编写程序实现二进制文件的写入和读取，使用 with/as 语句。

3. 参考范例程序 CH1415.py 和下列的字典对象，编写一个 JSON 格式的文件。

```
dt = {'name' : 'Tomas', 'age' : 18, 'average' : 78}
```

# 第 15 章

# GUI 界面

*15*

**学习重点:**

- 管理版面的三个方法: pack()、grid()、place()
- 以 Label 显示文字,Entry 和 Text 可接收文字的输入
- 可以多选的 Checkbutton 和只能单选的 Radiobutton
- messagebox 配合相关方法提供交互式的信息

Python 提供了多种套件来支持 GUI(Graphical User Interface,图形用户界面)界面的编写,本章内容以 Tkinter 套件为主,对于主窗口对象,主要介绍容器 Frame 和组件 Label、Entry、Text、Button、Checkbutton、Radiobutton。

## 15.1 Python GUI

本节主要介绍支持 Python GUI 界面的一些相关套件,包含 Tkinter、wxPython、PyGTK、PyQt、PythonCard 和 IronPython 等。

### 15.1.1 GUI 相关套件

GUI 提供了可视化的界面设计。常见的支持 Python GUI 界面的套件如下:

- Tkinter: Tk interface 的简称。本章会以它为主介绍 GUI 的相关组件。
- wxPython: 是由跨平台 GUI 工具箱 wxWidgets 开发。它提供的类多达 200 个,采用面向对象的设计方法,在大型 GUI 的开发中具有很强的优势。
- PyGTK: 由 Python 封装,用于 GTK+的 GUI 函数库。GTK 本身是 Linux 平台下 Gnome 的核心,它也是开放源码图形用户接口的函数库。要注意的地方是,它是以 Python 2.7 为基础的。
- PyQT: 实现了 Python 的模块集。它融合了 Python 编程语言和 Qt 函数库,拥有 300 个类,600 多个函数和方法。而 Qt 同样也是一个面向对象的图形用户界面,可以在不同的平台上使用。
- PythonCard: 由 wxPython 再封装,不过比 wxPython 更直观,使用更简单。

● IronPython：支持.NET 应用，简单地说就是使用 python 语法进行.NET 开发。

## 15.1.2　认识 Tkinter 套件

TK 原是 Tcl（Tool Command Language）程序设计语言的附件，而 Tcl/TK 都来自 Unix 平台，于 20 世纪 80 年代末期由 John Ousterman 创建，直至 1994 年在 Python 发布 1.1 版本时成为它的标准函数库的一部分。Tkinter 则为 TK GUI 函数库中 Python 的接口，属于附带的 GUI 模块。Tkinter 支持跨平台，Windows、Linux 和 Mac 都可使用。Tkinter 除了本身的模块之外，还有两个扩充的模块：

● tkinter.tix 模块：扩展了 Tk 的 widgets。
● tkinter.ttk 模块：以 widgets 为基础，它包含了相当多的组件。

由于 Tkinter 是 Python 的内建模块，因此可以直接在 Python Shell 交互模式下输入相关语句，如图 15-1 所示。

**示例说明：**

（1）import 语句导入 Tkinter 模块。
（2）tkinter.TkVersion 检查 Tkinter 的版本，结果是 8.6。

如果不太确定，想要进一步检查 Tkinter 的版本，可以在"命令提示符"窗口下执行下述命令来确认，结果如图 15-2 所示。

```
python -m tkinter
```

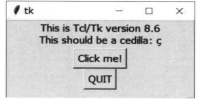

图 15-1　　　　　　　　　　　图 15-2

按 Enter 键之后，如果标题栏显示含有 tk 的窗口，则表示 Tkinter 套件在 Python 中使用是没有问题的，单击 QUIT 按钮关闭此窗口。同样地，还可以在 Python Shell 交互模式下调用 Tkinter 所创建的主窗口对象，相应的程序语句如图 15-3 所示。

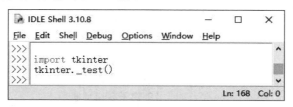

图 15-3

图 15-3 中，调用_test()方法会产生如图 15-2 所示的主窗口对象，效果是一样的。
使用 Tkinker 套件来产生一个简单的 GUI 界面，操作步骤如下：

**步骤 01** 导入 Tkinter 模块。

此处导入 Tkinter 模块可采用下列语句：

```
from tkinter import *      # 导入所有类
from tkinter import ttk    # 只导入 ttk 模块
```

**步骤 02** 创建 Tkinter 主窗口对象——root。

首先要以 Tk()构造函数创建一个主窗口对象 root（习惯用法）。若在 Python Shell 交互模式下编写此行语句，按 Enter 键之后，就可以看到一个主窗口对象出现在屏幕上。

**步骤 03** 给主窗口加上一个标签来显示文字，并设置相关的属性值。

**步骤 04** 调用 pack()方法纳入版面管理。

**步骤 05** 调用 mainloop()方法，让主窗口能停留，而不是一闪而过。

创建主窗口对象要调用它的构造函数 Tk()，该构造函数的语法如下：

```
tkinter.Tk(screenname = None, baseName = None, className = 'Tk', useTk = 1)
```

**参数说明：**

- className：使用的类名称。
- 所有的参数都有默认值，Tk()构造函数不含参数时用来创建主窗口对象。

Tkinter 模块的 ttk 模块提供了很多相关组件，未标明 ttk 者，表示它来自 Tkinter 模块本身，具体参考表 15-1 中的说明。

表 15-1   Tkinter 组件

| 组件名称 | 简　　介 |
| --- | --- |
| ttk.Button | 按钮 |
| Canvas | 提供图形绘制的画布 |
| ttk.Checkbutton | 复选框 |
| ttk.Entry | 单行文字标签 |
| ttk.Frame | 框，可将组件组成群组 |
| ttk.Label | 标签，显示文字或图像 |
| Listbox | 列表框 |
| Menu | 菜单 |
| ttk.Menubutton | 菜单按钮 |
| Message | 对话框 |
| ttk.Radiobutton | 单选按钮 |
| ttk.Scale | 滑杆 |
| ttk.Scrollbar | 滚动条 |
| Text | 多行文字标签 |
| Toplevel | 创建子窗口容器 |

在面向对象程序设计机制下，要通过这些类来创建操作界面，它们都有属性和方法。Python Shell 允许我们在交互模式下与 Tkinter 模块进行交互，如图 15-4 所示。

图 15-4

标签（Label）的作用是把文字显示出来，当标签对象去调用 pack()方法时才会在主窗口显示"Python Tkinter!"，如图 15-5 所示。

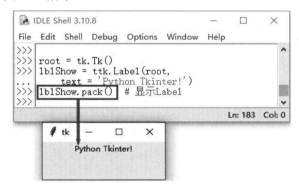

图 15-5

创建标签对象后，还能以中括号设置单个属性值，调用 config()配置其他属性。示例如下：

```
import tkinter as tk                    # 赋予别名 tk
from tkinter import ttk
root = tk.Tk()                          # 调用 Tk()构造函数创建主窗口对象
lblShow = ttk.Label(root, text = 'Python Tkinter!')
lblShow.pack()                          # 显示 Label
lblShow['foreground'] = 'White'         # 把前景（文字）设置为白色
lblShow['background'] = 'Gray'          # 把背景设置为灰色
# lblShow.config(foreground = 'White', background = 'Gray')
```

示例结果如图 15-6 所示。

图 15-6

### 范例程序 CH1501.py

创建一个主窗口对象 root，并调用 pack()方法来显示标签对象。

步骤 **01** 编写如下程序代码：

```
01 import tkinter as tk
```

```
02 from tkinter import ttk
03 root = tk.Tk()                    # 创建主窗口
04 lblShow = ttk.Label(root, text = 'Hello Python! ')
05 lblShow.config(width = 20, foreground = 'White',
06   background = 'LightGray', font = ('Arial', 18))
07 lblShow.pack()        # 调用此方法，标签才会显示在主窗口中
08 root.mainloop()       # 建立消息循环
```

**步骤 02** 保存该程序文件，按 F5 键执行该程序，执行结果如图 15-7 所示。

图 15-7

**程序说明：**

- 第 01 行，导入 Tkinter 模块时，模块名的第一个字母必须小写。
- 第 04 行，创建标签对象，构造函数 Label() 的第 1 个参数必须包含主窗口对象，所以是 root，属性 text 存储标签要显示的文字 "Hello Python! "。
- 第 05、06 行，要加入标签的其他属性，可调用 config() 方法，如把前景（属性 foreground）设置为白色，把背景（background）设置为灰色，宽度（width）设置为 20；属性 font 可以指定字体并设置字号的大小。
- 第 07 行，调用 pack() 方法将标签放入主窗口对象进行版面配置，若未调用 pack() 方法，则标签就无法在主窗口对象中显示出来。

## 15.1.3  编写一个简单的窗口程序

本小节编写一个简单的窗口程序，在主窗口的标题栏显示文字，并扩展原有版面的高度和宽度。

**范例程序 CH1502.py**

**步骤 01** 编写如下程序代码：

```
01 import tkinter as tk
02 from tkinter import ttk
03 class appWork(tk.Tk):
04   def __init__(self):
05     super().__init__()          # super()函数调用父类
06     self.title('CH1503')        # 显示在窗口标题栏上
07     lblShow = ttk.Label(self,
08         text = 'Python is great fun!')
09     lblShow.pack(fill = tk.BOTH, expand = 1,
10         padx = 100, pady = 50)
11 work = appWork()    # 创建主窗口对象
12 work.mainloop()     # 窗口消息初始化
```

**步骤 02** 保存该程序文件，按 F5 键执行该程序，执行结果如图 15-8 所示。

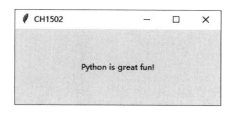

图 15-8

**程序说明：**

- 第 03~10 行，定义子类 appWork，它继承自 Tk 组件。
- 第 05 行，super()方法调用 Tk 组件的相关方法。
- 第 07、08 行，Label()构造函数的第 1 个参数 parent 用 self 取代。
- 第 09、10 行，在版面管理下，标签向 x、y 两个方向扩展（tk.BOTH），指定增加 x = 100 像素，y = 50 像素来增加空白。

# 15.2　版面管理员

创建 GUI 界面时通常要有一个容器来放入一些组件，容器可能是 Tk 类创建的主窗口对象。表 15-1 列举了 Tkinter 的组件，下面就来介绍它们的相关属性和方法。

## 15.2.1　Frame 为容器

除了主窗口之外，通常会以 Frame（框架）作为基本容器来管理相关组件。它的语法如下：

```
wnd = Frame(master = None, option, ...)
```

**参数说明：**

- master: 父类的组件。
- option: 可选参数，可参考表 15-2 中的说明。

Frame 组件中的参数 option 大概分为标准和特殊两大项，大部分是与 Frame 类有关的属性，如表 15-2 所示。

表15-2　Frame组件有关的属性

| 属　　性 | 说明（*表示它是特殊的属性） |
| --- | --- |
| cursor | 鼠标停留在 Frame 时所显示的指针形状 |
| padding | 组件与容器的距离 |
| style | 调用 ttk.Style()构造函数设置组件的相关属性值，用法可参考第 15.3.1 节 |
| relief * | 设置框线样式，默认值为 'flat' 或 FLAT |
| borderwidth * | 设框线宽度 |
| height* | Frame 的高度 |
| width* | Frame 的宽度 |

由于 Frame 为容器，因此加入的组件若要与 Frame 之间保持间距，可使用属性 padding。示例如下：

```
wnd = Tk()    # 创建主窗口对象
frame = ttk.Frame(wnd, borderwidth = 10,
            width = 300, height = 200,
            relief = 'raised', padding = (5, 8, 12, 15))
frame.pack()
one = ttk.Label(frame, text = 'Left', relief = 'groove')
one.pack(side = 'left')
```

**示例说明：**

（1）对象 frame 加入主窗口，而标签对象加入 frame 对象。

（2）Frame 的属性 padding 是组件与 frame 的间距，其中的值 "left = 5" "top = 8" "right = 12" 和 "bottom = 15"，如图 15-9 所示。若 "frame['padding'] = (2, 4)" 表示左、右的间距值是 2 px（pixel，即像素），上、下的间距值是 4 px。若 "frame['padding']= 2" 表示左、上、右、下的间距值都是 2 px。

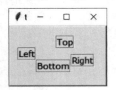

图 15-9

Frame 组件可以通过属性 borderwidth 来设置框线粗细。不过若只有框线则无法获取相应的效果，还要搭配属性 relief 进一步设置框线样式（有关于 relief 的属性值可参考范例程序 CH1505.py）。

可把 Frame 视为 Tk 的组件，它可以作为容器来容纳其他组件，例如标签（Label）、按钮（Button）等。因此要创建主窗口对象，以 Frame 为父类，wndApp 是继承 Frame 类的子类。

**范例程序 CH1503.py**

子类 wndApp 继承自 Frame 类，而 Frame 类在初始化过程中会调用自己的 __init__()方法，所以形成的主窗口内有 Frame，而 Frame 内左、右各有一个按钮（Button），单击左侧按钮会显示出今天的日期，单击右侧按钮则会关闭主窗口。

**步骤 01** 编写如下程序代码：

```
01 import tkinter as tk
02 from tkinter import ttk
03 from datetime import date
04 class wndApp(ttk.Frame):    # 定义子类，继承自父类 Frame
05   def __init__(self, ruler = None):
06     ttk.Frame.__init__(self, ruler)
07     self.pack()
08     self.makeComponent()
09   def makeComponent(self): # 定义方法，建立两个按钮
10     self.atDay = ttk.Button(self,
11         text = '我是 按钮\n(Click Me ...)',
12         command = self.display)
13     self.atDay.pack(side = 'left')
14     self.QUIT = ttk.Button(self, text = 'QUIT',
15       command = wnd.destroy)
```

```
16        self.QUIT.pack(side = 'right')
17   def display(self):    # 定义方法，单击鼠标显示今天的日期
18        today = date.today()
19        print('Day is', today)
20  wnd = tk.Tk()              # 创建主窗口对象
21  wnd.title('CH1503')        # 标题栏显示文字
22  wndApp()
23  wnd.mainloop()             # 消息循环
```

**步骤 02** 保存该程序文件，按 F5 键执行该程序，执行结果如图 15-10 所示。

图 15-10

**程序说明：**

- 第 04~19 行，定义子类 wndApp，它继承自 Frame 类。它有三个方法：__init__()、makeComponent()、display()。
- 第 05~08 行，定义 wndApp 类的 __init__()方法。Frame 是容器，初始化时会去调用主窗口对象（wnd）并把自己以 pack()方法加入主窗口版面，如此才能调用 makeComponent()方法来加入两个按钮。
- 第 09~16 行，makeComponent()方法用来设置组件的相关属性值，目前有两个按钮分置于 Frame 的左、右两侧。按钮中的属性 text 可用来设置显示在按钮上的文字；command 则用来调用方法，对应单击按钮后所要执行的程序。
- 第 10~12 行，左侧按钮是单击鼠标之后会在画面上显示出今天的日期，即属性 command 会调用 display()方法。
- 第 14~16 行，右侧按钮则去调用 destroy()方法，单击鼠标后会关闭主窗口并释放占用的系统资源。
- 第 22 行，wndApp 类会以主窗口对象为参数进行初始化，然后加入 Frame 组件，再由 Frame 加入两个按钮。

由"root = Tk()"语句创建主窗口对象之后，可以调用与主窗口相关的方法，这些方法可参考表 15-3。

表15-3　与主窗口对象有关的方法

| 方　　法 | 说　　明 |
|---|---|
| attributes() | 变更属性，如透明度或独占模式 |
| iconbitmap('图标名.ico') | 变更主窗口左上角的徽标图 |
| title('str') | 在主窗口对象标题栏中显示文字，例如 "root.title('Python GUI')" |
| resizable(FALSE, FALSE) | 重设主窗口对象的大小 |

（续表）

| 方　法 | 说　明 |
|---|---|
| minsize(width, height) | 主窗口对象最小化时的宽和高 |
| maxsize(width, height) | 主窗口对象最大化时的宽和高 |
| mainloop() | 创建主窗口环境让子组件能起作用 |
| destroy() | 清除主窗口对象，释放占用的系统资源 |

变更主窗口对象左上角的徽标图，如图 15-11 所示。

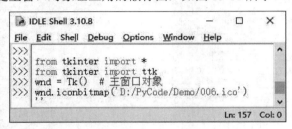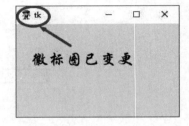

图 15-11

创建的主窗口对象可以调整大小，可以调用方法 maxsize()和 minsize()让窗口的大小在某个范围内，示例如下：

```
from tkinter import *
from tkinter import ttk
wnd = Tk()      # 主窗口对象
wnd.iconbitmap('../Demo/006.ico')    # 回到上一级目录下的 Demo 目录
wnd.maxsize(500, 500)                # 主窗口最大
wnd.minsize(200, 200)                # 主窗口最小
wnd.attributes('-alpha', 0.5)        # 把主窗口设成半透明状
```

窗口方法 attributes()的参数 alpha 值为 1.0~0.0，表示对象的透明度，值越小透明度越高，1 表示不透明，示例程序执行的效果如图 15-12 所示。

图 15-12

与窗口状态有关的方法有以下三个，三个方法之间彼此互斥，也无法与 geometry()方法同时使用。

● state('str')方法：以字符串方式设置窗口的显示状态。
● iconify()方法：将主窗口对象最小化到任务栏

- deiconify()方法：从任务栏还原窗口。

要设置主窗口的大小和位置，可调用方法 geometry()，它的语法如下：

```
geometry('width×height±x±y')
```

参数的 width（宽）、height（高）、x、y（坐标）都以像素为单位，所代表的意义如图 15-13 所示。x 为正值表示会靠近屏幕左侧，右侧则使用负值；参数 y 为正值表示接近顶端，靠近底部则使用负值。

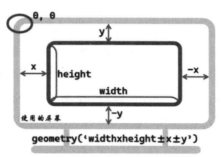

图 15-13

示例：把窗口大小设置为 150×120。

```
from tkinter import *
from tkinter import ttk
wnd = Tk()    # 主窗口对象
wnd.geometry('150x120+25-100')
```

**示 例 说 明：**

参数 x 是正值 25，主窗口出现于屏幕左侧；参数 y 是负值-100，则主窗口接近屏幕底部。执行这段示例程序，主窗口会在屏幕左下角的位置。

若希望保持固定的窗口大小，不能自行重设大小的话，可调用方法 resizable()，它的默认值"resizable(True, True)"表示可以自行调整，若把它变更为"resizable(False, False)"或"resizable(0, 0)"，就无法自行重设大小。Python 较为特别之处是 True 能以数值 1 来表示，而 False 能以数值 0 来表示。

**范例程序 CH1504.py**

调用 geometry()方法设置主窗口对象的宽和高，并以 x、y 坐标作为它的位置。

**步骤01** 编写如下程序代码：

```
01 import tkinter as tk
02 from tkinter import ttk
03 wnd = tk.Tk()          # 创建主窗口对象
04 wnd.title('CH1504')     # 标题栏要显示的文字
05 wnd.geometry('230x90+5+40')     # 设置主窗口宽、高和位置（x, y 坐标）
06 ttk.Label(wnd, text = 'Label: First',
07       background = 'skyblue').pack()
08 ttk.Label(wnd, text ='Label: Second',
09       background = 'pink').pack()
10 wnd.mainloop()
```

步骤 02 保存该程序文件，按 F5 键执行该程序，执行结果如图 15-14 所示。

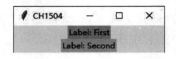

图 15-14

**程序说明：**

- 第 04 行，要在主窗口标题栏显示文字，则由主窗口对象调用 title()方法。
- 第 05 行，方法 geometry()用于设置主窗口大小，要以字符串方式设置窗口的宽、高和坐标（x 和 y）。由于 x、y 坐标为正值，因此主窗口会出现在屏幕左上角的位置。
- 第 06~09 行，创建两个标签，构造函数 Label()的第一个参数是主窗口对象 wnd。

Frame 组件提供的框线样式的属性 relief 共有 6 个常数值：RAISED、FLAT、SUNKEN、RAISED、GROOVE 和 RIDGE。设置时英文可以全部为大写"relief = SUNKEN"，也可以全部为小写"relief = 'sunken'"，但必须以字符串方式设置参数值。除了 Frame 组件外，Label 也含有 relief 属性，下面通过范例程序来说明。

### 范例程序 CH1505.py

以标签为主设置框线样式，属性 relief 配合常数值可以设置不同的框线样式。

步骤 01 编写如下程序代码：

```
01 import tkinter as tk
02 from tkinter import ttk
03 # relief 常数值以列表对象来存储
04 easyup = [tk.RAISED, tk.SUNKEN, tk.FLAT,
05           tk.RIDGE, tk.GROOVE, tk.SOLID]
06 class appWork(ttk.Frame):
07   def __init__(self, master = None):
08     ttk.Frame.__init__(self, master)
09     for item in easyup:    # 读取 relief 常数值
10       fm = ttk.Frame(master, borderwidth = 2,
11           relief = item)
12       lblLeft = ttk.Label(fm, text = item, width = 5)
13       lblLeft.pack(side = 'left')
14       fm.pack(side = 'left', padx = 2, pady = 10)
15 work = appWork()    # 创建主窗口对象
16 work.master.title('CH1505 - relief 常数值')    # 显示在标题栏上
17 work.master.maxsize(1000, 400)
18 work.mainloop()    # 窗口消息初始化
```

步骤 02 保存该程序文件，按 F5 键执行该程序，执行结果如图 15-15 所示。

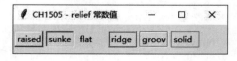

图 15-15

**程序说明:**

- 第 04、05 行，列表对象存储属性 relief 的常数值，它可以成为 for 循环的迭代变量 item 和标签组件 text 属性的属性值。
- 第 06~14 行，定义子类 appWork，组件 Frame 和标签在初始化时也一同创建。
- 第 09~14 行，for 循环读取列表对象的元素，将 Frame 的框线宽度（bd）设置为 2，并以属性 relief 读取 item。
- 第 12 行，设置标签的宽度（width）为 5，属性 text 获取变量 relief 的存储值。
- 第 14 行，把标签纳入版面，padx 值为组件之间的水平距离，pady 值为垂直间距。

## 15.2.2　版面配置——pack()方法

前面各节的范例程序都是先创建组件再调用 pack()方法，由 Tkinter 模块自行决定加入组件的位置。为了让版面排版的效果更佳，Tkinter 模块提供了 Geometry Managers（几何管理器），其中有三种方法：

- pack()方法：由系统自己决定（无参数），或者以参数 side 设置组件的位置。
- grid()方法：通过指定行、列的属性来放置各个组件。
- place()方法：通过坐标值来设置组件的位置。

调用 pack()方法来进行版面管理绝对是最简单的方式，通过参数来指定组件的位置，如图 15-16 所示。

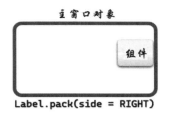

图 15-16

pack()方法也可以不含参数，让多个组件纵向排列（垂直排列）。pack()方法的语法如下：

```
pack(**options)
```

- **options: 可选参数，表示参数可根据需求加入。

在 pack()方法中，对版面较有影响的 4 个参数为 anchor、side、fill、expand（见图 15-17）。

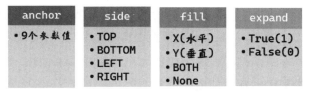

图 15-17

### 1. 参数 anchor 设置组件的对齐方式

参数 anchor 有 9 个参数值：n、ne、e、se、s、sw、w、nw 和 center，用来设置组件的对齐方式，以下列九宫格标示了这些参数值及其位置含义。

| nw | n | ne |
| --- | --- | --- |
| w | center | e |
| sw | s | se |

### 范例程序 CH1506.py

如何对多个组件进行版面的配置？调用没有参数的 pack() 方法，加入的三个标签会自上而下排列，而且受到参数 anchor 默认值的影响，会以 CENTER（居中）对齐为原则。

**步骤01** 编写如下程序代码：

```
01 import tkinter as tk
02 from tkinter import ttk
03 class DemoPack:
04   def __init__(self, parent):
05     ttk.Label(parent, text = 'Red', background = 'Red',
06         foreground = 'White').pack()
07     ttk.Label(parent, text = 'Green',
08       background = 'Green', foreground = 'White').pack()
09     ttk.Label(parent, text = 'Blue',
10       background = 'Blue', foreground = 'White').pack()
11 def main():
12   root = tk.Tk()
13   root.title('无参数pack()')          # 设置标题栏
14   root.geometry('200x80')
15   showApp = DemoPack(root)
16   root.mainloop()
17 main()
```

**步骤02** 保存该程序文件，按 F5 键执行该程序，执行结果如图 15-18 所示。

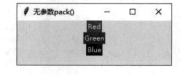

图 15-18

**程序说明：**

- 第 03~10 行，定义类 DemoPack，再分别用 Label() 构造函数创建 3 个标签。
- 第 05~10 行，分别设置三个标签的显示文字（text）、背景色（background）和前景色（foreground）。这些以 Label() 构造函数设置的标签可以直接调用 pack() 方法来纳入版面并显示出来。

### 2. 参数 side 用来设置组件在主窗口的位置

pack() 方法的参数 side 用来设置组件在主窗口的位置，共有 4 个参数值：top（顶），bottom（底），left（左）和 right（右）。同样，它们也可以用常数（字母全部大写的标识符）和字符串（单引号或双引号内的字母全部小写）来表示。

当 pack()方法含有参数时，语句较长，可以先赋值给对象，再通过对象来调用 pack()方法进行配置。示例如下：

```
# 同一条语句
ttk.Label(parent, text='Red', bg='red', fg='white').pack(side='right', padx=5)
# 使用对象变量，再通过 "." 访问符来调用方法 pack()
lblOne = ttk.Label(parent, text = 'Red', bg = 'red', fg = 'white')
lblOne.pack(side = 'right', padx = 5)
```

### 示例说明：

（1）在同一条语句中，先以构造函数 Label()创建标签，再以 "." 访问符来调用 pack()方法。

（2）由于在同一条语句中编写太长了，因此可以把 Label()构造函数产生的对象赋值给 lblOne 对象，再调用 pack()方法即可。

### 范例程序 CH1507.py

pack()方法中除了加入参数 side 之外，为了让组件之间保持一定的水平间距，可以用参数 padx 进行设置和调整，要保持与窗口顶端的距离，自然是用参数 pady 来设置和调整。

**步骤01** 编写如下程序代码：

```
01 import tkinter as tk
02 from tkinter import ttk
03 class DemoPack:
04   def  init  (self, parent):
05      lblOne = ttk.Label(parent, text = 'Red',
06        background = 'red', foreground = 'white')
07      lblOne.pack(side = 'right', padx = 5)
08      lblTwo = ttk.Label(parent, text = 'Green',
09          background = 'green', foreground = 'white')
10      lblTwo.pack(side = 'right', padx = 5, pady = 10)
11      lblThree = ttk.Label(parent, text = 'Blue',
12          background = 'blue', foreground = 'white')
13      lblThree.pack(side = 'right')
14 def main():
15    root = tk.Tk()
16    root.title('pack() 参数 side')    # 设置标题栏
17    root.geometry('200x80')
18    showApp = DemoPack(root)
19    root.mainloop()
20 main()
```

**步骤02** 保存该程序文件，按 F5 键执行该程序，执行结果如图 15-19 所示。

图 15-19

### 程序说明：

● 第 03~13 行，定义类 DemoPack，初始化过程并创建标签。

● 第 05~13 行，三个标签都调用 pack()方法以纳入版面管理，参数 side 都设置为相同的值'right'；

第二个标签 lblTwo 调用 pack()方法时加入水平和垂直间距。再进一步设置标签的显示文字（text）、背景色（background）和前景色（foreground）。

- 第 05、06 行，由执行结果可知，红色标签第一个调用 pack()方法并加入参数值 'right'，所以它是右侧的第一个。
- 第 07、09 行，按序第二个是绿色标签。由于加入了水平间距"padx = 5"，因此标签之间互有间距；垂直间距"pady = 10"则给出了它们与父窗口顶端的距离。

### 3. 参数 fill 用于填满父窗口的空间

pack()方法的参数 fill 用于确定组件是否要填满 master（父）窗口。它有 4 个参数值：none（无）、x（水平填满）、y（垂直填满）、both（水平和垂直都填满），默认值为 none。

### 范例程序 CH1508.py

```
# 省略部分程序代码
# 设置标签的显示文字、背景色和前景色
lblOne = ttk.Label(root, text = 'Red', background = 'red',
        foreground = 'white').pack(fill = tk.X)    # 加入版面
```

**程序说明：**

- 第一个标签调用 pack()方法，加入参数 fill 设置为水平填满，因此红色会填满整个父窗口空间，默认的文字会自动靠左对齐（见图 15-20）。

图 15-20

### 4. 参数 expand 延伸父窗口空间

pack()方法的参数 expend 用于通过组件延伸父窗口的空间。在延伸空间之后，父窗口内的组件会重新调整位置。不过，参数 expand 不能单独使用，必须配合参数 side 或 fill 一起使用。

### 范例程序 CH1509.py

```
# 省略部分程序代码
tk.Label(root, text = 'Red', background = 'red',
        foreground = 'white').pack(fill = tk.BOTH,
        side = 'left', expand = 1)    # 加入版面
```

**程序说明：**

- 红色标签调用 pack()方法，只设参数 side = 'left'，标签会靠近左半部窗口，如图 15-21 所示。
- 红色标签调用 pack()方法，设置参数 side = 'left'和 expand = 1，参数 expand 会重设它的父窗口空间的大小，扩展了 1 倍，红色标签移向左半部窗口的中间位置，如图 15-22 所示。

　　　　　　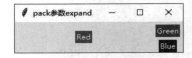

图 15-21　　　　　　　　　　　　　　　图 15-22

- 红色标签调用 pack()方法，设置参数 fill = tk.BOTH，side = 'left' 和 expand = 1，所以红色标签会扩展 1 倍，填满左半部窗口，如图 15-23 所示。

图 15-23

pack()方法的参数：fill 和 side。

它们都会影响组件的位置，由于彼此之间会有牵制，因此最好不要同时使用它们，以免让版面效果大打折扣。

### 15.2.3　grid()方法以行和列来设置位置

grid()方法简单地讲就是以画格子的方法来设置版面，以行和列（即二维表格）的方式来决定组件的位置（见图 15-24）。下面为几个较为常用的位置参数：

- column（列）：设置数值来决定水平的位置，值从 0 开始。
- row（行）：设置数值来决定垂直的位置，值从 0 开始。
- columnspam 和 rowspam：用来合并行、列。
- sticky：组件的对齐方式，它的设置值可参考前文所介绍的 anchor 属性（见 15.2.2 节），默认居中（center）。

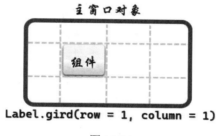

图 15-24

**范例程序 CH1510.py**

将 6 个组件做成如下列表格所示的排列，gird()方法通过行、列进行版面配置；无论是行或列都有 index 值，从 0 开始，所以 "row = 0" 代表第一行。

| Label<br>(row = 0, column = 0) | Entry<br>(row = 0, column = 1) |
|---|---|
| Label<br>(row = 1, column = 0) | Entry<br>(row = 1, column = 1) |
| Button<br>(row = 2, column = 0) | Label<br>(row = 2, column = 1) |

步骤 01 编写如下程序代码：

```
01 import tkinter as tk
02 from tkinter import ttk
03 class showApp:    # 定义类
04   def  init (self, root):      # 初始化
05     self.word = tk.StringVar() # 处理字符串
06     self.w1 = tk.StringVar()
07     self.w2 = tk.StringVar()
08     lblFirst = ttk.Label(root, text = 'First')
09     lblFirst.grid(row = 0, column = 0, sticky = 'w')
10     lblSecond = ttk.Label(root, text = 'Second')
11     lblSecond.grid(row = 1, column = 0, sticky = 'w')
12     # 显示标签
13     lblThree = ttk.Label(root, textvariable = self.word)
14     lblThree.grid(row = 2, column = 1)
15     one = ttk.Entry(root, width = 10,
16       textvariable = self.w1)
17     one.grid(row = 0, column =1)
18     two = ttk.Entry(root, width = 10,
19       textvariable = self.w2)
20     two.grid(row = 1, column =1)
21     one.focus()                # 获取输入焦点
22     btnShow = ttk.Button(root, text = '显示',
23       command = self.show)
24     btnShow.grid(row = 2, column = 0)
25   def show(self, *args):     # 定义函数用于响应与按钮操作相关的消息
26     value = self.w1.get() + self.w2.get()
27     self.word.set(value)
28 def main():
29   wnd = tk.Tk()      # 创建主窗口对象
30   showApp(wnd)       # 主窗口对象再由类传入
31   wnd.title('grid()方法')
32   wnd.mainloop()
33 main()
```

步骤 02　保存该程序文件，按 F5 键执行该程序，执行结果如图 15-25 所示。

图 15-25

**程序说明：**

- 第 03~27 行，定义类 showApp 来创建各个组件。
- 第 05~07 行，StringVar()方法用来处理字符串变量，获取单行文本框输入的字符串。
- 第 08~14 行，三个标签调用 grid()方法，把标签位置设在第 1~3 行，sticky 属性用于设置左对齐。
- 第 13 行，在 Label()构造函数中，参数 "textvariable = self.word" 必须先声明 StringVar() 方法，定义用于显示的方法 show()再以标签显示 word 变量存储的结果。
- 第 15~20 行，有两个单行文本框 Entry，以 row（行）和 column（列）来设置它们的位置。同样地，构造函数 Entry()的参数 "textvariable = self.w1" 获取输入的字符串，再由 show() 方法显示出来。

- 第 22、23 行，单击按钮后必须有响应，因此 Button() 构造函数的参数 "command = self.show" 会调用已定义好的方法 show()。
- 第 25~27 行，定义方法 show()，用 get() 方法获取两个字符串 w1 和 w2，再把这两个字符串串接起来用 set() 方法进行设置。

## 15.2.4　以坐标来定位的 place() 方法

place() 方法以 x、y 坐标来设定组件的位置，配合属性 relwidth 和 relheight 还能分割窗口，下面来看看相应的参数。

- anchor：对齐方式，默认值为 nw（左上角）。
- bordermode：设置框线模式。
- x：组件左上角的 x 坐标。
- y：组件左上角的 y 坐标。
- relx：相对于窗口的 x 坐标，值为 0~1 的小数，默认值为 0。
- rely：相对于窗口的 y 坐标，值为 0~1 的小数，默认值为 0。
- relwidth 和 relheight：可设置分割值以进行水平或垂直分割。
- width 和 height：设置组件的宽度和高度。

**范例程序 CH1511.py**

将 Frame 水平分割成上、下两部分。

**步骤 01** 编写如下程序代码：

```
01 import tkinter as tk
02 from tkinter import ttk
03 wnd = tk.Tk()                          # 建立主窗口对象
04 wnd.geometry('200x150')                # 设置主窗口大小
05 wnd.resizable(0, 0)                    # 无法自行调整窗口大小
06
07 #产生 Frame，调用 place() 方法，通过 split 值做水平分割
08 f1 = ttk.Frame(wnd, borderwidth = 5, relief = 'groove')
09 split = 0.4   # 分割值
10 f1.place(rely = 0, relwidth = 1, relheight = split)
```

**步骤 02** 保存该程序文件，按 F5 键执行该程序，执行结果如图 15-26 所示。

图 15-26

**程序说明：**

- 第 05 行，设置方法 resizable() 的参数 width 和 height 为 0，表示创建的主窗口对象无法自行调整大小。

● 第9、10行，设置分割值，将 Frame 加入主窗口之后调用 replace()方法，设置参数 "relheight = split" 进行水平分割，其中上半部占主窗口的 40%（即 0.4）。

创建组件之后，还可以调用 place()方法，通过参数 width 和 height 来设置组件的大小，如图 15-27 所示。

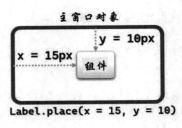

主窗口对象

```
          y = 10px
x = 15px
          组件
```

Label.place(x = 15, y = 10)

图 15-27

### 范例程序 CH1512.py

把两个标签加入主窗口之后，调用 place()方法定位它们，再以宽（width）和高（height）来设标签的大小。

**步骤01** 编写如下程序代码：

```
01 import tkinter  as tk
02 from tkinter import ttk
03 wnd = tk.Tk()                  # 创建主窗口对象
04 wnd.geometry('250x100')        # 把窗口的大小设置为 250×100
05 wnd.title('place()方法')
06 # 标签——设置背景色
07 t1 = ttk.Label(wnd, text = 'First',
08     background = 'white',)
09 t2 = ttk.Label(wnd, text = 'Second',
10     background = 'LightGray',)
11 t1.place(relx = 0.2, x = 0, y = 2,
12        width = 120, height = 28)
13 t2.place(relx = 0.2, x = 1, y = 35,
14        width = 120, height = 28)
```

**步骤02** 保存该程序文件，按 F5 键执行该程序，执行结果如图 15-28 所示。

图 15-28

**程序说明：**

● 第 11~14 行，两个标签分别调用 place()方法，通过 x、y 坐标的值来设置位置，并通过 width 和 height 参数来设置标签的大小。

需要注意的是，用来处理版面的 pack()、grid()和 place()方法不能在同一个版面上使用，它会造成排版冲突。

# 15.3　处理文字的组件

在处理文字时，可以用 Label（标签）组件来显示文字，用 Entry（输入框）组件来接收单行文字，用 Text（文本框）组件来接收多行文字。

## 15.3.1　Label 组件

在前面的范例中使用了不少标签。Label 组件的作用就是显示文字，下面先来认识它的构造函数的语法：

```
w = tk.Label(parent, option, ...)
```

**参数说明：**

- parent：要加入的容器。
- option：可选参数，分为标准和特殊两类，具体可参考表 15-4 的说明。

**表15-4　Label类的属性**

| 属　　性 | 说明（属性有*表明它是特殊可选参数） |
|---|---|
| compound | 标签同时含有 text 和 image 两个属性的设置 |
| image | 标签指定的图像 |
| padding | 设置间距 |
| state | 设置标签的状态 |
| style | 调用 tk.Style()构造函数来设置组件的相关属性 |
| text | 标签中要显示的文字，使用"\n"进行换行 |
| textvariable | 获取 StringVar()存储的值 |
| width | 标签的宽度 |
| anchor* | 标签中文字的对齐方式 |
| background* | 设置背景色 |
| foreground* | 设置前景色 |
| font* | 设置标签的字体 |
| justify* | 标签若有多行文字所采用的对齐方式，有 left、center、right |
| relief* | 框线样式 |
| wraplength* | 多行文字时自动换行的最大长度 |

要在标签中显示图像，可以调用 tk.PhotoImage()构造函数，给予图像的存储路径，它支持的格式包含 PGM、PPM、GIF 和 PNG 等。示例如下：

```
# 参考范例程序 CH1513.py
photo = tk.PhotoImage(file = 'D:/PyCode/Demo/pic01.png')
ttk.Label(wnd, image = photo)   # 以标签显示图像
```

**示例说明：**

（1）photo 图像对象以参数 file 指定路径并创建图像。

（2）在标签内由属性 image 指定要显示的图像。

当标签同时含有属性 text 和 image 时，可以使用 compound 属性做进一步的设置，相关属性值如下：

- None：默认值。有图像就显示它，不然就显示文字。
- text：只显示文字。
- image：只显示图像。
- top、bottom、left、right：指定图像显示的位置，可在文字的上、下、左、右。

要在标签上设置字体，一般会以元组来表示字体的各个设置值。示例如下：

```
font =('Verdana', 14, 'bold', 'italic')
```

**示例说明：**

元组的元素顺序是字体名、字体的大小（字号）、字体样式。字体的大小以数值表示，字体样式中可以加入粗体（bold）和斜体（italic）。除了字体的大小之外，字体的其他设置值都要采用字符串形式。

标签的属性 style 可以调用构造函数 Style()配合 configure()方法设置相关的属性值，configure()方法的语法如下：

```
configure(style, query_opt = None, **kw)
```

- style：要设置的样式名称，以字符串表示。

**范例程序 CH1513.py**

调用构造函数 Style()并以方法 configure()设置标签的相关属性。

```
ttk.Style().configure('Left.Label', width = 8,
    justify = 'center', wrapLength = 120,
    foreground = '#000', relief = 'groove',
    background = '#DDD', font = ('Arial', 14))
    one = ttk.Label(wnd, text = 'Hello\nPython',
    style = 'Left.Label')
```

**程序说明：**

- 调用构造函数 Style()并调用 configure()方法，这里第一个参数先给予样式名称 Left.Label，属性 justify 可将标签的多行文字居中对齐，用 wrapLength 设置多行文字的长度，并可设置前景色、背景色和框线样式。
- 设置自动换行的长度，属性 wraplength（全部为小写字母）、WrapLength（W 和 L 是大写字母）或 wrapLength（只有 L 为大写字母）都可以使用。

在 Python Shell 交互模式中查看 configure()方法的用法，参考图 15-29~图 15-32 中的示例。

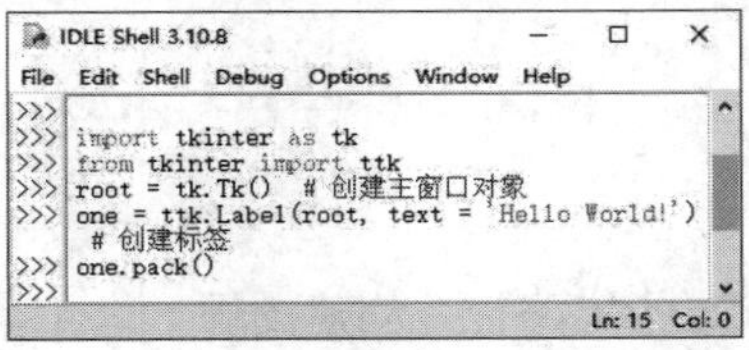

图 15-29

- 调用 Label()构造函数创建标签对象，有两个参数不能省略：第一个是标签要加入的容器，这里是主窗口对象 root；第二个是标签上要显示的文字 text。
- 当标签对象 one 调用了 pack()方法后，主窗口就会随标签调整它的大小，如图 15-30 所示。

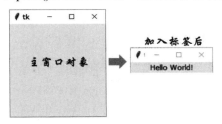

图 15-30

当标签调用了 pack()方法之后，若要改变显示的文字，可以调用 config()方法，如图 15-31 所示。

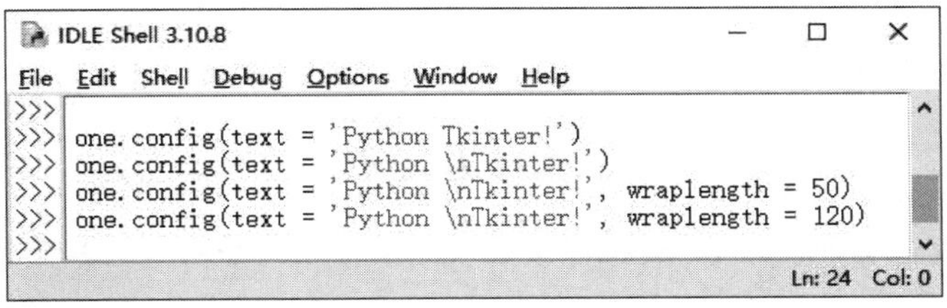

```
IDLE Shell 3.10.8                                    —    □    ×
File  Edit  Shell  Debug  Options  Window  Help
>>>
>>> one.config(text = 'Python Tkinter!')
>>> one.config(text = 'Python \nTkinter!')
>>> one.config(text = 'Python \nTkinter!', wraplength = 50)
>>> one.config(text = 'Python \nTkinter!', wraplength = 120)
>>>
                                              Ln: 24  Col: 0
```

图 15-31

图 15-31 中的示例说明：

（1）调用 config()方法重新指定 text 属性值。
（2）调用 config()方法重新指定 text 属性值并加入换行符“\n”。
（3）标签有两行文字，属性 wraplength 指定自动换行的最大长度（以像素为单位）。

图 15-31 中的示例的执行结果如图 15-32 所示。

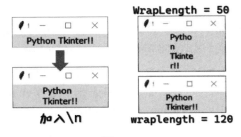

图 15-32

设置标签的前景色和背景色，除了颜色名之外，还可以使用 RGB（红、绿、蓝）的十六进制数来表示，它的语法为 '#RGB'，例如白色为 '#FFF'，黑色为 '#000'，红色为 '#F00'.

### 范例程序 CH1513.py（续）

创建三个标签，并在第三个标签上加载 PNG 格式的图像。

**步骤01** 编写如下程序代码：

```
01 import tkinter as tk
02 from tkinter import ttk
03 wnd = tk.Tk()   # 创建主窗口对象
04 wnd.geometry('235x240')
05 wnd.title('使用 Label')
06 photo = tk.PhotoImage(file = 'D:/PyCode/Demo/pic01.png')
07
08 ttk.Style().configure('Left.Label', width = 8,
09     justify = 'center', wrapLength = 120,
10     foreground = '#000', relief = 'groove',
11     background = '#DDD', font = ('Arial', 14))
12 ttk.Style().configure('Right.Label', width = 10,
13     foreground = '#FFF', relief = 'ridge',
14     background = '#777', font = ('楷体', 20))
15 # 创建三个标签
16 one = ttk.Label(wnd, text = 'Hello\nPython',
17     style = 'Left.Label')
18 two = ttk.Label(wnd, text = '美丽世界',
19     style = 'Right.Label')
20 three = ttk.Label(wnd, image = photo,
21     relief = 'sunken', width = 150)
22 one.grid(row = 0, column = 0)
23 two.grid(row = 0, column = 1)
24 three.grid(columnspan = 2)          # 两列合并为一列
```

**步骤 02** 保存该程序文件，按 F5 键执行该程序，执行结果如图 15-33 所示。

图 15-33

**程序说明：**

- 第 06 行，以 PhotoImage()构造函数来加载图像，图像格式为 PNG，该图像可以与范例程序放在同一个目录或在程序中给予指向该图像文件的完整路径。
- 第 08~14 行，调用 tk.Style()构造函数，配合 configure()方法，设置左、右两个标签的属性，其中的前景色、背景色以 '#RGB' 的形式来表示，属性 font 用于设置字体和字体的大小。
- 第 16、17 行，以构造函数 Label()创建主窗口左侧的标签，属性 style 获取其属性值 Left.Label。
- 第 20、21 行，将获取的图像对象 photo 作为标签的属性 image 的属性值。
- 第 22~24 行，调用 grid()方法对三个标签进行版面设置，属性 columnspan 将两列合并来放置第三个标签。

## 15.3.2　Entry 组件

Entry 组件的作用就是接收用户输入的数据或信息，可以使用 Entry 来接收单行文字的输入。Entry 组件有标准和特殊两类属性，具体可参考表 15-5 的说明。

表15-5　Entry的属性

| 属　　性 | 说明（属性有*表明它是特殊可选参数） |
|---|---|
| Font | 设置 Entry 的字体 |
| foreground, textcolor | 设置前景色 |
| Style | 使用 tk.Style()构造函数来设置组件的相关属性 |
| Relief | 设置框线的样式 |
| xcrollcommand | 是否加入水平或垂直滚动条 |
| justify* | 若有多行文字，对齐方式有 left、center、right |
| invalidcommand | 无效命令 |
| show* | 不显示文字时用于取代这些文字而显示的字符 |
| state* | 指定其状态 |
| textvariable* | 设置变量 |
| width* | 输入框的宽度 |
| validate* | 配合属性 state，有 3 个参数值：normal、 disabled（禁用）和 readonly（只读） |

Entry 组件用于获取用户的输入，若要获取用户输入值，可使用变量配合相关方法来处理不同类型的数据：

- StringVar()：处理字符串。
- IntVar()：处理数值。
- DoublVar()：处理浮点数。
- BooleanVar()：处理布尔值。

这些变量的值可以使用 Entry 的属性 textvariable 来获取，示例如下：

```
data = StringVar()   # 获取密码
ttk.Entry(frMain, textvariable = data)
```

**示例说明：**

（1）先声明变量 data 来存储字符串。

（2）表示 Entry 组件的输入值，由变量 data 获取，再赋值给属性 textvariable。

**范例程序 CH1514.py**

在 Entry 输入的文字使用属性 show 来隐藏原有字符，而以其他字符来显示。各组件及其位置如下列表格所示。

| Label | Entry |
|---|---|
| (row = 0, column = 0) | (row = 0, column = 1) |
| Button | Label |
| (row = 1, column = 0) | (row = 1, column = 1) |

**步骤01** 编写如下程序代码：

```
01 from tkinter import *
02 from tkinter import ttk
03 class workApp():
04   def __init__(self, root):
```

```
05        root.title('Entry 组件')
06        self.data = StringVar()      # 获取密码
07        self.pwd = StringVar()       # 显示密码
08        frMain = ttk.Frame(root, padding = '3 3 5 5')
09        frMain.grid(column = 0, row = 0,
10           sticky = (N, W, E, S))
11        self.makeComponent(frMain)
12     def makeComponent(self, frMain):      # 定义方法
13        lblOne = ttk.Label(frMain, text = '通关密语: ',
14              font = ('楷体', 14))
15        lblTwo = ttk.Label(frMain, textvariable = self.pwd)
16        inputPwd = ttk.Entry(frMain, show = '*',
17              textvariable = self.data, width = 11)
18        btnSend = ttk.Button(frMain, text = '确认',
19              command = self.callBack)
20        lblOne.grid(row = 0, column = 0, sticky = W)
21        inputPwd.grid(row = 0, column = 1, sticky = E)
22        btnSend.grid(row = 1, column = 0, sticky = (W, E))
23        lblTwo.grid(row = 1, column = 1, sticky = E)
24        inputPwd.focus()              # 获取输入焦点
25     def callBack(self, *args):       # 定义方法
26        value = self.data.get()       # 获取 Entry 输入密码
27        self.pwd.set('密码: ' + value)
28 wnd = Tk()    # 创建主窗口对象
29 workApp(wnd)
30 wnd.mainloop()
```

**步骤 02** 保存该程序文件，按 F5 键执行该程序，执行结果如图 15-34 所示。

图 15-34

**程序说明：**

- 第 03~28 行，定义类 workApp，除了初始化对象外，方法 makeComponent()用于创建组件，callBack()用于响应消息。

- 第 08、09 行，Frame 加入主窗口，其他组件加入 Frame，属性 padding 用于设置与其他组件的间距。

- 第 12~24 行，定义方法 makeComponent()，用于设置标签、输入框和按钮。

- 第 13~15 行，创建两个标签，其中 lblTwo 对象显示输入的密码，所以加入字符串变量 "textvariable = self.pwd"。

- 第 16、17 行，调用 Entry()构造函数创建 Entry 组件，第一个参数必须指定 Frame 对象 frMain，属性 show 设置为 "*" 表示输入的字符会以星号显示。

- 第 18、19 行，创建 Button 组件，设置参数 "command = self.callBack"，表示单击按钮后会去调用函数 callBack()显示所输入的密码。

- 第 20~24 行，把创建的各个组件以 grid()方法进行版面设置，并加入 sticky 属性来指定具体的版面位置。

- 第 25~27 行，定义函数 callBack()获取按钮属性 Command 的信息，方法 data.get()获取 Entry 输入的密码再由 pwd.set()方法以字符串返回给 lblTwo 对象，并显示字符串的内容。

## 15.3.3　Text 组件

Text 组件用来接收多行文字，它的属性和 Entry 组件的属性大多相同。Text 类常用的方法如下：

（1）delete(start, end = None)方法：用来删除从参数 start（开始）到参数 end（结束）之间的字符。

（2）insert(index, text, *tags)方法：用来插入字符。

- index：按索引值插入字符。有 3 个常数值：insert、current（当前位置）和 end（最后一个字符）。
- text：要插入的字符。
- tags：自定义方法。它把相关属性集结后再给予名称，调用 Text 对象的其他方法时，可使用这个指定的名称。

参数 Tags 自定义方法的示例如下：

```
text.tag config('n', background = 'yellow', foreground = 'red')
text.insert(contents, ('n' , "a"))
```

**示例说明：**

（1）　'n' 是要传递的名称，须以字符串形式返回；然后以"属性=属性值"进行设置。属性 background、foreground 和 borderwidth 必须使用完整的名称。

（2）调用组件的 insert()方法，可以加入指定的名称 'n'。

**范例程序 CH1515.py**

调用 Text 组件的方法 insert()来插入字符串，并调用方法 config()设置字体和对齐方式。

**步骤 01** 编写如下程序代码：

```
01 import tkinter as tk
02 from tkinter import ttk
03 root = tk.Tk()          # 主窗口对象
04 root.title('Text 组件')
05 txt = tk.Text(root, width = 45, height = 10)
06 txt.pack(padx = 5, pady = 5)
07 # 设置 Text 的属性
08 txt.tag config('ft bold',
09     font =('Verdana', 14, 'bold', 'italic'))
10 txt.tag config('title', justify = 'center',
11     underline= 1, font =('Arial', 24, 'bold'))
12 txt.tag_config('tine', foreground = 'blue',
13     font = ('Lucida Bright', 14))
14 txt.tag config('bd', relief = 'groove',
15     borderwidth = 4, font = ('Levenim MT', 20))
16 # insert()方法从最后一个字符插入字符串
17 txt.insert('end', 'A Coat\n', 'title')
18 txt.insert('end', 'I made my song a coat\n', 'ft_bold')
19 txt.insert('end', 'Covered with embroideries\n', 'tine')
20 txt.insert('end', 'From heel to throat\n', 'bd')
21 root.mainloop()
```

**步骤 02** 保存该程序文件，按 F5 键执行该程序，执行结果如图 15-35 所示。

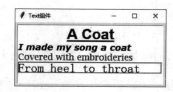

图 15-35

**程序说明：**

- 第 05 行，创建 Text 组件并以宽和高来设置它的大小。
- 第 08、09 行，第一个自定义的 Tags 方法 tag_config，它的名称要以字符串 'ft_bold' 表示，其后为相关属性和属性值的设置，用于指定字体和字体的大小，并指定样式为粗体加斜体。
- 第 10、11 行，第二个自定义的 Tags 方法的名称为 'title'，"underline = 1" 表示文字要加下画线，"justify = 'center'" 则表示文字居中对齐。
- 第 17 行，调用 insert() 方法来插入字符时，第一个参数 end 表示字符从末端插入，名称 title 为参数值，并格式化当前所插入的字符串。

## 15.3.4    Button 组件

Button 组件通常用于指定单击按钮之后所响应的动作。Button 组件的属性有标准和特殊两类，具体可参考表 15-6 中的说明。

表15-6    Button类的属性

| 属　　性 | 说明（属性有*表明它是特殊可选参数） |
|---|---|
| cursor | 鼠标移动到按钮上的指针样式 |
| compound | 同时含有 text 和 image 两个属性，必须进行设置 |
| image | 按钮上显示的图像 |
| state | 按钮状态有 3 种：NORMAL、ACTIVE、DISABLED |
| style | 调用 tk.Style() 构造函数来设置组件的相关属性 |
| text | 组件上要显示的文字 |
| textvariable | 设置变量 |
| width | 组件的宽度 |
| command* | 单击按钮后要调用的回调函数 |
| default* | 根据属性 state 设置按钮的状态为默认值 |

**范例程序 CH1516.py**

认识按钮的 3 种状态。

**步骤01** 编写如下程序代码：

```
01 import tkinter as tk
02 from tkinter import ttk
03 wnd = tk.Tk()
04 wnd.title('Button state...')
05 # 属性 state 的参数值
06 state = ['normal', 'active', 'disabled']
```

```
07 for item in state:
08     btn = ttk.Button(wnd, text = item, state = item)
09     btn.pack()
10 wnd.mainloop()
```

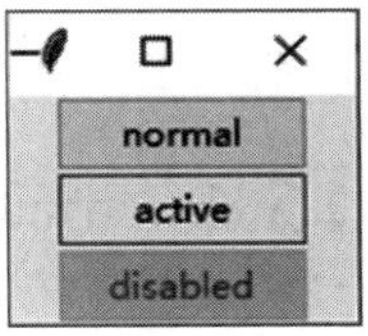

**步骤02** 保存该程序文件，按 F5 键执行该程序，执行结果如图 15-36 所示。

图 15-36

**程序说明：**

- 第 07~09 行，使用 for 循环读取 state 参数值并通过创建的按钮显示它的状态，state 参数中的 disabled 会让按钮呈灰色，表示该按钮被禁用。

### 范例程序 CH1517.py

启动程序后，通过标签累计数值，单击按钮后调用 destroy()方法停止程序的执行。

**步骤01** 编写如下程序代码：

```
01 import tkinter as tk
02 from tkinter import ttk
03 root = tk.Tk()
04 root.title('秒数计算中……')
05 root.geometry('100x100+150+150')        # 窗口的大小
06 counter = 0                # 存储数值
07 def display(label):        # 定义函数，接收标签
08     counter = 0
09     def count():            # 进行计数
10         global counter      # 全局变量
11         counter += 1
12         label.config(text = str(counter),
13             background = 'Gray', width = 20)
14         label.after(1000, count)
15     count()
16 show = ttk.Label(root, foreground = 'White')
17 show.pack()
18 display(show)
19 # 创建按钮，单击按钮时调用 destory()方法来清除窗口对象
20 btnStop = ttk.Button(root, text = 'Stop',
21     width = 20, command = root.destroy)
22 btnStop.pack()
23 root.mainloop()
```

**步骤02** 保存该程序文件，按 F5 键执行该程序，执行结果如图 15-37 所示。

图 15-37

**程序说明：**

- 第 07~15 行，定义 display()方法接收传入的标签，变更显示的值。
- 第 09~12 行，count()方法通过全局变量每次累加 1，它的值显示在所传入的标签上。
- 第 20、21 行，创建一个按钮，单击该按钮时会由属性 command 去调用主窗口对象 root 的

destroy()方法来停止标签的更新并关闭主窗口。

# 15.4    选项组件

选项组件有两种：Checkbutton（复选按钮或称为复选框）和 Radiobutton（单选按钮）。Checkbutton 提供多选的功能，Radiobutton 只能从多个选项中选取一个。

## 15.4.1    Checkbutton

Checkbutton 的特色是从列出的选项中进行选择，可以一项不选，也可以同时选择多项，即根据所需或所愿选择其中的某些选项。下面先来认识 Checkbutton 类的标准和特殊两类属性，具体可参考表 15-7 中的说明。

表15-7    Checkbutton类有关的属性

| 属　　性 | 说明（属性有*表明它是特殊可选参数） |
|---|---|
| cursor | 鼠标移动到复选框上的指针样式 |
| compound | 同时含有 text 和 image 两个属性，必须进行设置 |
| image | 按钮上显示的图像 |
| state | 复选框的状态 |
| style | 调用 tk.Style()构造函数来设置组件的相关属性 |
| text | 组件上要显示的文字 |
| textvariable | 设置变量 |
| width | 组件的宽度 |
| command | 单击组件的响应消息 |
| onvalue/offvalue* | 组件选取/未选取后所链接的变量值 |
| variable* | 组件所链接的变量 |

一般来说，复选框有勾选和未勾选两种状态。

● 勾选：以默认值 1 来表示，可使用属性 onvalue 来改变其值。

● 未勾选：以 0 来表示，可使用属性 offvalue 变更设置值。

复选框的变量可调用 Intvar()和 Stringvar()方法来处理数值和字符串的问题。示例如下：

```
var = StringVar()        # 处理字符串
chk = Checkbutton(root, text = '音乐', variable = var,
                  onvalue = '音乐', offvalue = '')
```

**示例说明：**

（1）StringVar()将变量 var 存储的值变更为字符串。

（2）将已转换的字符串变量赋值给复选框的属性 variable。再将属性 onvalue 和 offvalue 分别设置为已勾选和未勾选的值。

示例如下：

```
num = IntVar()      # 处理数值
chk = Checkbutton(root, text = 'Hello', variable = num)
chk.var = vtr
```

**示 例 说 明:**

方法 Intvar()将变量的值转换为数值,未勾选的多选按钮以 0 表示,已勾选的多选按钮以 1 表示。

**范例程序 CH1518.py**

创建 Checkbutton 组件,勾选后,单击"Show"按钮,以标签显示结果。

步骤 **01** 编写如下程序代码:

```
01 import tkinter as tk
02 from tkinter import ttk
03 wnd = tk.Tk()
04 wnd.title('Checkbutton')
05 def varStates():          # 定义函数, 响应复选框变量的状态
06    value = f'{var1.get()} {var2.get()} {var3.get()}'
07    inst.set(value)
08 inst = tk.StringVar()     # 显示勾选的选项
09 var1 = tk.StringVar()     # 选项: 音乐
10 var2 = tk.StringVar()     # 选项: 阅读
11 var3 = tk.StringVar()     # 选项: 爬山
12 item1, item2, item3 = '音乐', '阅读', '爬山'
13 label1 = ttk.Label(wnd, text = '兴趣')
14 label2 = ttk.Label(wnd, text = '兴趣, 有->')
15 label3 = ttk.Label(wnd, textvariable = inst)
16 label1.grid(row = 0, column = 0)
17 label2.grid(row = 1, column = 0)
18 label3.grid(row = 1, columnspan = 3)
19 chk = ttk.Checkbutton(wnd, text = item1,
20    variable = var1, onvalue = item1, offvalue = '')
21 chk2 = ttk.Checkbutton(wnd, text = item2,
22    variable = var2, onvalue = item2, offvalue = '')
23 chk3 = ttk.Checkbutton(wnd, text = item3,
24    variable = var3, onvalue = item3, offvalue = '')
25 chk.grid(row = 0, column = 1)
26 chk2.grid(row = 0, column = 2)
27 chk3.grid(row = 0, column = 3)
28 btnQuit = ttk.Button(wnd, text = 'Quit',
29    command = wnd.destroy)
30 btnShow = ttk.Button(wnd, text = 'Show',
31    command = varStates)
32 btnQuit.grid(row = 3, column = 1, pady = 4)
33 btnShow.grid(row = 3, column = 2, pady = 4)
34 wnd.mainloop()
```

步骤 **02** 保存该程序文件, 按 F5 键执行该程序, 执行结果如图 15-38 所示。

图 15-38

**程序说明：**

- 第 05~07 行，定义函数 varStates()；当复选框被勾选时，通过变量调用 get()方法返回其值，再以变量 inst 的 set()方法显示被勾选的选项。
- 第 13~18 行，构造函数 Label()创建标签并以 grid()方法加入版面。
- 第 21~27 行，构造函数 Checkbutton()创建复选框并以 grid()方法加入版面。
- 第 19、20 行，创建的第一个复选框，变量 item1 作为复选框的属性 text 和 onvalue 的属性值。以方法 Stringvar()将变量 var1 转换为字符串，并赋值给复选框的属性 variable，返回复选框已被勾选时或未被勾选时对应的值。
- 第 28~33 行，构造函数 Button()创建按钮并加入版面。
- 第 30、31 行，单击按钮后，属性 command 会去调用 varStates()方法作为响应。

## 15.4.2 Radiobutton

Radiobutton（单选按钮）和复选框不一样的地方是，它只能从多个选项中选择一项，无法多选。它的属性和复选框的属性只有小部分不同，具体可参考表 15-8 中的说明。

表15-8　Radiobutton相关属性

| 属　　性 | 说明（属性有*表明它是特殊可选参数） | |
| --- | --- | --- |
| cursor | 鼠标移动到按钮上的指针样式 | |
| compound | 同时含有 text 和 image 两个属性，必须进行设置 | |
| image | 按钮上显示的图像 | |
| state | 单选按钮的状态 | |
| style | 调用 tk.Style()构造函数来设置组件的相关属性 | |
| text | 组件上要显示的文字 | |
| textvariable | 设置变量 | |
| width | 组件的宽度 | |
| command* | 单击组件的响应消息 | |
| value* | 获取属性 variable 的值，便于与其他组件链接 | |
| variable* | 获取单选按钮所代表的变量值 | |

### 范例程序 CH1519.py

使用 for 循环读取数据，配合 Radiobutton 组件的属性 value 和 variable 来创建单选按钮。

步骤 01 编写如下程序代码：

```
01 import tkinter as tk
02 from tkinter import ttk
03 wnd = tk.Tk()
04 wnd.title('Radiobutton')
05 def myOptions():   # 定义函数
06    print('Your choice is :', var.get())
07 ft = ('Franklin Gothic Book', 14)
08 ttk.Label(wnd, text = """ 选择你\n 最爱的水果： """,
09      font = ('Arial', 14),justify = 'center',
10      padding = 20).pack()
11 fruits = [('Watermelon', 1), ('Pompelmous', 2),
```

```
12              ('Strawberry', 3), ('Orange', 4),
13              ('Apple', 5), ('Dragon fruit', 6)]
14 var = tk.IntVar()
15 var.set(3)
16 for item, val in fruits:
17     ttk.Radiobutton(wnd, text = item, value = val,
18         variable = var, command = myOptions).pack(
19         anchor = 'w', padx = 15, pady = 5)
20 wnd.mainloop()
```

步骤 02 保存该程序文件，按 F5 键执行该程序，执行结果如图 15-39 所示。

图 15-39

**程序说明：**

- 第 05、06 行，定义方法 myOptions()，用来响应单钮按钮的 command 属性，调用 get()方法来显示哪一个按钮被选中，调用 print()方法相关信息将显示在 Python Shell 交互环境中。
- 第 14、15 行，将单选按钮被选中的选项用 Intvar()方法来转换为数值，再调用 set()方法将单选按钮的第三个选项设置为默认选项。
- 第 16~19 行，用 for 循环来创建单选按钮并读取 fruits 的元素，用属性 variable 来获取变量值，再通过属性 command 来调用 myOptions()以显示哪一个单选按钮被选中。

## 15.5　显示信息

messagebox（消息框）主要的功能就是显示信息，下面先以一个简单的范例程序来认识它的基本结构。

### 范例程序 CH1520.py

步骤 01 编写如下程序代码：

```
01 import tkinter as tk
02 from tkinter import messagebox
03 info = messagebox.askokcancel(title = 'CH15', message = '文件是否要删除？')
```

**程序说明：**

● 参数 title 和 message 必须以字符串方式来设置其值。

● 执行时会先创建一个什么都没有的主窗口对象和消息框。

步骤 **02** 保存该程序文件，按 F5 键执行该程序，执行结果如图 15-40 所示。

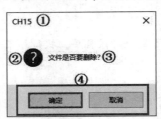

图 15-40

图 15-40 中，①为 messagebox 的标题栏，调用相关方法时会用参数 title 来表示。② 为 messagebox 的小图标，调用相关方法时会用参数 icon 来表示。③ 显示 messagebox 的相关信息，调用相关方法时会用参数 message 来代表。④ 显示 messagebox 的对应按钮，每个按钮都有响应的信息，调用相关方法时会用参数 type 来表示。

messagebox 主要目的就是以简便的信息与用户交互，它的方法大概分为两大类：询问和显示。询问方法以 "ask" 为方法名的前缀，伴随 2~3 个按钮来产生交互操作。显示方法以 "show" 为方法名的前缀，只会显示一个 "确定" 按钮。具体可参考表 15-9。

表15-9  messagebox相关的方法

| 种　类 | messagebox 方法 |
| --- | --- |
| 询问 | askokcancel(title = None, message = None, **options) |
| | askquestion(title = None, message = None, **options) |
| | askretrycancel(title = None, message = None, **options) |
| | askyesno(title = None, message = None, **options) |
| | askyesnocancel(title = None, message = None, **options) |
| 显示 | showerror(title = None, message = None, **options) |
| | showinfo(title = None, message = None, **options) |
| | showwarning(title=None, message=None, **options) |

messagebox 组件通过不同方法对应不同的按钮，按钮被单击时还需要做进一步处理。

**范例程序 CH1521.py**

```
import tkinter as tk
from tkinter import messagebox
root = tk.Tk().withdraw()          # 隐藏主窗口对象
info = messagebox.askokcancel('Create File', '是否要写入文件')
filename = '../Demo/demo1402.txt'
with open(filename, 'w') as fin:
    fin.write(str(info))
    print(str(var) + ' File Name: ' + filename)
```

**程序说明：**

- 调用消息框的 askyesno() 方法，无论是单击哪一个按钮，都会写入 demo1402.txt 文件中。

消息框尚有一个_show() 方法，通过它可自行创建一个消息框，它的语法如下：

```
messagebox._show(title = None, message = None, _icon = None, _type = None, **options)
```

**参数说明：**

- _icon: 设置消息框的小图标，它有 4 个参数值为 error、info、question、waring；必须以字符串来处理。
- _type: 设置按钮类型。参数值包括 abortretryignore、ok、okcancel、retrycancel、yesno、yesnocancel，同样是以字符串来处理。

messagebox 调用_show() 方法的示例，可参考下面的范例程序。

### 范例程序 CH1522.py

步骤 01　编写如下程序代码：

```
01 import tkinter as tk
02 from tkinter import messagebox
03 root = tk.Tk().withdraw()  # 隐藏主窗口对象
04 messagebox._show('CH14', '发生错误，是否继续？',
05     'error', 'abortretryignore')
```

步骤 02　保存该程序文件，按 F5 键执行该程序，执行结果如图 15-41 所示。

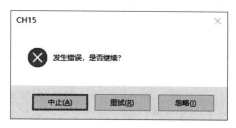

图 15-41

**程序说明：**

- 调用_show() 方法时，参数_icon 设为 'error'，因此会有一个红底 "×" 按钮在消息框的左侧；参数_type 设置为 'abortretryignore' 时会显示 3 个按钮，单击其中的 "中止" 按钮来结束消息框。

### 范例程序 CH1523.py

响应消息框中的按钮。

步骤 01　编写如下程序代码：

```
01 import tkinter as tk
02 from tkinter import ttk, messagebox
03 wnd = tk.Tk()
04 wnd.title('Messagebox')
```

```
05 wnd.geometry('200x100+20+50')
06 def answer(): # 定义函数，响应 Answer 按钮
07    messagebox.showerror('Answer',
08        '抱歉！你的问题无法回答。')
09 def callback():   # 定义函数
10    if messagebox.askyesno('信息确认', '真的要离开吗？'):
11        messagebox.showwarning('信息 - Yes',
12            '抱歉！无法离开。')
13    else:
14        messagebox.showinfo(
15            '信息 - No', '取消"离开"命令')
16 ttk.Button(wnd, text='Quit', command =
17        callback).pack(side = 'left', pady = 5)
18 ttk.Button(wnd, text='Answer', width = 10,
19        command = answer).pack(side = 'left', padx = 5)
20 wnd.mainloop()
```

**步骤 02** 保存该程序文件，按 F5 键执行该程序，执行结果如图 15-42 所示。

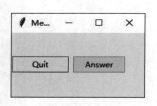 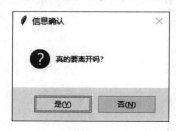 

图 15-42

**程序说明：**

- 第 06~08 行，定义 Answer()方法，该方法为响应 Answer 按钮的属性 command 所调用的函数。Answer()方法会进一步去调用 messagebox 的 showerror()方法来显示出错提示信息。
- 第 09~15 行，定义 callback()方法，用于响应 Quit 按钮的单击。在 callback()方法中，会调用 askyesno()方法来显示消息框，当"是"（yes）按钮被单击时，它会继续调用消息框的 showwarning()方法来显示警告信息；当单击"否"（no）按钮，则会调用 showinfo()方法显示信息。

# 15.6   本章小结

- Tkinter 是 Python 标准函数库所附带的 GUI 套件，可配合 Tk GUI 工具箱来创建窗口的相关组件。Tkinter 在 Windows、Linux 和 Mac 平台上都可使用。
- Frame 作为基本容器来收纳组件。relief 属性用来设置框线的样式，但需要 borderwidth(bd) 属性值的配合。relief 有 6 个常数值：RAISED，FLAT，SUNKEN，RAISED，GROOVE 和 RIDGE。
- 创建主窗口对象之后可调用相关方法：①title('str')方法用于在标题栏上显示文字；② mainloop()方法是用于子组件运行的主循环；③destroy()方法用于清除主窗口对象，释放所占的系统资源。

- Tkinter 模块提供 Geometry Managers 用于版面管理，其中有三个方法：①pack()方法无参数时由系统决定版面的设置；②grid()方法通过指定行、列属性来放置组件；③place()方法采用坐标值来设置版面。
- 调用 pack()方法进行版面管理最简单，无参数的 pack()方法让多个组件纵向排列；参数 side 决定组件的位置；参数 fill 指定要填满父窗口；参数 expand 指定窗口可延伸的空间。
- grid()方法以二维表格的形式，即通过行（属性 row）和列（属性 column）的值来决定组件的位置。
- place()方法以 x、y 坐标值来决定组件的位置；参数 width 和 height 用于设置组件的大小。
- Label 组件的作用是显示文字；Entry 组件用于接收单行的文字输入，属性 show 可隐藏原输入的字符；Text 组件可接收多行文字，调用 insert()方法时，参数 tags 还能自定义方法来设置属性及属性值。
- Button 组件的属性 command 用于响应操作按钮后要执行的回调函数；属性 cursor 是鼠标移动到按钮上的指针样式；属性 state 用于设置按钮的三种状态：NORMAL，ACTIVE 和 DISABLED。
- Checkbutton 有 2 种状态：①处于被勾选的状态时，默认值为 1，属性 onvalue 用于改变它的值；②处于未被勾选的状态时，设置值为 0，属性 offvalue 用于变更它的设置值。
- Radiobutton 组件只能从多个选项中选择一项。
- 消息框主要目的是以简便的信息与用户交互。它的方法分为两大类：询问和显示。询问方法名以"ask"为前缀，伴随 2~3 个按钮来产生交换操作。显示方法名以"show"为前缀，只会显示一个"确定"按钮。

# 15.7　课后习题

## 一、填空题

1. 用于 GUI 接口的 Tkinter 套件有 2 个模块：①＿＿＿＿＿，②＿＿＿＿＿。

2. Frame 类的属性 relief，共有 6 个常数值：RAISED，＿＿＿＿＿，＿＿＿＿＿，＿＿＿＿＿，＿＿＿＿＿，
＿＿＿＿＿。

3. 创建主窗口对象后，属性＿＿＿＿＿方法可以把主窗口标题栏的图标变更为指定的徽标；想在标题栏显示文字要通过＿＿＿＿＿属性进行设置。

4. 创建主窗口对象后，设置它的宽为 250px、高为 120px，位置在右侧 100，底部 100，方法 geometry()该如何编写？

```
from tkinter import *
from tkinter import ttk
wnd = Tk() # 主窗口对象
```

5. 想要创建一个宽为 250px、高为 120px 的 Frame 组件，程序语句该如何编写？

```
import tkinter as tk
from tkinter import ttk
root = tk.Tk()  # 主窗口对象
```

6. pack()方法可用于版面配置，参数_____用于设置位置；参数_____用于填满父窗口；参数_____用于延伸空间。

7. Entry 组件的作用是_____；Text 组件的作用是_____。

8. 请在下列程序中填写关键语句：①_____，②_____，③_____。

```
import tkinter as tk
from tkinter import ttk
root = tk.Tk()
word = ①     # 获取输入字符串
②.Entry(root, ③ = word)
```

9. Text 组件的 insert()方法的参数 index 有哪三个常数值？_____、_____和_____。

10. 按钮有哪三种状态？_____、_____、_____。

11. Checkbutton 有两种状态：被勾选时对应的值为 1，属性_____用于改变它的值；未被勾选时对应的值为 0，属性_____用于变更设置值。

12. 有 2 个 Label 组件，以 grid()方法指定位置纳入版面，程序代码该如何编写？假设行、列的索引从 0 开始，标签的位置如下列表格所示。

| | | 标签 1 |
|---|---|---|
| 标签 2 | | |

```
import tkinter as tk
from tkinter import ttk
root = tk.Tk()
```

## 二、实践题与问答题

1. 有 4 个 Label 组件，以 pack()方法设定它们的上、下、左、右位置，它们的 side 参数值能通过标签来显示。

2. 使用 Label、Entry、Checkbutton、Radiobutton 等组件创建一个 GUI 界面，如图 15-43 所示。单击 Send 按钮后能在交互窗口显示名称、密码、性别和选修科目；单击 Quit 按钮可关闭程序窗口。

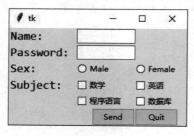

图 15-43

# 第 16 章

## 绘图与图像

**学习重点：**

● 了解 Python Turtle 绘图和屏幕坐标系统

● 画笔的前进、转弯，以及图形着色

● 绘制几何图形

● 安装 Pillow 套件处理图像，重设图像大小，以及旋转、翻转图像

内建模块 Turtle 提供了画笔，可根据给予的坐标值在画布上绘制几何图案。要对图像进行裁切、旋转或翻转，可用第三方套件 Pillow。另外，独特的滤镜效果能进一步处理图像。

## 16.1 以 Turtle 绘图

若要画一些简单的图形，该如何做呢？一张纸（或画布）加上一支笔就能随意挥洒了。对此，Python 提供了一个能用于绘图的内置函数库 Turtle，俗称海龟的 Turtle 能让我们绘制生动、有趣的图形。

Turtle 模块是简易绘图的函数库，是以 Tkinter 函数库为基础打造的绘图工具，它源自于 20 世纪 60 年代的 Logo 程序设计语言，而由 Python 程序设计人员构建的 Turtle 函数库，只需通过 "import turtle" 导入就可以在 Python 程序中使用海龟来绘图了！

### 16.1.1 使用坐标系统

使用 Turtle 之前，我们首先要对屏幕坐标系统有一个基本的认识。参考图 16-1，我们所使用的屏幕对 Python 来说，坐标以左上角为起始点(0, 0)。既然要画图，当然要有画布，Turtle 展开画布后，会在屏幕系统上展现它的高度（height）和宽度（width）。

那么 Turtle 所呈现的画布呢？同样采用直角坐标系，如图 16-2 所示，左上角的（startX, startY）能设置它的起始位置；Turtle 自身的画布空间，有 X、Y 轴，但是它以绝对坐标为主，也就是它以画布的中心位置为起始点。

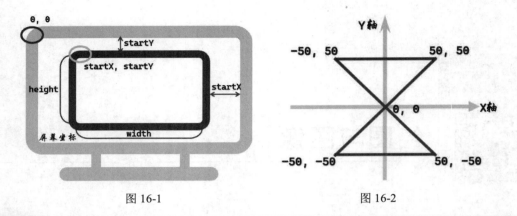

图 16-1                          图 16-2

---

提示   直角坐标系又称笛卡儿坐标系或右手坐标系：

● 直角坐标系是最常用到的坐标系，由法国数学家勒内·笛卡儿在 1637 年发表的《方法论》中提出。

● 以二维平面为基础，选一条指向右方的水平线为 X 轴，再选一条指向上方的垂直线为 Y 轴。

## 16.1.2　Turtle 画布与画笔

以 Turtle 模块进行的任何操作都必须在画布（图形区域）上进行，再根据情况设置好颜色。下面通过两行语句来认识 Turtle 画布：

```
import turtle        # 导入 turtle 模块
turtle.Turtle()      # 调用 turtle 类 Turtle()方法
```

● 　Turtle()方法没有参数，第一个字母必须大写。

这两行语句的执行结果如图 16-3 所示。

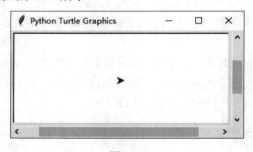

图 16-3

从 Turtle 产生的画布中可以看到画布中央停留着一个黑色箭头➤，它是 Turtle 的画笔，只要提供坐标值，它就能移动。有了画布，还要进一步设置它的大小，设置用 setup()方法，其语法如下：

```
turtle.setup(width, height, startx, starty)
```

参数说明：

● 　width 和 height：设置画布的宽度和高度，以像素（pixel，缩写为 px）为单位，这是必不可少的参数。

● startx 和 starty：设置画布的 x、y 坐标起始位置，可使用默认值，是可选参数。

提示　要进行绘图，无论是坐标还是绘制的图案，都会使用到像素。

Turtle 以直角坐标系为主，示例如下：

```
import turtle      # 导入 turtle 模块
# 画布大小为 200×200，x、y 坐标为 0、0
turtle.setup(200, 200, 0, 0)
```

**示例说明：**

指定画布的坐标起始位置为(0, 0)，配合 width 和 height 这两个参数，Turtle 画布展开后以当前屏幕左上角为坐标的原点(0, 0)，如图 16-4 所示。

如果在 setup()方法中不加入 x、y 坐标参数，那么画布会摆放在窗口上哪个位置呢？通过下面的示例来看看：

```
import turtle                 # 导入 turtle 模块
turtle.setup(200, 200)        # 画布大小 200×200
```

**示例说明：**

执行之后，可以看到画布会以屏幕的中心点为中心来展开，如图 16-5 所示。

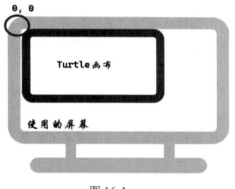

图 16-4

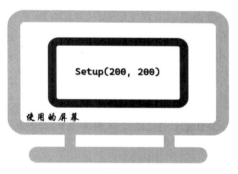

图 16-5

下面进一步认识与坐标有关的方法，示例如下：

```
turtle.goto(x, y = None)   # 以像素表示坐标值
turtle.setpos(x, y = None)
turtle.setposition(x, y = None)
turtle.home()              # 画笔回到原点(0, 0)
```

**示例说明：**

x 表示 X 轴（横坐标），y 表示 Y 轴（纵坐标）。

有了画布和画笔，再来想一想，如何画出图 16-2 中的图。

### 范例程序 CH1601.py

配合坐标值在画布上移动画笔，绘制一个简单的几何图形。执行该范例程序后，就能看到停留

在原点（默认为画布中心）的画笔移向第一个坐标点（-50,50），然后移向第二个坐标点（50,50），再移向第三个坐标点（-50,-50），再移向第四个坐标点（50,-50），最后回到原点(0,0)，形成一个几何图案。

**步骤01** 编写如下程序代码：

```
01 164 import turtle              # 导入海龟模块
02 165 turtle.setup(200, 200)     # 产生 200×200 画布
03 166 turtle.speed(1)            # 把画笔速度调慢
04 167 turtle.goto(-50, 50)       # ① 画笔移动到坐标点(-50, 50)
05 168 turtle.goto(50, 50)        # ② 画笔移动到坐标点(50, 50)
06 169 turtle.goto(-50, -50)      # ③ 画笔移动到坐标点(-50, -50)
07 170 turtle.goto(50, -50)       # ④ 画笔移动到坐标点(50, -50)
08 171 turtle.home()              # 回到原点(0, 0)同 turtle.goto(0, 0)
```

**步骤02** 保存该程序文件，按 F5 键执行该程序，执行结果如图 16-6 所示。

**程序说明：**

- 第 03 行，为了查看画笔按坐标移动的效果，调用 speed()方法把画笔移动的速度调慢。
- 第 04 行，从原点开始，画笔移向方法 goto()所给予的坐标①，再往坐标②移动，以此类推。
- 第 08 行，方法 home()会让画笔回到原点，与方法 goto(0, 0)的效果是相同的。

要让 Turtle 画布上的画笔四处游走，除了使用绝对坐标外，Turtle 还提供了相对坐标，配合相关方法来移动 Turtle 画笔。从图 16-7 的中心点来看画布空间，海龟（画笔）位于原点(0,0)，它可以前进、后退、左转（逆时针转动画笔）或右转（顺时针转动画笔）。

要让画笔按设置值前进，可以调用 forward()方法和 backward()方法，它们的语法如下：

```
turtle.forward(distance)     # 画笔前进，简写 fd()
turtle.backward(distance)    # 画笔后退，简写 bk()或 back()
```

**参数说明：**

- distance：指定移动的距离，以像素为单位。

海龟不可能永远维持一个方向前进，需要时可以把画笔转个角度，加入角度可以让海龟转个弯再前进，如图 16-8 所示。

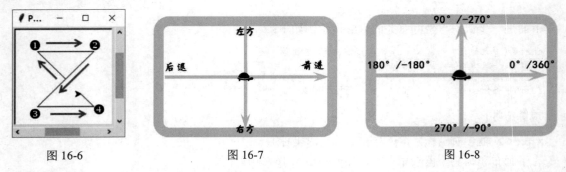

图 16-6　　　　　　　　　　图 16-7　　　　　　　　　　图 16-8

当画笔含有角度时，前进的方向就会不同。参考图 16-8，当角度为 0°时，它是朝向东方（地图模式：上北下南、左西右东），转向北时，它逆时针转了 90°，朝向西方则需要逆时针转 180°，逆时针转 270°就朝向南方了。这也是画笔的标准模式。

改变画笔的方向，将它按照指定角度转向，相关方法的语法如下：

```
turtle.setheading(to angle)    # 简写 seth(to angle)
turtle.right(angle)            # 画笔向右转，简写 rt()
turtle.left(angle)             # 画笔向左转，简写 lt()
```

**参数说明：**

● to_angle: 设置海龟的朝向角度有标准和 logo 语言两种模式，参考表 16-1。

● angle: 角度。

表16-1　画笔的两种模式

| 标准模式（逆时针） | Logo 语言模式（顺时针） |
| --- | --- |
| 东：0° | 北：0° |
| 北：90° | 东：90° |
| 西：180° | 南：180° |
| 南：270° | 西：270° |

示例如下：

```
import turtle                    # 导入海龟模块
show = turtle.Turtle()           # 创建画布对象
turtle.colormode(255)            # 变更颜色，以数值表示
show.pencolor(0, 255, 255)       # 画笔为白色
show.shape('turtle')             # 画笔形状是海龟
show.pensize(10)                 # 画笔的大小
show.speed(1)                    # 画笔的速度，1 为慢
show.seth(45)
show.fd(20)
```

**示例说明：**

方法 seth()用于设置画笔的角度。参考图 16-8 的绝对角度，本示例中海龟转 45°再前进 20 像素。而 seth(270)和 fd(20)表示画笔转 270°后再前行 20 像素，如图 16-9 所示。

图 16-9

注意，seth、left()和 right()方法只会改变画笔的角度，无法让画笔前进。此外，在某些情况下，移动画笔前可以调用 penup()方法把画笔抬起，前行到指定坐标点再调用 pendown()方法把画笔落下，以继续绘图，penup()和 pendown()方法的语法如下：

```
turtle.penup()      # 简写 pu()或 up()
turtle.pendown()    # 简写 pd()或 down()
```

**参数说明：**

● penup(): 抬起画笔，移动时不会画图。

- pendown(): 落下画笔，移动时进行画图。

**范例程序 CH1602.py**

在 Turtle 画布上让画笔前进并改变画笔角度，完成平行四边形的绘制。

步骤 01 编写如下程序代码：

```
01 import turtle                    # 导入海龟模块
02 turtle.setup(280, 150)          # 创建280×150的画布
03 turtle.speed(1)                 # 把画笔速度调慢
04 turtle.forward(60)              # 画笔从原点前进60像素
05 turtle.left(45)                 # 画笔左转45°
06 turtle.forward(60)
07 turtle.right(45)                # 画笔右转45°
08 turtle.backward(60)             # 画笔后退 60 像素
09 turtle.home()                   # 画笔回到原点
```

步骤 02 保存该程序文件，按 F5 键执行该程序，执行结果如图 16-10 所示。

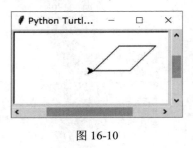

图 16-10

**程序说明：**

- 第 04~06 行，画笔从原点前进 60 像素，在此调用方法 left() 把画笔左转 45°，再调用方法 forward() 继续前进。

## 16.1.3 着色

前面 Turtle 所产生的简易图形都默认为黑色，是否可以改变颜色？答案当然是可以，最简单的方式就是直接指定颜色名称，例如：'blue'（颜色的英文名称，字符串方式）。Turtle 颜色采用 RGB 值来表示，因而颜色值是数值，无论整数或实数均可。首先，来认识与颜色设置有关方法的语法：

```
turtle.color(*args)
turtle.color(colorstring)          # 英文名称表示颜色
turtle.color((r, g, b))            # R、G、B 的浮点数表示方式
turtle.color(r, g, b)              # R、G、B 的十六进制数的表示方式
```

**参数说明：**

- args: 参数有 0~3 个，设置颜色可以使用数值或颜色的英文名称。
- R、G、B: 代表颜色的红、绿、蓝，它可用浮点数或十六进制数来表示。
- 颜色也可以用字符串方式表示，例如 (pencolor(colorstring1) + fillcolor(colorstring2))。

下面进一步说明 RGB 颜色的表示原理，RGB 代表红（R）、绿（G）、蓝（B）三原色，各自的颜色值为 0~255，所以 RGB 表达的颜色数为 255×255×255。除了指定颜色名称之外，还可以使

用十六进制（0~F）数来表示，例如 '#RRGGBB'。以字符串表示颜色值时，颜色值的起止要加单引号或双引号，最前方要使用"#"作为导引符。示例如下：

```
turtle.color('#FF0000') # 红色，以十六进制数表示它是红色
turtle.color('#00FF00') # 绿色
turtle.color('#0000FF') # 蓝色
turtle.color('#FFFFFF') # 白色
turtle.color('#000000') # 黑色
```

若要以数值表示 RGB 颜色，则必须以方法 colormode() 来指定，它的语法如下：

```
turtle.colormode(cmode = None)
```

**参数说明：**

● cmode：数值 1 为默认值，表示能以字符串或十六进制数来设置颜色，也可以使用浮点数来表示颜色值。数值为 255 时，表示能以整数值表示颜色。

表 16-2 中列出了一些常用的 RCG 颜色值。

**表16-2　RGB常用色彩**

| 颜色名称 | 中 文 名 | RGB 整数值 | RGB 小数值 | 十六进制数 |
| --- | --- | --- | --- | --- |
| Black | 黑色 | 0, 0, 0 | 0.0, 0.0, 0.0 | #000000 |
| White | 白色 | 255, 255, 255 | 1.0, 1.0, 1.0 | #FFFFFF |
| Red | 红色 | 255, 0, 0 | 1.0, 0.0, 0.0 | #FF0000 |
| Green | 绿色 | 0, 255, 0 | 0.0, 1.0, 0.0 | #00FF00 |
| Blue | 蓝色 | 0, 0, 255 | 0.0, 0.0, 1.0 | #0000FF |
| Yellow | 黄色 | 255, 255, 0 | 1.0, 1.0, 0.0 | #FFFF00 |
| Magenta | 洋红色 | 255, 0, 255 | 1.0, 0, 1.0 | #FF00FF |
| Cyan | 青绿色 | 0, 255, 255 | 0.0, 1.0, 1.0 | #00FFFF |
| Gold | 金黄色 | 255, 215, 0 | 1.0, 0.84, 0.0 | #FFD700 |

调用方法 colormode() 来变更颜色模式，以数值来表示颜色值，示例如下：

```
# turtle.colormode(1)是默认值，表示颜色值以浮点数来表示
turtle.color((1.0, 1.0, 0.5))  # 黄色，数值必须是小于或等于 1.0 的浮点数
# turtle.colormode(255)表示颜色以整数值来表示
turtle.color(255, 255, 0)      # 黄色
```

要把画布底色（背景色）或画笔颜色由原有的默认颜色改成其他颜色，语法如下：

```
turtle.bgcolor(*args)      # 设置背景颜色
turtle.pencolor(*args)     # 设置画笔颜色
```

● args：表示可以使用数值或以颜色的英文名来指定颜色，具体参考方法 color() 的说明。

**范例程序 CH1603.py**

在 Turtle 画布上，背景色以颜色名来表示，再调用 colormode() 方法变更颜色模式，改为用整数值来表示。

**步骤01** 编写如下程序代码：

```
01 import turtle                    # 导入海龟模块
```

```
02 turtle.setup(250, 200)            # 创建 250×200 的画布
03 turtle.bgcolor('Gray')            # 把背景色设置为灰色
04 show = turtle.Turtle()            # 创建画布对象
05 turtle.colormode(255)             # 变更颜色模式以数值表示颜色值
06 show.pencolor(255, 255, 255)      # 把画笔设置为白色
07 show.pensize(10)                  # 设置画笔的大小
08 show.speed(1)                     # 把画笔速度调慢
09 show.penup()                      # 抬起画笔
10 show.goto(-60, 0)                 # 移向指定的坐标点
11 show.pendown()                    # 落下画笔
12 show.left(80)                     # 左转 80°
13 show.goto(0, 60)                  # 前进到指定的坐标点
14 show.right(130)                   # 右转 130°
15 show.fd(100)                      # forward()方法的简写，前进 100 像素
16 show.right(130)                   # 画笔右转 130°
17 show.goto(-60, 0)                 # 移向指定的坐标点
```

**步骤 02** 保存该程序文件，按 F5 键执行该程序，执行结果如图 16-11 所示。

图 16-11

**程序说明：**

● 第 03 行，调用 bgcolor()方法，以颜色名来指定背景色。
● 第 05 行，调用 colormode()方法变更颜色模式，以数值来表示颜色值。
● 第 07 行，方法 pensize()能变更画笔的大小，参数值越大，画笔画出的线条就越粗。
● 第 09~11 行，常用语句，抬起画笔，移动到指定坐标点，再落下画笔。

## 16.2　绘制几何图形

在绘制几何图形前，先来认识画笔。画笔是最重要的绘图工具，画笔可以上色并改变大小，甚至可以改变外观，从原来的箭头变成海龟形状，还可以调整画笔移动的速度等。下面先来认识改变画笔大小的方法，其语法如下：

```
turtle.pensize(width = None)    # 设置画笔的大小
turtle.width(width = None)      # 同 pensize()方法的效果相同
```

● width: 设置画笔的大小，为正整数。

让画笔移动的速度变慢，前面的范例程序中已使用过，它的语法如下：

```
turtle.speed(speed = None)
```

● speed: 整数值，数值范围为 0~10。

方法 speed()用来设置海龟画笔的移动速度，参数 speed 也可以使用文字来表示，对应的关系如表 16-3 所示。

表16-3　画笔速度的调整

| 文字语句 | 数 值 | 结 果 |
|---|---|---|
| fastest | 0 | 最快 |
| fast | 10 | 快 |
| normal | 6 | 正常 |
| slow | 3 | 慢 |
| slowest | 1 | 最慢 |

## 16.2.1　画圆形

默认情况下，绘制图形都是从画布中心（即原点(0, 0)）向外移动。原点以外的位置可以调用方法 goto()并设置 x、y 坐标值来到达。示例如下：

```
import turtle                # 导入海龟模块
show = turtle.Turtle()       # 创建画布对象
for item in range(4):        # 画一个简单矩形
    show.fd(70)              # 前进 70 像素
    show.right(90)           # 画笔右转 90°
```

调用方法 forward()让画笔前进，方法 right()让画笔右转，按顺时针方向绘制一个简易矩形。如图 16-12 所示，画笔朝东方前进，转弯角度以外角为主，要转 3 个弯，外角度通过"360°/4 = 90°"计算所得。

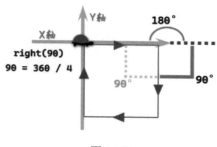

图 16-12

有些几何图形的绘制更简单，例如绘制圆形就可以用 circle()方法来实现。借助参数的设置可以绘制与圆有关的不同几何图形，语法如下：

```
turtle.circle(radius, extent = None, steps = None)
```

- **radius**：设置圆的半径，这是必不可少的参数。圆心在海龟（即画笔）的左边。
- **extent**：决定圆弧线的内角度，省略此参数则绘制完整的圆形。
- **steps**：用来决定多边形的边数，可选的参数。

想要绘制一个圆形，只要给予半径即可。不过，半径值为正整数时，会按逆时针方向从画布的中心点画圆，半径为负值时则按顺时针方向画圆。示例如下：

```
turtle.circle(40)        # 把半径值设置为正数，就按逆时针方向画圆
turtle.cirlce(-40)       # 把半径值设置为负数，就按顺时针方向画圆
```

上述两条语句的执行结果如图 16-13 所示。

 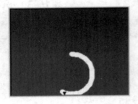

图 16-13

可以调用 begin_fill()方法给图形着色（填充），而调用 end_fill()方法可结束着色，也可以调用
fillcolor()方法指定着色的颜色（即填充色），相关的语法如下：

```
turtle.begin fill()        # 开始填充，即着色
turtle.end fill()          # 结束填充
turtle.fillcolor(*args)    # 指定填充的颜色
```

此外，还可以调用 color()方法来指定画笔的颜色和填充色，示例语句如下：

```
turtle.color('Blue', 'Gold')    # 把画笔设置为蓝色，把填充色指定为金黄色
```

### 范例程序 CH1604.py

调用 circle()方法，设置第 2 个参数"extent = 360"，第 3 个参数"steps = 4"，绘制四边形。

**步骤 01** 编写如下程序代码：

```
01 import turtle                                    # 导入海龟模块
02 turtle.setup(250, 200)                          # 创建 250×200 的画布
03 turtle.bgcolor('Gainsboro')                     # 把背景色设置为浅灰色
04 show = turtle.Turtle()                           # 创建画布对象
05 show.color('White', 'Gray')                      # 把画笔设置为白色，把填充色指定为灰色
06 show.pensize(5)                                  # 设置画笔的大小
07 show.speed(1)                                    # 把画笔速度调慢
08 show.begin_fill()                                # 开始着色（即填充）
09 for item in range(4):
10     show.fd(70)                                  # 前进 70 像素
11     show.right(90)                               # 画笔右转 90°
12 show.end fill()                                  # 结束填充
13 show.pen(pensize = 10, pencolor = 'Gray')       # 绘制空心菱形
14 show.circle(40, 360, 4)                          # 绘制空心菱形
```

**步骤 02** 保存该程序文件，按 F5 键执行该程序，执行结果如图 16-14 所示。

图 16-14

**程序说明：**

- 第 08~12 行，调用方法 begin_fill()准备着色（填充），使用 for/in 循环让画笔前进、右转完成简单矩形的绘制，再调用 end_fill()结束着色。
- 第 13 行，调用方法 pen()，把画笔的大小设置为 10，画笔颜色设置为灰色。
- 第 14 行，调用方法 circle()，根据参数值"steps = 4"绘制菱形。

## 16.2.2　绘制三角形

按顺时针方向绘制一个简单的三角形，如图 16-15 所示，画笔朝东方前进，转弯角度以外角为主，要转 2 个弯，外角度通过"360°/3 = 120°"计算求得。

**范例程序 CH1605.py**

步骤 01 编写如下程序代码：

```
01 # 画一个简单三角形并着色
02 show.begin_fill()            # 开始着色
03 for item in range(3):
04    show.fd(80)               # 前进 80 个像素
05    show.left(120)            # 画笔右转 120°
06 show.end_fill()             # 结束上色
07 show.circle(45, 360, 3)      # 绘制三角形
```

步骤 02 保存该程序文件，按 F5 键执行该程序，执行结果如图 16-16 所示。

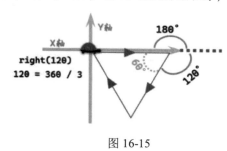

图 16-15

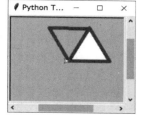

图 16-16

**程序说明：**

- 第 07 行，方法 circle()会根据参数 steps 来决定产生的多边形，参数值为 3 对应的就是三角形。

有了三角形和矩形的绘制法，要画出一个多边形就简单多了。参考图 16-17，要绘制五边形，给予的角度值为 72°。

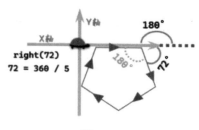

图 16-17

### 16.2.3 绘制螺旋图

一个能以角度控制所绘制的连续矩形或三角形的图形被称为螺旋图，一起来看看这种有趣的图形。Turtle 提供了两个方法可以在事件循环的开始进行调用，这两个方法如下：

```
turtle.mainloop()
turtle.done()
```

方法 mainloop() 来自 Tkinter 模块的 mainloop() 函数，而方法 done() 是当 Turtle 完成绘制时必须调用的结束语句。

**范例程序 CH1606.py**

使用 for/in 循环，让画笔不断地前进、右转 90°，形成重复性的螺旋矩形。

**步骤 01** 编写如下程序代码：

```
01 import turtle                # 导入海龟模块
02 turtle.setup(270, 270)       # 创建 270×270 的画布
03 show = turtle.Turtle()       # 创建画布对象
04 show.pencolor('Gray')        # 把画笔设置为白色
05 show.pensize(2)              # 设置画笔的大小
06 show.speed(1)                # 把画笔速度调慢
07 for item in range(56):       # 画一个连续的矩形
08     show.fd(item * 3)        # 按值前进
09     show.right(90)           # 画笔右转 90°
10 turtle.mainloop()            # 开始主事件的循环
```

**步骤 02** 保存该程序文件，按 F5 键执行该程序，执行结果如图 16-18 所示。

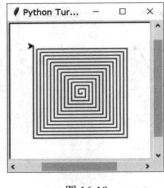

图 16-18

**程序说明：**

- 第 07~09 行，在 for/in 循环中，每次画笔前行时都会和上次相差 3 个像素，形成绵延不断的正方螺旋。
- 第 10 行，调用 mainloop() 方法让事件能循环执行。

**范例程序 CH1607.py**

在原本绘制三角形的过程中将外角 120° 多增加 1°，那么每次绘制图案时角度就会偏移，产生螺旋的效果。

步骤 **01** 编写如下程序代码：

```
01 import turtle              # 导入海龟模块
02 turtle.setup(300, 300)     # 创建 300×300 的画布
03 show = turtle.Turtle()     # 创建画布对象
04 show.pencolor('Gray21')    # 把画笔设置为灰色
05 show.pensize(1)            # 设置画笔的大小
06 for item in range(100):    # 画一个螺旋图
07     show.fd(item * 5)      # 按值前进
08     show.right(121)        # 画笔右转 121°
09 turtle.mainloop()          # 开始主事件的循环
```

步骤 **02** 保存该程序文件，按 F5 键执行该程序，执行结果如图 16-19 所示。

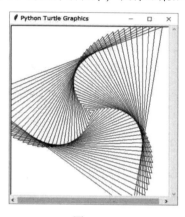

图 16-19

**程序说明：**

● 第 06~08 行，在 for/in 循环中，画笔每次右转时偏移 121°，于是产生了螺旋图。

### 范例程序 CH1608.py

调用 circle()方法绘制一个彩色的环圈图。

步骤 **01** 编写如下程序代码：

```
01 import turtle                    # 导入海龟模块
02 turtle.setup(350, 300)           # 创建 350×300 的画布
03 turtle.bgcolor('Gray21')         # 把背景设置为灰色
04 show = turtle.Turtle()           # 创建画布对象
05 show.pensize(2)                  # 设置画笔的大小
06 show.speed(0)                    # 把画笔速度调慢
07 colors = ['Red', 'Magenta', 'Blue', 'Cyan',
08           'Green', 'Yellow', 'Pink']
09 for item in range(len(colors)):  # 按值产生圆环
10     for tint in colors:          # 每个环按序给予颜色
11         show.color(tint)         # 显示颜色
12         show.circle(75)          # 画出半径为 75 的圆环
13         show.left(10)            # 左转 10°
14 show.hideturtle()                # 隐藏画笔
```

步骤 **02** 保存该程序文件，按 F5 键执行该程序，执行结果如图 16-20 所示。

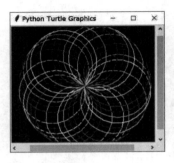

图 16-20

**程序说明：**

- 第 09~13 行，使用双重 for/in 循环，外层按存储颜色的列表对象所得长度来画出圆环，内层 for/in 循环按序读取元素（对应颜色）给圆环配色。

Turtle 还能制作动画。所谓的动画效果，就是让绘制的图案不断在屏幕上更新。更新的两种方法的相关语法如下：

```
turtle.tracer(n = None, delay = None)
turtle.update()    # 更新屏幕
```

**参数说明：**

- n: 按参数 n 指定的次数更新屏幕的动画。
- delay: 延迟的秒数。

### 范例程序 CH1609.py

绘制一个太极图，要有两个半圆弧线，然后在这两个半圆的上、下方分别绘制两个小半圆半弧，两个小半圆再分别加入一个小圆。

**步骤01** 编写如下程序代码：

```
01 from turtle import *
02 import time
03 setup(500, 500)
04 def penPaint(tint, rd, degree):  # 定义函数，画笔着色绘制圆弧
05     color(tint)
06     begin_fill()            # 画笔开始着色
07     circle(rd, degree)      # 按半径值绘制半圆弧（即180°弧）
08     end_fill()              # 画笔结束着色
09 def penMove(angle1, angle2, num):    # 定义函数，移动画笔
10     penup()
11     right(angle1)
12     fd(num)
13     left(angle2)
14     pendown()
15 def Taichi():                        # 定义函数，绘制太极图
16     speed(10)
17     penPaint('Gray', 240, 180)    # 右侧黑色大半圆
18     penPaint('Snow', 240, 180)    # 左侧白色大半圆
19     penPaint('Gray', 120, -180)   # 下方黑色小半圆
20     penPaint('Snow', -120, -180)  # 上方白色小半圆
21     penMove(90, 90, 160)
```

```
22    penPaint('DarkGray', 40, None)      # 绘制上方的黑色小圆
23    penMove(90, 90, 240)
24    penPaint('Snow', 40, None)          # 绘制下方的白色小圆
25 def spin(dg):          # 定义函数，产生可以向右转的图形
26    penup()            # 抬起画笔
27    home()             # 画笔回到原点(0, 0)
28    right(90 + dg * num)    # 画笔按角度向右转
29    fd(240)            # 画笔前进 240 像素
30    left(90)           # 画笔左转 90°
31    Taichi()           # 调用函数，绘制太极图
32 # 把画笔移动到指定的坐标点
33 penup()
34 goto(0, -240)
35 pendown()
36 Taichi()              # 调用函数，绘制太极图
37 hideturtle()          # 隐藏画笔
38
39 num = 0
40 try:
41    while True:
42        tracer(0)        # 不断地更新屏幕上的图形
43        clear()          # 清除 turtle 的绘图
44        spin(5)          # 调用函数，转动图形，值越大，转动越快
45        num += 1
46        update()         # 产生动画时，持续更新屏幕
47        time.sleep(0.01)
48 except:
49    print('Exit')
```

**步骤 02** 保存该程序文件，按 F5 键执行该程序，执行结果如图 16-21 所示。

图 16-21

**程序说明：**

- 第 04~08 行，定义函数 penPaint()，根据传入的颜色、半径、角度来绘制半圆弧。
- 第 09~14 行，定义函数 penMove()，根据传入的参数值，画笔先右转、再前行、再左转。
- 第 15~24 行，定义函数 Taichi()，绘制太极图，先绘制左侧的白色大半圆、右侧的灰色大半圆，再取大半圆二分之一的半径值绘制两个小半圆，小半圆的位置再分别加入两个小圆。
- 第 25~31 行，定义函数 spin()让太极图能向右转。
- 第 41~49 行，配合 time 模块的 sleep()方法，不断更新屏幕上的图形来产生太极图右转的效果。

# 16.3　认识 Pillow 套件

有一个套件 PIL（Python Imaging Library），它是图像处理的第三方套件，它原本只支持到 Python

2.7 版本，而 Python 社区的有心人士另起炉灶，以 PIL 为基础开发出更具特色的 Pillow 第三方套件，不过有人继续以 PIL 来称呼它。

Pillow 套件不仅能进行基本的图像处理，例如裁切、平移、旋转、缩放，甚至还可以对图像进行调整亮度、色调，套用滤镜等操作。由于 Pillow 属于第三方套件，目前版本为 9.1.0，因此必须通过 pip 命令在"命令提示符"窗口下安装并更新这个套件，具体命令如下：

```
pip install Pillow
pip install --upgrade Pillow
```

安装了 Pillow 套件之后，可以使用如下命令进行确认（见图 16-22）：

```
pip list
```

或者在 Python Shell 交互模式中执行相关指令（见图 16-23）。

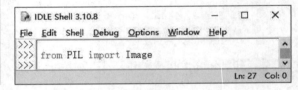

图 16-22　　　　　　　　　　　　　图 16-23

注意：安装的是 Pillow 套件，但导入的是 PIL 套件，名称全部以英文大写字母表示。

Pillow 套件提供多个模块，本章会使用的模块简介如下：

- Image: 用来处理 PIL 图像。
- ImageColor: 支持 CSS6 样式表单，提供颜色表和颜色模式的转换。
- ImageDraw: 创建 ImageDraw 对象，处理简单的 2D 图形。
- ImageFont: 创建 ImageFont 对象，存储位图字体。
- ImageFilter: 提供处理图像的滤镜特效。

## 16.3.1　颜色与透明度

在介绍 Turtle 模块时，曾介绍 RGB 颜色的基本概念。要处理图像，当然避不开颜色，下面先来认识 ImageColor 类如何表达颜色。

第一种表示颜色的方式就是调用 RGB()函数表达颜色值，有以下三种方式：

- 使用 0～255 的整数，如红色是 rgb(255, 0, 0)。
- 以颜色名称表示。例如表示绿色就是 rgb('green')。
- 以三个百分比形式表示颜色值，如绿色就是 rgb(0, 100%, 0)。

第二种表示颜色的方式就是以十六进制数来表示。无论是#rgb、#rrggbb 或#rrggbbaa 都是以 0~F 为颜色值,例如白色为#FFFFFF,黑色是#000000。其中较为特殊的是透明度,#rgb 表示的颜色值不含透明度,而#rgba 的 "a" 对应 alpha,表示颜色含有的透明度。

第三种表示颜色的方式就是调用 HSL()函数,该函数代表的含义可参考表 16-4 中的说明。

表16-4　HSL()函数代表的含义

| HSL()函数 | 表　示 | 说　明 |
|---|---|---|
| Hue(颜色) | 0 ~ 360° 表明颜色 | 红色 = 0<br>绿色 = 120<br>蓝色 = 240 |
| Saturation(饱和度) | 0 ~ 100% | 灰色 = 0%<br>全色 = 100% |
| Lightness(亮度) | 0 ~ 100% | 黑 = 0%<br>一般 = 50%<br>白 = 100% |

下面介绍两个与颜色有关的方法,它们的语法如下:

```
ImageColor.getrgb(color)
ImageColor.getcolor(color, mode)
```

**参数说明:**

● color:表示颜色,可以使用颜色的名称,如 'blue',或者使用字符串形式的十六进制数、十进制数表示的 rgb 值。

● mode:指定颜色模式,以大写英文字母表示,为 RBG 或 RBGA,其中 A 为 Alpha,表示图像是否要设置透明度。

方法 getrgb()获取指定的颜色值的示例如图 16-24 所示。

图 16-24 中的示例说明:

(1)导入的套件是 PIL 的 ImageColor 类,并赋予别名 imgc。

(2)以颜色名或十六进制数来指定颜色,通过 getrgb()方法返回 RGB 三原色的值。

方法 getcolor()同样用于获取颜色的 RGB 值,示例如图 16-25 所示。

图 16-24

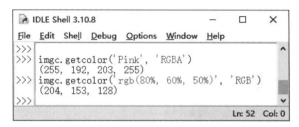

图 16-25

图 16-26 中，调用 getcolor()方法，第 2 个参数必须指定是 RGB 或 RGBA 模式，少了第 2 个参数会引发异常，如图 16-26 所示。

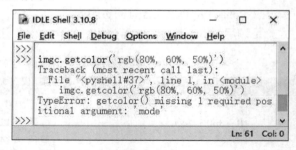

图 16-26

## 16.3.2　读取图像

Pillow 套件对于图像（或称为图片）的坐标使用直角坐标系（即笛卡儿坐标系，以像素为基本单位），该模块与 Turtle 模块一样，以左上角为原点，再根据图像的大小返回 X、Y 坐标值。图像以矩形居多，所以 Pillow 套件把图像视为一个矩形区域或者是一个盒子（Box），它有左（left）、上（upper）、右（right）和下（lower）4 个坐标，这 4 个坐标以元组方式组合在一起。

要获取图像，可用方法 open()打开，它的语法如下：

```
Image.open(fp, mode = 'r', formats = None)
```

**参数说明：**

- fp：要打开的图像文件。
- mode：打开方式。由于是读取图像文件，因此默认的文件打开模式为 r。
- formats：设置图像的格式。

要获取图像矩形区域的坐标，可调用方法 getbbox()，该方法无参数，会以元组对象返回 left、upper、right、lower 这 4 个坐标值。

### 范例程序 CH1610.py

```
from PIL import Image              # PIL 打开图像文件，获取图像文件的基本信息
file = '../Demo/Pict/puppet02.png'  # 图像文件的路径
with Image.open(file) as photo:
  left, upper, right, lower = photo.getbbox()
  print(f'Left = {left}\nUpper = {upper}')
  print(f'Right = {right}\nLower = {lower}')
```

**程序说明：**

- 使用 with/as 语句并配合 open()方法打开图像文件，当程序执行完毕后会自动释放文件操作占用的资源。
- 方法 getbbox()返回的数值分别由 4 个变量 left、upper、right 和 lower 来存储。
- 函数 print()会输出 Left = 0、Upper = 0、Right = 317 和 Lower = 471，如图 16-27 所示。

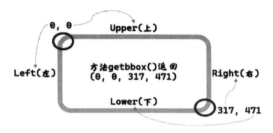

图 16-27

仔细查看图 16-27，除了左上角的原点之外，右下角的坐标已隐含了读取的大小（宽×高）。读取了图像文件之后，还可以进一步获取图像的基本信息，例如图像的大小或图像的格式。image 类的各个属性和方法可参考表 16-5。

表16-5　Image类的属性和方法

| 属性和方法 | 说　　明 |
| --- | --- |
| size | 获取图像大小，以元组方式返回宽和高 |
| format | 返回图像格式 |
| info | 以字典返回图像信息 |
| mode | 图像的模式，参考表 16-8 |
| show() | 显示图像 |

方法 show()用于显示图像，它会去调用 ImageShow 模块的 show()方法。需要注意的是，它不是通过 Python Shell 交互窗口来输出结果,而是通过计算机本身提供的能打开图像的相关软件来输出。

### 范例程序 CH1611.py

获取图像的基本信息。

```python
from PIL import Image
file = '../Demo/Pict/puppet02.png'          # 图像文件的路径
with Image.open(file) as photo:
  width, height = photo.size                 # 属性 size 获取图像的宽和高
  print(f'{width} X {height}')
  print('图像文件格式', photo.format)         # 属性 format 获取图像格式
  print('模式', photo.mode)                   # 属性 mode 获取图像色谱
  imgData = photo.info                        # 获取图像信息
  for k, v in imgData.items():
    print(k, v)
# 获取图像中单一色谱的最小和最大像素
print(photo.getextrema())
print('色谱', photo.getbands())
photo.show()     # 显示图像
```

**程序说明：**

● 属性 format 能获取图像格式，所以可以输出图像的格式，此例中为 PNG。

● 属性 mode 能获取图像的色谱，此例中输出 RGBA。

● 属性 info 能获取图像相关的信息,包括: dpi(96.012, 96.012)、Author、Description、Copyright、Creation time、Software、Disclaimer、Warning、Source、Comment、Title 等。

● 方法 getextrema()用于获取 RGBA 单一色谱的最小和最大值，此例输出 "((0, 255), (0, 255),

(0, 255), (255, 255))"。

- 方法 getbands()输出色谱('R', 'G', 'B', 'A')。

## 16.4　图像的基本操作

图像的操作不外乎是先获取图像的基本信息，之后把它缩小或放大，或者旋转它。Image 模块下的 Image 类用来处理图像，它的一些相关方法如表 16-6 所示。

表16-6　Image类的相关方法

| 方　　　法 | 说　　　明 |
| --- | --- |
| Image.alpha_composite ( im1 , im2 ) | 把两张图结合在一起 |
| Image.blend(im1, im2, alpha) | 加入 alpha 把两张图变成新图 |
| Image.eval(image, *args) | 评估图像的像素 |
| Image.getbands() | 获取图像的色谱 |
| Image.merge(mode, bands) | 把单一色谱的图像合成多重色谱的新图像 |
| Image.new(mode, size, color=0) | 新建图像 |
| Image.save(fp, format=None, **params) | 给予图像新的文件名 |

## 16.4.1　重编图像

在某些情况下，修改了图像之后可以调用方法 save()把图像另存到文件中，它的语法如下：

```
Image.save(fp, format = None, **params)
```

参数说明：

- fp: 必不可少的参数，图像文件名。
- format: 可选参数，指定要保存的图像格式，否则采用源图像的格式。

想要调整图像的大小或者变更图像的格式，可调用 resize 方法，它的语法如下：

```
Image.resize(size, resample = None, box = None, reducing_gap = None)
```

参数说明：

- size: 必不可少的参数，以像素为单位，重设图像时必须指定宽和高（使用整数），以元组方式来表示宽和高。
- resample: 可选参数，变更图像时可加入的过滤器（Filter）。
- box: 可选参数，以元组方式提供源图像要缩放的图像区域，它的值必须是基于原点的宽和高，可以参考图 16-27。
- reducing_gap: 可选参数，重新调整图像的大小并优化。

方法 resize()的参数 resample 在重设图像大小时能提供过滤器的功能，相关的参数值可参考表 16-7 中的说明。

表16-7　方法resize()提供的过滤器

| resample 的过滤器 | 说　　明 |
| --- | --- |
| Image.NEAREST | 读取图像时选择最接近的像素 |
| Image.BOX | 源图像的像素与目标图像的像素有相同的权值 |
| Image.BILINEAR | 把输入值以线性插值重新计算，尽可能输出所有像素 |
| Image.HAMMING | 产生比 BILINEAR 更清晰的图像 |
| Image.BICUBIC | 把输入值以三次样条插值重新计算，尽可能输出所有像素 |
| Image.LANCZOS | 使用更高画质的 Lanczos 过滤器 |

### 范例程序 CH1612.py

```
from PIL import Image
file = '../Demo/Pict/puppet02.png'  # 图像文件的路径
# 打开图像文件，重设大小并另存到一个文件中
with Image.open(file) as photo:
  width, height = photo.size  # 获取原有图像的大小
  newPng = photo.resize((width // 2, height // 2))
  newPng.save('../Demo/Pict/1612.png')
  photo.show()
```

**程序说明：**

● 方法 resize()按照参数 width 和 height 重设图像的大小。

● 方法 save()把变更大小的图像按照指定的路径以相同格式（PNG）另存到新的文件。

● 需要注意的是，方法 save()并不能把原有的 PNG 格式的图像直接存储为 JPEG 格式的图像，它会引发 "OSError: cannot write mode RGBA as JPEG" 的异常。

虽然，PNG 格式的图像无法另存为 JPEG 格式的图像，但是 JPEG 格式的图像可以调用 save() 方法另存为其他格式的图像，例如 GIF、BMP 或 PNG，参数 format 指定的格式必须与另存的文件格式相同。示例如下：

```
file = '../Demo/Pict/lotus.jpg'  # 图像文件的路径
with Image.open(file) as photo:
  img = photo.rotate(-135).save(
    '../Demo/Pict/lotusR135.bmp', format = 'bmp')
```

**示例说明：**

把文件另存为 BMP 格式，格式同样指定为 BMP 格式。

## 16.4.2　新建图像

方法 new()用于按指定格式新建一个图像，它的语法如下：

```
Image.new(mode, size, color = 0)
```

**参数说明：**

● mode: 指定图像的模式，可参考表 16-8 中的说明。

● size: 按指定的 width 和 height 来设置图像的大小。

● color: 指定图像的颜色值，默认为黑色。

方法 new()的参数 mode 用来定义图像中像素的模式，每个像素按这个模式设置范围，参考表 16-8 中的说明。

表16-8　方法new()需指定的模式

| 参数 mode | 说　　明 |
|---|---|
| 1（数字） | 1 位像素，黑白图像，能存成 8 位像素 |
| L | 8 位像素，黑白 |
| P | 9 位像素，调色板能对应到其他模式 |
| RGB | 3×8 位像素，全彩色 |
| RGBA | 4×8 位像素，全彩色含透明度 |
| YMCK | 4×8 位像素，以 Cyan、Magenta、Yellow、Key Plate（Black）分色，印刷四色模式或彩色印刷模式 |
| LAB | 3×8 位像素，颜色空间 |
| HSV | 3×8 位像素，H(Hue)、S(Saturation)、V(Value)即颜色、饱和度、亮度 |
| I | 32 位像素，含正、负值的整数 |
| F | 32 位像素，以浮点数表示 |

**范例程序 CH1613.py**（部分程序代码）

```
from PIL import Image
photo = Image.new('RGB', (300, 300), (215, 215, 215))
photo.save('../Demo/Pict/1613.jpg')
photo.show()
```

**程序说明：**

- 方法 new()新建一个 RGB 模式、大小为 300×300、颜色为灰色的图像。
- 方法 save()以 JPEG 格式保存图像文件。

## 16.4.3　绘制图形和文字

方法 new()相当于创建了一块简易的画布，有了画布就能挥洒"作画"了。在进行彩绘之前，先来认识 Pillow 中与绘图有关的模块 ImageDraw，它可用于画线条，也可用于绘制几何图形，相关方法可参考表 16-9 中的说明。

表16-9　ImageDraw的相关方法

| ImageDraw 相关方法 | 说　　明 |
|---|---|
| ImageDraw.Draw() | 创建绘图对象 |
| ImageDraw.getfont() | 获取字体 |
| ImageDraw.arc() | 绘制弧线 |
| ImageDraw.polygon() | 绘制多边形 |
| ImageDraw.ellipse() | 绘制椭圆 |
| ImageDraw.line() | 绘制线条 |

方法 arc()可用于绘制弧线，它的语法如下：

```
ImageDraw.arc(xy, start, end, fill = None, width = 0)
```

**参数说明:**

- xy: 必不可少的参数,由于是绘制弧线,因此会有[(x0, y0), (x1, y1)]或[x0, y0, x1, y1],同时"x1 >= x0"且"y1 >= y0"。
- start 和 end: 必不可少的参数,绘制弧线的角度,从 3 点钟方向开始直到结束的角度。
- fill: 可选参数,填充颜色。
- width: 可选参数,外框的宽度,以像素为单位。

绘制弧形的示例如下:

```
from PIL import ImageDraw
sample = ImageDraw.Draw(photo)   # 创建绘图对象
sample.arc((15, 35, 180, 160), 180, 360, fill = 'DarkGray', width = 10)
```

**示例说明:**

(1)sample 为 ImageDraw 对象。

(2)参数 xy 以元组对象来表示(x0, y0, x1, y1)这 4 个坐标。

(3)开始角度为 180°,结束角度为 360°,绘制半弧线。

接下来看椭圆是如何绘制的。它的语法如下:

```
ImageDraw.ellipse(xy, fill = None, outline = None, width = 1)
```

**参数说明:**

- xy: 必不可少的参数,以图像的左上角为起点,设置 x、y 坐标值。
- outline: 可选参数,指定图像外框的颜色。
- fill 和 width: 可选参数,与方法 arc()中的同名参数的作用相同。

**范例程序 CH1613.py(续 1)**

```
from PIL import ImageDraw
sample = ImageDraw.Draw(photo)   # 产生绘图对象
# 绘制椭圆
sample.ellipse((50, 50, 120, 160),
     fill = 'rgb(128, 128, 128)',
     outline = 'white', width = 5)
```

**程序说明:**

- 要在原有的图像上绘制图形,必须导入 ImageDraw 模块,调用 Draw()方法创建绘图对象。
- 方法 ellipse()在坐标(50, 50)处创建一个宽和高为 120×160 的绘图对象,以灰色填充,它的外框框线的宽度为 5 且为白色。

保存该程序文件,按 F5 键执行该程序,执行结果如图 16-28 所示。

想要继续在 ImageDraw 对象上绘制文字,就要加入 ImageFont 创建的字体对象。首先,要使用 truetype()方法来获取字体,它的语法如下:

```
ImageFont.truetype(font = None, size = 10, index = 0,
     encoding = '', layout_engine = None)
```

图 16-28

参数说明：

- font: 字体名称，必须加载字体文件的路径。
- size: 字体的大小，以像素为单位
- index: 指定要加载的字体。
- encoding: 字符编码，默认为 Unicode。

一般而言，Windows 系统的字体大部分保存在"C:\Windows\Fonts"目录中，可以调用 truetype() 方法直接引用。有了字体后，要输出文字就可以调用 ImageDraw.text()方法，它的语法如下：

```
ImageDraw.text(xy, text, fill = None, font = None,
    anchor = None, spacing = 4, align = 'left',
    direction = None, features = None, language = None,
    stroke_width = 0, stroke_fill = None,
    embedded_color = False)
```

参数说明：

- xy: 输出文字的位置，以元组对象来设置 x、y 坐标。
- text: 输出的字符串。
- fill: 指定参数 text 的文字颜色。
- font: 由 ImageFont 对象获取的字体。
- spacing: 若有多行文字，行与行之间的距离。
- align: 文字对齐，默认是左对齐（left），还可以选择居中（center）或右对齐（right）。
- direction: 文字的方向是 rtl（自右向左），ltr（从左到右）或 ttb（自上而下）。

### 范例程序 CH1613.py（续 2）

```
# 获取字体
fontAt = ImageFont.truetype('../Demo/Font/BERNHC.ttf', 46)
sample.text((130, 120), 'Hi Pillow',     # 绘制文字
    font = fontAt, fill = 'Ivory')
```

程序说明：

- 给 ImageFont 对象 fontAt 赋予字体，字体的大小是 46。
- 以 ImageDraw 对象 sample 调用方法 text()，在指定的输出位置(130, 120) 处输出文字"Hi Pillow"，文字颜色是象牙白。

执行结果如图 16-29 所示。

图 16-29

## 16.4.4　图像的旋转和翻转

改变图像方向有两种方法：方法 rotate()可用于旋转图像，方法 transpose()可用于翻转图像。

### 1. 旋转图像

旋转图像的方法 rotate()的语法如下：

```
Image.rotate(angle, resample = Resampling.NEAREST,
    expand = 0, center = None, translate = None,
    fillcolor = None)
```

**参数说明：**

- angle：指定图像的旋转角度。
- resample：可选参数，提供图像重新采样的过滤器，有 3 个参数值，如表 16-10 所示。
- expand：可选参数，默认值为 0（即为 False），参数值为 True 是可把图像放大，适应旋转后的新图像。
- center：可选参数，以图像为默认中心点来旋转图像。左上角为原点，以元组对象来设置 x、y 坐标。
- translate：可选参数，同样是以元组对象设置 x、y 坐标，翻转旋转后的图像。

表16-10　方法rotate()提供的过滤器

| resample 重新采样 | 说　　明 |
| --- | --- |
| Image.Resampling.NEAREST | 邻近取样 |
| Image.Resampling.BILINEAR | 线性插补 |
| Image.Resampling.BICUBIC | 三次样条插值 |

## 范例程序 CH1614.py

以不同角度旋转图像。

```
file = '../Demo/Pict/lotus.jpg'        # 图像文件的路径
with Image.open(file) as photo:
     img = photo.rotate(-135).save(
     '../Demo/Pict/lotusR135.jpg')
file2 = '../Demo/Pict/lotusR135.jpg'   # 图像文件的路径
with Image.open(file2) as photo:
  photo.show()
```

**程序说明：**

- rotate()方法的第一个参数 angle 为负值（-135°），表示按顺时针旋转图像。

执行程序后生成的图像如图 16-30 所示。

旋转图像时，可能会因为图像格式的不同而略有不同。

- PNG 格式：为 RGBA 模式，含有 alpha（透明度），图像经过旋转后只会以透明背景填充旋转后余留的空间，如图 16-31 所示。

图 16-30　　　　　　　　　　　　　　　　图 16-31

- JPEG 格式：为 RGB 模式，不含有 alpha（透明度），图像经过旋转后只能以黑色填充旋转后余留的空间，如图 16-32 所示。

方法 rotate() 加入参数 "expand = True" 后会把图像适当放大，可参考下面的范例程序。

**范例程序 CH1615.py**

```
from PIL import Image
file = '../Demo/Pict/ylotus.png'    # 图像文件的路径
with Image.open(file) as photo:
  img = photo.rotate(45, expand = True,
    resample = Image.Resampling.BILINEAR)
  img.save('../Demo/Pict/R45E.png')
```

**程序说明：**

● 　方法 rotate() 加入参数 expand 和 resample，把放大的图像以线性插值重新进行取样。

执行程序后生成的图像如图 16-33 所示。

图 16-32 　　　　　　　　　　　　　　　　　　　图 16-33

**2. 翻转图像**

方法 transpose() 用来翻转图像，它的语法如下：

```
Image.transpose(method)
```

方法 transpose() 的参数 method 用于设置图像的翻转方式，可参考表 16-11 中的说明。

表16-11　方法transpose()翻转图像的method参数值

| transpose()的 method 参数值 | 说　明 |
| --- | --- |
| Image.Transpose.FLIP_LEFT_RIGHT | 水平翻转 |
| Image.Transpose.FLIP_TOP_BOTTOM | 垂直翻转 |
| Image.Transpose.ROTATE_90 | 图像逆时针旋转 90° |
| Image.Transpose.ROTATE_180 | 图像逆时针旋转 180° |
| Image.Transpose.ROTATE_270 | 图像逆时针旋转 270° |
| Image.Transpose.TRANSPOSE | 图像向左旋转 |
| Image.Transpose.TRANSVERSE | 图像向右旋转 |

**范例程序 CH1616.py**

```
# 调用 transpose() 方法翻转图像
from PIL import Image
file = '../Demo/Pict/puppet02.png'    # 图像文件的路径
# 打开图像文件
with Image.open(file) as photo:
  #img = photo.transpose(Image.Transpose.FLIP_LEFT_RIGHT)
```

**程序说明：**

- 方法 transpose()的参数值 Transpose.FLIP_LEFT_RIGHT 用于把图像进行水平翻转，如图 16-34 所示。
- 方法 transpose()的参数值 Transpose.FLIP_TOP_BOTTOM 用于把图像进行垂直翻转，如图 16-35 所示。
- 方法 transpose()的参数值 Transpose.ROTATE_270 用于把图像按逆时针方向旋转 270°，如图 16-36 所示。

　　　　图 16-34　　　　　　　　图 16-35　　　　　　　　图 16-36

## 16.4.5　图像的裁切与合成

### 1. 裁切图像

在某些情况下，可能需要裁切图像，用于图像裁切的 crop()方法的语法如下：

```
Image.crop(box = None)
```

- box：有 4 个坐标，为 left、upper、right 和 lower，可参考图 16-27。

**范例程序 CH1617.py**

```python
from PIL import Image
file = '../Demo/Pict/rose.jpg'    # 图像文件的路径
# 打开图像文件
with Image.open(file) as photo:
   # 调用 crop()方法裁切图像
   img = photo.crop((312, 103, 918, 735))
   img.save('../Demo/Pict/cropRose.jpg')
```

**程序说明：**

- 方法 crop()必须以元组对象来设置左、上、右、下这 4 个坐标值。

执行程序后生成的图像如图 16-37 所示。

图 16-37

完成裁切的图像可以使用 ImageFilter 模块所定义的过滤器来产生滤镜特效。这些预定义的过滤器必须配合 ImageFilter 模块 filter()方法，它的语法如下：

```
Image.filter(filter)
```

● filter: 相关参数可参考表 16-12 中的说明。

表16-12　Filter()方法的参数值

| Filter()方法的参数值 | 说　　明 |
|---|---|
| ImageFilter.BLUR | 模糊化 |
| ImageFilter.CONTOUR | 轮廓 |
| ImageFilter.DETAIL | 细节加强 |
| ImageFilter.EDGE_ENHANCE | 边缘加强 |
| ImageFilter.EDGE_ENHANCE_MORE | 深度边缘加强 |
| ImageFilter.EMBOSS | 浮雕效果 |
| ImageFilter.FIND_EDGES | 边界 |
| ImageFilter.SMOOTH | 平滑效果 |
| ImageFilter.SMOOTH_MORE | 深度平滑效果 |
| ImageFilter.SHARPEN | 锐化效果 |

### 范例程序 CH1617.py（续，滤镜特效）

```
from PIL import ImageFilter
file2 = '../Demo/Pict/cropRose.jpg'   # 打开裁切后的图像文件
with Image.open(file2) as photo:
   eff = photo.filter(ImageFilter.EDGE_ENHANCE_MORE)
   eff.save('../Demo/Pict/effRose.jpg')
```

把裁切后的图像以方法 filter()进行滤镜特效处理，结果如图 16-38 所示。

轮廓

细节加强

深度边缘加强

图 16-38

### 2. 合成图像

要把两张图像进行合成，有以下两点需要注意：

● 两张图像的格式要相同，例如都是 JPEG 图像。

● 两张图像的大小要相同，可以使用 Image.crop()方法进行裁切。

方法 blend()可用于合成图像，它的语法如下：

```
Image.blend(im1, im2, alpha)
```

**参数说明：**

- im1 和 im2：想要合成的两张图像，它们的格式（format）和大小（size）必须一致。
- alpha：设置图像的透明度，范围为 0.0～1.0。若值为 0.0，合成时会复制 im1；若值为 1.0，合成时复制 im2。

### 范例程序 CH1618.py（图像合成）

```
from PIL import Image, ImageDraw, ImageFilte
s1 = Image.open('../Demo/Pict/lotus.jpg')
s2 = Image.open('../Demo/Pict/rose2.jpg')
# 合成照片
target = Image.blend(s1, s2, alpha = 1.0)
target.save('../Demo/Pict/show.jpg')
```

调用方法 blend()合成两张图像，参数 alpha 的设置值会影响合成的效果，如图 16-39 所示。

图 16-39

在合成图像的过程中也可以加入屏蔽，方法 composite()就以 mask 为参数进行屏蔽，它的语法如下：

```
Image.composite(image1, image2, mask)
```

**参数说明：**

- Image1 和 image2：两张图像的格式和大小必须一致。
- mask：它本身也是图像，大小必须与 imagei1 和 image2 相同，但是模式限定为 1（黑白）、L（灰度）、RGBA（含透明度的彩色图像）等。

为了让屏蔽具有质感，可以调用 ImageFilter 模块中的 GaussianBlur()方法，配合半径值形成高斯模糊化的滤镜特效，它的语法如下：

```
ImageFilter.GaussianBlur(radius = 2)
```

- radius：高斯模糊用的半径值。

### 范例程序 CH1618.py（续，先产生屏蔽图像，再进行图像的合成）

```
# 调用方法 new()创建灰度屏蔽图像，大小必须与 s1 和 s2 的大小一样
photo = Image.new("L", (300, 225))
maskRect = ImageDraw.Draw(photo)
maskRect.ellipse((40, 40, 260, 220), fill = 255)
mask = photo.filter(ImageFilter.GaussianBlur(25))
mask.save('../Demo/Pict/show2.jpg')
compImg = Image.composite(s1, s2, mask)
compImg.save('../Demo/Pict/show3.png')
```

**程序说明：**

- 调用 ImageDraw 模块中的 Draw()方法创建绘制对象 maskRect，再调用 ellipse()方法绘制椭圆来形成屏蔽区域。
- 调用 new()方法创建 Image 对象，再调用该对象的 filter()方法加入高斯模糊化的滤镜特效。
- 最后，调用 composite()方法合成连同屏蔽在内的三张图像。

执行程序后生成的图像如图 16-40 所示。

图 16-40

# 16.5　本章小结

- Turtle 模块是简易的绘图程序，是以 Tkinter 函数库为基础打造的绘图工具，它源自于 20 世纪 60 年代的 Logo 程序设计语言，而由 Python 程序设计人员在 Python 中构建了 Turtle 函数库。
- 使用 Turtle 之前，要对屏幕坐标系统有一些基本的认识。我们所使用的屏幕对 Python 来说，坐标是以左上角为起始点(0, 0)。
- Turtle 的画布采用直角坐标系，左上角的(startX, startY)可设置它的起始位置。
- 与坐标有关的方法：turtle.goto()和 turtle.setpos()方法以像素来表示坐标值，可用于设置画笔的坐标值；而方法 turtle.home()用于把画笔归回原点(0, 0)。
- 移动画笔前可以调用方法 penup()把它抬起，前行到指定坐标点后再调用方法 pendown()把画笔落下，以继续绘图。
- RGB 分别是红（R）、绿（G）、蓝（B）三原色，颜色值为 0~255。除了指定颜色名称之外，还可以使用十六进制数（0~F）来表示，格式为'#RRGGBB'。
- 方法 circle()用于绘制圆，通过参数 steps 配合 extent 的设置可以绘制出不同的几何图形。例如"extent = 360, steps = 3"加上半径值可以绘制出三角形，以此类推，"circle(50, 360, 5)"可用于绘制五边形。
- 在 Pillow 套件中，Image 模块用来处理 PIL 图像。ImageColor 支持 CSS6 样式表单，提供颜色表和颜色模式的转换。ImageDraw 模块以其对象处理简单的 2D 图形，ImageFont 则以 ImageFont 对象存储位图字体。
- 在 Pillow 套件中，RGB()函数用于表示颜色值，有三种方式：①使用 0 ~ 255 的整数；②使用颜色名称；③以三个百分比形式表示。
- 在 Pillow 套件中，表示颜色的第二种方式就是采用十六进制数，无论是#rgb、#rrggbb 还是 #rrggbbaa 都是以"0~F"形式的十六进制数值来表示颜色值。

- 在 Pillow 套件中，改变图像的方向有两种方法：rotate()方法用于旋转图像，transpose()方法用于翻转图像。
- Pillow 套件使用直角坐标系（即笛卡儿坐标系）读取图像，以左上角为原点，再按图像的大小返回 x、y 的坐标值。它把图像视为一个矩形区域，有左（left）、上（upper）、右（right）、下（lower）4 个坐标，以元组的方式来表示。
- 在 Pillow 套件中，Image 类具有的属性：size 用于获取图像的大小，format 用于返回图像文件的格式，info 以字典返回图像的信息，mode 用于获取图像的模式。
- 模块 ImageDraw 能以方法 Draw()创建绘图对象，方法 line()用于绘制线条，方法 ellipse()用于绘制椭圆，方法 getfont()用于获取字体。
- 显示 ImageDraw 对象：首先，要使用 ImageFont 创建字体对象并以 truetype()方法来获取字体；然后，调用 ImageDraw.text()方法进行相关参数的设置。
- 要合成图像，有以下两点需要注意：①两张图像的格式要一样；②两张图像的大小要相同，可调用方法 Image.crop()进行裁切。在进行图像合成时，调用方法 blend()，其中参数 alpha 的值为 0.0~1.0。

# 16.6　课后习题

### 一、填空题

1. 请说明下列语句的作用。①＿＿＿＿，②＿＿＿＿。

```
import turtle              # ①
turtle.setup(200, 200)     # ②
```

2. 请填写 Turtle 画笔的前进方向（见图 16-41）：①＿＿＿＿、②＿＿＿＿、③＿＿＿＿、④＿＿＿＿。

3. 海龟把画笔转个角度，请填写海龟前进的角度（见图 16-42）：①＿＿＿＿、②＿＿＿＿、③＿＿＿＿、④＿＿＿＿。

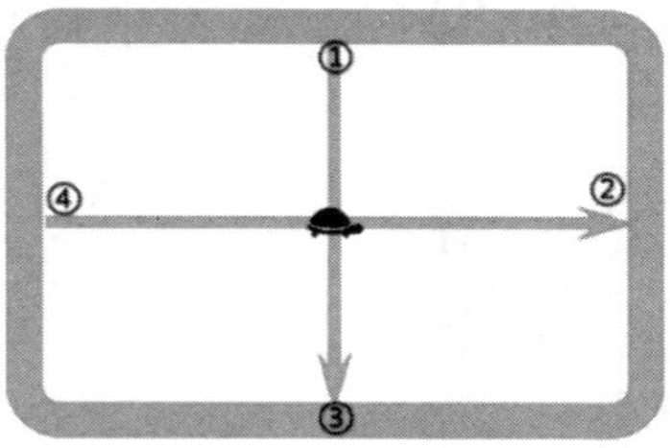

图 16-41 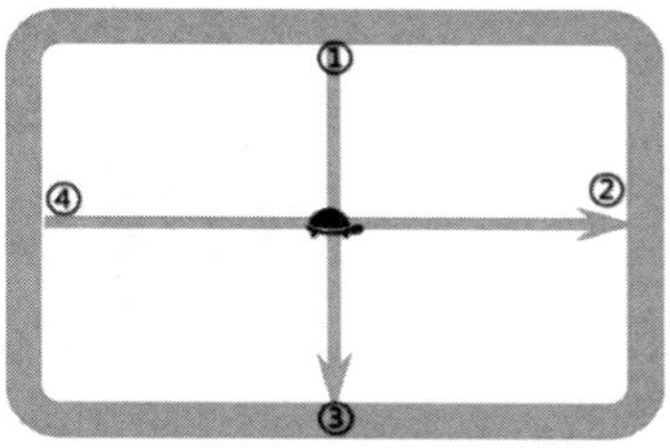　　　　　　　　　　　　图 16-42

4. 移动 Turtle 画笔可以调用方法＿＿＿＿把它抬起，前行到指定坐标点再调用方法＿＿＿＿把画笔落下，以继续绘图。

5. 以#RRGGBB 表示 RGB 三原色，红色＿＿＿＿、绿色＿＿＿＿、白色＿＿＿＿、黄色＿＿＿＿。

6. 方法 circle()用于绘制几何图形，想要绘制一个四边形，其中参数 extent:＿＿＿＿，参数 steps:＿＿＿＿。

7. 在 Pillow 套件中，Image 类具有的属性：mode 属性用于获取_____，获取图像大小的属性为_____，format 属性能返回_____，以字典返回图像信息的属性是_____。

8. Pillow 套件使用直角坐标系读取图像，以_____为原点，它把图像视为一个矩形区域，它的四个坐标为_____、_____、_____、_____。

9. Image 类的方法_____用于新建图像，方法_____用于给图像赋予新的文件名，想要调整图像的大小可调用方法_____。

10. 模块 ImageDraw 中创建绘图对象的方法是_____，方法 line()用于_____，画出椭圆的方法是_____，_____是方法 getfont()。

11. Image 类的方法 transpose()用于翻转图像，垂直翻转的参数值为_____，水平翻转的参数值为_____。

12. 要合成两张图像，要注意两件事：两张图像的_____要一样，两张图像的_____要相同，调用方法_____配合裁切。在进行图像合成时，调用方法 blend()，其中参数 alpha 的值是_____。

## 二、实践题与问答题

1. 以 Turtle 绘制如图 16-43 所示的图形（提示：以三角形转动角度来绘制）。

2. 以任意 4 色绘制如图 16-44 所示的螺旋图形。

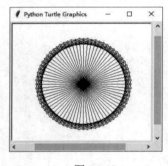
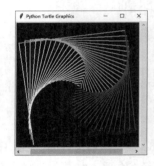

图 16-43              图 16-44

3. 调用 Pillow 套件的 Image 模块中的方法 copy()和 paste()复制图像，再粘贴进行填充，结果参照图 16-45。

图 16-45

# 附录 A

## 课后习题参考答案

### 第 1 章　Python 世界

#### 一、填空题

1. IDLE 软件有两个操作界面：①Python Shell，②Editor。

2. 进入 Python Shell 交互模式，会显示的符号是 >>>。

3. 在 Python Shell 交互模式下，要获取 Python 设计原则，输入 import this；要进入 "help>" 模式，应调用函数 help()，退出时执行指令 quit。

4. 编写 Python 程序时，若程序代码中要加入注释，则会以 # 表示单行注释，会以 3 个单引号或双引号表示多行注释。

5. print()函数会将内容输出到屏幕上；input()函数可用来获取用户的输入内容。

6. 以 Python 语言编写的程序代码被称为源代码，保存为文件时需以*.py 为文件扩展名，它会被解释转换成字节码。

7. 执行 Python 程序，可以按 F5 键或执行 Run > Run Module 指令令。

8. 要放大 Visual Studio Code 窗口的内容时，用【Ctrl++】组合键，要缩小窗口的内容时，则是用【Ctrl+-】组合键。

#### 二、实践题与问答题

1. 请简单说明程序设计语言的编译器和解释器有何不同？

解答：编译器（Compiler），它需要完整的源代码才能对程序进行编译，生成可执行程序，再链接函数库予以执行；解释器（Interpreter），在执行时，动态将程序代码逐句解释翻译成机器码。

2. 请上网查询 Python 有哪些实现的解释器？请列举三种并做简单介绍。

解答：CPython，官方的解释器，以 C 语言编写而成，本书使用的就是这款解释器；PyPy，使用 Python 语言编写而成，执行速度会比 CPython 快；Jython，使用 Java 语言编写而成，可以直接调用 Java 函数库。

3. 请简单介绍 Python 3.10 软件各菜单命令的作用。

解答：（1）Python 3.10(64-bit)：直接进入 Python Shell 交互模式即可看到 Python 系统特有的提示符 ">>>"。在此交互模式下，Python 程序可以单步解释执行。

IDLE 软件：由 Python 提供的集成开发环境（IDE）软件。

Python 3.10 Manuals：提供了 Python 程序设计语言的使用手册，它是一个 HTML 可执行文件。

Python 3.10 Module Docs：提供了 Python 内建模块相关函数的帮助文档。例如，单击 math 模式即可查看相关函数的说明。

4. 启动 IDLE 之后进入 Python Shell，输入下列数学算式并查看结果。

```
215*32/72-120
```

执行结果为：

```
215*32/72-120
-24.444444444444443
```

# 第 2 章   Python 基本语法

## 一、填空题

1. 声明 Python 的标识符时，第一个字符必须是<u>英文字母</u>或<u>下画线</u>。

2. 填入各变量代表的数据类型：a = 'Python'；b = 25.368；c = 16。a 的数据类型为<u>字符串</u>，b 的数据类型为<u>浮点数</u>，c 的数据类型为<u>整数</u>。

3. 在 Python 语言中，id()函数可用来判断身份标识符（ID），而用于查看数据类型的函数是<u>type()</u>。

4. <u>bin()</u>将十进制数转换为二进制数，表示时以 <u>0b</u> 为前缀字符；<u>oct()</u>将十进制数转换为八进制数，表示时以 <u>0o</u> 为前缀字符；<u>hex()</u>将十进制数转换为十六进制数，表示时以 <u>0x</u> 为前缀字符。

5. 布尔类型只有两个值：<u>True</u>、<u>False</u>。

6. 在 Python 语言中，浮点数有 3 种数据类型：①<u>float</u>，②<u>complex</u>，③<u>decimal</u>。

7. 要获取 decimal 类型的算术运算环境时，可调用 <u>getcontext()</u>函数；要改变小数部分的精确度，要以 <u>getcontext().prec</u> 重新设置。

8. 表达式 15//8 的结果是 <u>11</u>，表达式 2**5 的结果是 <u>32</u>，表达式 32%7 的结果是 <u>4</u>。

9. 若要处理有理数，则要导入 <u>fractions</u> 模块，调用类方法 <u>Fraction()</u>。

10. 函数 divmod(25, 3)会返回<u>(8, 1)</u>，函数 round(1347.625)会返回 <u>1348</u>。

## 二、实践题与问答题

1. 导入数学模块，输入半径的长度，编写一个计算圆周长和圆面积的程序。

解答：参考本书提供下载的范例程序文件夹"\PyCode\课后实践题参考答案\CH02"中的程序 Ex0201.py。

2. 以对象的观点来解释下列语句。

```
totalA, totalB = 10, 20
totalB = 15.668
```

解答：第一行语句：把对象引用 totalA 绑定到内存并指向 int 对象 10，把对象引用 totalB 绑定到内存并指向 int 对象 20。

第二行语句：Python 语言采用动态数据类型，当 totalB 存储的变量值由原来的 10 变成 15.668

时，从对象的观点来看，值 10 已无任何对象引用，它会变成 Python 垃圾回收机制的回收对象。

# 第 3 章　条件选择与比较运算符和逻辑运算符

## 一、填空题

1. 下列程序语句返回的结果：①False，②True。

```
number = 20
result = (number % 3 == 0) and (number % 4 == 0)①
result = (number % 3 == 0) or (number % 5 == 0)②
```

2. 为下列程序语句补上关键字。①if，②else。

```
'及格' ① score >= 60 ② '不及格'
```

3. if/else 语句使用三元运算符 "X if C else Y" 的表达方式，其中 X 是条件运算 True 语句，C 是条件表达式，Y 是条件运算 False 语句。

4. 购物金额大于 1500 元才能打 8.5 折，未超过 1500 就不打折，以三元运算符的表达方式来实现此程序逻辑。

```
price = 2136    # 购物金额
amount = price * 0.85 if price > 1500 else price
print(price)
```

## 二、实践题与问答题

1. 输入年龄，大于 18 岁就显示"你有公民投票权"，小于 18 岁就显示"你尚未成年"。

解答：参考本书提供下载的范例程序文件夹 "\PyCode\课后实践题参考答案\CH03" 中的程序 Ex0301.py。

2. 用三元运算符的表达方式改写上一题的程序。

解答：参考本书提供下载的范例程序文件夹 "\PyCode\课后实践题参考答案\CH03" 中的程序 Ex0302.py。

3. 实现电影的分级观看功能：满 18 岁才能看限制级电影，满 15 岁可以看辅导级电影，满 6 岁可以看保护级电影，不满 6 岁只能看普通级电影。用 if/elif/else 语句来判断输入的年龄可以观看的电影级别。

解答：参考本书提供下载的范例程序文件夹 "\PyCode\课后实践题参考答案\CH03" 中的程序 Ex0303.py。

# 第 4 章　循环控制

## 一、填空题

1. 参考下述程序代码，print()函数的输出为 15, 12, 9, 6, 3。

```
for item in range(15, 0, -3):
```

```
    print(item, end = ' ')
```

2. range()函数的参数有：<u>start</u>、<u>stop</u>、<u>step</u>。

3. 参考下述程序代码，print()函数的输出为①<u>2</u>，②<u>12</u>，③<u>continue</u>。

```
for item in range(①, ②):
    if item % 2 == 0:
        ③
    print(item, end = '')   # 输出 3, 5, 7, 9, 11
```

4. 参考下述程序代码，print()函数的输出为 <u>15　12　9</u>。

```
number = 15
while True:
    if number < 7:
        break
    print(number, end = ' ')
    number -= 3
```

5. 在 random 模块中，方法 <u>random</u> 随机产生 0~1 的浮点数；方法 <u>randint</u> 会产生随机整数值。

**二、实践题与问答题**

1. 将范例程序 CH0403.py 实现的九九乘法表以 while 循环来改写。

解答：参考本书提供下载的范例程序文件夹"\PyCode\课后实践题参考答案\CH04"中的程序 Ex0401.py。

2. 调用 random 模块的 randint()方法来获取 1~10 和 10~50 的两个随机整数分别作为 range()函数的 start 和 stop 的参数，并以 for/in 循环输出这两个随机整数之间的整数。

解答：参考本书提供下载的范例程序文件夹"\PyCode\课后实践题参考答案\CH04"中的程序 Ex0402.py。

# 第 5 章　序列类型和字符串

**一、填空题**

1. 序列类型的数据由内置函数 <u>min()</u>获取元素的最小值，<u>max()</u>函数获取元素的最大值，<u>sum()</u>函数获取元素的合计值。

2. 序列类型中，分别写出它们的数据类型；A = 'Hello'，表示 A 是<u>字符串</u>；B = [11, 'Tomas']，表示 B 是<u>列表（List）</u>；C = ('one', 'two', 'three')，表示 C 是<u>元组（Tuple）</u>。

3. 根据下表字符串的索引值填写提取子字符串的切片操作结果，其中 word = 'Hello Python'。

| string | H | e | L | l | o | | P | y | t | h | o | n | ! |
|---|---|---|---|---|---|---|---|---|---|---|---|---|---|
| index | 0 | 1 | 2 | 3 | 4 | 5 | 6 | 7 | 8 | 9 | 10 | 11 | 12 |
| -index | -13 | -12 | -11 | -10 | -9 | -8 | -7 | -6 | -5 | -4 | -3 | -2 | -1 |

word[-3]返回'<u>o</u>'；word[<u>:5</u>]返回'Hello'；word[<u>3:8</u>]返回'lo Py'；word[<u>:-1</u>]返回'Hello Python'。

4. Python 提供了内置函数 <u>ord()</u>用于获取字符的 ASCII 值，<u>chr()</u>用于将 ASCII 值转为单个字符。

5. 调用 <u>index()</u>方法或 <u>find()</u>方法来寻找字符串中特定的字符,前者找不到时会返回 ValueError,后者则会返回-1。

6. 填写下列字符串方法的返回值。①<u>'Mary'</u>, ②<u>'mary'</u>, ③<u>False</u>。

```
①'MARY'.capitalize()
②'Mary'.lower()
③'Mary'.isupper()
```

7. 格式化字符串调用 format()方法，参数 format-space 的字段宽度代表<u>字符所占宽度</u>，精确度表示<u>浮点数输出的小数字数</u>。

8. str.format()方法的控制格式化字符串要如何设置才会输出下列的格式。①<u>'Mary'.center(12, '\*')</u>, ②<u>'Mary'.ljust(12, '-')</u>,　③<u>'Mary'.rjust(12, '~')</u>。

```
输出
①'****Mary****'
②'Mary--------'
③'~~~~~~~~Mary'
```

9. split()函数用于分割字符串，它的参数都用默认值，字符串 wd = 'hello world python' 分割后是 <u>'Hello', 'world', 'python'</u>。

10. 计算部分切片时，索引值从左边的 start 开始，称为<u>下边界</u>；到右边的 end 结束，称为<u>上边界</u>。

### 二、实践题与问答题

1. 使用切片法，完成下述子字符串的提取。

```
word = 'There are two optional keyword-only arguments'
# 输出下列子字符串
arguments
two optional
ra opoleo-lau # 字符间距 3
```

解答：参考本书提供下载的范例程序文件夹“\PyCode\课后实践题参考答案\CH05”中的程序 Ex050102.py。

2. 延续第 1 题的 word 字符串值，输出下列格式的字符串（提示：字符串要先分割）。

```
index element
    0 There
    1 are
    2 two
    3 optional
    4 keyword-only
    5 arguments
```

解答：参考本书提供下载的范例程序文件夹“\PyCode\课后实践题参考答案\CH05”中的程序 Ex050102.py。

3. 编写程序代码,调用 str.format()方法和 f-string 并配合 for/in 循环输出如图 5-46 所示的结果。

```
  x   x*x   x*x*x
--------------------
  1     1       1
  2     4       8
  3     9      27
  4    16      64
  5    25     125
  6    36     216
  7    49     343
  8    64     512
  9    81     729
 10   100   1,000
```

图 5-46

解答：参考本书提供下载的范例程序文件夹"\PyCode\课后实践题参考答案\CH05"中的程序 Ex0503.py。

# 第 6 章　元组与列表

### 一、填空题

1. 元组对象调用 count()方法统计某个元素出现的次数，调用 index()方法获取某个元素的索引值。

2. 读取元组对象时，可使用 for/in 循环或 while 循环。

3. 下列程序语句的输出结果为('周一', '周二', '周三')；这是应用 Unpacking。

```
wk = ['周一','周二','周三']
Mon, Tue, Wed = wk
print(Mon, Tue, Wed)
```

4. 下列程序语句经过 List()函数转换会输出：['P', 'y', 't', 'h', 'o', 'n']。

```
wd = 'Python'
list(wd)
```

5. 写出 print()输出的结果[11, 22, 33, 44]，[33, 44, [11, 22, 33, 44]]。

```
n1 = [11, 22];n2 = [33, 44]
rt1 = n1.extend(n2); print(rt1)
rt2 = n2.append(n1); print(rt2)
```

6. 要清除列表对象中的所有元素，使用运算符 del[ : ]，或者调用 clear()方法。

7. 排序时，sort()方法默认采用升序排序；参数 reverse = True 则表示进行降序排序。

8. 创建空的列表对象之后，添加元素有两种方式：①指定索引值，②append()方法。

9. 将下列程序语句改成列表推导式：num = [item for item in range(20, 45)if(item % 13 == 0)]。

```
num = [] # 空的列表
for item in range(20, 45):
    if(item % 13 == 0):
        num.append(item)
print('10~50 能被 7 整除的数: ', numA)
```

10. 请按下列程序语句来填写：①data[0][1] = 32；②data[3] = [31, 35, 37, 77]。

```
data = [[21, 32, 43], 11, 14, [31, 35, 37, 77]]
```

11. 复制时，调用 copy 模块的 copy()方法时，一般对象是<u>对象本身</u>；若是列表中有列表，则会使用<u>对象引用</u>。

### 二、实践题与问答题

1. 请参考下列程序的执行（见图 6-44），以 split()将输入的 5 个数值变成列表对象。

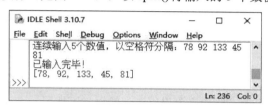

图 6-44

解答：参考本书提供下载的范例程序文件夹"\PyCode\课后实践题参考答案\CH06"中的程序 Ex0601.py。

2. 请以一个简单的例子来说明列表对象提供的方法 append()和 extend()的不同。

解答：参考本书提供下载的范例程序文件夹"\PyCode\课后实践题参考答案\CH06"中的程序 Ex0602.py。

3. 使用双重列表推导式输出下列的九九乘法表（见图 6-45）。

```
1*1= 1
1*2= 2 2*2= 4
1*3= 3 2*3= 6 3*3= 9
1*4= 4 2*4= 8 3*4=12 4*4=16
1*5= 5 2*5=10 3*5=15 4*5=20 5*5=25
1*6= 6 2*6=12 3*6=18 4*6=24 5*6=30 6*6=36
1*7= 7 2*7=14 3*7=21 4*7=28 5*7=35 6*7=42 7*7=49
1*8= 8 2*8=16 3*8=24 4*8=32 5*8=40 6*8=48 7*8=56 8*8=64
1*9= 9 2*9=18 3*9=27 4*9=36 5*9=45 6*9=54 7*9=63 8*9=72 9*9=81
```

图 6-45

解答：参考本书提供下载的范例程序文件夹"\PyCode\课后实践题参考答案\CH06"中的程序 Ex0603.py。

# 第 7 章　字　　典

### 一、填空题

1. 映射类型有两种：<u>①有序映射类型</u>，<u>②无序映射类型</u>。

2. 请根据下列程序语句填写 dt 的输出结果：<u>{'year': 2015, 'month':7, 'day':25}</u>。

```
dt = dict([('year', 2015), ('month', 7),('day', 25)])
```

3. 请根据下列程序语句填写 dt 的输出结果：<u>{'One':1, 'Two':2, 'Three':3}</u>。

```
dt = dict(zip(['One', 'Two', 'Three'],
    [1, 2, 3] ))
```

4. 要判断字典中某个元素是否存在，可以使用运算符 <u>in</u> 或 <u>not in</u>。

5. 为防患字典因找不到键而发生错误，方法 <u>get()</u>在无键时会返回 None 作为回应；方法 <u>setdefault()</u>在无键时会添加此键，并以 None 为对应的值。

6. 方法 <u>keys()</u>用于获取字典的键，方法 <u>values()</u>用于获取字典的值，方法 <u>items()</u>用于获取字典的 "键-值对"，它们都返回<u>字典视图</u>对象。

7. 要删除字典中某个元素，可以使用运算符 <u>del</u> 或调用方法 <u>pop()</u>或方法 <u>popitem()</u>。

8. 填写下列字典推导式的结果：<u>{'Wed': 3, 'Mon': 1, 'Tue': 2}</u>。

```
dt = {1:'Mon',2:'Tue',3:'Wed'}
print({v:k for k, v in dt.items()})
```

9. collections 提供了两个类，要让字典提供默认的键，可使用 <u>defaultdict</u>，要记住字典插入元素的位置，要使用 <u>OrderedDict</u>。

### 二、实践题与问答题

1. 参考图 7-24 调用 dict()配合 zip()函数来创建字典，并完成下列的输出。

| name | Steven | Peter | Vicky | Tomas | Michelle | John |
|---|---|---|---|---|---|---|
| birth | 1998/5/6 | 1990/12/21 | 1990/2/3 | 1991/6/3 | 1991/5/8 | 1988/4/7 |

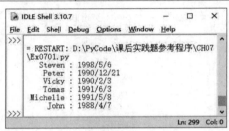

图 7-24

解答：参考本书提供下载的范例程序文件夹 "\PyCode\课后实践题参考答案\CH07" 中的程序 Ex0701.py。

2. 有哪些方式可以预防字典无键而发生错误，请以实例说明。

解答：参考本书提供下载的范例程序文件夹 "\PyCode\课后实践题参考答案\CH07" 中的程序 Ex0702.py。

# 第 8 章　集　　合

### 一、填空题

1. Python 的集合提供了两种类型，可变的 <u>set</u> 和不可变的 <u>frozenset</u>。

2. 写出下面程序语句中 set()函数产生的集合：<u>{'p', 'e', 'a', 'l'}</u>。

```
wd = 'apple'
print(set(wd))
```

3. 在可变集合中，要添加项目可调用 <u>add()</u>方法，要清除集合的所有元素可调用 <u>clear()</u>方法。

4. 删除可变集合中的元素：方法 <u>pop()</u>无参数，弹出第一个元素；方法 <u>remove()</u>删除的元素不存在时，会引发错误信息；方法 <u>discard()</u>要删除的元素不存在并不会引发错误。

5. 在集合的数学运算中，要获取集合 A 和 B 所有的元素来产生新集合，使用<u>并集</u>运算；获取 A 和 B 两个集合之间相同的元素使用<u>交集</u>运算。

6. 写出运算符：①<u>&</u>，②<u>|</u>，转换函数③<u>set()</u>。

```
s1 = 'One'; s2 = 'Fine'
print(③(s1) ① ③(s2))   # 输出{'e', 'n'}
print(③(s1) ② ③(s2))   # {'i', 'e', 'O', 'n', 'F'}
```

7. 继续问题 6，进行差集运算，要调用方法 <u>difference()</u>，以集合 s1 为主，结果为<u>{'O'}</u>，以集合 s2 为主，结果为<u>{'i', 'F'}</u>。

8. 集合 s1 改写后的结果为：<u>{'i', 'e', 'O', 'n', 'F'}</u>。

```
s1 = set('One'); s2 = set('Fine')
s1.update(s2)
print(s1)
```

9. 判断集合 A 是否为集合 B 的父集合，使用运算符 <u>></u>；判断集合 A 是否为集合 B 的子集合，使用运算符 <u><</u>。

10. 判断集合 A 与集合 B 是否有相同的元素，调用方法 <u>isdisjoint()</u>，若两个集合有相同的元素，则返回布尔值 <u>False</u>。

**二、实践题与问答题**

集合的数学计算，请分别用运算符和相关方法来编写集合运算的示例。

解答：参考本书提供下载的范例程序文件夹 "\PyCode\课后实践题参考答案\CH08" 中的程序 Ex0801.py。

# 第9章　函　　数

**一、填空题**

1. 定义函数（见图 9-53），说明其意义：①<u>实参</u>，②<u>形参</u>，③<u>return</u>。

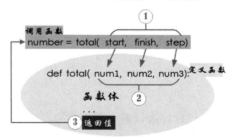

图 9-53

2. 定义函数时，以<u>形参</u>接收数据，而<u>实参</u>则是传递数据。

3. Python 如何进行参数传递？<u>不可变对象会先复制一份再进行传递</u>，<u>可变对象会直接以内存地</u>址进行传递。

4. 根据下列语句来填入正确的名词：函数中，"x、y"是<u>位置</u>参数；"z = 7"是<u>默认</u>参数；test(3, 4)输出 <u>14</u>；test(6, 8, 11)输出 <u>25</u>。

```
def test(x, y, z = 7):
    return x + y + z
print(test(3, 4))
print(test(6, 8, 11))
```

5. 根据下列语句来填入正确的名词：调用函数时"y = 5"表示是<u>关键字</u>参数，x 是<u>位置</u>参数。

```
def test(x, y):
    return x ** y
print(test(y = 5, x))
```

6. 自定义函数 score()中：参数 value 本身是<u>字典</u>对象；配合接收关键字参数 <u>eng = 78</u>、<u>chin = 98</u>。

```
def score(name, **value):
    print(value)
score('Mary', eng = 78, chin = 98)
```

7. 定义函数 func()，range()函数的两个参数应设置为 <u>17</u>, <u>20</u>，"17 + 18 + 19"才能相加，而 range()函数是提供<u>可迭代对象</u>。

```
def func(x, y, z):    # 定义函数
   print (x + y + x)
func(*rang())
```

8. 调用函数时，实参传递数据时以位置参数为主，还可以使用<u>关键字参数</u>；**运算符可拆分<u>字典</u>对象，被称为<u>关键字参数</u>。

9. 请按下列语句来填写变量范围：total 为<u>全局</u>变量，x 为<u>局部</u>变量。

```
total = 0
def func pern(): # 定义函数
    x = 7
    return total = x ** 2
func() # 调用函数
```

10. 根据下列语句来填入相关名词：函数 first()和 second()形成<u>局部函数</u>，其中的 second()函数形成 <u>Closure</u>。

```
def first(a, b):
   def second(x, y):
       return x ** y
   return second(a, b)
print(first(4, 3))
```

## 二、实践题与问答题

1. 参考范例程序 CH0905.py 并进行修改以输出下列结果。

```
输入第一个数值:25
输入第二个数值:456
输入第三个数值:22
调用 pow()函数: 3
```

三个数值:(25, 456, 22)

解答：参考本书提供下载的范例程序文件夹"\PyCode\课后实践题参考答案\CH09"中的程序 Ex0901.py。

2. 参考范例程序 CH0913.py，按下列调用函数的语句完成输出内容。

```
student(score = [83, 75, 67, 68], name = 'Eric')
student(score = [81, 94, 72], name = 'Mary')
student(score = [57, 84, 77, 65, 81], name = 'Andy')
# 输出的数据
      最高分  总分   平均
----------------------
Eric    83  293 73.2500
----------------------
Mary    94  247 82.3333
----------------------
Andy    84  364 72.8000
```

解答：参考本书提供下载的范例程序文件夹"\PyCode\课后实践题参考答案\CH09"中的程序 Ex0902.py。

3. 参考范例程序 CH0919.py 中 student()函数的实参，输出时将成绩从高到低降序排序。

解答：参考本书提供下载的范例程序文件夹"\PyCode\课后实践题参考答案\CH09"中的程序 Ex0903py。

4. 将下列定义函数的程序语句改成 lambda()函数，并比较自定义函数与 lambda()函数有何不同。

解答：

```
def product(x, y):
    x *= y
    return x


# 改写成 Lambda 函数
product = lambda x, y : x * y
product(5, 6)
```

自定义函数与 Lambda 函数的不同之处如下所示。

|  | 自定义函数 | Lambda 函数 |
|---|---|---|
| 语法 | def 语句或表达式 | 表达式 |
| 名称 | 以标识符为名称 | 没有名称 |
| 函数体 | 任何语句 | 只有表达式 |

5. 编写程序代码，调用 filter()函数配合 lambda()函数找出 1~50 的数值并以元组对象来存储。

解答：调用 filter()函数：

```
result = tuple(filter(lambda x : x % 3 == 0, range(1,50)))
```

# 第 10 章   模块与函数库

## 一、填空题

1. 对于 Python 语言来说，所谓<u>模块</u>指的是文件扩展名为*.py 文件。

2. 执行某个.py 文件，属性__name__被设置为__main__名称，表示它是<u>主模块</u>；以 import 语句来导入此文件，属性__name__则被设置为<u>模块名称</u>。

3. 要探知加载的模块有哪些，可使用 sys 模块的属性 <u>path</u> 来探查。

4. time 模块有两个时间：UTC 表示<u>世界标准时间</u>，DST 表示<u>夏令时间</u>。

5. 在 time 模块中，获取当前时间并以字符串返回，调用方法 <u>asctime()</u>或方法 <u>ctime()</u>。要以时间结构返回当前时间，调用方法 <u>gmtime()</u>或方法 <u>localtime()</u>。

6. 在 time 模块中，struct_time 所创建的时间结构中，年份：<u>tm_year</u>，月：<u>tm_mon</u>，天：<u>tm_mday</u>，时：<u>tm_hour</u>。

7. 根据下列语句，输出的结果为：<u>2022-02-03 19:31:44</u>。

```
from time import strftime, localtime
special = localtime()   # 设置当前日期 2022-2-3
d1 = strftime('%Y-%m-%d %H:%M:%S', special)
print(d1)
```

8. 根据下列语句，输出的结果为：<u>2022, 1, 25</u>。

```
from datetime import date
thisday = date(2022, 1, 25)
print(thisday)
```

9. 方法 isocalendar()由"Named tuple"（具名元组）对象由 year、week 和 weekday 三部分组成。其中的 iso 是表示"格里高利历"。

10. 根据下列语句，输出的结果为: <u>2022-01-23 00:00:00</u>。

```
from datetime import datetime, timedelta
dt = datetime(2022, 1, 8)
print('日期: ', d1 + (timedelta(days = 15)))
```

## 二、实践题与问答题

1. 导入 time 模块，调用 ctime()方法获取当前时间，再调用 strptime()方法输出如下的时间格式。

```
#('2022 年 04 月 25 日 星期1, ' 'PM:08 点 ')
```

解答：参考本书提供下载的范例程序文件夹"\PyCode\课后实践题参考答案\CH10"中的程序 Ex1001.py。

2. 配合 datetime 模块，输入年、月、日，然后计算到今日为止总共是多少年、多少月、多少日。

解答：参考本书提供下载的范例程序文件夹"\PyCode\课后实践题参考答案\CH10"中的程序 Ex1002.py。

# 第 11 章　认识面向对象

## 一、填空题

1. 根据下列语句来回答问题。类是 <u>Some</u>，对象是 <u>one</u>。

```
class Some:
    pass
one = Some()
```

2. 对象有两个特殊的属性：**__dict__** 由字典组成，存储对象的属性；**__class__** 则返回它是一个类的实例。

3. 对象初始化在 Python 中分两个步骤来实施：①调用特殊方法__new__()创建对象；②再调用特殊方法__init__()来初始化对象。

4. 在 Python 提供实例的特殊方法中，方法__del__()用来清除对象；方法__format__()用格式化字符串来输出格式化内容，而方法__str__()用于定义字符串格式。

5. 在 Python 的特殊只读属性中：__name__用于获取方法名称；__doc__由字典组成，用于获取类定义范围内的注释文字。

6. 在定义类后，在 Python 的内置函数中，<u>getattr()</u>用于存取对象的属性，<u>setattr()</u>用于设置对象的属性。

7. 简写①语句的作用：<u>将函数 Entirely 当作参数传递给另一个函数 discount，再返回给函数</u>。

```
def discount(price):
    pass
Entirely = discount(Entirely)   # ①
```

8. 填写下列语句的作用：<u>①装饰器，②调用装饰器的函数</u>。

```
@discount          # ①
def Entirely():    # ②
    return 455.0
```

9. functools 模块提供函数协助装饰器：重新定义函数签名是 <u>partial()</u>函数，用来获取包装函数的是 <u>update_wrapper()</u>函数。

10. Python 提供两个内置函数：<u>staticmethod()</u>将函数转换为静态方法；<u>classmethod()</u>将函数转换为类方法。

11. 执行运算时，可调用 Python 的特殊方法，加是__add__()，减是__sub__()，乘是__mul__()，整除是__floordiv__()。

12. 类中可调用特殊方法将两个操作数相加，其中__radd__()是<u>右侧加法</u>，__iadd__()是<u>原地加法</u>。

## 二、实践题与问答题

1. 参考范例程序 CH1102.py，以__init__()方法来初始化对象。

解答：参考本书提供下载的范例程序文件夹"\PyCode\课后实践题参考答案\CH11"中的程序 Ex1101.py。

2. 定义一个类，它必须调用__new__()、__init__()和__del__()三个方法。

解答：参考本书提供下载的范例程序文件夹"\PyCode\课后实践题参考答案\CH11"中的程序 Ex1102.py。

3. 使用类装饰器的概念并配合__call__()，让长短不一的分数能执行加总运算。

解答：参考本书提供下载的范例程序文件夹"\PyCode\课后实践题参考答案\CH11"中的程序 Ex1103.py。

4. 输入两个数值并调用特殊方法进行加、减、乘、整除的运算。

解答：参考本书提供下载的范例程序文件夹"\PyCode\课后实践题参考答案\CH11"中的程序 Ex1104.py。

# 第 12 章　浅谈继承机制

## 一、填空题

1. 在类架构中，派生类的层级越低，<u>特化</u>作用就会越强；基类的层级越高，<u>泛化</u>作用也就越高。
2. 看图 12-20 回答问题。继承关系是 is_a，所以<u>拿铁（或黑咖啡）</u>是咖啡的一种。

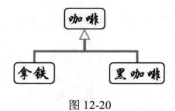

图 12-20

3. Python 继承以<u>多重继承</u>为主，子类只有一个父类，称为<u>单一继承</u>。
4. 在子类中，使用属性__bases__记录父类，以 <u>super()</u>内置函数来调用父类所定义的方法。
5. 根据下列语句回答问题。

```python
class Father:   # ①
    def walk(self):
        print('走路有益健康！')
class Son(Father):   # ②
    def walk(self):
        print('饭后百步走，健康久久！')
李大同 = Son()    # 子类对象
李大同.walk()      # ③
```

①类 Father 是<u>父类</u>，②类 Son 是<u>子类</u>，③输出<u>饭后百步走，健康久久！</u>。

6. 延续第 5 题，当父类和子类的方法同名时，就称为<u>覆盖</u>。要让李大同.walk()也输出类 Father 的 walk()方法，Son 类的程序代码应该如何修改？

```python
class Son(Father):
    def walk(self):
        super().walk()
        print('饭后百步走，健康久久！')
```

7. 内置函数有 4 个参数，分别是：存取器 <u>getter</u>，设置器 <u>setter</u>，删除器 <u>deleter</u>，文件字符串 <u>doc(docstring)</u>。

8. 参考下列语句回答问题。在定义抽象类时，必须导入什么模块？①<u>abc import ABCMeta, abstractmethod</u>，类 Person 为抽象类，②装饰器该如何编写？<u>@abstractmethod</u>。

```
from ①
class Person(metaclass = ABCMeta): # 抽象类
    ② # 装饰器
```

9. 延续第 8 题，定义抽象类须有抽象方法，要如何编写？

```
    def display(self, name):    # 抽象方法
        pass         # 表示什么事都不用做，交给子类即可
```

## 二、实践题与问答题

1. 参考图 12-9 来回答问题。

```
Eva = Daughter()         # 类 Daughter 的对象
Eva.show1()              # 输出 "Parent method one"
Eva.display()            # 输出 "Daughter method two"
```

（1）Eva.show1()会输出什么？找到方法 show1()的搜索顺序。

解答：向上找到 Parent 类就能找 show1()方法输出的信息。

（2）Eva 调用 display()方法，会输出什么？找到方法 display()的搜索顺序。

解答：从 Daughter 本身找起，可知是输出 Daughter 所定义的方法 display()。

2. 定义一个类名称，并以特性来存取属性。

解答：参考本书提供下载的范例程序文件夹 "\PyCode\课后实践题参考答案\CH12" 中的程序 Ex1202.py。

3. 参考范例程序 CH1220.py 编写一个主机、显示器、键盘的 "组合" 程序。

解答：参考本书提供下载的范例程序文件夹 "\PyCode\课后实践题参考答案\CH12" 中的程序 Ex1203.py。

# 第 13 章　异常处理机制

## 一、填空题

1. 下列语句会引发何种错误？<u>SyntaxError</u>。

```
x, y = 12, 18
if x > y
```

2. 表达式 <u>1/0</u> 执行时，会引发 "ZeroDivisionError" 的错误。

3. 下列语句，会引发什么异常？<u>NameError</u>，<u>TypeError</u>。

```
ary = [] # 空的列表
len(d)
```

```
'A' + 2
```

4. 在 Python Shell 交互模式中，输入图 13-26 中所示的数据会引发何种异常？_____。

```
>>> x, y = eval(input('Two numbers ->'))
Two numbers ->'12' '15'
```

图 13-26

5. 当 while 语句形成无限循环时，强行中止循环会引发什么异常？<u>KeyboardInterrupt</u>。

6. 下列程序代码中，哪行语句有误？会引发何种异常？<u>number[3]</u>，<u>TypeError</u>。

```
number = 25, 67, 12
try:
    print(number(3))
except IndexError:
    print('错误: ')
```

7. 下列程序代码，会引发何种异常？<u>NameError</u>。原因是<u>变量 total 须在 for 循环外先声明</u>。

```
for item in range(5):
    total += item
print(total)
```

8. 要让程序代码引发异常，有两个语句：<u>raise</u> 和 <u>assert</u>。

9. 执行 try/except 语句，与异常有关的详细信息会被 sys 模块的 3 个对象所接收，它们是：① 标示异常对象的 <u>sys.exc_type</u>；②接收异常参数的 <u>sys.exc_value</u>；③追踪回溯对象的 <u>sys.exc_traceback</u>。

**二、实践题与问答题**

1. 参考范例程序 CH1310.py 编写一个处理异常的程序，要使用 try/except/else/finally 语句。

解答：参考本书提供下载的范例程序文件夹"\PyCode\课后实践题参考答案\CH13"中的程序 Ex1301.py。

2. 参考范例程序 CH1315.py 以一个继承自 Exception 类的自定义异常子类来处理"1/0"的错误。

解答：参考本书提供下载的范例程序文件夹"\PyCode\课后实践题参考答案\CH13"中的程序 Ex1301.py。

# 第 14 章　数据流与文件

**一、填空题**

1. 在 Python 的 io 模块中，有三种输入/输出处理接口：①<u>text I/O</u>，②<u>binary I/O</u>，③<u>raw I/O</u>。

2. Python 三种文件对象：①<u>原始的二进制文件</u>，②<u>具有缓冲区功能的二进制文件</u>，③<u>文本文件</u>。

3. 在 io 模块的 open()方法中，参数 mode 设为 'wb' 是表示<u>写入二进制模式</u>，'rt' 是表示<u>读取文本模式</u>，'a' 是表示<u>附加模式</u>。

4. 在 BytesIO 类中，<u>getbuffer()</u>方法用于获取缓冲区的内容，getvalue()方法用于输出缓冲区中的内容。

5. seek()方法的参数 whence 有三种常数来代表移动的位置：0 表示<u>起始位置</u>，1 表示<u>当前位置</u>，2 表示<u>末尾位置</u>。

6. print()函数的参数 sep 的作用是<u>分隔字符</u>，参数 end 的作用是<u>作为字符串的结尾</u>。

7. with/as 语句必须实现哪两个方法？<u>__enter__()和__exit()__</u>。

8. 将字符串以 utf-8 格式编码成 bytes 数据，要调用字符串的 <u>encode()</u>方法，二进制数据解码则要调用 bytes 的 <u>decode()</u>方法。

9. 在 struct 模块中，<u>pack()</u>方法把存储的对象转换成二进制数据，<u>unpack()</u>方法将二进制数据还原成 Python 对象。

10. 在 json 模块中，<u>dump()/dumps()</u>方法把 Python 对象转换成 JSON 格式，<u>load()/loads()</u>方法将 JSON 格式还原成 Python 对象。

## 二、实践题与问答题

1. 请以实例说明 read()、readline()和 readlines()三个方法的不同处。

解答：参考本书提供下载的范例程序文件夹"\PyCode\课后实践题参考答案\CH14"中的程序 Ex1401.py。

2. 请编写程序实现二进制文件的写入和读取，使用 with/as 语句。

解答：参考本书提供下载的范例程序文件夹"\PyCode\课后实践题参考答案\CH14"中的程序 Ex1402.py。

3. 参考范例程序 CH1415.py 和下列的字典对象，编写一个 JSON 格式的文件。

```
dt = {'name' : 'Tomas', 'age' : 18, 'average' : 78}
```

解答：参考本书提供下载的范例程序文件夹"\PyCode\课后实践题参考答案\CH14"中的程序 Ex1403.py。

# 第 15 章　　GUI 界面

## 一、填空题

1. 用于 GUI 接口的 Tkinter 套件有 2 个模块：①<u>tix</u>，②<u>ttk</u>。

2. Frame 类的属性 relief，共有 6 个常数值：RAISED，<u>FLAT</u>，<u>SUNKEN</u>，<u>RAISED</u>，<u>GROOVE</u>，<u>RIDGE</u>。

3. 创建主窗口对象后，属性 <u>iconbitmap</u> 方法可以把主窗口标题栏的图标变更为指定的徽标；想在标题栏显示文字要通过 <u>title</u> 属性进行设置。

4. 创建主窗口对象后，设置它的宽为 250、高为 120，位置在右侧 100，底部 100，方法 geometry() 该如何编写？

```
from tkinter import *
from tkinter import ttk
wnd = Tk()  # 主窗口对象
wnd.geometry('150x120+25-100')
```

5. 想要创建一个宽为 250px、高为 120px 的 Frame 组件，程序语句该如何编写？

```
import tkinter as tk
from tkinter import ttk
root = tk.Tk()    # 主窗口对象
ttk.Frame(root, width = 250, height = 120).pack()
```

6. pack()方法可用于版面配置，参数 <u>side</u> 用于设置位置；参数 <u>fill</u> 用于填满父窗口；参数 <u>expand</u> 用于延伸空间。

7. Entry 组件的作用是<u>接收单行文字</u>；Text 组件的作用是<u>接收多行文字</u>。

8. 请在下列语句中填写关键语句：①<u>StringVar()</u>，②<u>ttk</u>，③<u>textvariable</u>。

```
import tkinter as tk
from tkinter import ttk
root = tk.Tk()
word = ①    # 获取输入字符串
②.Entry(root, ③ = word)
```

9. Text 组件的 insert()方法的参数 index 有哪三个常数值？<u>insert</u>、<u>current</u> 和 <u>end</u>。

10. 按钮有哪三种状态？<u>NORMAL</u>、<u>ACTIVE</u>、<u>DISABLED</u>。

11. Checkbutton 有两种状态：被勾选时对应的值为 1，属性 <u>onvalue</u> 用于改变它的值；未被勾选时对应的值为 0，属性 <u>offvalue</u> 用于变更设置值。

12. 有 2 个 Label 组件，以 grid()方法指定位置纳入版面，程序代码如何编写？假设行、列的索引从 0 开始，标签的位置如下列表格所示。

|  |  | 标签 1 |
|  |  |  |
| 标签 2 |  |  |

```
import tkinter as tk
from tkinter import ttk
root = tk.Tk()
ttk.Label(root, text = '标签1').grid(row = 0, column = 2)
ttk.Label(root, text = '标签2').grid(row = 2, column = 1)
```

## 二、实践题与问答题

1. 有 4 个 Label 组件，以 pack()方法设定它们的上、下、左、右位置，它们的 side 参数值能通过标签来显示。

解答：参考本书提供下载的范例程序文件夹“\PyCode\课后实践题参考答案\CH15”中的程序 Ex1501.py。

2. 使用 Label、Entry、Checkbutton、Radiobutton 等组件创建一个 GUI 界面，如图 15-43 所示。单击 Send 按钮后能在交互窗口显示名称、密码、性别和选修科目；单击 Quit 按钮可关闭程序窗口。

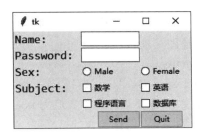

图 15-43

解答：参考本书提供下载的范例程序文件夹"\PyCode\课后实践题参考答案\CH15"中的程序 Ex1502.py。

# 第 16 章  绘图与图像

### 一、填空题

1. 请说明下列语句的作用。①导入 turtle 模块，②画布大小为 200×200。

```
import turtle              # ①
turtle.setup(200, 200)     # ②
```

2. 请填写 Turtle 画笔的前进方向（见图 16-41）：①左方、②前进、③右方、④后退。

3. 海龟把画笔转个角度，请填写海龟前进的角度（见图 16-42）：①90°/−270°、②0°/360°、③270°/−90°、④180°/−180°。

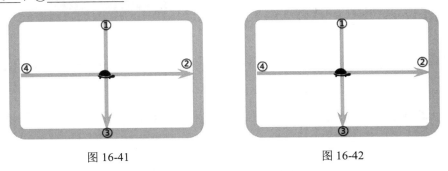

图 16-41                              图 16-42

4. 移动 Turtle 画笔可以调用方法 penup()把它抬起，前行到指定坐标点再调用方法 pendown()把画笔落下，以继续绘图。

5. 以#RRGGBB 表示 RGB 三原色，红色#FF0000、绿色#00FF00、白色#FFFFFF、黄色#FFFF00。

6. 方法 circle()用于绘制几何图形，想要绘制一个四边形，其中参数 extent:360，参数 steps:4。

7. 在 Pillow 套件中，Image 类具有的属性：mode 属性用于获取图像模式，获取图像大小的属性为 size，format 属性能返回图像文件的格式，以字典返回图像信息的属性是 info。

8. Pillow 套件使用直角坐标系读取图像，以左上角为原点，它把图像视为一个矩形区域，它的四个坐标为 left、upper、right、lower。

9. Image 类的方法 new()用于新建图像，方法 save()用于给图像赋予新的文件名，想要调整图像的大小可调用方法 resize()。

10. 模块 ImageDraw，中创建绘图对象的方法是 <u>Draw()</u>，方法 line() 用于<u>画出线条</u>，画出椭圆的方法是 <u>ellipse()</u>，<u>获取字体</u>是方法 getfont()。

11. Image 类 的 方 法 transpose() 用 于 翻 转 图 像， 垂 直 翻 转 的 参 数 值 为 <u>Image.Transpose.FLIP_TOP_BOTTOM</u>，水平翻转的参数值为 <u>Image.Transpose.FLIP_LEFT_RIGHT</u>。

12. 要合成两张图像，要注意两件事：两张图像的<u>格式</u>要一样，两张图像的<u>大小</u>要相同，调用方法 <u>Image.crop()</u> 配合裁切。在进行图像合成时，调用方法 blend()，其中参数 alpha 的值是 <u>0.0～1.0</u>。

## 二、实践题与问答题

1. 以 Turtle 绘制如图 16-43 所示的图形（提示：以三角形转动角度来绘制）。

解答：参考本书提供下载的范例程序文件夹"\PyCode\课后实践题参考答案\CH16"中的程序 Ex1601.py。

2. 以任意 4 色绘制如图 16-44 所示的螺旋图形。

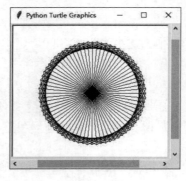
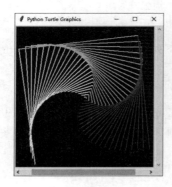

图 16-43　　　　　　　　　　　　　图 16-44

解答：参考本书提供下载的范例程序文件夹"\PyCode\课后实践题参考答案\CH16"中的程序 Ex1602.py。

3. 调用 Pillow 套件的 Image 模块中的方法 copy() 和 paste() 复制图像，再粘贴进行填充，结果参照图 16-45。

图 16-45

解答：参考本书提供下载的范例程序文件夹"\PyCode\课后实践题参考答案\CH16"中的程序 Ex1603.py。